2025

소방설비기사 기계편

[필기] 빈출 1000제

이추연

2025

소방설비기사 기계편
[필기] 빈출 1000제

인쇄일 2025년 2월 1일 초판 1쇄 인쇄
발행일 2025년 2월 5일 초판 1쇄 발행
등 록 제17-269호
판 권 시스컴2025

ISBN 979-11-6941-598-9 13530
정 가 20,000원

발행처 시스컴 출판사
발행인 송인식
지은이 이추연

주소 서울시 금천구 가산디지털1로 225, 514호(가산포휴) | 홈페이지 www.nadoogong.com
E-mail siscombooks@naver.com | 전화 02)866-9311 | Fax 02)866-9312

INTRO

소방설비기사(기계분야)는 소방시설(기계)의 설계, 공사, 감리 및 점검업체 등에서 설계 도서류를 작성하거나, 소방설비 도서류를 바탕으로 공사 관련 업무를 수행하고, 완공된 소방설비의 점검 및 유지관리업무와 소방계획수립을 통해 소화, 화재통보 및 피난 등의 훈련을 실시하는 소방안전관리자로서의 주요사항을 수행하는 기술인력입니다.

산업구조의 대형화 및 다양화로 소방대상물(건축물 · 시설물)이 고층 · 심층화되고, 고압가스나 위험물을 이용한 에너지 소비량의 증가 등으로 재해발생 위험요소가 많아지면서 소방과 관련한 인력수요가 늘고 있으며, 소방설비 관련 주요 업무 중 하나인 화재관련 건수와 그로 인한 재산피해액도 당연히 증가할 수밖에 없어 소방관련 인력에 대한 수요는 증가할 것으로 전망됩니다.

이 책의 특징을 정리하면 다음과 같습니다.

첫째, 문제은행식 출제유형에 맞추어 문제를 출제하였습니다.

둘째, 자주 출제되는 빈출문제들로 반복 학습하도록 하였습니다.

셋째, 각 과목별로 빠짐없이 문제를 수록하였습니다.

넷째, 문제마다 꼼꼼한 해설을 수록하여 풀면서 익히도록 하였습니다.

본 교재는 자격증을 준비하며 어려움을 느끼는 수험생분들께 조금이나마 도움을 드리고자 필기시험에서 빈출되는 문제들을 중심으로 교재를 집필하였습니다. 지난 기출문제를 취합 · 분석하여 출제경향에 맞춰 구성하였기에 본서에 수록된 과목별 예상문제와 빈출 모의고사 5회분을 반복하여 학습한다면 충분히 합격하실 수 있을 것입니다.

예비 소방설비기사님들의 꿈과 목표를 위한 아낌없는 도전을 응원하며, 시스컴 출판사는 앞으로도 좋은 교재를 집필할 수 있도록 더욱 노력할 것입니다. 모든 수험생 여러분들의 합격을 진심으로 기원합니다.

소방설비기사 시험안내

개요

건물이 점차 대형화, 고층화, 밀집화되어감에 따라 화재발생 시 진화보다는 화재의 예방과 초기 진압에 중점을 둠으로써 국민의 생명, 신체 및 재산을 보호하는 방법이 더 효과적인 방법이다. 이에 따라 소방설비에 대한 전문인력을 양성하기 위하여 소방설비기사 자격제도를 제정하였다.

수행직무

소방시설공사 또는 정비업체 등에서 소방시설공사의 설계도면을 작성하거나 소방시설공사를 시공 · 관리하며, 소방시설의 점검 · 정비와 화기의 사용 및 취급 등 방화안전관리에 대한 감독, 소방계획에 의한 소화, 통보 및 피난 등의 훈련을 실시하는 방화관리자의 직무를 수행한다.

실시기관명

한국산업인력공단

실시기관 홈페이지

http://www.q-net.or.kr

진로 및 전망

- 소방공사, 대한주택공사, 전기공사 등 정부투자기관, 각종 건설회사, 소방전문업체 및 학계, 연구소 등으로 진출할 수 있다.
- 산업구조의 대형화 및 다양화로 소방대상물(건축물 · 시설물)이 고층 · 심층화되고, 고압가스나 위험물을 이용한 에너지 소비량의 증가 등으로 재해발생 위험요소가 많아지면서 소방과 관련한 인력수요가 늘고 있다. 소방설비 관련 주요 업무 중 하나인 화재관련 건수와 그로 인한 재산피해액도 당연히 증가할 수밖에 없어 소방관련 인력에 대한 수요는 증가할 것으로 전망된다.

관련학과

대학 및 전문대학의 소방학, 건축설비공학, 기계설비학, 가스냉동학, 공조냉동학 관련학과

시험과목 및 수수료

구분	시험과목	수수료
필기	1과목 : 소방원론(20문항) 2과목 : 소방유체역학(20문항) 3과목 : 소방관계법규(20문항) 4과목 : 소방기계시설의 구조 및 원리(20문항)	19,400원
실기	소방기계시설 설계 및 시공실무	22,600원

출제문항수

구분	검정방법	시험시간	문제수
필기	객관식 4지 택일형	120분(과목당 30분)	80문제
실기	필답형	3시간 100점	

합격기준

필기	실기
100점을 만점으로 하여 과목당 40점 이상 전 과목 평균 60점 이상	100점을 만점으로 하여 60점 이상

소방설비기사 시험안내

종목별 검정현황

2024년 합격률은 도서 발행 전에 집계되지 않았습니다.

연도	필기			실기		
	응시	합격	합격률(%)	응시	합격	합격률(%)
2023	23,350	10,669	45.7%	20,510	5,458	26.6%
2022	17,523	8,206	46.8%	15,080	2,346	15.6%
2021	17,736	9,048	51%	17,709	5,753	32.5%
2020	14,623	7,546	51.6%	15,862	3,076	19.4%
2019	18,030	8,223	45.6%	12,024	3,620	30.1%

필기시험 출제기준

(2024.1.1.~2026.12.31. 출제기준)

필기과목명	문제수	주요항목	세부항목	세세항목
소방원론	20	1. 연소이론	1. 연소 및 연소현상	① 연소의 원리와 성상 ② 연소생성물과 특성 ③ 열 및 연기의 유동의 특징 ④ 열에너지원과 특성 ⑤ 연소물질의 성상 ⑥ LPG, LNG의 성상과 특성
		2. 화재현상	1. 화재 및 화재현상	① 화재의 정의, 화재의 원인과 영향 ② 화재의 종류, 유형 및 특성 ③ 화재 진행의 제요소와 과정
			2. 건축물의 화재현상	① 건축물의 종류 및 화재현상 ② 건축물의 내화성상 ③ 건축구조와 건축내장재의 연소 특성 ④ 방화구획 ⑤ 피난공간 및 동선계획 ⑥ 연기확산과 대책

필기과목명	문제수	주요항목	세부항목	세세항목
		3. 위험물	1. 위험물 안전관리	① 위험물의 종류 및 성상 ② 위험물의 연소특성 ③ 위험물의 방호계획
		4. 소방안전	1. 소방안전관리	① 가연물 · 위험물의 안전관리 ② 화재시 소방 및 피난계획 ③ 소방시설물의 관리유지 ④ 소방안전관리계획 ⑤ 소방시설물 관리
			2. 소화론	① 소화원리 및 방식 ② 소화부산물의 특성과 영향 ③ 소화설비의 작동원리 및 점검
			3. 소화약제	① 소화약제이론 ② 소화약제 종류와 특성 및 적응성 ③ 약제유지관리
		1. 소방유체 역학	1. 유체의 기본적 성질	① 유체의 정의 및 성질 ② 차원 및 단위 ③ 밀도, 비중, 비중량, 음속, 압축률 ④ 체적탄성계수, 표면장력, 모세관현상 등 ⑤ 유체의 점성 및 점성측정
			2. 유체정역학	① 정지 및 강체유동(등가속도)유체의 압력 변화, 부력 ② 마노미터(액주계), 압력측정 ③ 평면 및 곡면에 작용하는 유체력
			3. 유체유동의 해석	① 유체운동학의 기초, 연속방정식과 응용 ② 베르누이 방정식의 기초 및 기본 응용 ③ 에너지 방정식과 응용 ④ 수력기울기선, 에너지선 ⑤ 유량측정(속도계수, 유량계수, 수축계수), 피토관, 속도 및 압력측정 ⑥ 운동량 이론과 응용

소방설비기사 시험안내

필기과목명	문제수	주요항목	세부항목	세세항목
소방유체 역학	20		4. 관내의 유동	① 유체의 유동형태(층류, 난류), 완전발달유동 ② 무차원수, 레이놀즈수, 관내유량 측정 ③ 관내 유동에서의 마찰손실 ④ 부차적 손실, 등가길이, 비원형관 손실
			5. 펌프 및 송풍기의 성능 특성	① 기본개념, 상사법칙, 비속도, 펌프의 동작(직렬, 병렬) 및 특성곡선, 펌프 및 송풍기 종류 ② 펌프 및 송풍기의 동력 계산 ③ 수격, 서징, 캐비테이션, NPSH, 방수압과 방수량
		2. 소방 관련 열역학	1. 열역학 기초 및 열역학 법칙	① 기본개념(비열, 일, 열, 온도, 에너지, 엔트로피 등) ② 물질의 상태량(수증기 포함) ③ 열역학 1법칙(밀폐계, 교축과정 및 노즐) ④ 열역학 2법칙
			2. 상태변화	① 상태변화(폴리트로픽 과정 등)에 따른 일, 열, 에너지 등 ② 상태량의 변화량
			3. 이상기체 및 카르노사이클	① 이상기체의 상태방정식 ② 카르노사이클 ③ 가역 사이클 효율 ④ 혼합가스의 성분
			4. 열전달 기초	① 전도, 대류, 복사의 기초
		1. 소방기본법	1. 소방기본법, 시행령, 시행규칙	① 소방기본법 ② 소방기본법 시행령 ③ 소방기본법 시행규칙

필기과목명	문제수	주요항목	세부항목	세세항목
소방관계 법규	20	2. 화재의 예방 및 안전관리에 관한 법	1. 화재의 예방 및 안전관리에 관한 법, 시행령, 시행규칙	① 화재의 예방 및 안전관리에 관한 법률 ② 화재의 예방 및 안전관리에 관한 시행령 ③ 화재의 예방 및 안전관리에 관한 시행규칙
		3. 소방시설 설치 및 관리에 관한 법	1. 소방시설 설치 및 관리에 관한 법률, 시행령, 시행규칙	① 소방시설 설치 및 관리에 관한 법률 ② 소방시설 설치 및 관리에 관한 시행령 ③ 소방시설 설치 및 관리에 관한 시행규칙
		4. 소방시설공사업법	1. 소방시설공사업법, 시행령, 시행규칙	① 소방시설공사업법 ② 소방시설공사업법 시행령 ③ 소방시설공사업법 시행규칙
		5. 위험물안전관리법	1. 위험물안전관리법, 시행령, 시행규칙	① 위험물안전관리법 ② 위험물안전관리법 시행령 ③ 위험물안전관리법 시행규칙
소방기계 시설의 구조 및 원리	20	1. 소방기계 시설 및 화재안전성능기준 · 화재안전기술기준	1. 소화기구	① 소화기구의 화재안전성능기준 · 화재안전기술기준 ② 설치대상과 기준, 종류, 특징, 동작원리 및 기타 관련사항
			2. 옥내 · 외 소화전설비	① 옥내소화전설비의 화재안전성능기준 · 화재안전기술기준 및 기타 관련사항 ② 옥외소화전설비의 화재안전성능기준 · 화재안전기술기준 및 기타 관련사항 ③ 설치대상과 기준, 종류, 특징, 동작원리 및 기타 관련사항

소방설비기사 시험안내

필기과목명	문제수	주요항목	세부항목	세세항목
			3. 스프링클러 설비	① 스프링클러설비의 화재안전성능기준 · 화재안전기술기준 및 기타 관련사항 ② 간이스프링클러소화설비의 화재안전성능기준 · 화재안전기술기준 및 기타 관련사항 ③ 화재조기진압용 스프링클러설비의 화재안전성능기준 · 화재안전기술기준 기타 관련사항 ④ 설치대상과 기준, 종류, 특징, 동작원리 및 기타 관련사항
			4. 포 소화설비	① 포 소화설비의 화재안전성능기준 · 화재안전기술기준 ② 설치대상과 기준, 종류, 특징, 동작원리 및 기타 관련사항
			5. 이산화탄소, 할론, 할로겐화합물 및 불활성기체 소화설비	① 이산화탄소 소화설비의 화재안전성능기준 · 화재안전기술기준 및 기타 관련사항 ② 할론 소화설비의 화재안전성능기준 · 화재안전기술기준 및 기타 관련사항 ③ 할로겐화합물 및 불활성기체소화설비의 화재안전성능기준 · 화재안전기술기준 및 기타 관련사항 ④ 불활성기체 소화설비의 화재안전성능기준 · 화재안전기술기준 및 기타 관련사항 ⑤ 설치대상과 기준, 종류, 특징, 동작원리 및 기타 관련사항
			6. 분말 소화설비	① 분말소화설비의 화재안전성능기준 · 화재안전기술기준 ② 설치대상과 기준, 종류, 특징, 동작원리 및 기타 관련사항

필기과목명	문제수	주요항목	세부항목	세세항목
			7. 물분무 및 미분무 소화설비	① 물분무 및 미분무 소화설비의 화재안전성능기준 · 화재안전기술기준 ② 설치대상과 기준, 종류, 특징, 동작원리 및 기타 관련사항
			8. 피난구조설비	① 피난기구의 화재안전성능기준 · 화재안전기술기준 ② 인명구조기구의 화재안전성능기준 · 화재안전기술기준 및 기타 관련사항
			9. 소화 용수 설비	① 상수도소화용수설비 ② 소화수조 및 저수조화재안전성능기준 · 화재안전기술기준 및 기타 관련사항
			10. 소화 활동 설비	① 제연설비의 화재안전성능기준 · 화재안전기술기준 및 기타 관련사항 ② 특별피난계단 및 비상용승강기 승강장제연설비 ③ 연결송수관설비의 화재안전성능기준 · 화재안전기술기준 ④ 연결살수설비의 화재안전성능기준 · 화재안전기술기준 및 기타 관련사항 ⑤ 연소방지시설의 화재안전성능기준 · 화재안전기술기준
			11. 기타 소방기계설비	① 기타 소방기계설비의 화재안전성능기준 · 화재안전기술기준

구성 및 특징

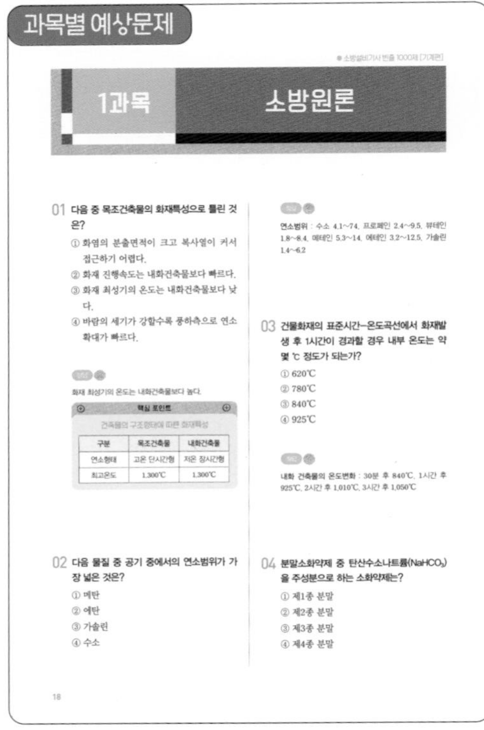

과목별 예상문제

1과목 소방원론

01 다음 중 목조건축물의 화재특성으로 틀린 것은?
① 화염의 분출면적이 크고 복사열이 커서 접근하기 어렵다.
② 화재 진행속도는 내화건축물보다 빠르다.
③ 화재 최성기의 온도는 내화건축물보다 낮다.
④ 바람의 세기가 강할수록 풍하측으로 연소 확대가 빠르다.

화재 최성기의 온도는 내화건축물보다 높다.

핵심 포인트

건축물의 구조형태에 따른 화재특성

구분	목조건축물	내화건축물
연소형태	고온 단시간형	저온 장시간형
최고온도	1,300℃	1,300℃

02 다음 물질 중 공기 중에서의 연소범위가 가장 넓은 것은?
① 메탄
② 에탄
③ 가솔린
④ 수소

연소범위 : 수소 4.1~74, 프로페인 2.4~9.5, 뷰테인 1.8~8.4, 메테인 5.3~14, 에테인 3.2~12.5, 가솔린 1.4~6.2

03 건물화재의 표준시간-온도곡선에서 화재발생 후 1시간이 경과할 경우 내부 온도는 약 몇 ℃ 정도가 되는가?
① 620℃
② 780℃
③ 840℃
④ 925℃

내화 건축물의 온도변화 : 30분 후 840℃, 1시간 후 925℃, 2시간 후 1,010℃, 3시간 후 1,050℃

04 분말소화약제 중 탄산수소나트륨($NaHCO_3$)을 주성분으로 하는 소화약제는?
① 제1종 분말
② 제2종 분말
③ 제3종 분말
④ 제4종 분말

18

수험생 여러분이 다양한 문제 형식을 접했으면 하는 마음으로 과목별 예상문제를 준비하였습니다. 핵심이론과 관련된 문제들을 수록하였습니다.

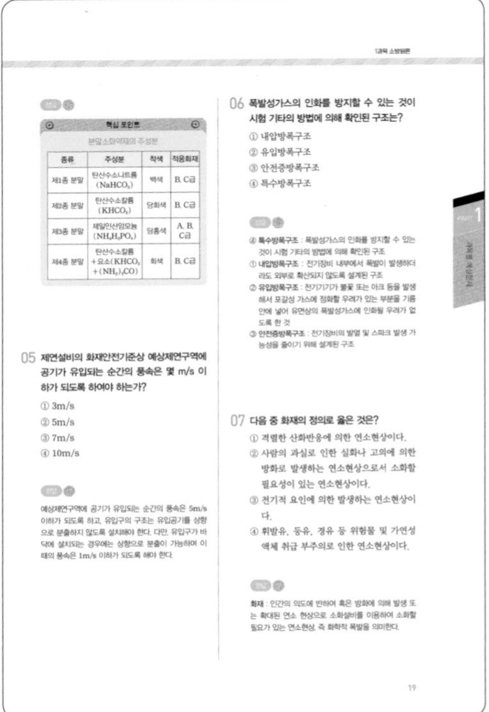

1과목 소방원론

핵심 포인트

분말소화약제의 주성분

종류	주성분	착색	적응화재
제1종 분말	탄산수소나트륨 ($NaHCO_3$)	백색	B, C급
제2종 분말	탄산수소칼륨 ($KHCO_3$)	담회색	B, C급
제3종 분말	제일인산암모늄 ($NH_4H_2PO_4$)	담홍색	A, B, C급
제4종 분말	탄산수소칼륨+요소($KHCO_3+(NH_2)_2CO$)	회색	B, C급

05 제연설비의 화재안전기준상 예상제연구역에 공기가 유입되는 순간의 풍속은 몇 m/s 이하가 되도록 하여야 하는가?
① 3m/s
② 5m/s
③ 7m/s
④ 10m/s

예상제연구역에 공기가 유입되는 순간의 풍속은 5m/s 이하가 되도록 하고, 유입구의 구조는 유입공기를 상향으로 분출하지 않도록 설치해야 한다. 다만, 유입구가 바닥에 설치되는 경우에는 상향으로 분출이 가능하며 이때의 풍속은 1m/s 이하가 되도록 해야 한다.

06 폭발성가스의 인화를 방지할 수 있는 것이 시험 기타의 방법에 의해 확인된 구조는?
① 내압방폭구조
② 유입방폭구조
③ 안전증방폭구조
④ 특수방폭구조

④ 특수방폭구조 : 폭발성가스의 인화를 방지할 수 있는 것이 시험 기타의 방법에 의해 확인된 구조
① 내압방폭구조 : 전기장비 내부에서 폭발이 발생하더라도 외부로 확산되지 않도록 설계된 구조
② 유입방폭구조 : 전기기기가 불꽃 또는 아크 등을 발생해서 포갈성 가스에 점화할 우려가 있는 부분을 기름 안에 넣어 유면상의 폭발성가스에 인화될 우려가 없도록 한 것
③ 안전증방폭구조 : 전기장비의 발열 및 스파크 발생 가능성을 줄이기 위해 설계된 구조

07 다음 중 화재의 정의로 옳은 것은?
① 격렬한 산화반응에 의한 연소현상이다.
② 사람의 과실로 인한 실화나 고의에 의한 방화로 발생하는 연소현상으로서 소화할 필요성이 있는 연소현상이다.
③ 전기적 요인에 의한 발생하는 연소현상이다.
④ 휘발유, 등유, 경유 등 위험물 및 가연성 액체 취급 부주의로 인한 연소현상이다.

화재 : 인간의 의도에 반하여 혹은 방화에 의해 발생 또는 확대된 연소 현상으로 소화설비를 이용하여 소화할 필요가 있는 연소현상, 즉 화학적 폭발을 의미한다.

19

과목별 빈출 개념을 모아서 시험 전 꼭 보고 들어가야 할 과목별 150문제를 수록하였습니다. 동일 페이지에서 정답을 바로 확인할 수 있도록 하단에 답안과 해설을 배치하였습니다.

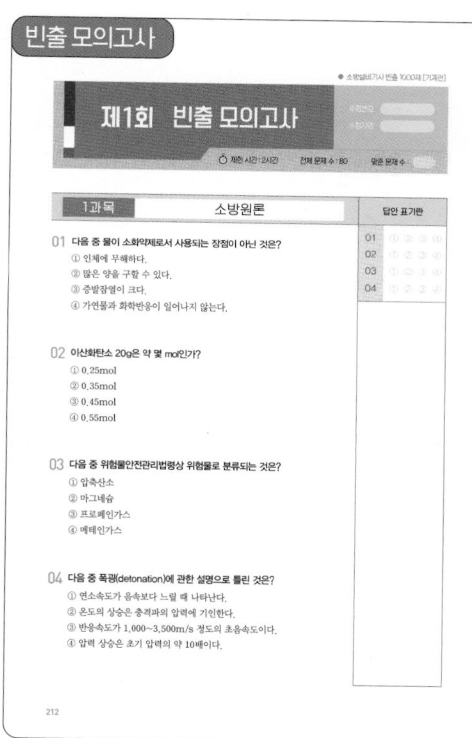

빈출 모의고사

● 소방설비기사 빈출 1000제 [기계편]

제1회 빈출 모의고사

제한 시간 : 2시간 전체 문제 수 : 80 맞춘 문제 수 :

1과목 소방원론

답안 표기란

01	① ② ③ ④
02	① ② ③ ④
03	① ② ③ ④
04	① ② ③ ④

01 다음 중 물이 소화약제로서 사용되는 장점이 아닌 것은?
① 인체에 무해하다.
② 많은 양을 구할 수 있다.
③ 증발잠열이 크다.
④ 가연물과 화학반응이 일어나지 않는다.

02 이산화탄소 20g은 약 몇 mol인가?
① 0.25mol
② 0.35mol
③ 0.45mol
④ 0.55mol

03 다음 중 위험물안전관리법령상 위험물로 분류되는 것은?
① 압축산소
② 마그네슘
③ 프로페인가스
④ 메테인가스

04 다음 중 폭굉(detonation)에 관한 설명으로 틀린 것은?
① 연소속도가 음속보다 느릴 때 나타난다.
② 온도의 상승은 충격파의 압력에 기인한다.
③ 반응속도가 1,000~3,500m/s 정도의 초음속도이다.
④ 압력 상승은 초기 압력의 약 10배이다.

212

실제 필기시험과 유사한 형태의 빈출 모의고사를 통해 실제로 시험을 마주하더라도 문제없이 시험에 응시할 수 있도록 5회분을 실었습니다.

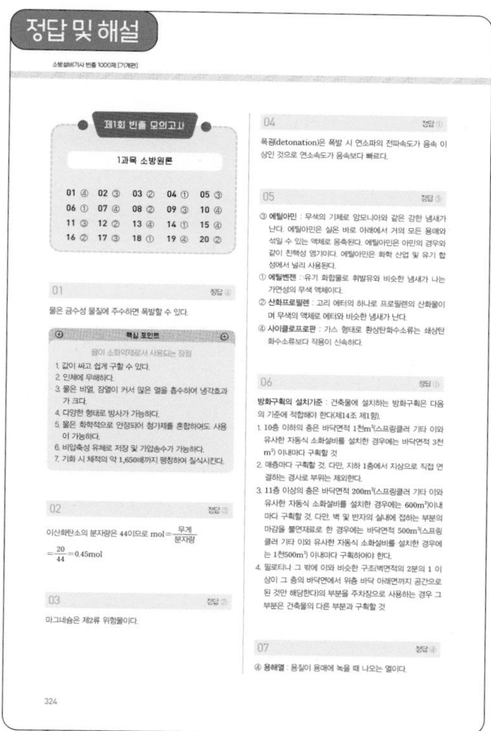

정답 및 해설

소방설비기사 빈출 1000제 [기계편]

제1회 빈출 모의고사

1과목 소방원론

01 ④	02 ③	03 ②	04 ①	05 ③
06 ①	07 ④	08 ②	09 ③	10 ④
11 ③	12 ②	13 ④	14 ①	15 ④
16 ②	17 ③	18 ①	19 ④	20 ②

01 정답 ④

물은 금수성 물질에 주수하면 폭발할 수 있다.

핵심 포인트

물이 소화약제로서 사용되는 장점

1. 값이 싸고 쉽게 구할 수 있다.
2. 인체에 무해하다.
3. 물은 비열, 잠열이 커서 많은 열을 흡수하여 냉각효과가 크다.
4. 다양한 형태로 방사가 가능하다.
5. 물은 화학적으로 안정되어 첨가제를 혼합하여도 사용이 가능하다.
6. 비압축성 유체로 저장 및 가압송수가 가능하다.
7. 기화 시 체적의 약 1,650배까지 팽창하여 질식시킨다.

02 정답 ③

이산화탄소의 분자량은 44이므로 $mol = \frac{무게}{분자량} = \frac{20}{44} = 0.45mol$

03 정답 ②

마그네슘은 제2류 위험물이다.

04 정답 ①

폭굉(detonation)은 폭발 시 연소파의 전파속도가 음속 이상인 것으로 연소속도가 음속보다 빠르다.

05 정답 ③

③ **에틸아민** : 무색의 기체로 암모니아와 같은 강한 냄새가 난다. 에틸아민은 실온 바로 아래에서 거의 모든 용매와 섞일 수 있는 액체로 응축된다. 에틸아민은 아민의 경우와 같이 친핵성 염기이다. 에틸아민은 화학 산업 및 유기 합성에서 널리 사용된다.
① **에틸벤젠** : 유기 화합물로 휘발유와 비슷한 냄새가 나는 가연성의 무색 액체이다.
② **산화프로필렌** : 고리 에터의 하나로 프로필렌의 산화물이며 무색의 액체로 에터와 비슷한 냄새가 난다.
④ **사이클로프로판** : 가스 형태로 환상탄화수소류는 쇄상탄화수소류보다 작용이 신속하다.

06 정답 ①

방화구획의 설치기준 : 건축물에 설치하는 방화구획은 다음의 기준에 적합해야 한다(제14조 제1항).
1. 10층 이하의 층은 바닥면적 1천m^2(스프링클러 기타 이와 유사한 자동식 소화설비를 설치한 경우에는 바닥면적 3천m^2) 이내마다 구획할 것
2. 매층마다 구획할 것. 다만, 지하 1층에서 지상으로 직접 연결하는 경사로 부위는 제외한다.
3. 11층 이상의 층은 바닥면적 200m^2(스프링클러 기타 이와 유사한 자동식 소화설비를 설치한 경우에는 600m^2)이내마다 구획할 것. 다만, 벽 및 반자의 실내에 접하는 부분의 마감을 불연재료로 한 경우에는 바닥면적 500m^2(스프링클러 기타 이와 유사한 자동식 소화설비를 설치한 경우에는 1천500m^2) 이내마다 구획하여야 한다.
4. 필로티나 그 밖에 이와 비슷한 구조(벽면적의 2분의 1 이상이 그 층의 바닥면에서 위층 바닥 아래면까지 공간으로 된 것만 해당한다)의 부분을 주차장으로 사용하는 경우 그 부분은 건축물의 다른 부분과 구획할 것

07 정답 ④

④ **용해열** : 용질이 용매에 녹을 때 나오는 열이다.

324

빠른 정답 찾기로 문제를 빠르게 채점할 수 있고, 각 문제의 해설을 상세하게 풀어내어 문제 개념을 이해하기 쉽도록 하였습니다.

목 차

PART 3 정답 및 해설

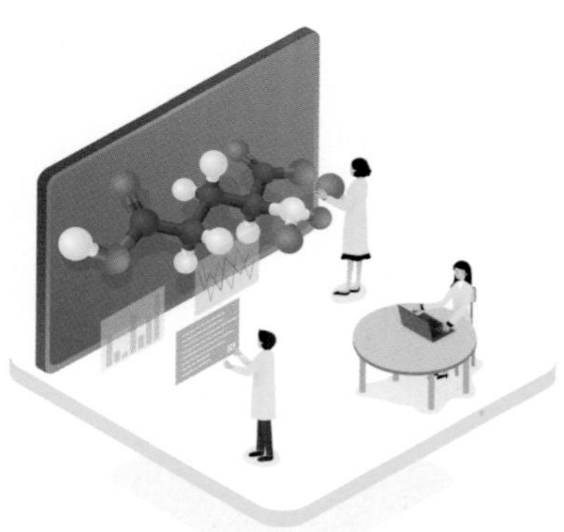

Study Plan

영역		학습일	학습시간	정답 수
과목별 예상문제	소방원론			/150
	소방유체역학			/150
	소방관계법규			/150
	소방기계시설의 구조 및 원리			/150
빈출 모의고사	1회			/80
	2회			/80
	3회			/80
	4회			/80
	5회			/80

ENGINNER
FIRE FIGHTING
FACILITIES
[MECHANICAL]

PART 1

과목별 예상문제

1과목 소방원론

2과목 소방유체역학

3과목 소방관계법규

4과목 소방기계시설의 구조 및 원리

1과목 소방원론

01 **다음 중 목조건축물의 화재특성으로 틀린 것은?**

① 화염의 분출면적이 크고 복사열이 커서 접근하기 어렵다.
② 화재 진행속도는 내화건축물보다 빠르다.
③ 화재 최성기의 온도는 내화건축물보다 낮다.
④ 바람의 세기가 강할수록 풍하측으로 연소 확대가 빠르다.

정답 ③

화재 최성기의 온도는 내화건축물보다 높다.

핵심 포인트

건축물의 구조형태에 따른 화재특성

구분	목조건축물	내화건축물
연소형태	고온 단시간형	저온 장시간형
최고온도	1,300℃	1,300℃

02 **다음 물질 중 공기 중에서의 연소범위가 가장 넓은 것은?**

① 메탄
② 에탄
③ 가솔린
④ 수소

정답 ④

연소범위 : 수소 4.1~74, 프로페인 2.4~9.5, 뷰테인 1.8~8.4, 메테인 5.3~14, 에테인 3.2~12.5, 가솔린 1.4~6.2

03 **건물화재의 표준시간–온도곡선에서 화재발생 후 1시간이 경과할 경우 내부 온도는 약 몇 ℃ 정도가 되는가?**

① 620℃
② 780℃
③ 840℃
④ 925℃

정답 ④

내화 건축물의 온도변화 : 30분 후 840℃, 1시간 후 925℃, 2시간 후 1,010℃, 3시간 후 1,050℃

04 **분말소화약제 중 탄산수소나트륨($NaHCO_3$)을 주성분으로 하는 소화약제는?**

① 제1종 분말
② 제2종 분말
③ 제3종 분말
④ 제4종 분말

정답 ①

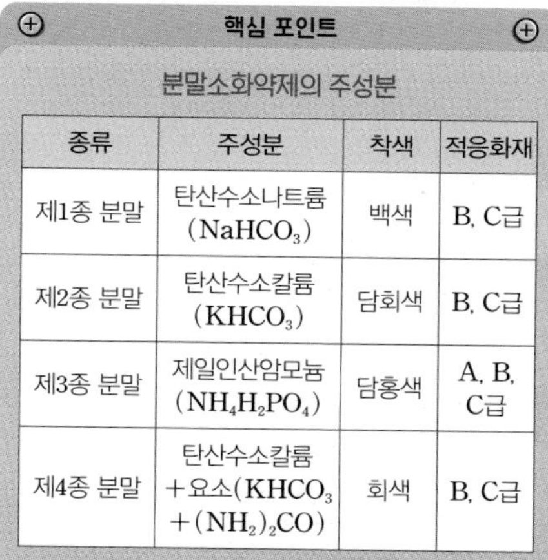

핵심 포인트

분말소화약제의 주성분

종류	주성분	착색	적응화재
제1종 분말	탄산수소나트륨 ($NaHCO_3$)	백색	B, C급
제2종 분말	탄산수소칼륨 ($KHCO_3$)	담회색	B, C급
제3종 분말	제일인산암모늄 ($NH_4H_2PO_4$)	담홍색	A, B, C급
제4종 분말	탄산수소칼륨+요소($KHCO_3$ +$(NH_2)_2CO$)	회색	B, C급

05 제연설비의 화재안전기준상 예상제연구역에 공기가 유입되는 순간의 풍속은 몇 m/s 이하가 되도록 하여야 하는가?

① 3m/s
② 5m/s
③ 7m/s
④ 10m/s

정답 ②

예상제연구역에 공기가 유입되는 순간의 풍속은 5m/s 이하가 되도록 하고, 유입구의 구조는 유입공기를 상향으로 분출하지 않도록 설치해야 한다. 다만, 유입구가 바닥에 설치되는 경우에는 상향으로 분출이 가능하며 이 때의 풍속은 1m/s 이하가 되도록 해야 한다.

06 폭발성가스의 인화를 방지할 수 있는 것이 시험 기타의 방법에 의해 확인된 구조는?

① 내압방폭구조
② 유입방폭구조
③ 안전증방폭구조
④ 특수방폭구조

정답 ④

④ **특수방폭구조** : 폭발성가스의 인화를 방지할 수 있는 것이 시험 기타의 방법에 의해 확인된 구조
① **내압방폭구조** : 전기장비 내부에서 폭발이 발생하더라도 외부로 확산되지 않도록 설계된 구조
② **유입방폭구조** : 전기기기가 불꽃 또는 아크 등을 발생해서 포갈성 가스에 점화할 우려가 있는 부분을 기름 안에 넣어 유면상의 폭발성가스에 인화될 우려가 없도록 한 것
③ **안전증방폭구조** : 전기장비의 발열 및 스파크 발생 가능성을 줄이기 위해 설계된 구조

07 다음 중 화재의 정의로 옳은 것은?

① 격렬한 산화반응에 의한 연소현상이다.
② 사람의 과실로 인한 실화나 고의에 의한 방화로 발생하는 연소현상으로서 소화할 필요성이 있는 연소현상이다.
③ 전기적 요인에 의한 발생하는 연소현상이다.
④ 휘발유, 등유, 경유 등 위험물 및 가연성 액체 취급 부주의로 인한 연소현상이다.

정답 ②

화재 : 인간의 의도에 반하여 혹은 방화에 의해 발생 또는 확대된 연소 현상으로 소화설비를 이용하여 소화할 필요가 있는 연소현상, 즉 화학적 폭발을 의미한다.

PART 1 과목별 예상문제

08 어두침침한 것을 느낄 정도이고 가시거리가 3m에 해당하는 감광계수는 얼마인가?

① $0.1m^{-1}$

② $0.3m^{-1}$

③ $0.5m^{-1}$

④ $1m^{-1}$

핵심 포인트

연기농도와 가시거리

감광계수(m^{-1})	가시거리(m)	상황
0.1	20~30	연기감지기의 작동 농도
0.3	5	건물 내 숙지자의 피난 한계 농도
0.5	3	어두침침한 것을 느낄 정도의 농도
1	1~2	거의 앞이 보이지 않을 정도의 농도
10	0.2~0.5	화재의 최성기 때의 농도
30	–	출화실에서 연기가 분출될 때의 연기 농도

09 다음 중 제3종 분말소화약제의 주성분으로 옳은 것은?

① $NH_4H_2PO_4$

② $KHCO_3$

③ $NaHCO_3$

④ $KHCO_3+(NH_2)_2CO$

핵심 포인트

분말소화약제의 주성분

종류	주성분	착색	적응화재
제1종 분말	탄산수소나트륨($NaHCO_3$)	백색	B, C급
제2종 분말	탄산수소칼륨($KHCO_3$)	담회색	B, C급
제3종 분말	제일인산암모늄($NH_4H_2PO_4$)	담홍색	A, B, C급
제4종 분말	탄산수소칼륨+요소($KHCO_3+(NH_2)_2CO$)	회색	B, C급

10 다음 중 공기에서의 연소범위를 기준으로 했을 때 위험도(H) 값이 가장 큰 것은?

① 프로페인

② 수소

③ 암모니아

④ 에테인

위험도(H) : 메테인 3, 에테인 3.13, 프로페인 3.52, 부테인 3.67, 암모니아 0.867, 일산화탄소 4.92, 수소 17.5, 아세틸렌 31.4, 에틸렌 12.33, 에터 24.26, 디에틸렌에터 27.24

11 내화건축물과 비교한 목조건축물 화재의 일반적인 특징을 옳게 나타낸 것은?

① 고온, 단시간형
② 저온, 단시간형
③ 고온, 장시간형
④ 저온, 장시간형

내화건축물과 비교한 목조건축물 화재의 일반적인 특징
1. **내화건축물** : 저온, 장시간형
2. **목조건축물** : 고온, 단시간형

12 다음 중 조연성 가스에 해당하는 것은?

① 아르곤
② 염소
③ 프로페인
④ 일산화탄소

조연성 가스 : 산소, 불소, 염소

13 다음 중 열전도도(thermal conductivity)를 표시하는 단위에 해당하는 것은?

① J/m^2 · h
② kcal/h · ℃
③ W/m · K
④ J · K/m^3

③ 열전도도(**thermal conductivity**) : 물체가 열을 전달하는 능력의 척도로, 열전도도의 단위는 W/mK이다.
① J/m^2 · h : 종합 열전달률

14 프로페인 50vol%, 부테인 40vol%, 프로필렌 10vol%로 된 혼합가스의 폭발하한계는 약 몇 vol%인가? (단, 각 가스의 폭발하한계는 프로페인은 2.2vol%, 뷰테인은 1.9vol%, 프로필렌은 2.4vol%이다.)

① 1.79vol%
② 1.89vol%
③ 1.99vol%
④ 2.09vol%

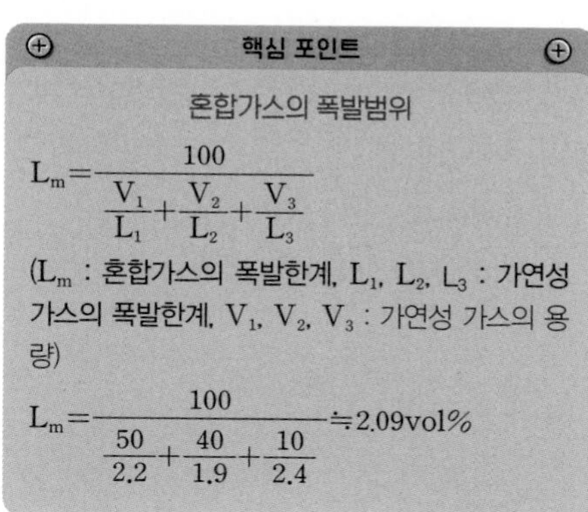

핵심 포인트

혼합가스의 폭발범위

$$L_m=\frac{100}{\frac{V_1}{L_1}+\frac{V_2}{L_2}+\frac{V_3}{L_3}}$$

(L_m : 혼합가스의 폭발한계, L_1, L_2, L_3 : 가연성 가스의 폭발한계, V_1, V_2, V_3 : 가연성 가스의 용량)

$$L_m=\frac{100}{\frac{50}{2.2}+\frac{40}{1.9}+\frac{10}{2.4}}\fallingdotseq 2.09\text{vol\%}$$

15 다음 중 이산화탄소의 물성으로 옳은 것은?

① 임계온도 : 30.35℃, 증기비중 : 0.529
② 임계온도 : 31.35℃, 증기비중 : 1.529
③ 임계온도 : 32.35℃, 증기비중 : 2.529
④ 임계온도 : 33.35℃, 증기비중 : 3.529

정답 ②

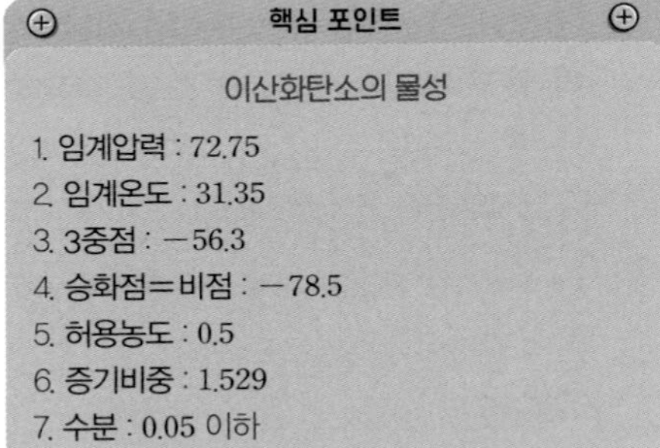

핵심 포인트

이산화탄소의 물성

1. **임계압력** : 72.75
2. **임계온도** : 31.35
3. **3중점** : −56.3
4. **승화점=비점** : −78.5
5. **허용농도** : 0.5
6. **증기비중** : 1.529
7. **수분** : 0.05 이하

16 다음 중 블레비(BLEVE) 현상과 관계가 없는 것은?

① 화구(Fire ball)의 형성
② 가연성 액체
③ 핵분열
④ 복사열의 대량 방출

블레비(BLEVE) 현상 : 고압 상태인 액화가스용기가 가열되어 물리적 폭발이 순간적으로 화학적 폭발로 이어지는 현상으로 탱크의 증기폭발과 이것에 계속하여 발생하는 가스폭발을 총칭한다. 블레비는 가연성 액체를 저장하는 용기에서 발생하며 화구를 형성하고 다량의 복사열을 방출하는 현상이다.

17 다음 중 소화약제로 사용하는 물의 증발잠열로 기대할 수 있는 소화효과는?

① 질식소화
② 냉각소화
③ 제거소화
④ 부촉매소화

② **냉각소화** : 물은 비열, 증발잠열, 기화 팽창율이 매우 큰 물질로 소화의 주체는 냉각소화이다.
① **질식소화** : 연소의 물질조건 중 하나인 산소의 공급을 차단하여 공기 중의 산소농도를 한계산소지수 이하로 유지시키는 소화방법이다.
③ **제거소화** : 가연물, 이연물 등을 제거해서 소화하는 방법을 말하다.
④ **부촉매소화** : 연소의 연쇄반응을 억제하여 화재를 진압하는 소화를 말한다.

18 열분해에 의해 가연물 표면에 유리상의 메타인산 피막을 형성하여 연소에 필요한 산소의 유입을 차단하는 분말약제는?

① 요소
② 탄산수소칼륨
③ 제1인산암모늄
④ 탄산수소나트륨

③ 제1인산암모늄의 열분해 시 생성된 메타인산이 가연물의 표면에 점착하여 가연물과 산소와의 접촉을 차단시켜 준다.

핵심 포인트

분말 소화약제의 종류 및 특성

종별	주성분	분자식	색상	적응화재
제1종 분말	탄산수소 나트륨	$NaHCO_3$	백색	B급, C급
제2종 분말	탄산수소 칼륨	$KHCO_3$	담회색	B급, C급
제3종 분말	제1인산 암모늄	$NH_4H_2PO_4$	담홍색 (또는 황색)	A급, B급, C급
제4종 분말	탄산수소칼륨과 요소와의 반응물	$KHCO_3 + (NH_2)_2CO$	회색	B급, C급

19 **다음 중 화재발생 시 인간의 피난특성으로 틀린 것은?**

① 가능한 넓은 공간을 찾다가 위험이 높아지면 좁은 공간을 찾는다.

② 공포감으로 인해서 빛을 피하여 어두운 곳으로 몸을 숨긴다.

③ 최초로 행동을 개시한 사람을 따라서 움직인다.

④ 좌측통행을 하고 시계 반대방향으로 회전하려 한다.

정답 ②

핵심 포인트

화재발생 시 인간의 피난특성

1. 친숙한 피난경로를 선택하려는 행동
2. 밝은 쪽을 지향하는 행동
3. 화염, 연기의 반대 방향으로 달아나려고 하는 행동
4. 많은 사람이 달아나는 방향으로 쫓아가려는 행동
5. 좌측통행을 하고 시계 반대 방향으로 회전하려는 행동
6. 가능한 넓은 공간을 찾다가 위험이 높아지면 좁은 공간을 찾는 본능
7. 비상시 상상도 못하는 힘을 내는 본능
8. 공격 본능
9. 비이성적인 또는 부적합한 공포반응 행동

20 **공기와 할론 1301의 혼합기체에서 할론 1301에 비해 공기의 확산속도는 약 몇 배인가? (단, 공기의 평균분자량은 29, 할론 1301의 분자량은 149이다.)**

① 2.27배

② 3.27배

③ 4.27배

④ 5.27배

정답 ①

확산속도는 분자량의 제곱근에 반비례한다.

$\frac{U_B}{U_A} = \sqrt{\frac{M_A}{M_B}}$ (U_B : 공기의 확산속도, U_A : 할론 1301의 확산속도, M_B : 공기 분자량, M_A : 할론 1301의 분자량)

$U_B = U_A \times \sqrt{\frac{M_A}{M_B}} = 1 \times \sqrt{\frac{149}{29}} ≒ 2.27$배

21 **위험물과 위험물안전관리법령에서 정한 지정수량으로 옳지 않은 것은?**

① 칼슘 – 300kg

② 철분 – 100kg

③ 황린 – 20kg

④ 질산 – 200kg

정답 ④

지정수량은 위험물의 종류별 위험성을 고려하여 위험물

취급소의 설치허가 등에 있어서 최저의 기준이 되는 수량을 말한다.
질산 – 300kg(영 별표 1)

22 0℃, 1기압에서 44.8m³의 용적을 가진 이산화탄소를 액화하여 얻을 수 있는 액화탄산가스의 무게는 약 몇 kg인가?

① 66kg
② 77kg
③ 88kg
④ 99kg

정답 ③

이상기체 방정식 $PV = nRT = \frac{W}{M}RT$(P : 압력, V : 부피, R : 기체 상수, T : 절대온도, W : 무게, M : 분자량)

$$W = \frac{PVM}{RT} = \frac{1 \times 44.8 \times 44}{0.08205 \times 273} \fallingdotseq 88.0\text{kg}$$

23 다음 중 소화원리에 대한 설명으로 틀린 것은?

① 냉각소화 : 물의 증발잠열에 의해서 가연물의 온도를 저하시키는 소화방법
② 억제소화 : 불활성기체를 방출하여 연소범위 이하로 낮추어 소화하는 방법
③ 질식소화 : 포소화약제 또는 불연성가스를 이용해서 공기 중의 산소공급을 차단하여 소화하는 방법
④ 제거효과 : 가연성 가스의 분출화재 시 연료공급을 차단시키는 소화방법

정답 ②

억제소화는 화염으로 인한 연소반응을 주도하는 라디칼을 제거하여 연소반응을 중단시키는 방법으로 화학적 작용에 의한 소화법이다. 불활성기체를 방출하여 연소범위 이하로 낮추어 소화하는 방법은 질식소화이다.

24 다음 중 건축물의 화재를 확산시키는 요인으로 볼 수 없는 것은?

① 자연발화
② 복사열
③ 비화
④ 접염

정답 ①

건축물의 화재를 확산시키는 요인 : 접염, 비화, 복사열

25 다음 중 공기와 접촉되었을 때 위험도(H)가 가장 큰 것은?

① 프로페인
② 이황화탄소
③ 에터
④ 일산화탄소

정답 ③

핵심 포인트

연소범위(vol%)

물질	연소범위	물질	연소범위
아세틸렌	2.5~81	수소	4~75
일산화탄소	12.5~74	메테인	5~15

암모니아	15~28	에테르	1.7~48.0
프로페인	2.1~9.5	이황화탄소	4.3~45

위험도 $H=\frac{U-L}{L}$

③ 에터 $H=\frac{48.0-1.7}{1.7}=27.24$

① 프로페인 $H=\frac{9.5-2.1}{2.1}=3.52$

② 이황화탄소 $H=\frac{45-4.3}{4.3}=9.47$

④ 일산화탄소 $H=\frac{74-12.5}{12.5}=4.92$

26 60분 방화문과 30분 방화문의 연기 및 불꽃을 차단할 수 있는 시간은 최소 몇 분 이상이어야 하는가?

① 60분 방화문 : 30분, 30분 방화문 : 10분
② 60분 방화문 : 45분, 30분 방화문 : 20분
③ 60분 방화문 : 60분, 30분 방화문 : 30분
④ 60분 방화문 : 90분, 30분 방화문 : 60분

정답 ③

핵심 포인트

방화문의 구분(건축법 시행령 제64조 제1항)

1. **60분+ 방화문** : 연기 및 불꽃을 차단할 수 있는 시간이 60분 이상이고, 열을 차단할 수 있는 시간이 30분 이상인 방화문
2. **60분 방화문** : 연기 및 불꽃을 차단할 수 있는 시간이 60분 이상인 방화문
3. **30분 방화문** : 연기 및 불꽃을 차단할 수 있는 시간이 30분 이상 60분 미만인 방화문

27 다음 중 액화석유가스(LPG)에 대한 성질로 틀린 것은?

① 액체에서 기체로 기화되었을 때 체적은 약 250배 팽창된다.
② 액체 상태에서는 물보다 가볍다.
③ 물에 녹지 않으나 유기용매에 용해된다.
④ 공기보다 1.5배 가볍다.

정답 ④

핵심 포인트

액화석유가스(LPG)의 성질

1. 무색, 무취이며 독성은 낮으나 마취성이 있다.
2. 주성분은 프로페인, 뷰테인이다.
3. 물에 녹지 않고 유기용제에 녹는다.
4. 액체 상태에서는 물보다 가볍고, 기체 상태에서는 공기보다 무겁다.
5. 액체에서 기체로 기화되었을 때 체적은 약 250배 팽창된다.
6. 발열량이 크다.

28 다음 중 발화점이 가장 낮은 물질은?

① 등유
② 에틸알코올
③ 황린
④ 적린

정답 ③

PART 1 과목별 예상문제

핵심 포인트

위험물의 발화점

물질	발화점	물질	발화점
황린	34℃	이황화탄소	90℃
삼화화린	100℃	니트로셀로오스	180℃
디에틸에터	180℃	아세트알데하이드	185℃
유황	232.2℃	등유	257℃
적린	260℃	가솔린	300℃
피크린산	300℃	트리니트로톨루엔	300℃
에틸알코올	363℃	종이류	405~410℃
프로페인	440~460℃	아세트산	465℃
마그네슘	482℃		

29 **다음 중 제거소화의 예에 해당하지 않는 것은?**

① 가연성가스 화재 시 가스의 밸브를 닫는다.
② 밀폐 공간에서의 화재 시 공기를 제거한다.
③ 산림화재 시 확산을 막기 위하여 산림의 일부를 벌목한다.
④ 유류탱크 화재 시 연소되지 않은 기름을 다른 탱크로 이동시킨다.

정답 ②

제거소화는 가연물, 이연물 등을 제거해서 소화하는 방법을 말하다. 산림화재 시 벌목, 가스누설 시 밸브 잠금, 유류탱크의 이동 등의 방법이 이에 해당한다.

30 **할로겐화합물 청정소화약제는 일반적으로 열을 받으면 할로겐족이 분해되어 가연물질의 연소 과정에서 발생하는 활성종과 화합하여 연소의 연쇄반응을 차단한다. 연쇄반응의 차단과 가장 거리가 먼 소화약제는?**

① IG-100
② HFC-236fa
③ FC-3-1-10
④ HFC-227ea

정답 ①

핵심 포인트

할로겐화합물 및 불활성기체 소화약제

1. **불활성가스 소화약제** : IG-01, IG-55, IG-100, IG-541는 주로 밀폐된 공간에서 산소농도를 낮추어 소화한다.
2. **할로겐화합물 청정소화약제** : FC-3-1-10, HCFC BLEND A, HCFC-124, HFC-125, HFC-227ea, HFC-23, HFC-236fa, FIC-1311, FK-5-1-12

31 **다음 중 화재의 일반적 특성으로 틀린 것은?**

① 확대성
② 우발성
③ 정형성
④ 불안정성

정답 ③

화재의 일반적 특성 : 우발성, 확대성(성장성), 불안정성.

32 연면적이 1000m² 이상인 목조건축물은 그 외벽 및 처마 밑의 연소할 우려가 있는 부분을 방화구조로 하여야 하는데, 이때 연소 우려가 있는 부분은? (단, 동일한 대지 안에 2동 이상의 건물이 있는 경우이며, 공원 · 광장 · 하천의 공지나 수면 또는 내화구조의 벽 기타 이와 유사한 것에 접하는 부분을 제외한다.)

① 상호의 외벽 간 중심선으로부터 1층은 3m 이내의 부분
② 상호의 외벽 간 중심선으로부터 2층은 7m 이내의 부분
③ 상호의 외벽 간 중심선으로부터 3층은 11m 이내의 부분
④ 상호의 외벽 간 중심선으로부터 4층은 13m 이내의 부분

정답 ①

연소할 우려가 있는 부분은 인접대지경계선 · 도로중심선 또는 동일한 대지 안에 있는 2동 이상의 건축물(연면적의 합계가 500m² 이하인 건축물은 이를 하나의 건축물로 본다) 상호의 외벽 간의 중심선으로부터 1층에 있어서는 3m 이내, 2층 이상에 있어서는 5m 이내의 거리에 있는 건축물의 각 부분을 말한다. 다만, 공원 · 광장 · 하천의 공지나 수면 또는 내화구조의 벽 기타 이와 유사한 것에 접하는 부분을 제외한다(건축물방화구조규칙 제22조 제2항).

33 염소산염류, 과염소산염류, 알칼리 금속의 과산화물, 질산염류, 과망간산염류의 특징과 화재 시 소화방법에 대한 설명 중 틀린 것은?

① 가연물, 유기물, 기타 산화하기 쉬운 물질과의 혼합물은 가열, 충격, 마찰 등에 의해 폭발하는 수도 있다.
② 그 자체가 가연성이며 폭발성을 지니고 있어 화약류 취급 시와 같이 주의를 요한다.
③ 알칼리 금속의 과산화물을 제외하고 다량의 물로 냉각소화한다.
④ 가열 등에 의해 분해하여 산소를 발생하고 화재 시 산소의 공급원 역할을 한다.

정답 ②

염소산염류, 과염소산염류, 알칼리 금속의 과산화물, 질산염류, 과망간산염류는 제1류 위험물이며 산화성 고체로 불연성이다.

34 다음의 소화약제 중 오존파괴지수(ODP)가 가장 큰 것은?

① 할론 104
② 할론 1211
③ 할론 1301
④ 할론 2402

정답 ③

오존 파괴물질은 CFC계통은 1, 할론 계통은 3~10, HCFs는 0.05이고 할론 1301은 13.1로 가장 크다.

35 **화재 시 발생하는 연소가스 중 인체에서 헤모글로빈과 결합하여 혈액의 산소운반을 저해하고 두통, 근육조절의 장애를 일으키는 것은?**

① CO_2
② CO
③ HCN
④ H_2S

정답 ②

② **CO** : 굉장히 위험한 물질로 적혈구의 헤모글로빈에 대한 결합력이 산소보다 엄청나게 높아서 이것이 과다하게 흡입되면 생물은 산소 부족으로 죽게 된다.
① **CO_2** : 탄소 화합물이 완전연소 했을 때 생성되고, 주로 호흡 등의 연소작용으로 나타난다.
③ **HCN** : 맹독성의 무색 액체 또는 기체로 어떤 경로를 통해 흡수되어도 위험한 맹독이다.
④ **H_2S** : 수소의 황화물로 악취를 가진 무색의 유독한 기체이다.

36 **다음 중 소화에 필요한 이산화탄소 소화약제의 최소설계농도 값이 가장 높은 물질은?**

① 아세틸렌
② 에틸렌
③ 석탄가스
④ 메테인

이산화탄소 소화약제의 최소설계농도 : 메테인 34%, 천연(석탄)가스 37%, 에틸렌 49%, 아세틸렌 66%

37 **물의 소화력을 증대시키기 위하여 첨가하는 첨가제 중 물의 유실을 방지하고 건물, 임야 등의 입체 면에 오랫동안 잔류하게 하기 위한 것은?**

① 침투제
② 강화액
③ 증점제
④ 유화제

정답 ③

③ **증점제** : 물의 유실을 방지하고 건물, 임야 등의 입체 면에 오랫동안 잔류하게 하기 위한 것이다.
① **침투제** : 물의 표면장력을 감소시켜 침투성을 증가시키는 것을 말한다.
④ **유화제** : 섞이지 않는 두 액체를 잘 섞이게 하기 위한 첨가제이다.

38 **물의 소화능력에 관한 설명 중 틀린 것은?**

① 다른 물질보다 융해잠열이 작다.
② 다른 물질보다 비열이 크다.
③ 다른 물질보다 증발잠열이 크다.
④ 밀폐된 장소에서 증발가열되면 산소희석 작용을 한다.

물은 가장 보편적인 소화제로서 물리적 조건을 다음과 같다.
1. 상온에서 물은 무겁고 비교적 안정된 액체이다.
2. 물의 융해잠열은 80Kcal/kg이다.(333.7kJ/kg)
3. 물의 증발잠열은 539kcal/kg(1기압 100℃일 때)이다.(2261kJ/kg)
4. 물의 비열은 1kcal/kg℃이다.(4.1867kJ/kg℃)
5. 물이 증발하면 그 체적은 약 1700배로 증가한다.
6. 효과적인 소화방법은 물을 분무하는 방법인데 물이 증기로 쉽게 바뀌어 냉각효과를 증대시키기 때문이다.

39 **초고층 건축물에는 피난층 또는 지상으로 통하는 직통계단과 직접 연결되는 피난안전구역을 지상층으로부터 최대 30개 층마다 몇 개소 이상 설치하여야 하는가?**

① 0.5개소 이상
② 1개소 이상
③ 2개소 이상
④ 3개소 이상

정답 ②

초고층 건축물에는 피난층 또는 지상으로 통하는 직통계단과 직접 연결되는 피난안전구역(건축물의 피난 · 안전을 위하여 건축물 중간층에 설치하는 대피공간을 말한다.)을 지상층으로부터 최대 30개 층마다 1개소 이상 설치하여야 한다(건축법 시행령 제34조 제3항).

40 **다음 중 비열이 가장 큰 물질은?**

① 알루미늄
② 물
③ 염화나트륨
④ 구리

정답 ②

핵심 포인트

물질에 따른 비열

물질	비열 (cal/g · K)	물질	비열 (cal/g · K)
물	1	얼음	0.5
구리	0.0924	나무	0.41
철	0.107	유리	0.2
은	0.056	알코올	0.58
금	0.0309	수은	0.033
납	0.0305	알루미늄	0.215
금강석	0.121	납	0.0309
염화나트륨	0.206	황동	0.091
백금	0.0316	우라늄	0.027

41 **건축물에 설치하는 방화구획의 설치기준 중 10층 이하의 층은 바닥면적 몇 m^2 이내마다 방화구획을 하여야 하는가?**

① $1,000m^2$
② $2,000m^2$
③ $3,000m^2$
④ $4,000m^2$

정답 ①

방화구획의 설치기준(건축물방화구조규칙 제14조 제1항)

1. 10층 이하의 층은 바닥면적 1천m^2(스프링클러 기타 이와 유사한 자동식 소화설비를 설치한 경우에는 바닥면적 3천m^2) 이내마다 구획할 것
2. 매층마다 구획할 것. 다만, 지하 1층에서 지상으로 직접 연결하는 경사로 부위는 제외한다.
3. 11층 이상의 층은 바닥면적 200m^2(스프링클러 기타 이와 유사한 자동식 소화설비를 설치한 경우에는 600m^2) 이내마다 구획할 것. 다만, 벽 및 반자의 실내에 접하는 부분의 마감을 불연재료로 한 경우에는 바닥면적 500m^2(스프링클러 기타 이와 유사한 자동식 소화설비를 설치한 경우에는 1천500m^2) 이내마다 구획하여야 한다.
4. 필로티나 그 밖에 이와 비슷한 구조(벽면적의 2분의 1 이상이 그 층의 바닥면에서 위층 바닥 아래면까지 공간으로 된 것만 해당한다)의 부분을 주차장으로 사용하는 경우 그 부분은 건축물의 다른 부분과 구획할 것

42 다음 원소 중 전기 음성도가 가장 큰 것은?

① Ca
② Br
③ Cl
④ F

전기 음성도 : F 3.98, Br 2.96, Cl 3.16, Ca 1.00

43 다음 중 인화알루미늄의 화재 시 주수소화하면 발생하는 물질은?

① 수소
② 메테인
③ 포스핀
④ 아세틸렌

인화알루미늄이 물과 반응하면 포스핀이 발생한다.
$AlP + 3H_2O \rightarrow Al(OH)_3 + PH_3$

44 화재 시 이산화탄소를 방출하여 산소농도를 15vol%로 낮추어 소화하기 위한 공기 중 이산화탄소의 농도는 약 몇 vol%인가?

① 28.6vol%
② 29.5vol%
③ 30.6vol%
④ 31.6vol%

$$CO_2 \text{ 농도} = \frac{21 - O_2}{21} \times 100 = \frac{21 - 15}{21} \times 100 \fallingdotseq 28.6\text{vol\%}$$

45 탱크화재 시 발생되는 보일오버(Boil Over)의 방지 방법으로 틀린 것은?

① 탱크 내용물의 기계적 교반
② 물의 배출
③ 위험물 탱크 내의 하부에 냉각수 저장
④ 과열 방지

위험물 탱크 내의 하부에 냉각수를 저장 하는 것은 보일오버(Boil Over)의 원인이 된다.
보일오버(Boil Over)의 방지방법 : 탱크관리, 비등 온도 차이에 따른 관리, 탱크설계, 열원통제, 적절한 소화 시스템, 정기적인 점검 및 유지보수

46 다음 중 제2류 위험물에 해당하지 않는 것은?

① 금속분
② 황화인
③ 마그네슘
④ 나트륨

제2류 위험물 : 황화인, 적린, 황, 금속분, 마그네슘, 인화성 고체

47 **건축물의 피난 · 방화구조 등의 기준에 관한 규칙에 따라 석고판 위에 시멘트모르타르 또는 회반죽을 바른 것으로서 그 두께의 합계가 최소 몇 cm 이상인 것을 방화구조로 규정하는가?**

① 2.5cm
② 3.0cm
③ 3.5cm
④ 4.0cm

핵심 포인트

방화구조(건축물방화구조규칙 제4조)

1. 철망모르타르로서 그 바름두께가 2cm 이상인 것
2. 석고판 위에 시멘트모르타르 또는 회반죽을 바른 것으로서 그 두께의 합계가 2.5cm 이상인 것
3. 시멘트모르타르 위에 타일을 붙인 것으로서 그 두께의 합계가 2.5cm 이상인 것
4. 심벽에 흙으로 맞벽치기한 것

48 **삼림화재 시 소화효과를 증대시키기 위해 물에 첨가하는 증점제로서 적합한 것은?**

① Sodium Carboxy Methyl Cellulose
② Potassium Carbonate
③ Ammonium Phosphate
④ Ethylene Glycol

Sodium Carboxy Methyl Cellulose은 카르복시메칠셀룰로스나트륨으로 삼림화재 시 소화효과를 증대시키기 위해 물에 첨가하는 증점제 역할을 한다.

49 **다음 중 탄화칼슘이 물과 반응할 때 발생하는 가연성 가스는?**

① 헬륨
② 아르곤
③ 아세틸렌
④ 산소

탄화칼슘이 물과 반응하면 가연성 가스인 아세틸렌이 발생한다.

$CaC_2 + 2H_2O \rightarrow Ca(OH)_2 + C_2H_2 \uparrow$

50 **물질의 저장창고에서 화재가 발생하였을 때 주수소화를 할 수 없는 물질은?**

① 나트륨
② 질산에틸
③ 이황화탄소
④ 유황

금속화재 : 금속은 연소열이 크고, 가연물이 될 수 있는 성질을 충분히 가지고 있고 위험성의 내용은 나트륨, 칼륨, 리튬 기타 단체 금속의 자연발화와 마그네슘, 알루미늄 등 금속분말의 분진폭발이 있다. 금속화재의 경우 주수소화를 금한다.

PART 1 과목별 예상문제

51 다음 중 인명구조기구에 속하지 않는 것은?

① 방화복
② 공기호흡기
③ 완강기
④ 인공소생기

인명구조기구 : 방열복, 방화복, 공기호흡기, 인공호흡기, 인공소생기
피난기구 : 공기 안전매트, 완강기

52 물 소화약제를 어떠한 상태로 주수할 경우 전기화재의 진압에서도 소화능력을 발휘할 수 있는가?

① 물에 의한 봉상주수
② 물에 의한 무상주수
③ 물에 의한 적상주수
④ 어떤 상태의 주수에 의해서도 효과가 없다.

무상주수는 고압으로 방수 시 분무 노즐에서 나타나는 안개모양의 주수로, 물방울의 직경이 0.1~1mm로 전기화재, 유류화재, 일반화재에 적합하다.

53 다음 중 화재와 관련이 없는 단체는?

① IMO(International Matritime Organization)
② SEPE(Society of Fire Protection Engineers)
③ NFPA(Nation Fire Protection Association)
④ ISO(International Organization for Standardization) TC 92

① 국제해사기구, ② 화재방지기술자협회, ③ 미국소방안전협회 ④ ISO 산하 화재안전기술위원회

54 다음 중 제3종 분말소화약제에 대한 설명으로 틀린 것은?

① A, B, C급 화재에 모두 적응한다.
② 용기의 색은 담홍색이다.
③ 열분해시 발생되는 불연성 가스에 의한 질식효과가 있다.
④ 주성분은 탄산수소칼륨과 요소이다.

핵심 포인트

분말소화약제의 적응화재

종류	주성분	착색	적응화재
제1종 분말	탄산수소나트륨 ($NaHCO_3$)	백색	B, C급
제2종 분말	탄산수소칼륨 ($KHCO_3$)	담회색	B, C급
제3종 분말	제일인산암모늄 ($NH_4H_2PO_4$)	담홍색	A, B, C급
제4종 분말	탄산수소칼륨 +요소($KHCO_3$ $+(NH_2)_2CO$)	회색	B, C급

55 다음 중 포소화약제의 적응성이 있는 것은?

① 가솔린 화재
② 알킬리튬 화재
③ 칼륨 화재
④ 인화알루미늄 화재

정답 ①

내알코올포 소화약제는 단백질의 가수분해 생성물과 합성세제 등을 주성분으로 하며 알코올류, 케톤류, 에스테르류 등 수용성위험물에 적응하여 사용하는 소화약제이다.

56 공기의 평균 분자량이 29일 때 이산화탄소 기체의 증기비중은 얼마인가?

① 1.42
② 1.52
③ 1.62
④ 1.72

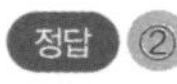

정답 ②

이산화탄소의 분자량 44

$$\text{증기비중} = \frac{\text{이산화탄소의 분자량}}{\text{공기의 분자량}} = \frac{44}{29} \fallingdotseq 1.52$$

57 다음 중 이산화탄소에 대한 설명으로 틀린 것은?

① 불연성가스로 공기보다 무겁다.
② 고체의 형태로 존재할 수 있다.
③ 임계온도는 97.5℃이다.
④ 드라이아이스와 분자식이 동일하다.

정답 ③

③ 임계온도는 31.35℃이다.
① 불연성가스로 공기보다 1.52배 무겁다.
② 드라이아이스의 형태로 존재할 수 있다.
④ 드라이아이스와 분자식이 동일하다.

58 다음 중 인화점이 가장 낮은 물질은?

① 아세틸렌
② 이황화탄소
③ 아세트산
④ 에틸에터

정답 ④

인화점 : 에틸에터 −45℃, 이황화탄소 −30℃, 아세틸렌 −18℃, 아세트산 40℃

59 화재 시 CO_2를 방사하여 산소농도를 18vol%로 낮추어 소화하려면 공기 중 CO_2의 농도는 약 몇 vol%가 증가되어야 하는가?

① 11.5vol%
② 12.3vol%
③ 13.5vol%
④ 14.3vol%

정답 ④

$$CO_2\ \text{농도} = \frac{21 - O_2}{21} \times 100 = \frac{21 - 18}{21} \times 100 \fallingdotseq 14.3\ (\text{vol\%})$$

60 다음 중 이산화탄소 소화약제에 관한 내용으로 틀린 것은?

① 산소와 반응하지 않는다.
② 불연성 가스로 공기보다 무겁다.
③ 상온 상압에서 액체상태로 존재한다.
④ 고체의 형태로 존재할 수 있다.

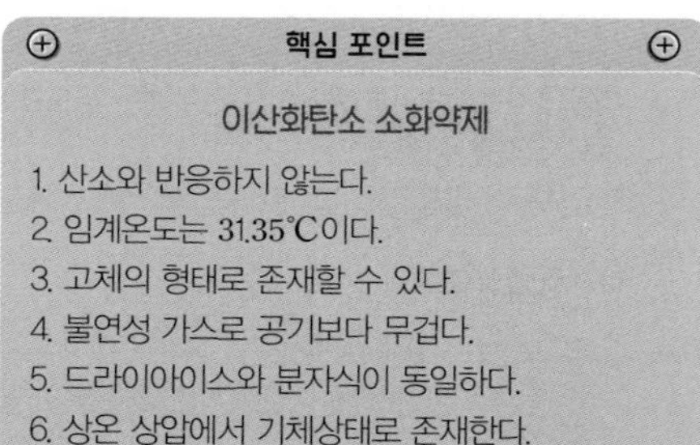

61 어떤 유기화합물을 원소 분석한 결과 중량백분율이 C : 39.9%, H : 6.7%, O : 53.4% 인 경우 이 화합물의 분자식은? (단, 원자량은 C=12, O=16, H=1이다.)

① $C_2H_2O_2$
② C_2H_4O
③ $C_3H_8O_2$
④ $C_2H_6O_2$

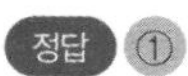

실험식 $C : H : O = \frac{39.9}{12} : \frac{6.7}{1} : \frac{53.4}{16} = 3.325 : 6.7 : 3.33 = 1 : 2 : 1 = CH_2O$
분자식=실험식$\times n = CH_2O \times 2 = C_2H_4O_2$

62 다음 중 제2류 위험물에 해당하는 것은?

① 과염소산염류
② 질산칼륨
③ 나트륨
④ 철분

제2류 위험물 : 황화인, 적린, 황, 철분, 금속분, 마그네슘, 인화성 고체

63 밀폐된 공간에 이산화탄소를 방사하여 산소의 체적 농도를 12% 되게 하려면 상대적으로 방사된 이산화탄소의 농도는 얼마가 되어야 하는가?

① 42.86%
② 44.86%
③ 46.86%
④ 48.86%

이산화탄소의 농도$=\frac{21-O_2}{21}\times 100=\frac{21-12}{21}\times 100 ≒ 42.86\%$

64 실내 화재 시 발생한 연기로 인한 감광계수(m^{-1})와 가시거리에 대한 설명 중 틀린 것은?

① 감광계수가 0.1일 때 가시거리는 20~30m이다.
② 감광계수가 0.3일 때 가시거리는 5m이다.

③ 감광계수가 0.5일 때 가시거리는 3m 이다.
④ 감광계수가 10일 때 가시거리는 1~2m 이다.

정답 ④

핵심 포인트

연기농도와 가시거리

감광계수(m^{-1})	가시거리(m)	상황
0.1	20~30	연기감지기의 작동 농도
0.3	5	건물 내 숙지자 피난 한계 농도
0.5	3	어두침침한 것을 느낄 정도의 농도
1	1~2	거의 앞이 보이지 않을 정도의 농도
10	0.2~0.5	화재의 최성기 때의 농도
30	–	출화실에서 연기가 분출될 때의 연기 농도

65 **화재의 지속시간 및 온도에 따라 목재건물과 내화건물을 비교했을 때, 목재건물의 화재성상으로 가장 적합한 것은?**

① 저온장기형이다.
② 저온단기형이다.
③ 고온단기형이다.
④ 고온장기형이다.

정답 ③

목재건물의 화재성상 고온단기형, 내화건물의 화재성상 저온장기형

66 **다음 중 분말 소화약제의 취급 시 주의사항으로 틀린 것은?**

① 분말 소화약제와 수성막포를 함께 사용할 경우 포의 소포현상을 발생시키므로 병용해서는 안 된다.
② 충진 시 다른 소화약제와 혼합을 피하기 위하여 종별로 각각 다른 색으로 착색되어 있다.
③ 실내에서 다량 방사하는 경우 분말을 흡입하지 않도록 한다.
④ 습도가 높은 공기 중에 노출되면 고화되므로 항상 주의를 기울인다.

정답 ①

① 분말 소화약제는 수성막포와 분말 소화약제를 겸용하여 사용 가능하며 이때 소화능력이 향상된다.
② 종별로 다른 색으로 착색되어 있다.
③ 분말은 흡입하지 않도록 한다.
④ 분말의 고화를 방지하기 위해 방습 처리한다.

67 **다음 중 위험물안전관리법령상 위험물의 지정수량이 틀린 것은?**

① 나트륨 – 10kg
② 특수인화물 – 50kg
③ 트리니트로톨루엔 – 200kg
④ 금속의 인화물 – 300kg

정답 ②

지정수량은 위험물의 종류별 위험성을 고려하여 위험물 취급소의 설치허가 등에 있어서 최저의 기준이 되는 수량을 말한다.
특수인화물 – 50L(영 별표 1)

PART 1 과목별 예상문제

68 **화재실의 연기를 옥외로 배출시키는 제연방식으로 효과가 가장 적은 것은?**

① 자연 제연방식

② 스모크 타워 제연방식

③ 냉난방설비를 이용한 제연방식

④ 기계식 제연방식

정답 ③

제연방식 : 자연 제연방식, 스모크 타워 제연방식, 기계식 제연방식

69 **다음 물질의 취급 또는 위험성에 대한 설명 중 틀린 것은?**

① 질산은 물과 반응시 발열반응하므로 주의해야 한다.

② 융해열은 점화원이다.

③ 네온, 이산화탄소, 질소는 불연성 물질로 취급한다.

④ 암모니아를 충전하는 공업용 용기의 색상은 백색이다.

정답 ②

② 고온의 표면, 화기, 기계적 불꽃, 마찰열 등이 점화원에 해당한다.

① 질산은 물과 반응시 발열반응 한다.

③ 네온, 이산화탄소, 질소는 불연성 물질이다.

④ 암모니아를 충전하는 공업용 용기의 색상은 백색이고 글자는 흑색이다.

70 **제4류 위험물의 물리 · 화학적 특성에 대한 설명으로 틀린 것은?**

① 증기비중은 공기보다 크다.

② 정전기에 의한 화재발생 위험이 있다.

③ 인화성 고체이다.

④ 인화점이 낮을수록 증기발생이 용이하다.

정답 ③

핵심 포인트

제4류 위험물(인화성 액체)

1. 증기비중이 공기보다 크다.
2. 정전기에 의한 화재 가능성이 크다.
3. 인화점이 낮을수록 증기발생이 용이하여 위험하다.

71 **주수소화 시 가연물에 따라 발생하는 가연성 가스의 연결이 바르지 않은 것은?**

① 탄화칼슘 – 아세틸렌

② 탄화알루미늄 – 프로판

③ 인화칼슘 – 포스핀

④ 수소화리튬 – 수소

정답 ②

② 탄화알루미늄 $Al_4C_3 + 12H_2O \rightarrow 4Al(OH)_3 + 3CH_4\uparrow$ (메테인)

① 탄화칼슘 $CaC_3 + 2H_2O \rightarrow Ca(OH)_2 + C_2H_2\uparrow$ (아세틸렌)

③ 인화칼슘 $Ca_3P_2 + 6H_2O \rightarrow 3Ca(OH)_2 + 2PH_3\uparrow$ (포스핀)

④ 수소화리튬 $LiH + H_2O \rightarrow LiOH + H_2\uparrow$ (수소)

72 다음 중 화재하중의 단위로 옳은 것은?

① ℃ · L/m³
② ℃/m²
③ kg · L/m³
④ Kg/m²

화재하중은 단위면적당 가연물의 질량으로, 그 단위는 Kg/m^2이다.

73 다음 물질의 화재 위험성에 대한 설명으로 틀린 것은?

① 인화점 및 착화점이 낮을수록 위험하다.
② 비점 및 융점이 높을수록 위험하다.
③ 연소속도가 클수록 위험하다.
④ 압력이 높을수록 위험하다.

핵심 포인트

물질의 화재 위험성

1. **인화점, 착화점, 비점, 융점** : 낮을수록 위험
2. **연소범위** : 넓을수록 위험
3. **온도, 압력** : 높을수록 위험
4. **연소속도, 증기압, 연소열** : 클수록 위험

74 다음은 건축법령상 방화벽의 구조기준이다. ( )안에 알맞은 것은?

> • 방화벽의 양쪽 끝과 윗쪽 끝을 건축물의 외벽면 및 지붕면으로부터 (㉠)m 이상 튀어 나오게 할 것
> • 방화벽에 설치하는 출입문의 너비 및 높이는 각각 (㉡)m 이하로 하고, 해당 출입문에는 60+방화문 또는 60분 방화문을 설치할 것

① ㉠ 0.5m, ㉡ 2.5m
② ㉠ 0.6m, ㉡ 3.0m
③ ㉠ 1.0m, ㉡ 3.5m
④ ㉠ 1.2m, ㉡ 4.0m

건축물에 설치하는 방화벽은 다음의 기준에 적합해야 한다(건축법 시행규칙 제21조 제1항).

1. 내화구조로서 홀로 설 수 있는 구조일 것
2. 방화벽의 양쪽 끝과 윗쪽 끝을 건축물의 외벽면 및 지붕면으로부터 0.5m 이상 튀어 나오게 할 것
3. 방화벽에 설치하는 출입문의 너비 및 높이는 각각 2.5m 이하로 하고, 해당 출입문에는 60+방화문 또는 60분 방화문을 설치할 것

75 다음 위험물 중 특수인화물이 아닌 것은?

① 산화프로필렌
② 이황화탄소
③ 벤젠
④ 아세트알데하이드

특수인화물 : 이황화탄소, 디에틸에테르, 산화프로필렌, 아세트알데하이드

76 **인화점이 40℃ 이하인 위험물을 저장, 취급하는 장소에 설치하는 전기설비는 방폭구조로 설치하는데, 용기의 내부에 기체를 압입하여 압력을 유지하도록 함으로써 폭발성가스가 침입하는 것을 방지하는 구조는?**

① 압력 방폭구조
② 유입 방폭구조
③ 안전증 방폭구조
④ 특수 방폭구조

정답 ①

① **압력 방폭구조** : 전기설비 용기 내부에 공기, 질소, 탄산가스 등의 보호가스를 대기압 이상으로 봉입하여 당해 용기 내부에 가연성가스 또는 증기가 침입하지 못하도록 한 구조
② **유입 방폭구조** : 전기기기가 불꽃 또는 아크 등을 발생해서 포갈성 가스에 점화할 우려가 있는 부분을 기름 안에 넣어 유면상의 폭발성가스에 인화될 우려가 없도록 한 것
③ **안전증 방폭구조** : 전기장비의 발열 및 스파크 발생 가능성을 줄이기 위해 설계된 구조
④ **특수 방폭구조** : 폭발성가스의 인화를 방지할 수 있는 것이 시험 기타의 방법에 의해 확인된 구조

77 **유류 탱크의 화재 시 탱크 저부의 물이 뜨거운 열류층에 의하여 수증기로 변하면서 급작스런 부피 팽창을 일으켜 유류가 탱크 외부로 분출하는 현상은?**

① 슬롭 오버(Slop Over)
② 보일 오버(Boil Over)
③ 블레비(BLEVE)
④ 파이어 볼(Fire Ball)

② **보일 오버(Boil Over)** : 유류 탱크의 화재 시 탱크 저부의 물이 뜨거운 열류층에 의하여 수증기로 변하면서 급작스런 부피 팽창을 일으켜 유류가 탱크 외부로 분출하는 현상
① **슬롭 오버(Slop Over)** : 물이 연소유의 뜨거운 표면에 들어갈 때 기름표면에서 화재가 발생하는 현상
③ **블레비(BLEVE)** : 과열상태의 탱크에서 내부의 액화가스가 분출하여 기화되어 폭발하는 현상
④ **파이어 볼(Fire Ball)** : 탱크로부터 액화가스가 누출되어 착화되면서 폭발할 때 화염이 급속히 확대되어 공기를 끌어올려 버섯모양의 화구를 형성하여 폭발하는 현상

78 **다음 중 물리적 폭발에 해당하는 것은?**

① 중합폭발
② 분진폭발
③ 수증기 폭발
④ 박막폭발

핵심 포인트

폭발

1. **물리적 폭발** : 수증기폭발, 증기폭발, 고상 간의 전이에 의한 폭발, 전선폭발, 가스폭발, 압폭발
2. **화학적 폭발** : 산화폭발, 분해폭발, 중합폭발, 분진폭발, 가스폭발, 박막폭발, 증기운 폭발 등

79 **인화점이 20℃인 액체위험물을 보관하는 창고의 인화 위험성에 대한 설명 중 옳은 것은?**

① 겨울철에 창고 안이 추워질수록 인화의 위험성이 커진다.
② 여름철에 창고 안이 더워질수록 인화의 위험성이 커진다.
③ 20℃에서 가장 안전하고 20℃ 보다 높아지거나 낮아질수록 인화의 위험성이 커진다.
④ 인화의 위험성은 계절의 온도와는 상관없다.

 ②

인화점이 20℃인 액체위험물을 보관하는 창고의 온도가 높아지면 인화 위험성이 커지고 온도가 낮아지면 위험성이 낮아진다.

80 **이산화탄소의 허용농도는 약 얼마인가? (단, 공기의 분자량은 29이다)**

① 0.50
② 1.52
③ 2.52
④ 3.52

 ①

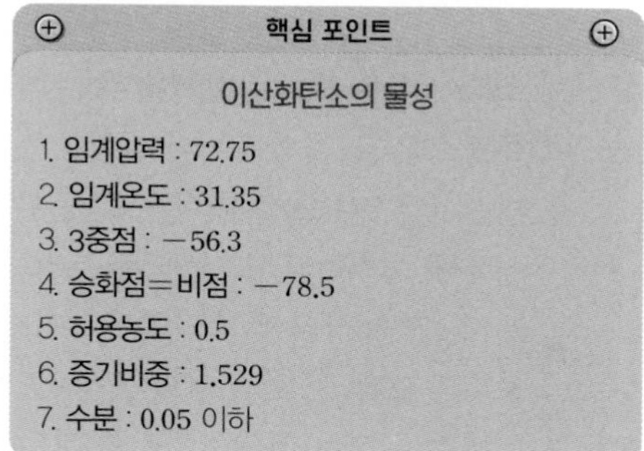
핵심 포인트

이산화탄소의 물성

1. 임계압력 : 72.75
2. 임계온도 : 31.35
3. 3중점 : −56.3
4. 승화점=비점 : −78.5
5. 허용농도 : 0.5
6. 증기비중 : 1.529
7. 수분 : 0.05 이하

81 **에터, 케톤, 에스테르, 알데하이드, 카르복실산, 아민 등과 같은 가연성의 수용성 용매에 유효한 포소화약제는?**

① 단백포
② 수성막포
③ 내알코올포
④ 불화단백포

 ③

③ **내알코올포** : 에터, 케톤, 에스테르, 알데하이드, 카르복실산, 아민 등과 같은 가연성의 수용성 용매에 유효한 포소화약제
① **단백포 소화약제** : 내열성이 우수하고 변질에 의한 저장성이 불량하고 유효기간이 존재한다.
② **수성막포 소화약제** : 기름에 대한 오염이 적고 다른 소화약제와 병용하여 사용이 가능하며 불소계 계면활성제가 주성분이다.

82 **방호공간 안에서 화재의 세기를 나타내고 화재가 진행되는 과정에서 온도에 따라 변하는 것으로 온도-시간 곡선으로 표시할 수 있는 것은?**

① 화재가혹도
② 화재저항
③ 화재하중
④ 화재플럼

정답 ①

① **화재가혹도** : 화재시 피해를 입히는 정도로 화재의 크기를 말하며, 최고온도의 지속시간으로 표현된다.
② **화재저항** : 화재시 최고온도의 지속시간을 견디는 내력이다.
③ **화재하중** : 화재실 또는 건물 안에 포함된 모든 가연성 물질의 완전연소에 따른 전체 발열량이다.
④ **화재플럼** : 화재시 발생하는 부력기둥으로, 고온의 연

소생성물이 천장면을 따라 빠르게 흐르는 기류이다.

83 화재의 분류방법 중 전기화재를 나타낸 것은?

① A급 화재
② B급 화재
③ C급 화재
④ D급 화재

정답 ③

핵심 포인트

화재의 종류

등급	종류	표지색상	소화방법
A급 화재	일반화재	백색	냉각(주수)소화
B급 화재	유류화재	황색	질식소화
C급 화재	전기화재	청색	질식소화
D급 화재	금속화재	무색	피복효과

84 소방시설 설치 및 안전관리에 관한 법령에 따른 개구부의 기준으로 틀린 것은?

① 화재 시 건축물로부터 쉽게 피난할 수 있도록 창살이나 그 밖의 장애물이 설치되지 않을 것
② 내부 또는 외부에서 쉽게 부수거나 열 수 있을 것
③ 해당 층의 바닥면으로부터 개구부 밑부분까지의 높이가 1.2m 이내일 것
④ 크기는 지름 30cm 이상의 원이 통과할 수 있을 것

정답 ④

개구부의 기준(소방시설법 시행령 제2조 제1호)
1. 크기는 지름 50cm 이상의 원이 통과할 수 있을 것
2. 해당 층의 바닥면으로부터 개구부 밑부분까지의 높이가 1.2m 이내일 것
3. 도로 또는 차량이 진입할 수 있는 빈터를 향할 것
4. 화재 시 건축물로부터 쉽게 피난할 수 있도록 창살이나 그 밖의 장애물이 설치되지 않을 것
5. 내부 또는 외부에서 쉽게 부수거나 열 수 있을 것

85 위험물안전관리법령상 지정된 동식물유류의 성질에 대한 설명으로 틀린 것은?

① 아이오딘값이 작을수록 자연발화의 위험성이 크다.
② 유기용매에는 잘 녹는다.
③ 물보다 가볍고 물에 녹지 않는다.
④ 인화점이 250℃ 미만인 것이다.

정답 ①

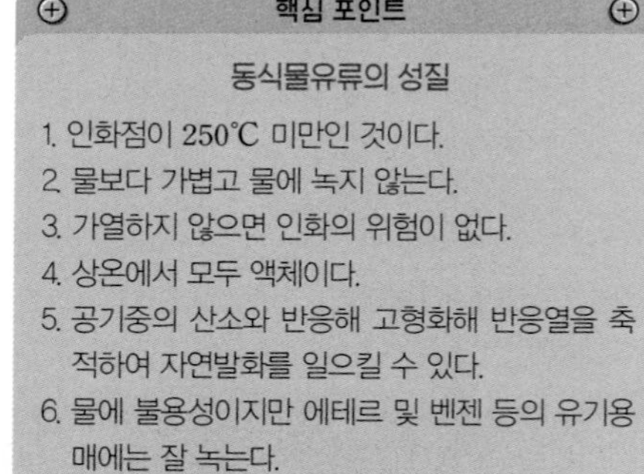
핵심 포인트

동식물유류의 성질

1. 인화점이 250℃ 미만인 것이다.
2. 물보다 가볍고 물에 녹지 않는다.
3. 가열하지 않으면 인화의 위험이 없다.
4. 상온에서 모두 액체이다.
5. 공기중의 산소와 반응해 고형화해 반응열을 축적하여 자연발화를 일으킬 수 있다.
6. 물에 불용성이지만 에테르 및 벤젠 등의 유기용매에는 잘 녹는다.

86 **다음 중 소화약제인 IG-541의 성분이 아닌 것은?**

① 질소
② 아르곤
③ 수소
④ 이산화탄소

핵심 포인트

IG-541(불연성, 불활성 기체 혼합가스)

1. 질소 52%, 아르곤 40%, 이산화탄소 8%
2. 주로 밀폐된 공간에서 산소농도를 낮춰 소화한다.
3. 사람이 있는 곳에서 사용할 수 있으나 30초 이내에 벗어나야 한다.
4. 화학적 소화는 불가능하다.

87 **다음 중 위험물안전관리법령상 제6류 산화성 액체에 해당하지 않는 것은?**

① 과염소산
② 과산화수소
③ 질산
④ 아세트산

제6류 산화성 액체 : 과염소산, 과산화수소, 질산

88 **특정소방대상물(소방안전관리대상물은 제외)의 관계인과 소방안전관리대상물의 소방안전관리자의 업무가 아닌 것은?**

① 화재발생시 초기대응
② 자체소방대의 운용
③ 자위소방대 및 초기대응체계의 구성 · 운영 · 교육
④ 피난계획에 관한 사항과 소방계획서의 작성 및 시행

소방안전관리자의 업무(화재예방법 제24조 제5항)

1. 피난계획에 관한 사항과 소방계획서의 작성 및 시행
2. 자위소방대 및 초기대응체계의 구성 · 운영 · 교육
3. 피난시설, 방화구획 및 방화시설의 유지 · 관리
4. 소방시설이나 그 밖의 소방 관련 시설의 유지 · 관리
5. 소방훈련 및 교육
6. 화기취급의 감독
7. 소방안전관리에 관한 업무수행에 관한 기록유지
8. 화재발생시 초기대응
9. 그 밖의 소방안전관리에 필요한 업무

89 **다음 중 동일한 조건에서 증발잠열[kJ/kg]이 가장 큰 것은?**

① 질소
② 물
③ 이산화탄소
④ 할론 1301

② **물** : 2,255kJ/kg
① **질소** : 48kJ/kg
③ **이산화탄소** : 576.6kJ/kg
④ **할론 1301** : 119kJ/kg

90 **마그네슘의 화재에 주수하였을 때 물과 마그네슘의 반응으로 인하여 생성되는 가스는?**

① 수소
② 아르곤
③ 일산화탄소
④ 이황화탄소

정답 ①

물과 마그네슘이 반응하면 수소가 발생한다.
$Mg + 2H_2O \rightarrow Mg(OH)_2 + H_2 \uparrow$

91 **다음 중 소화약제로 사용할 수 없는 것은?**

① $KHCO_3$
② $NAHCO_3$
③ CO_2
④ NH_3

정답 ④

④ NH_3 : 암모니아
① $KHCO_3$: 제2종 분말
② $NAHCO_3$: 제1종 분말
③ CO_2 : 이산화탄소

92 **피난계획의 일반원칙인 Fool Proof 원칙에 대한 설명으로 옳은 것은?**

① 1가지가 고장이 나도 다른 수단을 이용하는 원칙
② 2방향의 피난동선을 항상 확보하는 원칙
③ 피난수단을 이동식 시설로 하는 원칙
④ 피난수단을 조작이 간편한 원시적 방법으로 하는 원칙

정답 ④

피난수단을 조작이 간편한 원시적 방법으로 하는 것은 Fool Proof 사례에 해당한다. ①, ②, ③은 모두 Fail safe이다.

Fool Proof 원칙 : 제품이나 시스템이 사용자의 오해나 실수에도 제대로 작동하도록 설계된 원칙을 말한다.

Fool Proof 사례

1. 전기 포트의 자동 꺼짐 기능
2. 전자레인지의 안전 잠금 기능
3. 가스레인지의 안전 손잡이
4. 어린이 안전 문고리
5. 어린이 안전 가전제품

93 **이산화탄소 소화약제 저장용기의 설치장소에 대한 설명 중 옳지 않는 것은?**

① 반드시 방호구역 내의 장소에 설치한다.
② 온도가 40℃ 이하이고 온도의 변화가 적은 곳에 설치한다.
③ 직사광선 및 빗물이 침투할 우려가 없는 곳에 설치한다.
④ 용기 간의 간격은 점검에 지장이 없도록 3cm 이상의 간격을 유지한다.

정답 ①

핵심 포인트

이산화탄소 소화약제 저장용기의 설치장소

1. 방호구역 외의 장소에 설치할 것
2. 온도가 40℃ 이하이고 온도변화가 작은 곳에 설치할 것
3. 직사광선 및 빗물이 침투할 우려가 없는 곳에 설치할 것
4. 방화문으로 방화구획된 실에 설치할 것
5. 용기의 설치장소에는 해당 용기가 설치된 곳임을 표시하는 표지를 할 것

6. 용기 간의 간격은 점검에 지장이 없도록 3cm 이상의 간격을 유지할 것
7. 저장용기와 집합관을 연결하는 연결배관에는 체크밸브를 설치할 것

94 다음 중 연소범위를 근거로 계산한 위험도 값이 가장 큰 물질은?

① 산화에틸렌
② 프로페인
③ 수소
④ 일산화탄소

정답 ①

핵심 포인트

연소범위

종류	연소범위	종류	연소범위
수소	4.0~75	아세톤	2.5~12.8
프로페인	2.1~9.5	이황화탄소	1~44
아세틸렌	2.5~80	산화에틸렌	3.6~100
일산화탄소	12.5~74.0	메테인	5.0~15.0

위험도 $H=\frac{U-L}{L}=\frac{\text{폭발상한계}-\text{폭발하한계}}{\text{폭발하한계}}$

① 산화에틸렌 $H=\frac{100-3.6}{3.6}=26.8$

② 프로페인 $H=\frac{9.5-2.1}{2.1}=3.5$

③ 수소 $H=\frac{75-4.0}{4.0}=17.75$

④ 일산화탄소 $H=\frac{74-12.5}{12.5}=4.92$

95 다음 중 화재의 유형별 특성에 관한 설명으로 옳은 것은?

① A급 화재는 무색으로 표시하며, 감전의 위험이 있으므로 주수소화를 엄금한다.
② B급 화재는 청색으로 표시하며, 질식소화를 통해 화재를 진압한다.
③ C급 화재는 백색으로 표시하며, 가연성이 강한 금속의 화재이다.
④ D급 화재는 무색으로 표시하며, 마른모래에 의한 피복효과로 소화한다.

정답 ④

핵심 포인트

화재의 종류

등급	종류	표지색상	소화방법
A급 화재	일반화재	백색	냉각(주수)소화
B급 화재	유류화재	황색	질식소화
C급 화재	전기화재	청색	질식소화
D급 화재	금속화재	무색	피복효과

96 화재 표면온도(절대온도)가 2배가 되면 복사에너지는 몇 배로 증가되는가?

① 8배
② 16배
③ 32배
④ 64배

정답 ②

슈테판 – 볼츠만 법칙 : 전체 복사 에너지가 절대온도의 4제곱에 비례한다. 따라서 화재 표면온도(절대온도)가 2배가 되면 복사에너지는 16배로 증가한다.

97 **다음 중 물의 기화열이 539.6cal/g인 것이 뜻하는 것은?**

① 100℃의 물 1g이 얼음으로 변화하는데 539.6cal의 열량이 필요하다.
② 100℃의 물 1g이 물로 변화하는데 539.6cal의 열량이 필요하다.
③ 0℃의 물 1g이 100℃의 물로 변화하는데 539.6cal의 열량이 필요하다.
④ 100℃의 물 1g이 수증기로 변화하는데 539.6cal의 열량이 필요하다.

 ④

100℃의 물 1g의 증발잠열은 539.9cal/g으로 다른 물질에 비해 매우 큰 편이다.

98 **어떤 기체가 0℃, 1기압에서 부피가 11.2L, 기체질량이 22g이었다면 이 기체의 분자량은? (단, 이상기체로 가정한다.)**

① 44
② 45
③ 46
④ 47

 ①

이상기체 방정식 $PV=nRT=\frac{W}{M}RT$,

$M=\frac{WRT}{PV}$(M : 분자량, W : 무게, R : 기체 상수, T : 절대온도, P : 압력, V : 부피)

$M=\frac{22\times0.08205\times273}{1\times11.2}≒44$

99 **다음 중 화재의 소화원리에 따른 소화방법의 적용으로 틀린 것은?**

① 냉각소화 : 스프링클러설비
② 제거소화 : 포소화설비
③ 질식소화 : 이산화탄소 소화설비
④ 억제소화 : 할로겐화합물 소화설비

 ②

핵심 포인트

포소화설비 소화원리

1. **냉각작용** : 포는 수용액 상태이므로 주위의 열을 흡수하여 기화되면서 연소면의 열을 탈취한다.
2. **질식작용** : 방사하면 거품이 연소면을 뒤덮어 산소 공급을 차단한다.

100 **가연물이 연소가 잘 되기 위한 구비조건으로 틀린 것은?**

① 열전도율이 작을 것
② 화학적 활성도가 낮을 것
③ 비표면적이 넓을 것
④ 활성화 에너지가 작을 것

정답 ②

핵심 포인트

가연물의 연소조건

1. 산소와 화학적으로 친화력이 클 것
2. 발열량이 클 것
3. 비표면적이 넓을 것
4. 열전도율이 작을 것
5. 건조도가 높을 것
6. 활성화 에너지 값이 낮을 것
7. 화학적 활성도가 높을 것
8. 한계산소농도가 낮은 가연물일 것

101 **다음 중 화재발생 시 인명피해 방지를 위한 건물로 적합한 것은?**

① 특별피난계단의 구조로 된 건물
② 피난설비가 없는 건물
③ 피난기구가 관리되고 있지 않은 건물
④ 피난구 폐쇄 및 피난구유도등이 미비되어 있는 건물

화재발생 시 인명피해 방지를 위한 건물은 피난설비가 있는 건물, 특별피난계단의 구조로 된 건물, 피난기구가 관리되고 있는 건물, 피난구 개방 및 피난구유도등이 구비되어 있는 건물이다.

102 **연면적이 1,000m² 이상인 건축물에 설치하는 방화벽이 갖추어야 할 기준으로 틀린 것은?**

① 내화구조로서 홀로 설 수 있는 구조일 것
② 방화벽의 양쪽 끝과 윗쪽 끝을 건축물의 외벽면 및 지붕면으로부터 0.1m 이상 튀어나오게 할 것
③ 방화벽에 설치하는 출입문의 너비는 1.5m 이하로 할 것
④ 출입문에는 60+방화문 또는 60분 방화문을 설치할 것

건축물에 설치하는 방화벽은 다음의 기준에 적합해야 한다(건축물방화구조규칙 제21조 제1항).

1. 내화구조로서 홀로 설 수 있는 구조일 것
2. 방화벽의 양쪽 끝과 윗쪽 끝을 건축물의 외벽면 및 지붕면으로부터 0.5m 이상 튀어 나오게 할 것
3. 방화벽에 설치하는 출입문의 너비 및 높이는 각각 2.5m 이하로 하고, 해당 출입문에는 60+방화문 또는 60분 방화문을 설치할 것

103 **방화구획의 설치기준 중 스프링클러 기타 이와 유사한 자동식소화설비를 설치한 10층 이하의 층은 몇 m² 이내마다 구획하여야 하는가?**

① 2,000m²
② 2,500m²
③ 3,000m²
④ 5,000m²

방화구획의 설치기준(건축물방화구조규칙 제14조 제1항)

1. 10층 이하의 층은 바닥면적 1천m²(스프링클러 기타 이와 유사한 자동식 소화설비를 설치한 경우에는 바닥면적 3천m²) 이내마다 구획할 것
2. 매층마다 구획할 것. 다만, 지하 1층에서 지상으로 직접 연결하는 경사로 부위는 제외한다.
3. 11층 이상의 층은 바닥면적 200m²(스프링클러 기타 이와 유사한 자동식 소화설비를 설치한 경우에는 600m²) 이내마다 구획할 것. 다만, 벽 및 반자의 실내에 접하는 부분의 마감을 불연재료로 한 경우에는 바닥면적 500m²(스프링클러 기타 이와 유사한 자동식 소화설비를 설치한 경우에는 1천500m²) 이내마다 구획하여야 한다.
4. 필로티나 그 밖에 이와 비슷한 구조(벽면적의 2분의 1 이상이 그 층의 바닥면에서 위층 바닥 아래면까지 공간으로 된 것만 해당한다)의 부분을 주차장으로 사용하는 경우 그 부분은 건축물의 다른 부분과 구획할 것

PART 1 과목별 예상문제

104 **다음 중 분진폭발의 위험성이 가장 낮은 것은?**

① 마그네슘
② 소석회
③ 코크스
④ 유황

정답 ②

분진폭발은 아주 미세한 가연성의 입자가 공기 중에 적당한 농도로 퍼져 있을 때, 약간의 불꽃, 혹은 열만으로 돌발적인 연쇄 산화-연소를 일으켜 폭발하는 현상을 말한다. 이에는 마그네슘, 알루미늄, 아연, 코크스, 카본, 철, 석탄, 소맥, 고무, 염료, 페놀수지, 폴리에틸렌, 코코아, 리그닌, 쌀겨, 유황 등이 있다.

105 **다음 중 인화점이 낮은 것부터 높은 순서로 옳게 나열된 것은?**

① 프로필렌<에틸알코올<가솔린
② 프로필렌<가솔린<에틸알코올
③ 가솔린<프로필렌<에틸알코올
④ 에틸알코올<프로필렌<가솔린

정답 ②

핵심 포인트

인화점

물질	인화점(℃)	물질	인화점(℃)
프로필렌	−107	에틸에터	−45
디에틸에터	−45	가솔린	−43
산화프로필렌	−37	이황화탄소	−30
아세틸렌	−18	아세톤	−18
벤젠	−11	톨루엔	−4.4
메틸알코올	11	에틸알코올	13
아세트산	40	등유	43~72
경유	50~70		

106 **건축물의 내화구조에서 바닥의 경우에는 철근콘크리트의 두께가 몇 cm 이상이어야 하는가?**

① 5cm
② 7cm
③ 10cm
④ 15cm

정답 ③

바닥의 경우에는 다음의 어느 하나에 해당하는 것(건축물방화구조규칙 제3조 제4호)

1. 철근콘크리트조 또는 철골철근콘크리트조로서 두께가 10cm 이상인 것
2. 철재로 보강된 콘크리트블록조 · 벽돌조 또는 석조로서 철재에 덮은 콘크리트블록 등의 두께가 5cm 이상인 것
3. 철재의 양면을 두께 5cm 이상의 철망모르타르 또는 콘크리트로 덮은 것

107 **유류탱크 화재 시 기름 표면에 물을 살수하면 기름이 탱크 밖으로 비산하여 화재가 확대되는 현상은?**

① 블레비(BLEVE)
② 플래시 오버(Flash Over)
③ 프로스 오버(Froth Over)
④ 슬롭 오버(Slop Over)

정답 ④

④ **슬롭 오버(Slop Over)** : 물이 연소유의 뜨거운 표면에 들어갈 때 기름표면에서 화재가 발생하는 현상
① **블레비(BLEVE)** : 과열상태의 탱크에서 내부의 액화가스가 분출하여 기화되어 폭발하는 현상
② **플래시 오버(Flash Over)** : 화재로 발생한 가연성 분해가스가 천장 부근에 모이고 갑자기 불꽃이 폭발적으로 확산하여 창문이나 방문으로부터 연기나 불꽃이 뿜어나오는 상태

③ **프로스 오버(Froth Over)** : 물의 점성의 뜨거운 기름표면 아래서 끓을 때 화재를 수반하지 않고 용기가 넘치는 현상

108 프로페인 가스의 연소범위(vol%)에 가장 가까운 것은?

① 1.9~48
② 2.1~9.5
③ 2.5~81
④ 12.5~74

정답 ②

핵심 포인트

연소범위(vol%)

물질	연소범위	물질	연소범위
아세틸렌	2.5~81	수소	4~75
일산화탄소	12.5~74	메테인	5~15
암모니아	15~28	에테인	3~12.5
프로페인	2.1~9.5	이황화탄소	4.3~45

109 다음 중 도장작업 공정에서의 위험도를 설명한 것으로 틀린 것은?

① 도장작업에서는 인화성 용제가 쓰이지 않으므로 폭발의 위험이 없다.
② 도장작업은 사다리, 달비계 등을 이용하여 작합하기 때문에 작업자가 떨어질 위험이 있다.
③ 작업할 때는 보안경, 방진마스크 등 개인 보호구를 착용한다.
④ 도장실은 환기덕트를 주기적으로 청소하여 도료가 덕트 내에 부착되지 않게 한다.

정답 ①

도장작업에서는 화기 재료를 사용하기 때문에 화재가 발생할 위험이 있다. 용접에 의한 불티나 흡연 중 담배 불씨로 화재가 발생할 위험이 있다.

110 다음 중 불활성 가스에 해당하는 것은?

① 수소
② 이산화탄소
③ 일산화탄소
④ 아세틸렌

정답 ②

불활성 가스 : 헬륨, 네온, 아르곤, 크립톤, 크세논, 라돈, 질소, 이산화탄소, 프레온 및 공기

111 다음 중 폭연에서 폭굉으로 전이되기 위한 조건이 아닌 것은?

① 정상연소속도가 큰 가스일수록 폭굉으로 전이가 용이하다.
② 배관 내에 장애물이 존재할 경우 폭굉으로 전이가 용이하다.
③ 배관의 관경이 가늘수록 폭굉으로 전이가 용이하다.
④ 배관 내 압력이 작을수록 폭굉으로 전이가 용이하다.

핵심 포인트

폭연에서 폭굉으로 전이되기 쉬운 조건

1. 정상 연소 속도가 큰 가스일수록
2. 압력이 클수록
3. 가는 관경에 돌출물이 있을수록

112 다음 중 화재발생 시 발생하는 연기에 대한 설명으로 틀린 것은?

① 고온상태의 연기는 유동확산이 빨라 화재 전파의 원인이 되기도 한다.

② 환기지배형 화재는 개구부가 적을 때 불완전연소로 연소속도가 늦다.

③ 연기의 유동속도는 수평방향이 수직방향보다 빠르다.

④ 연기는 불완전 연소시에 발생한 고체, 액체, 기체 생성물의 집합체이다.

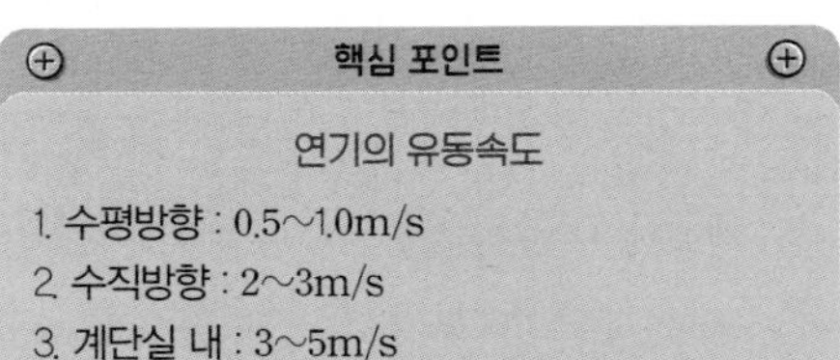
핵심 포인트

연기의 유동속도

1. 수평방향 : 0.5~1.0m/s
2. 수직방향 : 2~3m/s
3. 계단실 내 : 3~5m/s

113 다음 중 소화효과를 고려하였을 경우 화재 시 사용할 수 있는 물질이 아닌 것은?

① 이산화탄소

② 아세틸렌

③ Halon 1211

④ Halon 1301

아세틸렌은 상온에서 불안정한 무색의 가연성 기체이고 공기보다 가볍고 연료로도 사용되나 화재 시에는 사용할 수 없다.

114 다음 중 화재 시 나타나는 인간의 피난특성으로 볼 수 없는 것은?

① 친숙한 피난경로를 선택하려 한다.

② 최초로 행동한 사람을 따른다.

③ 많은 사람이 달아나는 반대 방향으로 쫓아가려 한다.

④ 연기의 반대 방향으로 달아나려고 한다.

핵심 포인트

화재발생 시 인간의 피난특성

1. 친숙한 피난경로를 선택하려는 행동
2. 밝은 쪽을 지향하는 행동
3. 화염, 연기의 반대 방향으로 달아나려고 하는 행동
4. 많은 사람이 달아나는 방향으로 쫓아가려는 행동
5. 좌측통행을 하고 시계 반대 방향으로 회전하려는 행동
6. 가능한 넓은 공간을 찾다가 위험이 높아지면 좁은 공간을 찾는 본능
7. 비상시 상상도 못하는 힘을 내는 본능
8. 공격 본능
9. 비이성적인 또는 부적합한 공포반응 행동

115 **다음 중 불포화 섬유지나 석탄에 자연발화를 일으키는 원인은?**

① 분해열
② 중합열
③ 발효열
④ 산화열

④ **산화열** : 자연산화 시 발생하는 열로 산화열이 축적되어 발화하는 물질로는 건성유, 반건성유, 원면, 석회분, 석탄, 금속분, 고무분말, 기름걸레 등이 있다.
① **분해열** : 자연분해 시 발생하는 열로 분해열이 축적되어 발화하는 물질로는 셀룰로즈, 질화면, 유기과산화물, 니트로글리세린, 아세틸렌 등이 있다.
② **중합열** : 중합반응 시 발생하는 열로 중합열에 의해 발화하는 물질로는 시안화수소, 산화에틸렌, 초산비닐, 스티렌 등이 있다.
③ **발효열** : 미생물의 활동으로 발열, 축적되어 발생하는 열로 인해 발화하는 물질로는 퇴비, 먼지 등이 있다.

116 **공기의 부피 비율이 질소 79%, 산소 21%인 전기실에 화재가 발생하여 이산화탄소 소화약제를 방출하여 소화하였다. 이 때 산소의 부피농도가 14%였다면 이 혼합 공기의 분자량은 약 얼마인가? (단, 화재시 발생한 연소가스는 무시한다.)**

① 29.9
② 31.9
③ 33.9
④ 35.9

이산화탄소량 $CO_2 = \frac{21 - O_2}{21} \times 100$

$= \frac{21-14}{21} \times 100 \fallingdotseq 33.3\%$

질소량 $N_2 = 100 - O_2 - CO_2$

$= 100 - 14 - 33.3 = 52.7\%$

혼합공기량 $M = (28 \times 0.527) + (32 \times 0.14) + (44 \times 0.333) \fallingdotseq 33.9$

117 **이산화탄소의 질식 및 냉각 효과에 대한 설명 중 틀린 것은?**

① 이산화탄소의 증기비중이 산소보다 크기 때문에 가연물과 산소의 접촉을 방해한다.
② 이산화탄소는 산소와 반응하여 냉각효과를 나타낸다.
③ 이산화탄소는 불연성 가스로 연소반응을 방해한다.
④ 액체 이산화탄소가 기화되는 과정에서 열을 흡수한다.

핵심 포인트

이산화탄소 소화약제

1. 산소와 반응하지 않는다.
2. 임계온도는 31.35℃이다.
3. 고체의 형태로 존재할 수 있다.
4. 불연성 가스로 공기보다 무겁다.
5. 드라이아이스와 분자식이 동일하다.
6. 상온 상압에서 기체상태로 존재한다.

PART 1 과목별 예상문제

118 **연소의 4요소 중 자유활성기의 생성을 저하시켜 연쇄반응을 중지시키는 소화방법은?**

① 제거소화
② 냉각소화
③ 억제소화
④ 질식소화

정답 ③

연소의 4요소 : 가연물, 산소공급원, 열, 연쇄반응
연쇄반응은 활성화된 H^+, OH^+가 산소와 결합하고 결합 시 발생하는 열이 가연물에 화염을 전파하여 연쇄상태를 유지하는 것으로 억제소화는 자유활성기의 생성을 저하시켜 연쇄반응을 중지시키는 소화방법이다.

119 **다음 중 물과 반응하여 가연성 기체를 발생하지 않는 것은?**

① 칼륨
② 산화칼슘
③ 인화아연
④ 탄화알루미늄

정답 ②

산화칼슘 $CaO + H_2O \rightarrow Ca(OH)_2 +$ 발열

120 **다음 중 연소와 가장 관련 있는 화학반응은?**

① 혼합반응
② 연쇄반응
③ 환원반응
④ 산화반응

정답 ④

연소 : 가연성 물질이 공기 중의 산소 등과 급격한 반응으로 다량의 열과 빛을 내는 발열 산화반응에 의해 발생하는 열에너지에 의하여 자발적으로 반응이 지속되는 현상이다.

121 **다음 중 스파크, 누전, 단락 등에 의한 화재에 해당하는 것은?**

① A급 화재
② C급 화재
③ D급 화재
④ K급 화재

정답 ②

핵심 포인트

화재의 종류

등급	종류	표지색상
A급 화재	일반화재	백색
B급 화재	유류화재	황색
C급 화재	전기화재	청색
D급 화재	금속화재	무색

122 **다음 중 전산실, 통신 기기실 등에서의 소화에 가장 적합한 것은?**

① 스프링클러설비
② 할로겐화합물 및 불활성기체 소화설비
③ 이산화탄소소화설비
④ 옥내소화전설비

정답 ②

핵심 포인트

할로겐화합물 및 불활성기체 소화설비의 설치장소

1. 전기실, 변전실, 축전지실, 전산실, 통신기기실
2. 인화성, 가연성 액체와 가스를 저장 · 취급하는 장소
3. 기타 고가의 자산이 있는 장소

123 건축물의 피난 · 방화구조 등의 기준에 관한 규칙상 방화구로 적절하지 않은 것은?

① 철망모르타르로서 그 바름두께가 2cm 이상인 것

② 심벽에 흙으로 맞벽치기한 것

③ 시멘트모르타르 위에 타일을 붙인 것으로서 그 두께의 합계가 2.5cm 이상인 것

④ 석고판 위에 시멘트모르타르 또는 회반죽을 바른 것으로서 그 두께의 합계가 5.5cm 이상인 것

정답 ④

핵심 포인트

방화구조(건축물방화구조규칙 제4조)

1. 철망모르타르로서 그 바름두께가 2cm 이상인 것
2. 석고판 위에 시멘트모르타르 또는 회반죽을 바른 것으로서 그 두께의 합계가 2.5cm 이상인 것
3. 시멘트모르타르 위에 타일을 붙인 것으로서 그 두께의 합계가 2.5cm 이상인 것
4. 심벽에 흙으로 맞벽치기한 것
5. 한국산업표준에 따라 시험한 결과 방화 2급 이상에 해당하는 것

124 분말 소화약제 분말입도의 소화성능에 관한 설명으로 옳은 것은?

① 입도가 너무 미세하거나 너무 커도 소화성능은 저하된다.

② 입도가 클수록 소화성능이 우수하다.

③ 입도와 소화성능과는 관련이 없다.

④ 입도가 미세할수록 소화성능이 우수하다.

핵심 포인트

분말입도의 소화성능

1. 내습성이 있어야 한다.
2. 약제분말의 크기는 1μ에서 75μ로 최적의 입도는 20~25μ이다.
3. 자유 유동성이 있어야 한다.
4. 고화가 방지되어야 한다.
5. 부식성 및 독성이 없어야 한다.
6. 경년 기간이 길어야 한다.
7. 안정성이 좋아야 한다.

125 다음 중 내화구조에 해당하지 않는 것은?

① 철근콘크리트조로 두께가 10cm 이상인 벽

② 경량기포 콘크리트블록조로서 두께가 10cm 이상인 벽

③ 철골철근콘크리트조로서 두께가 7cm 이상인 벽

④ 벽돌조로서 두께가 19cm 이상인 벽

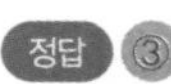

내화구조인 벽(건축물방화구조규칙 제3조 제1호)

1. 철근콘크리트조 또는 철골철근콘크리트조로서 두께가 10cm 이상인 것

2. 골구를 철골조로 하고 그 양면을 두께 4cm 이상의 철망모르타르(그 바름바탕을 불연재료로 한 것으로 한정한다.) 또는 두께 5cm 이상의 콘크리트블록 · 벽돌 또는 석재로 덮은 것
3. 철재로 보강된 콘크리트블록조 · 벽돌조 또는 석조로서 철재에 덮은 콘크리트블록 등의 두께가 5cm 이상인 것
4. 벽돌조로서 두께가 19cm 이상인 것
5. 고온 · 고압의 증기로 양생된 경량기포 콘크리트패널 또는 경량기포 콘크리트블록조로서 두께가 10cm 이상인 것

126 건축물의 화재발생 시 인간의 피난특성으로 틀린 것은?

① 좌측통행을 하고 시계 반대방향으로 회전하려는 경향이 있다.
② 가능한 넓은 공간을 찾다가 위험이 높아지면 좁은 공간을 찾는 본능이 있다.
③ 비상시 상상도 못하는 힘을 내는 본능이 있다.
④ 화재의 공포감으로 인하여 빛을 피해 어두운 곳으로 몸을 숨기는 경향이 있다.

정답 ④

핵심 포인트

화재발생 시 인간의 피난특성

1. 친숙한 피난경로를 선택하려는 행동
2. 밝은 쪽을 지향하는 행동
3. 화염, 연기의 반대 방향으로 달아나려고 하는 행동
4. 많은 사람이 달아나는 방향으로 쫓아가려는 행동
5. 좌측통행을 하고 시계 반대 방향으로 회전하려는 행동
6. 가능한 넓은 공간을 찾다가 위험이 높아지면 좁은 공간을 찾는 본능
7. 비상시 상상도 못하는 힘을 내는 본능
8. 공격 본능
9. 비이성적인 또는 부적합한 공포반응 행동

127 다음 물질 중 연소하였을 때 시안화수소를 가장 많이 발생시키는 물질은?

① Polyethylene
② Polyurethane
③ Polyvinyl Chloride
④ Polystyrene

Polyurethane은 알코올기 OH와 아이소사이안산기 NCO의 결합으로 우레탄 결합이 만들어진다. 연소할 경우 시안화수소가 발생한다.

128 다음 중 가연물의 제거와 가장 관련이 없는 소화방법은?

① 유류화재 시 유류탱크를 이동시킨다.
② 산불화재 시 나무를 잘라 없앤다.
③ 팽창 진주암을 사용하여 진화한다.
④ 가스화재 시 중간밸브를 잠근다.

③

팽창 진주암을 사용하여 진화하는 질식소화이다. 제거소화는 산불화재 시 나무제거, 유류화재 시 유류공급 밸브 잠금, 가스화재 시 중간밸브 잠금, 유류탱크의 이동 등이다.

129 석유, 고무, 동물의 털, 가죽 등과 같이 황 성분을 함유하고 있는 물질이 불완전연소될 때 발생하는 연소가스로 계란 썩는 듯한 냄새가 나는 기체는?

① 아황산가스
② 황화수소
③ 시안화수소
④ 암모니아

정답 ②

② **황화수소** : 황과 수소로 이루어진 화합물로 상온에서는 무색 기체로 존재하며 특유의 달걀 썩는 냄새가 나며, 유독성이다.
① **아황산가스** : 황이 연소할 때에 발생하는 기체로 황과 산소의 화합물이다. 자극성 있는 냄새가 나는 무색 기체로, 인체의 점막을 침해하는 독성이 있다.
③ **시안화수소** : 맹독의 무색 기체로 점화를 하면 핑크색 불꽃을 내면서 탄고 물 · 에탄올 · 에테르 등과 임의의 비율로 섞이며, 수용액은 약산의 성질을 보인다.
④ **암모니아** : 독특한 자극적인 냄새가 나는 무색 기체로 밀도가 공기의 0.589배에 가볍다.

130 다음 중 화재하중에 대한 설명으로 틀린 것은?

① 화재하중이 크면 단위면적당 발열량이 작다.
② 화재하중이 크다는 것은 화재구획의 공간이 적다는 것이다.
③ 화재하중이 같더라도 물질의 상태에 따라 가혹도는 달라진다.
④ 화재하중은 화재구획실 내의 가연물 총량을 목재 중량당비로 환산하여 면적으로 나눈 수치이다.

정답 ①

핵심 포인트

화재하중

1. 화재하중이 크면 단위면적당 발열량이 크다.
2. 화재하중은 화재실, 화재구역의 바닥면적에 반비례한다.
3. 화재하중이 같더라도 물질의 상태에 따라 가혹도가 달라진다.
4. 화재하중의 감소를 위해서는 내장재의 불연화, 난연화, 가연물의 양 자체의 제한이 필요하다.

131 피난로의 안전구획 중 2차 안전구획에 속하는 것은?

① 복도
② 특별피난계단의 부속실
③ 특별피난계단의 계단실
④ 피난층에서 외부와 직면한 현관

정답 ②

안전구획 : 화재발생시 인명의 피난에 안전하도록 방화구획되고 제연설비를 갖춘 장소
1. **제1차 안전구획** : 거실에서 출화한 경우 거실과 방화 · 방연구획된 피난로인 복도가 해당한다.
2. **제2차 안전구획** : 복도와 연결된 계단 또는 특별피난계단의 부속실 등이 해당한다.
3. **제3차 안전구획** : 특별피난계단의 계단실이 해당한다.

PART 1 과목별 예상문제

132 **물체의 표면온도가 250℃에서 650℃로 상승하면 열 복사량은 약 몇 배 정도 상승하는 가?**

① 7.7
② 8.7
③ 9.7
④ 10.7

복사열은 절대온도의 4제곱에 비례한다. 250℃에서 열량을 Q_1, 650℃에서 열량을 Q_2라 하면
$\frac{Q_2}{Q_1}=\frac{(650+273)^4}{(250+273)^4} \fallingdotseq 9.7$이다.

133 **다음 중 산소의 농도를 낮추어 소화하는 방법은?**

① 질식소화
② 냉각소화
③ 제거소화
④ 억제소화

섭씨 21도와 같은 실내온도에서 14%의 낮은 산소농도에서는 연소반응이 일어나지 않는다. 따라서 산소의 농도를 15% 이하로 내려 가연물을 질식시켜 소화한다.

134 **독성이 매우 높은 가스로서 석유제품, 유지(油脂) 등이 연소할 때 생성되는 알데하이드 계통의 가스는?**

① 시안화수소
② 암모니아
③ 포스겐
④ 아크롤레인

④ **아크롤레인** : 불포화 알데하이드의 하나로 상당한 독성을 지니고 있으며 공기 중에서는 쉽게 산화되며, 장시간 보존하면 중합하여 수지상 물질로 변한다.
① **시안화수소** : 수용성, 맹독의 무색 기체로 녹는점 −13.3℃, 끓는점 26 ℃, 비중 0.697(15℃)이다.
② **암모니아** : 질소와 수소로 이루어진 화합물로 특유의 자극적인 냄새가 나며 무색이다.
③ **포스겐** : 맹독을 나타내고 기관지 및 폐에 자극 작용을 일으키고 허용 농도는 0.1ppm이며 가성 소다액에 신속하게 흡수된다.

135 **다음 중 가연성 기체 1몰이 완전 연소하는데 필요한 이론 공기량으로 틀린 것은? (단, 체적비로 계산하며 공기 중 산소의 농도를 21vol%로 한다.)**

① 아세틸렌−약 16.97몰
② 메테인−약 9.52몰
③ 수소−약 2.38몰
④ 프로페인−약 23.81몰

핵심 포인트

이론 공기량

① 아세틸렌 $C_2H_2+2.5O_2 \rightarrow 2CO_2+H_2O$

1mol 2.5mol

이론공기량=2.5/0.21=11.90mol

② 메테인 $CH_4+2O_2 \rightarrow CO_2+2H_2O$

1mol 2mol

이론공기량=2/0.21=9.52mol

③ 수소 $H_2+1/2O_2 \rightarrow H_2O$

1mol 0.5m

이론공기량=0.5/0.21=2.38mol

④ 프로페인 $C_3H_8+5O_2 \rightarrow 3CO_2+4H_2O$

1mol 5mol

이론공기량=5/0.21=23.81mol

136 분말 소화약제 중 A급, B급, C급 화재에 모두 사용할 수 있는 것은?

① $KHCO_3+(NH_2)_2CO$
② $NH_4H_2PO_4$
③ $KHCO_3$
④ $NaHCO_3$

정답 ②

핵심 포인트

분말소화약제의 적응화재

종류	주성분	착색	적응화재
제1종 분말	탄산수소나트륨 ($NaHCO_3$)	백색	B, C급
제2종 분말	탄산수소칼륨 ($KHCO_3$)	담회색	B, C급
제3종 분말	제일인산암모늄 ($NH_4H_2PO_4$)	담홍색	A, B, C급
제4종 분말	탄산수소칼륨+요소($KHCO_3+(NH_2)_2CO$)	회색	B, C급

137 경유화재가 발생했을 때 주수소화가 오히려 위험할 수 있는 이유는?

① 경유는 물과 반응하여 유독가스를 발생하기 때문이다.
② 경유는 물보다 비중이 가벼워 화재면의 확대 우려가 있기 때문이다.
③ 경유의 연소열로 인하여 수소가 방출되어 연소를 돕기 때문이다.
④ 경유가 연소할 때 산소가 발생하여 연소를 돕기 때문이다.

정답 ②

경유는 제4류 위험물로 물보다 가벼워 화재면의 확대 우려가 있다.

핵심 포인트

제4류 위험물의 공통적인 성질

1. 대단히 인화되기 쉬운 인화성 액체
2. 증기는 공기보다 무거움
3. 증기는 공기와 약간 혼합되어도 연소
4. 일반적으로 물보다 가볍고 물에 잘 안 녹음

138 화재 시 이산화탄소를 방출하여 산소농도를 13vol%로 낮추어 소화하기 위한 공기 중 이산화탄소의 농도는 약 몇 vol%인가?

① 18.1vol%
② 28.1vol%
③ 38.1vol%
④ 48.1vol%

정답 ③

산소농도를 13vol%로 낮출 때 이산화탄소의 농도는

$$CO_2 \text{ 농도}=\frac{21-O_2}{21}\times 100=\frac{21-13}{21}\times 100 \fallingdotseq 38.1(\text{vol}\%)$$

139 다음의 자연발화 방지대책에 대한 설명 중 틀린 것은?

① 저장실의 습도를 높게 유지한다.
② 주위의 온도를 낮춘다.
③ 촉매물질과의 접촉을 피한다.
④ 열이 쌓이지 않게 한다.

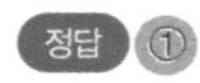

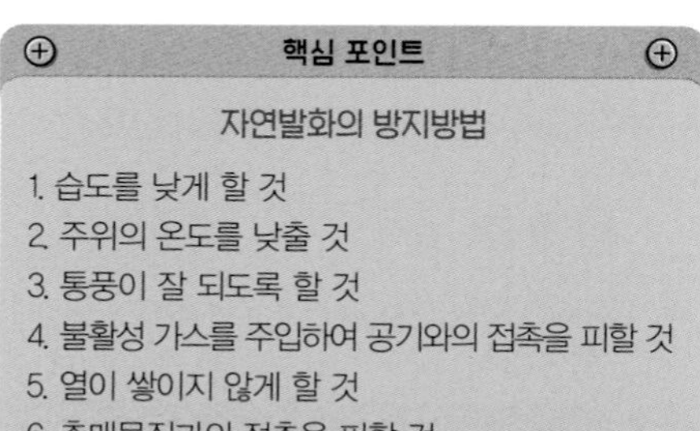
핵심 포인트

자연발화의 방지방법

1. 습도를 낮게 할 것
2. 주위의 온도를 낮출 것
3. 통풍이 잘 되도록 할 것
4. 불활성 가스를 주입하여 공기와의 접촉을 피할 것
5. 열이 쌓이지 않게 할 것
6. 촉매물질과의 접촉을 피할 것

140 다음 중 상온 상압에서 기체인 것은?

① 탄산가스
② 할론 1301
③ 할론 2402
④ 할론 1011

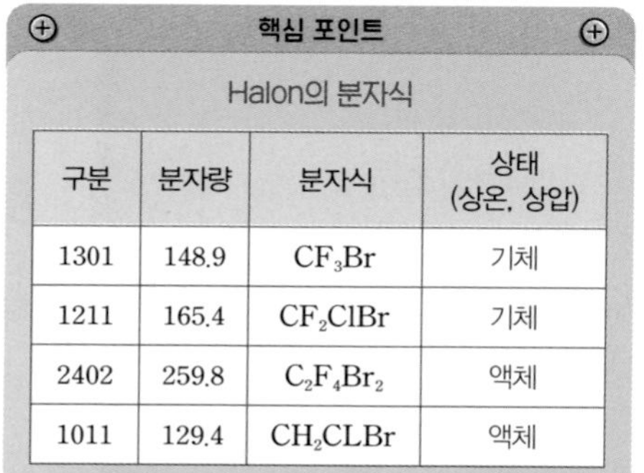
핵심 포인트

Halon의 분자식

구분	분자량	분자식	상태 (상온, 상압)
1301	148.9	CF_3Br	기체
1211	165.4	CF_2ClBr	기체
2402	259.8	$C_2F_4Br_2$	액체
1011	129.4	CH_2CLBr	액체

141 BLEVE 현상을 설명한 것으로 가장 옳은 것은?

① 탱크 주위 화재로 탱크 내 인화성 액체가 비등하고 가스부분의 압력이 상승하여 탱크가 파괴되고 폭발을 일으키는 현상
② 물이 뜨거운 기름표면 아래에서 끓을 때 화재를 수반하지 않고 over flow 되는 현상
③ 탱크 바닥에 물과 기름의 에멀션이 섞여 있을 때 물의 비등으로 인하여 급격하게 over flow 되는 현상
④ 물이 연소유의 뜨거운 표면에 들어갈 때 발생되는 over flow 현상

BLEVE 현상 : 고압상태인 액화가스용기가 가열되어 물리적 폭발이 순간적으로 화학적 폭발로 이어지는 현상이다.
② 프로스 오버, ③ 보일 오버, ④ 슬롭 오버

142 다음 중 증기비중의 정의로 옳은 것은? (단, 분자, 분모의 단위는 모두 g/mol이다.)

① $\frac{\text{분자량}}{29}$
② $\frac{\text{분자량}}{22.4}$
③ $\frac{\text{분자량}}{20.6}$
④ $\frac{\text{분자량}}{18}$

증기비중 $= \frac{\text{분자량}}{29}$ (29는 공기의 평균분자량)
증기밀도 $= \frac{\text{분자량}}{22.4}$

143 다음 TLV(Threshold Limit Value)가 가장 높은 가스는?

① 벤젠
② 포름알데하이드
③ 일산화탄소
④ 이산화탄소

TLV(Threshold Limit Value)는 허용한계농도로 투여량이 몸 안에서 해독시켜 제거할 수 있어 몸에 아무런 영향을 주지 않는 투여량을 의미한다. 벤젠 0.5ppm, 이산화탄소 5,000ppm, 일산화탄소 30ppm, 포름알데하이드 0.3ppm

144 다음 중 과산화칼륨이 물과 접촉하였을 때 발생하는 것은?

① 수소
② 산소
③ 암모니아
④ 아르곤

과산화칼륨 $2K_2O_2 + 2H_2O \rightarrow 4KOH + O_2 \uparrow$(산소)

145 밀폐된 내화건물의 실내에 화재가 발생했을 때 그 실내의 환경변화에 대한 설명 중 틀린 것은?

① 이산화탄소가 증가한다.
② 산소가 감소한다.
③ 일산화탄소가 증가한다.
④ 기압이 강하한다.

핵심 포인트

밀폐된 내화건물의 실내에 화재가 발생했을 때

1. 기압 상승
2. 일산화탄소, 이산화탄소 증가
3. 산소 감소

146 다음 중 화재강도(Fire Intensity)와 관계가 없는 것은?

① 발화원의 온도
② 가연물의 비표면적
③ 가연물의 배열상태
④ 가연물의 발열량

화재강도(Fire Intensity) : 화재실의 구조, 가연물의 비표면적, 가연물의 발열량, 가연물의 배열상태

147 탄화칼슘의 화재 시 물을 주수하였을 때 발생하는 가스로 옳은 것은?

① O_2

② H_2

③ $Ca(OH)_2$

④ C_2H_6

탄화칼슘은 물과 반응하면 수산화칼슘($Ca(OH)_2$)과 아세틸렌(C_2H_2) 가스를 발생한다.

148 다음 중 할로겐 소화약제의 주된 소화효과 및 방법에 대한 설명으로 옳은 것은?

① 소화약제의 비열에 의한 소화방법이다.

② 산소의 농도를 15% 이하로 낮게 하는 소화방법이다.

③ 자유활성기의 생성을 억제하는 소화방법이다.

④ 소화약제의 용해열에 의해 발생하는 이산화탄소에 의한 소화방법이다.

정답 ③

할로겐 소화약제는 자유활성기(free radical)의 생성을 억제하는 소화방법이다.

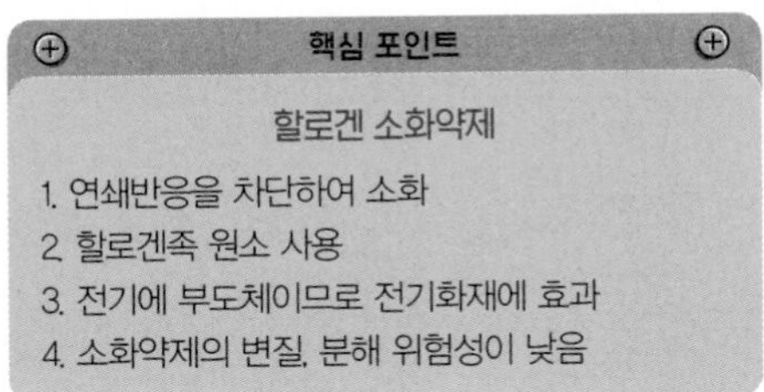

핵심 포인트

할로겐 소화약제

1. 연쇄반응을 차단하여 소화
2. 할로겐족 원소 사용
3. 전기에 부도체이므로 전기화재에 효과
4. 소화약제의 변질, 분해 위험성이 낮음

149 다음의 소방시설 중 피난설비에 해당하지 않는 것은?

① 방송통신보조설비

② 다수인 피난장비

③ 피난사다리

④ 피난교

피난설비 : 구조대, 피난교, 피난용 트랩, 다수인 피난장비, 승강식 피난기, 피난사다리, 미끄럼대, 완강기, 간이완강기, 공기안전매트

150 다음 중 분말소화약제의 주성분과 용기의 색상이 바르게 연결되지 않은 것은?

종류	주성분	색상	적응화재
① 제1종 분말	탄산칼륨	청색	BC
② 제2종 분말	탄산수소칼륨	담회색, 보라색	BC
③ 제3종 분말	제1인산암모늄	담홍색, 황색	ABC
④ 제4종 분말	탄산수소칼륨+요소	회백색	BC

핵심 포인트

분말소화약제의 주성분과 용기의 색상

종류	주성분	색상	적응화재
제1종 분말	탄산수소나트륨	백색	BC
제2종 분말	탄산수소칼륨	담회색, 보라색	BC
제3종 분말	제1인산암모늄	담홍색, 황색	ABC
제4종 분말	탄산수소칼륨+요소	회백색	BC

2과목 소방유체역학

01 **2MPa, 400℃의 과열 증기를 단면확대 노즐을 통하여 20kPa로 분출시킬 경우 최대 속도는 약 몇 m/s인가? (단, 노즐입구에서 엔탈피는 3243.3kJ/㎏이고, 출구에서 엔탈피는 2345.8kJ/㎏이며, 입구속도는 무시한다.)**

① 1340m/s
② 1350m/s
③ 1360m/s
④ 1370m/s

정답 ①

에너지 방정식 $h_1 = h_2 + \frac{u_2^2}{2}$에서
출구속도 $u^2 = 2\sqrt{(h_1 - h_2)}$
$= \sqrt{2 \times (3{,}243.3 \times 10^3 - 2{,}345.8 \times 10^3)}$
$= 1{,}339.78\text{m/s}$

02 **그림과 같은 중앙부분에 구멍이 뚫린 원판에 지름 20cm의 원형 물제트가 대기압 상태에서 5m/s의 속도로 충돌하여, 원판 뒤로 지름 10cm의 원형 물제트가 5m/s의 속도로 흘러나가고 있을 때, 원판을 고정하기 위한 힘은 약 몇 N인가?**

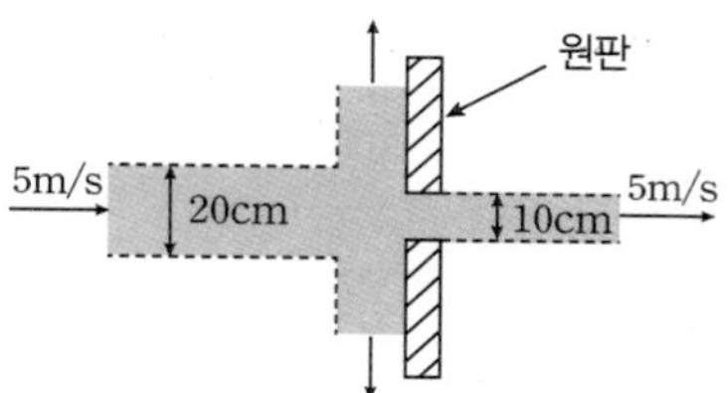

① 579N
② 589N
③ 599N
④ 609N

정답 ②

운동량방정식 $F = \rho QV = \rho AV$
$= \rho \times \left(\frac{\pi}{4} \times D^2\right) \times V^2$을 적용하면

• 원판을 고정하기 위한 힘

$F = \frac{1}{4}\rho\pi D^2V^2 - \frac{1}{16}\rho\pi D^2V^2$
$= \frac{4}{16}\rho\pi D^2V^2 - \frac{1}{16}\rho\pi D^2V^2$
$= \frac{3}{16}\rho\pi D^2V^2 = \frac{3}{16} \times 1{,}000 \times \pi(0.2)^2 \times (5)^2$
$= 589.05\text{N}$

03 **다음 중 압축률에 대한 설명으로 틀린 것은?**

① 압축률은 체적탄성계수의 역수이다.
② 압축률이 크다는 것은 같은 압력변화를 가할 때 압축하기 쉽다는 것이다.
③ 부피탄성계수는 압축률의 역수와 동일하다.
④ 압축률의 단위는 압력의 단위인 Pa이다.

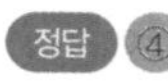
정답 ④

압축률 : 유체나 고체가 받은 압력에 비해서 그 부피가 얼마나 변하는가를 나타내는 척도이다. 체적탄성계수의 역수로 단위는 Pa^{-1}이다.

04 유체에 관한 다음 설명 중 옳은 것은?

① 외력이 가해지면 부피, 밀도, 온도 등이 크게 변하는 유체는 비압축성 유체이다.
② 압축성 유체는 유동으로 인해 밀도에 변화가 없다.
③ 유체에 압력을 가하면 체적이 줄어드는 유체는 압축성 유체이다.
④ 압력을 가해도 밀도변화가 없으며 점성에 의한 마찰손실만 있는 유체는 이상유체이다.

정답 ③

압력이 변화하여도 밀도가 변하지 않는 유체를 비압축성 유체라 하고, 유체에 압력을 가하면 체적이 줄어드는 유체는 압축성 유체이다.

05 −15℃의 얼음 10g을 100℃의 증기로 만드는데 필요한 열량은 약 몇 kJ인가? (단, 얼음의 융해열은 335kJ/kg, 물의 증발잠열은 2256kJ/kg, 얼음의 평균 비열은 2.1kJ/kg · K이고, 물의 평균 비열은 4.18kJ/kg · K이다.

① 29.4kJ
② 30.4kJ
③ 31.4kJ
④ 32.4kJ

정답 ②

얼음 현열 $Q_1 = mC\Delta t = 0.01 \times 2.1 \times (0-15) = 0.315\text{kJ}$

- 0℃ 얼음의 융해잠열
  $Q_2 = \gamma \cdot m = 335 \times 0.01 = 3.35kJ$
- 물의 현열
  $Q_3 = mC\Delta t = 0.01 \times 4.18 \times (100-0) = 4.18kJ$
- 100℃ 물의 증발잠열
  $Q_4 = \gamma \cdot m = 2{,}256 \times 0.01 = 22.56kJ$
- 열량 $Q = Q_1 + Q_2 + Q_3 + Q_4$
  $= 0.315 + 3.35 + 4.18 + 22.56 = 30.405kJ$

06 관내에 흐르는 유체의 흐름을 구분하는 데 사용되는 레이놀즈수의 물리적인 의미는?

① $\frac{관성력}{중력}$
② $\frac{관성력}{탄성력}$
③ $\frac{관성력}{점성력}$
④ $\frac{관성력}{압축력}$

정답 ③

핵심 포인트

무차원식과 물리적 의미

구분	무차원식	물리적 의미
레이놀즈수	$R_e = \frac{DU\rho}{\mu} = \frac{DU}{v}$	$R_e = \frac{관성력}{점성력}$
오일러수	$E_u = \frac{2P}{\rho V^2}$	$E_u = \frac{압축력}{관성력}$
웨버수	$W_e = \frac{\rho LU^2}{\sigma}$	$W_e = \frac{관성력}{표면장력}$
코우수	$C_a = \frac{U^2}{\frac{K}{\rho}}$	$C_a = \frac{관성력}{탄성력}$
마하수	$M_a = \frac{U}{a}$	$M_a = \frac{관성력}{탄성력}$
프루드수	$F_r = \frac{U}{\sqrt{gL}}$	$F_r = \frac{관성력}{중력}$

07 **수평 배관 설비에서 상류 지점인 A지점의 배관을 조사해 보니 지름 100mm, 압력 0.45MPa, 평균 유속 1m/s이었다. 또, 하류의 B지점을 조사해 보니 지름 50mm, 압력 0.4MPa이었다면 두 지점 사이의 손실 수두는 약 몇 m인가? (단, 배관 내 유체의 비중은 1이다.)**

① 4.24m
② 4.34m
③ 4.44m
④ 4.54m

정답 ②

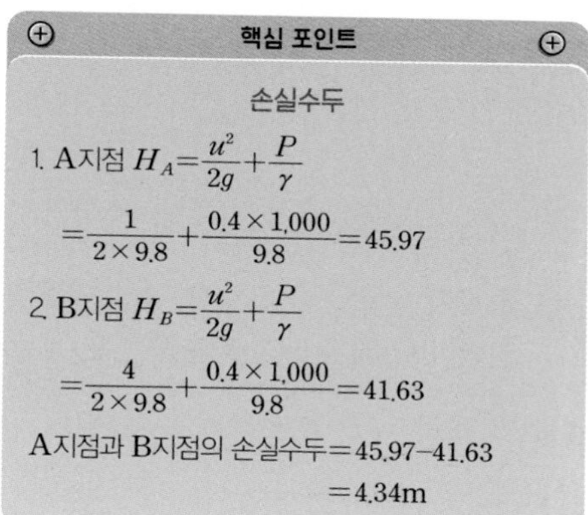

핵심 포인트

손실수두

1. A지점 $H_A = \frac{u^2}{2g} + \frac{P}{\gamma}$

$= \frac{1}{2 \times 9.8} + \frac{0.4 \times 1{,}000}{9.8} = 45.97$

2. B지점 $H_B = \frac{u^2}{2g} + \frac{P}{\gamma}$

$= \frac{4}{2 \times 9.8} + \frac{0.4 \times 1{,}000}{9.8} = 41.63$

A지점과 B지점의 손실수두 $= 45.97 - 41.63$

$= 4.34\text{m}$

08 **다음 중 유체의 점성에 대한 설명으로 틀린 것은?**

① 점성은 유동에 대한 유체의 저항을 나타낸다.
② 액체의 점성계수는 온도 증가에 따라 감소한다.
③ 질소 기체의 동점성계수는 온도 증가에 따라 감소한다.
④ 뉴턴유체에 작용하는 전단응력은 속도기울기에 비례한다.

정답 ③

동점성계수는 유체가 확산되는 정도로 유체의 밀도와 점성계수는 온도와 압력의 영향을 받으므로 동점성계수 또한 온도와 압력에 따라 달라진다. 액체의 점성은 온도가 증가하면 감소하고, 기체의 점성은 온도가 증가함에 따라 증가한다.

09 **다음 중 차원이 서로 같은 것을 모두 고르면? (단, P : 압력, ρ : 밀도, V : 속도, h : 높이, F : 힘, m : 질량, g : 중력가속도)**

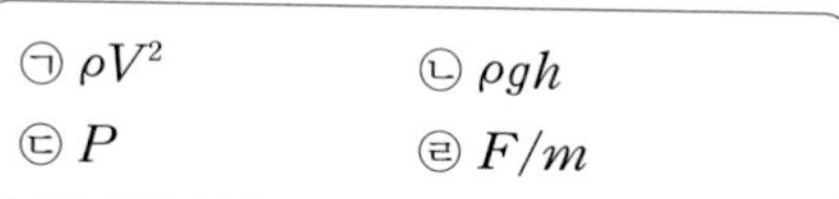

㉠ ρV^2　　㉡ ρgh
㉢ P　　㉣ F/m

① ㉠, ㉡, ㉣
② ㉠, ㉡, ㉢
③ ㉠, ㉢, ㉣
④ ㉠, ㉡, ㉢, ㉣

정답 ②

㉣ $F/m = \frac{kg_f}{kg}$

㉠ $\rho V^2 = \frac{kg}{m^3} \times \left(\frac{m}{s}\right)^2 = \frac{kg \cdot m^2}{m^3 \cdot s^2} = \frac{kg}{m \cdot s^2}$

㉡ $\rho gh = \frac{kg}{m^3} \times \frac{m}{s^2} \times m = \frac{kg \cdot m \cdot m}{m^3 \cdot s^2} = \frac{kg}{m \cdot s^2}$

㉢ $P = \frac{kg}{m \cdot s^2}$

10 길이 100m, 직경 50mm, 상대조도 0.01인 원형 수도관 내에 물이 흐르고 있다. 관내 평균유속이 3m/s에서 6m/s로 증가하면 압력손실은 몇 배로 되겠는가? (단, 유동은 마찰계수가 일정한 완전난류로 가정한다.)

① 1배
② 2배
③ 3배
④ 4배

정답 ④

darcy weisbach의 식 $h_L=f\frac{L}{d}\frac{u^2}{2g}$에서 마찰계수가 일정한 완전난류일 경우 손실수두는 유속의 제곱에 비례한다. 입력손실 $\Delta P=\rho g h_L$에서 $\frac{\Delta P_2}{\Delta P_1}=\frac{\rho g h L_2}{\rho g h L_1}\propto\frac{u_2^2}{u_1^2}=\frac{6^2}{3^2}=4$배이다.

11 다음 중 직경 20cm의 소화용 호스에 물이 392 N/s 흐를 때의 평균유속(m/s)은?

① 1.24m/s
② 1.25m/s
③ 1.26m/s
④ 1.27m/s

정답 ④

평균유속 $G=Au\gamma$(A : 면적, u : 유속, γ : 비중량)

$u=\frac{G}{A\gamma}=\frac{392}{0.0314\times 9{,}800}=1.27\text{m/s}$

12 물이 들어 있는 탱크에 수면으로부터 20m 깊이에 지름 50mm의 오리피스가 있다. 이 오리피스에서 흘러나오는 유량(m^3/min)은? (단, 탱크의 수면 높이는 일정하고 모든 손실은 무시한다.)

① 2.2m^3/min
② 2.3m^3/min
③ 2.4m^3/min
④ 2.5m^3/min

정답 ②

유량 $Q=uA=\sqrt{2gH}\times A$

$Q=\sqrt{2\times 9.8\times 20}\times\frac{\pi}{4}(0.05)^2$

$=0.0388\text{m}^3/\text{s}=2.33\text{m}^3/\text{min}$

13 동일한 노즐구경을 갖는 소방차에서 방수압력이 1.5배가 되면 방수량은 몇 배로 되는가?

① 1.22배
② 1.32배
③ 1.42배
④ 1.52배

정답 ①

- 방수량 $Q=0.6597CD^2\sqrt{10P}$(Q : 방수량, C : 유량계수, D : 관경, P : 방수압력)
  $Q=0.6597CD^2\sqrt{10P}$에서 $Q=0.6597CD^2$은 동일하므로
- 방수압력이 1일 때 $Q=\sqrt{10P}=\sqrt{10\times 1}=3.1623$
- 방수압력이 1.5일 때 $Q=\sqrt{10P}=\sqrt{10\times 1.5}$
  $=3.8730$
- 배수를 구하면 $\frac{3.8730}{3.1623}=1.22$배

14 무한한 두 평판 사이에 유체가 채워져 있고 한 평판은 정지해 있고 또 다른 평판은 일정한 속도로 움직이는 Couette 유동을 하고 있다. 유체 A만 채워져 있을 때 평판을 움직이기 위한 단위면적당 힘을 τ_1이라 하고 같은 평판 사이에 점성이 다른 유체 B만 채워져 있을 때 필요한 힘을 τ_2라 하면 유체 A와 B가 반반씩 위아래로 채워져 있을 때 평판을 같은 속도로 움직이기 위한 단위면적당 힘에 대한 표현으로 옳은 것은?

① $\tau_1+\tau_2$

② $\dfrac{\tau_1+\tau_2}{2}$

③ $\sqrt{\tau_1\tau_2}$

④ $\dfrac{2\tau_1\tau_2}{\tau_1+\tau_2}$

정답 ④

단위면적당 힘 $F=\dfrac{2\tau_1\tau_2}{\tau_1+\tau_2}$

15 라트비아에서 무게가 20N인 어떤 물체를 한국에서 재어보니 19.8N이었다면 한국에서의 중력가속도(m/s²)는 얼마인가? (단, 라트비아에서의 중력가속도는 9.82m/s²이다.)

① 9.62m/s^2

② 9.72m/s^2

③ 9.82m/s^2

④ 9.92m/s^2

정답 ②

$19.8 : 20 = x : 9.82,\ x = 9.72\text{m/s}^2$

16 물이 배관 내에 유동하고 있을 때 흐르는 물 속 어느 부분의 정압이 그 때 물의 온도에 해당 하는 증기압 이하로 되면 부분적으로 기포가 발생하는 현상을 무엇이라고 하는가?

① 수격현상

② 공동현상

③ 서징현상

④ 와류현상

정답 ②

② **공동현상** : 빠른 속도로 액체가 운동할 때 액체의 압력이 증기압 이하로 낮아져서 액체 내에 증기 기포가 발생하는 현상이다.

① **수격현상** : 관속을 가득히 흐르는 물을 밸브로 갑작스럽게 차단하면 밸브 바로 앞의 관속 압력이 급상승하는 현상을 가리킨다.

③ **서징현상** : 원심펌프를 저유량 영역에서 운전 시 유량과 압력이 주기적으로 변하여 불안정한 운전상태가 되는 현상이다.

④ **와류현상** : 유체의 흐름의 일부가 교란받아 본류와 반대되는 방향으로 소용돌이치는 현상이다.

17 용량 1,000L의 탱크차가 만수 상태로 화재 현장에 출동하여 노즐압력 294.2kPa, 노즐 구경 21mm를 사용하여 방수한다면 탱크차 내의 물을 전부 방수하는데 몇 분 소요되는가? (단, 모든 손실은 무시한다.)

① 1.4분

② 1.6분

③ 1.8분

④ 2.0분

정답 ④

옥내소화전 방수량 $Q=0.6597CD^2\sqrt{10P}$(Q : 방수량,

C : 유량계수, D : 관경, P : 방수압력)
$Q = 0.6597 \times \sqrt{10 \times 0.2942} = 499L/\text{min}$
소요시간 $= 1,000 \div 499 = 2.0\text{min}$

18 비중이 0.95인 액체가 흐르는 곳에 그림과 같이 피토 튜브를 직각으로 설치하였을 때 h가 150mm, H가 30mm로 나타났다면 점 1위치에서의 유속(m/s)은?

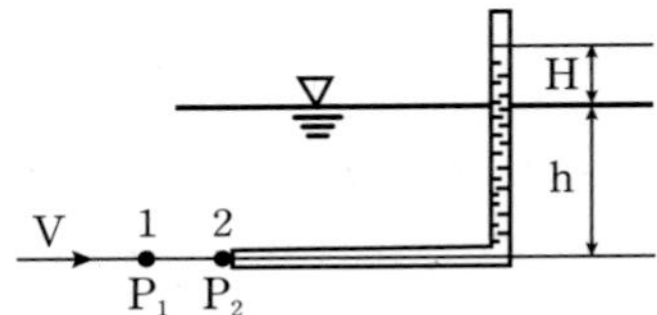

① 0.6m/s
② 0.7m/s
③ 0.8m/s
④ 0.9m/s

정답 ③

유속 $u = \sqrt{2gH} = \sqrt{2 \times 9.8 \times 0.03} = 0.77\text{m/s}$

19 그림과 같은 곡관에 물이 흐르고 있을 때 계기 압력으로 P_1이 98kPa이고, P_2가 29.42 kPa이면 이 곡관을 고정시키는데 필요한 힘(N)은? (단, 높이차 및 모든 손실은 무시한다.)

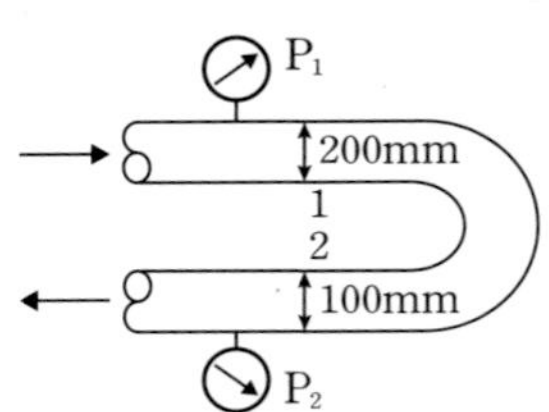

① 4,444N
② 4,544N
③ 4,644N
④ 4,744N

정답 ④

- 베르누이 방정식 $\frac{98}{9.8} + \frac{V_1^2}{2g} = \frac{29.42}{9.8} + \frac{V_1^2}{2g}$
  $V_2 = 4V_1$이므로 대입하면
  $10 + \frac{V_1^2}{2g} = 3 + \frac{16V_1^2}{2g}$, $V_1 = 3.02\text{m/s}$,
  $V_2 = 4V_1 = 4 \times 3.02 = 12.08\text{m/s}$
- 유량 $Q = VA = 3.02 \times \frac{\pi}{4}(0.2)^2 = 0.095\text{m}^3/s$
- 운동량 방정식을 적용하면 $A_1P_1 - F + A_2P_2 = \rho Q(-V_2 - V_1)$
  $\frac{\pi}{4}(0.2)^2 \times 29.42 \times 10^3 - F + \frac{\pi}{4}(0.1)^2 \times 29.42 \times 10^3$
  $= 1,000 \times 0.095 \times (-12.08 - 3.02)$
  $3,078 - F + 231.06 = -1,434.5$
  $F = 3,078 + 231.06 + 1,434.5 = 4,743.56N$

20 지름 40cm인 소방용 배관에 물이 80 kg/s로 흐르고 있다면 물의 유속(m/s)은?

① 0.64m/s
② 0.74m/s
③ 0.84m/s
④ 0.94m/s

정답 ①

질량유량 $\overline{m} = Au\rho$
유량 $u = \frac{\overline{m}}{A\rho} = \frac{80}{\frac{\pi}{4}(0.4)^2 \times 1,000} = 0.64\text{m/s}$

21 체적 $0.1m^3$의 밀폐 용기 안에 기체상수가 0.4615kJ/kg · K인 기체 1kg이 압력 2MPa, 온도 250℃ 상태로 들어있다. 이때 이 기체의 압축계수(또는 압축성인자)는?

① 0.7276
② 0.8286
③ 0.9236
④ 1.0296

정답 ②

압축계수 $PV=ZWRT$(P : 압력, V : 부피, W : 무게, R : 기체상수, T : 절대온도)

$$Z=\frac{PV}{WRT}=\frac{2{,}000\times0.1}{1\times0.4615\times(250+273)}=0.8286$$

22 비중이 0.8인 액체가 한 변이 10cm인 정육면체 모양 그릇의 반을 채울 때 액체의 질량(kg)은?

① 0.4kg
② 0.8kg
③ 1.2kg
④ 1.6kg

정답 ①

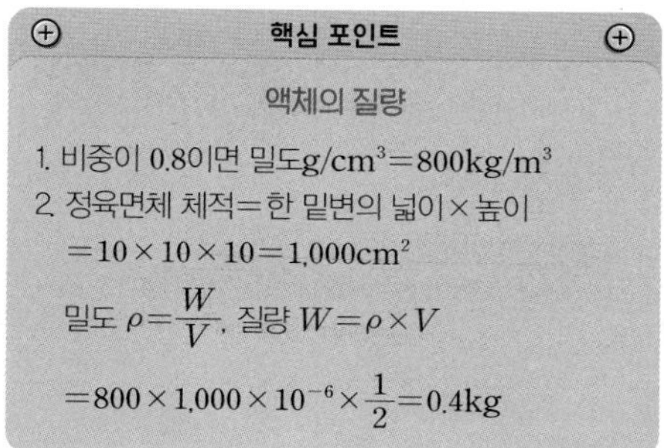
핵심 포인트

액체의 질량

1. 비중이 0.8이면 밀도$g/cm^3=800kg/m^3$
2. 정육면체 체적=한 밑변의 넓이×높이
$=10\times10\times10=1{,}000cm^2$
밀도 $\rho=\frac{W}{V}$, 질량 $W=\rho\times V$
$=800\times1{,}000\times10^{-6}\times\frac{1}{2}=0.4kg$

23 다음 중 유체 기계들의 압력 상승이 일반적으로 큰 것부터 순서대로 바르게 나열한 것은?

① 압축기(compressor) > 블로어(blower) > 팬(fan)
② 블로어(blower) > 압축기(compressor) > 팬(fan)
③ 팬(fan) > 블로어(blower) > 압축기(compressor)
④ 팬(fan) > 압축기(compressor) > 블로어(blower)

정답 ①

압축기(**Compressor**) : 100kpa 이상
블로어(**Blower**) : 10~100kpa 미만
팬(**Fan**) : 10kpa 미만

24 그림에서 물에 의하여 점 B에서 힌지된 사분원 모양의 수문이 평형을 유지하기 위하여 수면에서 수문을 잡아 당겨야 하는 힘 T는 약 몇 kN인가? (단, 수문의 폭 1m, 반지름(r=OB)은 2m, 4분원의 중심은 O점에서 왼쪽으로 $\frac{4r}{3\pi}$인 곳에 있다.)

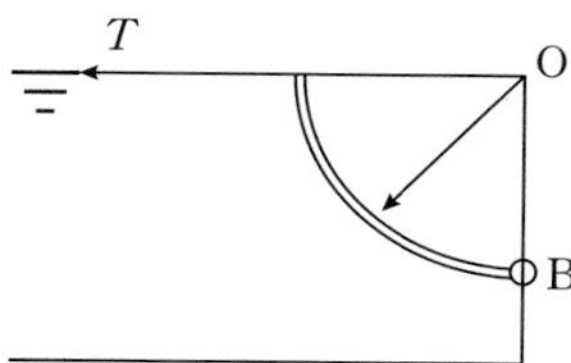

① 1.96kN
② 19.6kN
③ 196.0kN
④ 1,960.1kN

힘 $T=\frac{1}{2}\gamma R_0^2=\frac{1}{2}\times 9{,}800\times(2)^2=19{,}600\text{N}$
$=19.6\text{kN}$

25 **다음 중 열역학 제1법칙에 관한 설명으로 옳은 것은?**

① 엔트로피가 더 작은 거시 상태로는 진행하지 않는다.
② 사이클 과정에서 열이 모두 일로 변화할 수 없다.
③ 일은 열로 변환시킬 수 있고 열은 일로 변환시킬 수 있다.
④ 에너지 전달에는 방향이 있다.

열역학 제1법칙 : 물체에 열과 일이 동시에 가해졌을 때 물체의 내부 에너지는 가해진 열과 일의 양만큼 증가한다. 일은 열로 변환시킬 수 있고 열은 일로 변환시킬 수 있다.

26 **다음 중 이상기체의 등엔트로피 과정에 대한 설명으로 틀린 것은?**

① 온도가 감소하면 비체적이 감소한다.
② 가역단열과정에서 나타난다.
③ 온도가 증가하면 압력이 증가한다.
④ 폴리트로픽 과정의 일종이다.

핵심 포인트

이상기체의 등엔트로피 과정

1. 가역단열과정
2. 폴리트로픽 과정의 일정
3. 온도가 증가하면 압력 증가

27 **효율이 50%인 펌프를 이용하여 저수지의 물을 1초에 10L씩 30m 위 쪽에 있는 논으로 퍼 올리는데 필요한 동력은 약 몇 kW인가?**

① 5.55kW
② 5.66kW
③ 5.77kW
④ 5.88kW

정답 ④

- 전동기 용량 $P=\frac{\gamma\times Q\times H}{\eta}\times K$($\gamma$: 물의 비중량, Q : 정격토출량, H : 전양정, η : 펌프 효율, K : 동력전달계수)
- $P=\frac{9.8\times 0.01\times 30}{0.5}\times 1=5.88kW$

28 **물의 체적탄성계수가 2.5GPa일 때 물의 체적을 1% 감소시키기 위해서 얼마의 압력(MPa)을 가하여야 하는가?**

① 25MPa
② 35MPa
③ 45MPa
④ 55MPa

체적탄성계수 $K=-\left(\frac{\Delta P}{\frac{\Delta V}{V}}\right)$, $\Delta P=-\left(K\frac{\Delta V}{V}\right)$

$=-(2.5\times10^{3})\times-0.01=25MPa$

29 펌프의 입구에서 진공계의 계기압력은 −160mmHg, 출구에서 압력계의 계기압력은 300kPa, 송출 유량은 10m³/min일 때 펌프의 수동력(kW)은? (단, 진공계와 압력계 사이의 수직거리는 2m이고, 흡입관과 송출관의 직경은 같으며, 손실은 무시한다)

① 53.8kW

② 54.8kW

③ 55.8kW

④ 56.8kW

수동력 $P=\gamma\times Q\times H$(γ : 물의 비중량, Q : 방수량, H : 펌프 양정)

$\left(\frac{160}{760}\times10.332\right)+\left(\frac{300}{101.325}\times10.332\right)+2$

$=34.765\text{m}$

수동력 $P=9.8\times\frac{10}{60}\times34.765=56.78kW$

30 표면적이 같은 두 물체가 있다. 표면온도가 2,000K인 물체가 내는 복사에너지는 표면온도가 1,000K인 물체가 내는 복사에너지의 몇 배인가?

① 8배

② 12배

③ 16배

④ 20배

정답 ③

복사에너지는 절대온도의 4제곱에 비례한다.

$T_1:T_2=(1{,}000)^4:(2{,}000)^4=1:16$

31 다음은 유체기계에서 발생하는 현상이다. (   )에 들어갈 말을 바르게 나열한 것은?

> 유체의 유량변화에 의해 관로나 수조 등의 압력, 수위가 주기적으로 변동하여 펌프 입구 및 출구에 설치된 (㉠), (㉡)의 지침이 흔들리는 현상으로 일종의 자려진동을 의미한다.

① ㉠ 진공계, ㉡ 압력계

② ㉠ 진공계, ㉡ 연성계

③ ㉠ 차압계, ㉡ 압력계

④ ㉠ 진공계, ㉡ 차압계

서징현상(Surging) : 유체의 유량변화에 의해 관로나 수조 등의 압력, 수위가 주기적으로 변동하여 펌프 입구 및 출구에 설치된 진공계, 압력계의 지침이 흔들리는 현상으로 일종의 자려진동을 의미한다.

PART 1 과목별 예상문제

32 안지름 25mm, 길이 10m의 수평 파이프를 통해 비중 0.8, 점성계수는 5×10^{-3}kg/m · s인 기름을 유량 0.2×10^{-3}m³/s로 수송하고자 할 때, 필요한 펌프의 최소 동력은 약 몇 W인가?

① 0.21W
② 0.22W
③ 0.23W
④ 0.24W

정답 ①

- 동력 $kW=\frac{\gamma QH}{\eta}\times K$($\gamma$: 비중량, Q : 유량, H : 전양정)
- 유속 $u=\frac{Q}{A}=\frac{0.0002}{\frac{\pi}{4}\times 0.025}=0.407$
- 관마찰계수 $Re=\frac{Du\rho}{\mu}=\frac{0.025\times0.407\times800}{0.005}$ $=1,628$(층류)

$f=\frac{64}{Re}=\frac{64}{1,628}=0.039$

- 전양정 $H=\frac{flu^2}{2gD}=\frac{0.039\times10\times(0.407)^2}{2\times9.8\times0.025}$ $=0.132$
- 동력 $kW=\frac{0.8\times9,800\times0.0002\times0.132}{1}\times1$ $=0.21W$

33 관내에서 물이 평균속도 9.8m/s로 흐를 때의 속도 수두는 약 몇 m인가?

① 3.9m
② 4.9m
③ 5.9m
④ 6.9m

정답 ②

속도수두 $H=\frac{u^2}{2g}=\frac{9.8^2}{2\times9.8}=4.9m$

34 펌프가 실제 유동시스템에 사용될 때 펌프의 운전점은 어떻게 결정하는 것이 좋은가?

① 시스템 곡선과 펌프 효율곡선의 교점에서 운전한다.
② 펌프 성능곡선과 펌프 효율곡선의 교점에서 운전한다.
③ 시스템 곡선과 펌프 성능곡선의 교점에서 운전한다.
④ 펌프 효율곡선의 최고점에서 운전한다.

정답 ③

일정 속도에서 운전되는 펌프의 H−Q 성능은 체절점 Q가 0에서 최대까지 광범위하게 표시되지만, 실제 사용 상태에서는 시스템 곡선과 성능곡선(H−Q 곡선)의 교점이 운전점이 된다.

35 안지름 40mm의 배관 속을 정상류의 물이 매분 150L로 흐를 때의 평균 유속(m/s)은?

① 1.99m/s
② 2.09m/s
③ 2.19m/s
④ 2.29m/s

정답 ①

$Q=uA$(Q : 유량, u : 평균유속, A : 면적)

$Q=\frac{150}{60}\times10^{-3}=0.0025$

$A=\frac{\pi}{4}D^2=\frac{\pi}{4}(0.04)^2=0.0012566$

$u=\frac{Q}{A}=\frac{0.0025}{0.0012566}=1.99m/s$

36 **다음은 어떤 현상에 대한 설명이다. ㉠, ㉡에 알맞은 것은?**

> 파이프 속을 유체가 흐를 때 파이프 끝의 밸브를 갑자기 닫으면 유체의 (㉠) 에너지가 압력으로 변환되면서 밸브 직전에서 높은 압력이 발생하고 상류로 압축파가 전달되는 (㉡)현상이 발생한다.

① ㉠ 운동, ㉡ 서징
② ㉠ 운동, ㉡ 수격작용
③ ㉠ 위치, ㉡ 캐비테이션
④ ㉠ 위치, ㉡ 워터 해머

수격작용 : 물 또는 유동적 물체의 움직임을 갑자기 멈추게 하거나 방향이 바뀌게 될 때 순간적인 압력이 발생하는 현상이다.

37 **이상기체의 폴리트로픽 변화 PV^n=일정에서 n=1인 경우 어느 변화에 속하는가? (단, P는 압력, V는 부피, n은 폴리트로프 지수를 나타낸다.)**

① 등온변화
② 단열변화
③ 정적변화
④ 정압변화

$PV^n=C$(정수)
$n=0$이면 정압변화
$n=1$이면 등온변화
$n=\mathrm{k}$이면 단열변화
$n=\infty$이면 정적변화

38 **단면적이 A와 2A인 U자형 관에 밀도가 d인 기름이 담겨져 있다. 단면적이 2A인 관에 관벽과는 마찰이 없는 물체를 놓았더니 그림과 같이 평형을 이루었다. 이 때 이 물체의 질량은?**

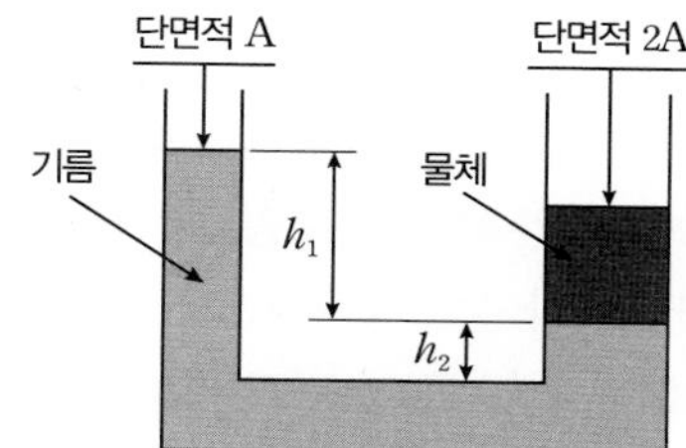

① Ah_1d
② $2Ah_1d$
③ $A(h_1+h_2)d$
④ $A(h_1-h_2)d$

파스칼의 원리를 적용하여 계산하면 $\frac{W_1}{A_1}=\frac{W_2}{A_2}$에서
단면적 $A_1=A,\ A_2=2A$

- 압력 $P_1\rho h_1=\frac{W_1}{A_1},\ W_1=A_1\rho h_1=A\rho h_1$
- $\frac{A\rho h_1}{A}=\frac{W_2}{2A}$이므로 물체의 질량은 $W_2=\frac{2A^2\rho h_1}{A}$ $=2A\rho h_1$이다.

39 **수은의 비중이 13.6일 때 수은의 비체적은 몇 m^3/kg인가?**

① 13.6
② 13.6×10^{-3}
③ $\frac{1}{13.6}$
④ $\frac{1}{13.6}\times10^{-3}$

비체적 $V_s=\frac{1}{p}=\frac{1}{13,600}=\frac{1}{13.6}\times10^{-3}m^3/kg$

40 그림과 같이 스프링상수(spring constant)가 10N/cm인 4개의 스프링으로 평판 A를 벽 B에 그림과 같이 설치하였다. 이 평판에 유량 0.01m³/s, 속도 10m/s인 물 제트가 평판 A의 중앙에 직각으로 충돌할 때, 물 제트에 의해 평판과 벽 사이에 단축된 거리는 약 몇 cm인가?

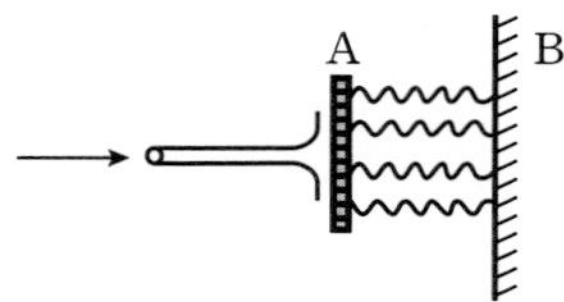

① 1.0cm
② 1.5cm
③ 2.0cm
④ 2.5cm

운동량 방정식 $F=\rho Qu=4kx$(ρ : 밀도, Q : 유량, u : 유속, k : 상수, x : 거리)

거리 $x=\frac{\rho Qu}{4k}=\frac{1,000\times0.01\times10}{4\times\left(10\times\frac{100}{1}\right)}=0.025m$

$=2.5cm$

41 비중이 1.03인 바닷물에 비중 0.9인 빙산이 떠있다. 전체 부피의 몇 %가 해수면 위로 올라와 있는가?

① 8.6%
② 10.6%
③ 12.6%
④ 14.6%

- 해수면에 잠겨있는 부피는 0.9÷1.03=0.874=87.4%
- 해수면 위로 올라와 있는 부피는 100−87.4=12.6%

42 원심펌프를 이용하여 0.2m³/s로 저수지의 물을 2m 위의 물탱크로 퍼 올리고자 한다. 펌프의 효율이 80%라고 하면 펌프에 공급해야 하는 동력(kW)은?

① 1.90kW
② 2.90kW
③ 3.90kW
④ 4.90kW

전동기 용량 $P=\frac{\gamma\times Q\times H}{\eta}\times K$($\gamma$: 물의 비중, Q : 유량, H : 전양정 : η : 펌프효율)

$P=\frac{9.8\times0.2\times2}{0.8}=4.90kW$

43 **다음 중 과열증기에 대한 설명으로 틀린 것은?**

① 과열증기의 비체적은 해당온도에서의 포화증기의 비체적보다 크다.

② 과열증기의 온도는 해당압력에서의 포화온도보다 높다.

③ 과열증기의 압력은 해당온도에서의 포화압력보다 높다.

④ 과열증기의 엔탈피는 해당압력에서의 포화증기의 엔탈피보다 크다.

정답 ③

과열증기 : 온도가 측정되는 절대 압력에서 기화점보다 높은 온도의 증기이다.

1. 포화증기의 포화온도보다 높다.
2. 포화증기의 엔탈피보다 크다.
3. 포화증기의 비체적보다 크다.
4. 포화압력과 같다.

44 **지름이 75mm인 관로 속에 평균 속도 4m/s로 흐르고 있을 때 유량(kg/s)은?**

① 17.67kg/s

② 18.67kg/s

③ 19.67kg/s

④ 20.67kg/s

정답 ①

질량유량 $\overline{m}=Au\rho=\frac{\pi}{4}(0.075)^2\times4\times1{,}000$
$=17.67kg/s$

45 **그림과 같이 물이 들어있는 아주 큰 탱크에 사이펀이 장치되어 있다. 출구에서의 속도 V와 관의 상부 중심 A지점에서의 게이지 압력 P_A를 구하는 식은? (단, g는 중력가속도, ρ는 물의 밀도이며, 관의 직경은 일정하고 모든 손실은 무시한다.)**

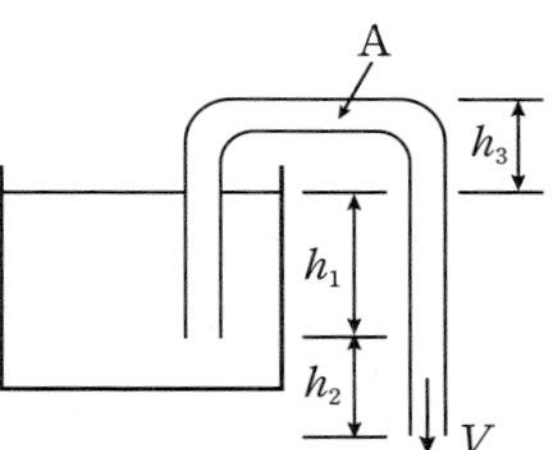

① $V=\sqrt{2g(h_1+h_2)}$, $\rho_A=-\rho g h_3$

② $V=\sqrt{2gh_2}$, $\rho_A=-\rho g(h_1+h_2+h_3)$

③ $V=\sqrt{2g(h_1+h_2)}$, $\rho_A=-\rho g(h_1+h_2+h_3)$

④ $V=\sqrt{2g(h_1+h_2)}$, $\rho_A=\rho g(h_1+h_2-h_3)$

정답 ③

- 베르누이 방정식 $\frac{P_1}{\gamma}+\frac{V_1^2}{2g}+Z_1=\frac{P_2}{\gamma}+\frac{V_2^2}{2g}+Z_2$
- 출구속도 $P_1=P_3=P_{atm}=0$, $V_1=0$,
  $Z_1-Z_3=h_1+h_2$
  $\frac{P_1}{\gamma}+\frac{V_1^2}{2g}+Z_1=\frac{P_2}{\gamma}+\frac{V_2^2}{2g}+Z_2$에서
  $0+0+Z_1=0+\frac{V_3^2}{2g}+Z_3$
- $V=V_3=\sqrt{2g(Z_1-Z_3)}=\sqrt{2g(h_1+h_2)}$
- A지점에서 게이지 압력 $P_1=P_{atm}=0$, $V_1=0$,
  $Z_1-Z_2=-h_3$
  $V_2=V_3=\sqrt{2g(h_1+h_2)}$
- $\frac{P_1}{\gamma}+\frac{V_1^2}{2g}+Z_1=\frac{P_2}{\gamma}+\frac{V_2^2}{2g}+Z_2$에서
  $0+0+(Z_1-Z_2)=\frac{P_2}{\gamma}+\frac{V_2^2}{2g}$
- $-h_3=\frac{P_2}{\gamma}+\frac{(\sqrt{2g(h_1+h_2)})^2}{2g}$
- $P_A=P_B$이므로 $P_A=-\gamma(h_1+h_2+h_3)=-\rho g(h_1+h_2+h_3)$

46 그림과 같은 U자관 차압 액주계에서 A와 B에 있는 유체는 물이고 그 중간에 있는 유체는 수은(비중 13.6)이다. 또한, 그림에서 h_1=20cm, h_2=30cm, h_3=15cm일 때 A의 압력(PA)와 B의 압력(PB)의 차이 (P_A-P_B)는 약 몇 kPa인가?

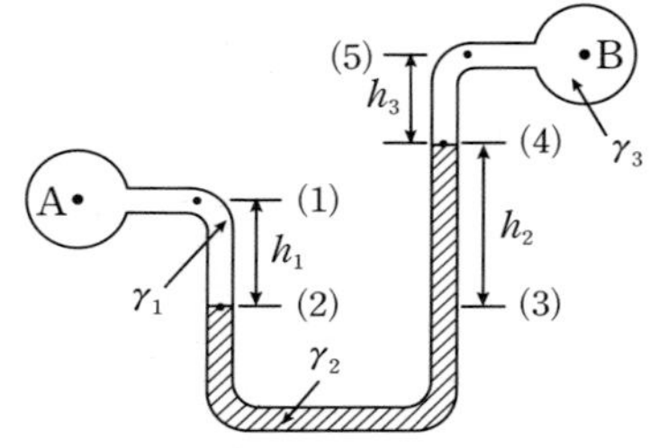

① 38.4kPa
② 39.5kPa
③ 40.7kPa
④ 41.8kPa

정답 ②

$$P_A-P_B=\gamma_2 h_2+\gamma_3 h_3-\gamma_1 h_1$$
$$=(13.6\times9.8\times0.3)+(1\times9.8\times0.15)-(1\times9.8\times0.2)$$
$$=39.49kPa$$

47 이상기체의 정압비열 C_p와 정적비열 C_v와의 관계로 옳은 것은? (단, R은 이상기체 상수이고, k는 비열이다.)

① $C_p=\frac{1}{2}C_v$
② $C_p<C_v$
③ $C_p-C_v=R$
④ $\frac{C_v}{C_p}=k$

정답 ③

정적비열은 체적이 일정한 상태에서의 비열이며, 정압비열은 압력이 일정한 상태에서의 비열이다. 기체의 정압비열이 정적비열보다 항상 큰 이유는 기체가 일을 하는 경우, 즉 압력이 변화하는 경우에 에너지를 소비하기 때문이다. 따라서 $C_p-C_v=R$

48 저장용기로부터 20℃의 물을 길이 300m, 지름 900mm인 콘크리트 수평 원관을 통하여 공급하고 있다. 유량이 1m³/s일 때 원관에서의 압력강하는 약 몇 kPa인가? (단, 관마찰 계수는 약 0.023이다.)

① 8.47kPa
② 9.47kPa
③ 10.47kPa
④ 11.47kPa

정답 ②

Darcy－weisbach 방정식 $H=\frac{\Delta P}{\gamma}=\frac{flu^2}{2gD}$,
$\Delta P=\frac{flu^2\cdot\gamma}{2gD}$($f$: 관마찰계수, l : 길이, u : 유속, γ : 물의 비중량, g : 중력가속도, D : 직경)

$$\Delta P=\frac{0.023\times300\times(1.572)^2\times9.8}{2\times9.8\times0.9}=9.47kPa$$

49 원관에서 길이가 2배, 속도가 2배가 되면 손실수두는 원래의 몇 배가 되는가? (단, 두 경우 모두 완전발달 난류유동에 해당되며, 관마찰계수는 일정하다.)

① 2배
② 4배

③ 8배
④ 16배

Darcy－weisbach 방정식 $h=\frac{flu^2}{2gD}$, 길이 2배와 속도 2배이므로

$h=\frac{2\times 2^2}{1}=8$배

50 비중이 0.85이고 동점성계수가 $3\times10^{-4}m^2/s$인 기름이 직경 10cm의 수평 원형 관내에 20L/s으로 흐른다. 이 원형 관의 100m 길이에서의 수두손실(m)은? (단, 정상 비압축성 유동이다)

① 15.0m
② 25.0m
③ 35.0m
④ 45.0m

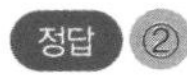

$u=\frac{Q}{A}=\frac{0.02}{\frac{\pi}{4}\times(0.1)^2}=2.5464$

레이놀즈수 $Re=\frac{Du}{v}=\frac{0.1\times2.5464}{3\times10^{-4}}=848.8265$

관마찰계수 $f=\frac{64}{Re}=\frac{64}{848.8265}=0.075$

수두손실 $H=\frac{flu^2}{2gD}=\frac{0.0754\times100\times(2.5464)^2}{2\times9.8\times0.1}$
$=24.94m$

51 초기에 비어 있는 체적이 $0.1m^3$인 견고한 용기 안에 공기(이상기체)를 서서히 주입한다. 공기 1kg을 넣었을 때 용기 안의 온도가 300K가 되었다면 이 때 용기 안의 압력(kPa)은? (단, 공기의 기체상수는 0.287kJ/kg · K이다.)

① 851kPa
② 861kPa
③ 871kPa
④ 881kPa

정답 ②

압력 $P=\frac{WRT}{V}$ (P : 압력, W : 무게, R : 기체상수, T : 절대온도, V : 체적)

$P=\frac{WRT}{V}=\frac{1\times0.287\times300}{0.1}=861kPa$

52 $0.02m^3$의 체적을 갖는 액체가 강체의 실린더 속에서 730kPa의 압력을 받고 있다. 압력이 1,030kPa로 증가되었을 때 액체의 체적이 $0.019m^3$으로 축소되었다. 이 때 이 액체의 체적탄성계수는 약 몇 kPa인가?

① 6,000kPa
② 7,000kPa
③ 8,000kPa
④ 9,000kPa

정답 ①

체적탄성계수 $K=-\frac{\Delta P}{\frac{\Delta V}{V}}$ (ΔP : 압력변화, $\frac{\Delta V}{V}$: 부피변화)

$K=-\left(\frac{1,030-730}{\frac{0.019-0.02}{0.02}}\right)=-\left(\frac{300}{-0.05}\right)=6,000kPa$

53 평균유속 2m/s로 50L/s 유량의 물을 흐르게 하는데 필요한 관의 안지름은 약 몇 mm인가?

① 148mm
② 158mm
③ 168mm
④ 178mm

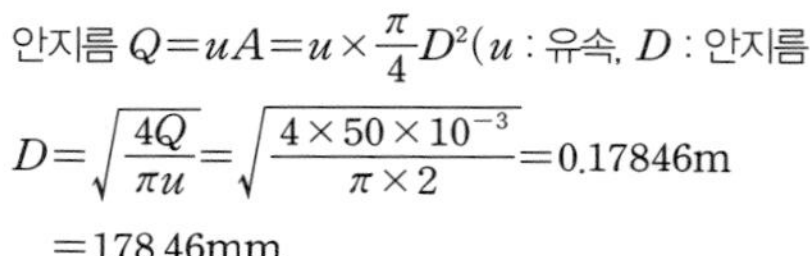

안지름 $Q=uA=u\times\frac{\pi}{4}D^2$($u$: 유속, D : 안지름)

$$D=\sqrt{\frac{4Q}{\pi u}}=\sqrt{\frac{4\times50\times10^{-3}}{\pi\times2}}=0.17846\text{m}$$
$$=178.46\text{mm}$$

54 스톤의 지름이 각각 10mm, 50mm인 두 개의 유압장치가 있다. 두 피스톤에 안에 작용하는 압력은 동일하고, 큰 피스톤이 1,000N의 힘을 발생시킨다고 할 때 작은 피스톤에서 발생시키는 힘은 약 몇 N인가?

① 40N
② 50N
③ 60N
④ 70N

파스칼 원리에서 피스톤 A_1의 반지름을 r_1, 피스톤 A_2의 반지름을 r_2라 하면

$$\frac{F_1}{A_1}=\frac{F_2}{A_2},\ \frac{F_1}{\pi(5)^2}=\frac{1{,}000}{\pi(25)^2},$$
$$F_1=1{,}000\times\frac{\pi(5)^2}{\pi(25)^2}=40N$$

55 물탱크에 담긴 물의 수면의 높이가 10m인데, 물탱크 바닥에 원형 구멍이 생겨서 10L/s 만큼 물이 유출되고 있다. 원형 구멍의 지름은 약 몇 cm인가? (단, 구멍의 유량보정계수는 0.6이다.)

① 3.5cm
② 3.7cm
③ 3.9cm
④ 4.1cm

유속 $u=c\sqrt{2gH}=0.6\times\sqrt{2\times9.8\times10}=8.4$

지름 $Q=uA=u\times\frac{\pi}{4}D^2$,

$$D=\sqrt{\frac{4Q}{\pi u}}=\sqrt{\frac{4\times0.01}{8.4\times\pi}}=0.0389\text{m}=3.89\text{cm}$$

56 펌프가 운전 중에 한숨을 쉬는 것과 같은 상태가 되어 펌프 입구의 진공계 및 출구의 압력계 지침이 흔들리고 송출유량도 주기적으로 변화하는 이상 현상을 무엇이라고 하는가?

① 맥동현상(surging)
② 수격작용(water hammering)
③ 공동현상(cavitation)
④ 언밸런스(unbalance)

① **맥동현상(surging)** : 펌프, 송풍기, 압축기 등의 유체기계가 운전 중에 유량이 낮은 영역에서 불안정한 상태가 되어 진동이 발생하고, 송출압력 · 송출유량이 변동하는 현상이다.
② **수격작용(water hammering)** : 물 또는 유동적 물체의 움직임을 갑자기 멈추게 하거나 방향이 바뀌게 될

때 순간적인 압력이 발생하는 현상이다.

③ **공동현상(cavitation)** : 유체의 속도 변화에 의한 압력변화로 인해 유체 내에 공동이 생기는 현상을 말한다.

57 그림과 같이 수족관에 직경 3m의 투시경이 설치되어 있다. 이 투시경에 작용하는 힘(kN)은?

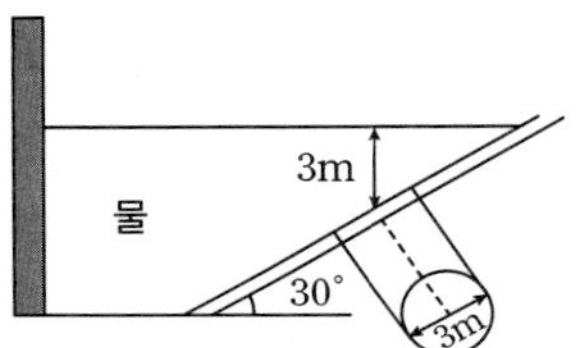

① 207.8kN

② 217.8kN

③ 227.8kN

④ 237.8kN

투시경에 작용하는 힘 $F=\gamma\bar{h}A=\gamma\bar{y}\sin\theta A$($\gamma$: 물의 비중량, $\bar{y}$: 투시경까지의 거리, A : 중심투시경의 면적)

$$F=9{,}800\times\frac{3}{\sin30^{\circ}}\times\sin30^{\circ}\times\frac{\pi}{4}\times(3)^{2}$$

$$=207{,}816N=207.8kN$$

58 다음 중 Stokes의 법칙과 관계되는 점도계는?

① 맥미셀 점도계

② 스토머 점도계

③ Saybolt 점도계

④ 낙구식 점도계

Stokes의 법칙은 유체가 물체에 가하는 마찰력을 계산하는 공식이다.

점성계수 측정

1. 뉴튼(Newton)의 점성법칙 이용 : 맥미셀 점도계, 스토머 점도계
2. Stokes의 법칙 이용 : 낙구식 점도계
3. 하겐–포아젤 방정식 이용 : 오스발트 점도계, 세이볼트 점도계

59 피비중병의 무게가 비었을 때는 2N이고, 액체로 충만되어 있을 때는 8N이다. 액체의 체적이 0.5L이면 이 액체의 비중량은 약 몇 N/m³인가?

① $11{,}000N/m^3$

② $12{,}000N/m^3$

③ $13{,}000N/m^3$

④ $14{,}000N/m^3$

액체의 무게 $W=8-2=6$

액체의 비중량 $\gamma=\frac{W}{V}=\frac{6}{0.5\times10^{-3}}=12{,}000N/m^3$

60 30℃에서 부피가 10L인 이상기체를 일정한 압력으로 0℃로 냉각시키면 부피는 약 몇 L로 변하는가?

① 7L

② 9L

③ 11L

④ 13L

샤를의 법칙 $V_2=V_1\times\frac{T_2}{T_1}=10\times\frac{273+0}{273+30}=9L$

61 **20℃ 물 100L를 화재현장의 화염에 살수하였다. 물이 모두 끓는 온도(100℃)까지 가열되는 동안 흡수하는 열량은 약 몇 kJ인가? (단, 물의 비열은 4.2kJ/kg · K이다.)**

① 30,600kJ
② 31,600kJ
③ 32,600kJ
④ 33,600kJ

열량 $Q=mc\Delta t$(m : 질량, c : 비열, Δt : 온도차)
$Q=100\times4.2\times80=33,600kJ$

62 **터보팬을 6000rpm으로 회전시킬 경우, 풍량은 0.5m³/min, 축동력은 0.049kW이었다. 만약 터보팬의 회전수를 8000rpm으로 바꾸어 회전시킬 경우 축동력(kW)은?**

① 0.106kW
② 0.116kW
③ 0.126kW
④ 0.136kW

축동력 $L_2=L_1\times\left(\frac{N_2}{N_1}\right)^3\times\left(\frac{D_2}{D_1}\right)^3=L_1\times\left(\frac{N_2}{N_1}\right)^3$

$=0.049\times\left(\frac{8,000}{6,000}\right)^3=0.116kW$

63 **다음 중 점성에 관한 설명으로 틀린 것은?**

① 액체의 점성은 분자 간 결합력에 관계가 있다.
② 기체의 점성은 분자 간 운동량 교환에 관계가 있다.
③ 온도가 증가하면 액체의 점성은 감소한다.
④ 온도가 증가하면 기체의 점성은 감소한다.

점성은 유체가 외력에 의한 변형에 대하여 저항하는 정도를 나타낸다. 액체의 경우 온도가 높아질수록 분자 간의 인력이 약해져서 점도가 감소하지만, 기체의 경우 분자간 충돌이 더 활발하게 일어나서 유체의 전체적인 유속이 감소하기 때문에 결과적으로 액체와는 반대로 점도가 증가하는 특성을 보인다.

64 **피토관으로 파이프 중심선에서 흐르는 물의 유속을 측정할 때 피토관의 액주높이가 5.2m, 정압튜브의 액주높이가 4.2m를 나타낸다면 유속(m/s)은? (단, 속도계수(Cv)는 0.97이다.)**

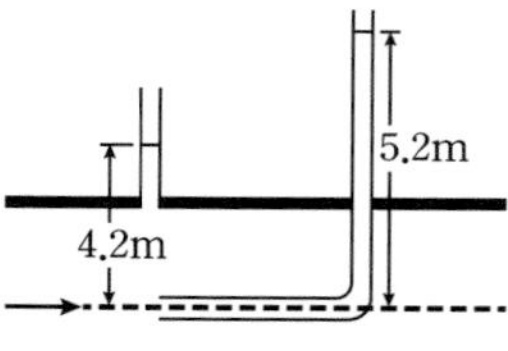

① 4.0m/s
② 4.1m/s
③ 4.2m/s
④ 4.3m/s

유속 $u=c\sqrt{2gH}=0.97\times\sqrt{2\times9.8\times(5.2-4.2)}$
$=4.29\text{m/s}$

65 **10kg의 수증기가 들어 있는 체적 2m³의 단단한 용기를 냉각하여 온도를 200℃에서 150℃로 낮추었다. 나중 상태에서 액체상태의 물은 약 몇 kg인가? (단, 150℃에서 물의 포화액 및 포화증기의 비체적은 각각 0.0011m³/kg, 0.3925m³/kg이다.)**

① 2.92kg
② 3.92kg
③ 4.92kg
④ 5.92kg

수증기 비체적 $v=\frac{V}{m}=\frac{1}{10}=0.2$

습도 $y=1-x=1-\frac{v-v_f}{v_g-v_f}$($x$: 건도, v : 수증기 비체적, v_g : 포화증기 비체적, v_f : 포화액 비체적)

$y=1-\frac{0.2-0.0011}{0.3925-0.0011}=0.4918$

물의 양 $W=y\times m=0.4918\times10=4.918kg$

66 **이상적인 카르노사이클의 과정인 단열압축과 등온압축의 엔트로피 변화에 관한 설명으로 옳은 것은?**

① 등온압축의 경우 엔트로피 변화는 있고, 단열압축의 경우 엔트로피 변화는 감소한다.
② 등온압축의 경우 엔트로피 변화는 없고, 단열압축의 경우 엔트로피 변화는 증가한다.
③ 단열압축의 경우 엔트로피 변화는 없고, 등온압축의 경우 엔트로피 변화는 감소한다.
④ 단열압축의 경우 엔트로피 변화는 있고, 등온압축의 경우 엔트로피 변화는 증가한다.

이상적인 카르노사이클의 과정 : 등온압축은 온도에 따른 엔트로피 변화는 없고 등온압축으로 부피가 감소하므로 엔트로피가 감소한다. 단열과정은 엔트로피가 변하지 않으므로 사이클을 이루기 위해서는 등온압축 시 감소하는 양과 등온팽창 시 증가하는 양이 일치하게 된다.

67 **유체가 매끈한 원 관 속을 흐를 때 레이놀즈수가 1,200이라면 관 마찰계수는 얼마인가?**

① 0.052
② 0.053
③ 0.054
④ 0.055

층류일 경우 관마찰계수 $f=\frac{64}{Re}=\frac{64}{1{,}200}=0.053$

68 아래 그림과 같은 반지름이 1m이고, 폭이 3m인 곡면의 수문 AB가 받는 수평분력은 약 몇 N인가?

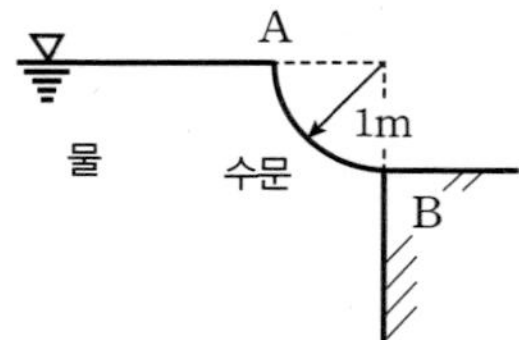

① 14,700N
② 15,700N
③ 16,700N
④ 17,700N

수평분력 $FH=\gamma\bar{h}A=9{,}800\times0.5\times1\times3$
$=14{,}700N$

69 어떤 기체를 20℃에서 등온 압축하여 절대압력이 0.2MPa에서 1MPa으로 변할 때 체적은 초기 체적과 비교하여 어떻게 변화하는가?

① $\frac{1}{5}$로 감소한다.
② $\frac{1}{10}$로 감소한다.
③ 5배로 증가한다.
④ 10배로 증가한다.

등온 압축일 경우 $\frac{V_1}{V_2}=\frac{P_2}{P_1}$, $\frac{V_1}{V_2}=\frac{1}{0.2}=5$

$V_1=5$일 때 $V_2=1$이므로 $\frac{1}{5}$로 감소한다.

70 240mmHg의 절대압력은 계기압력으로 약 몇 kPa인가? (단, 대기압은 760mmHg이고, 수은의 비중은 13.6이다)

① −49.3kPa
② −59.3kPa
③ −69.3kPa
④ −79.3kPa

절대압력 = 대기압 + 계기압력
계기압력 = 절대압력 − 대기압
$=240-760=-520$mmHg
1대기압(atm) = 760mmHg = 101.325kPa이므로,
mmHg를 kPa로 환산하면 $-\frac{520}{760}\times101.325$
$=-69.3$kPa

71 그림의 역U자관 마노미터에서 압력 차($Px-Py$)는 약 몇 Pa인가?

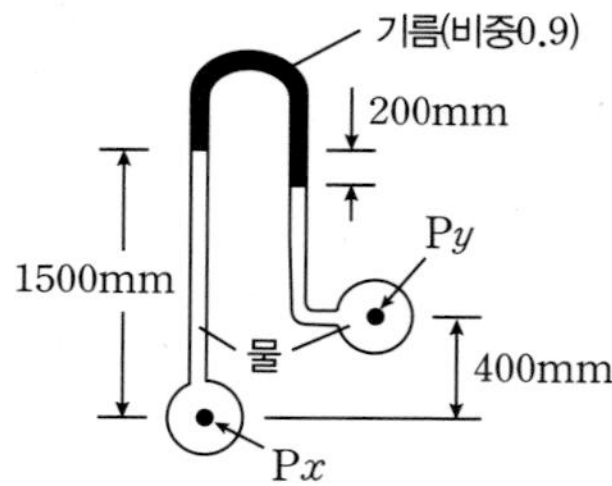

① 4,016Pa
② 4,116Pa
③ 4,216Pa
④ 4,316Pa

압력차 $P_x-9{,}800\times1.5=P_y-9{,}800(1.5-0.2-0.4)-0.9\times9{,}800\times0.2$

$P_x - P_y = 14{,}700 - 8{,}820 - 1{,}764 = 4{,}116\text{Pa}$

72 펌프의 입구 및 출구측에 연결된 진공계와 압력계가 각각 25mmHg와 260kPa을 가리켰다. 이 펌프의 배출 유량이 0.15m³/s가 되려면 펌프의 동력은 약 몇 kW가 되어야 하는가? (단, 펌프의 입구와 출구의 높이차는 없고, 입구측 안지름은 20cm, 출구측 안지름은 15cm이다.)

① 40.2kW
② 41.2kW
③ 42.2kW
④ 43.2kW

정답 ④

연속방정식 $Q = uA = u\left(\frac{\pi}{4} \times d^2\right)$

- 입구 유속 $u_1 = \frac{4Q}{\pi d_1^2} = \frac{4 \times 0.15}{\pi \times (0.2)^2} = 4.77$
- 출구 유속 $u_2 = \frac{4Q}{\pi d_2^2} = \frac{4 \times 0.15}{\pi \times (0.15)^2} = 8.49$

압력단위 환산

- 입구측 압력 $P_1 = -\frac{25}{760} \times 101{,}325 = -3{,}333.06$
- 출구축 압력 $P_2 = 260 \times 10^3$
- 베르누이 방정식 $\frac{P_1}{\gamma} + \frac{V_1^2}{2g} + Z_1 = \frac{P_2}{\gamma} + \frac{V_2^2}{2g} + Z_2$ 을 적용하여 손실수두를 계산하면 $Z_1 = Z_2$이므로

$$H = \left(\frac{P_2}{\gamma} + \frac{P_1}{\gamma}\right) + \left(\frac{u_2^2}{2g} + \frac{u_1^2}{2g}\right)$$
$$= \frac{260 \times 10^3}{9{,}800} - \left(-\frac{3{,}333}{9{,}800}\right) + \left(\frac{(8.49)^2}{2 \times 9.8} - \frac{(4.77)^2}{2 \times 9.8}\right) = 29.39$$

- 동력을 구하기 위하여 펌프효율 $\eta = 1$을 대입하면

$$kW = \frac{\gamma Q H}{\eta} = \frac{9{,}800 \times 0.15 \times 29.39}{1}$$
$$= 43{,}203.3N \cdot m/s = 43.2kW$$

73 그림에서 물 탱크차가 받는 추력은 약 몇 N인가? (단, 노즐의 단면적은 0.03m²이며, 탱크 내의 계기압력은 40kPa이다. 또한 노즐에서 마찰 손실은 무시한다.)

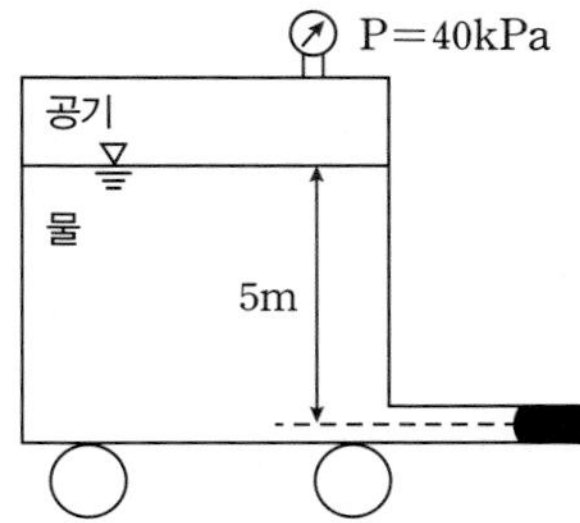

① 2,337N
② 3,337N
③ 4,337N
④ 5,337N

정답 ④

- 베르누이 정리 $\frac{P_1}{\gamma} + \frac{u_1^2}{2g} + Z_1 = \frac{P_2}{\gamma} + \frac{u_2^2}{2g} + Z_2$

$$\frac{40 \times 10^3}{9{,}800} + 0 + 5 = 0 + \frac{u_2^2}{2 \times 9.8} + 0$$
$$9.082 = \frac{u_2^2}{2 \times 9.8}$$

- 출구속도 $u_2 = \sqrt{2 \times 9.8 \times 9.082} = 13.342$
- 유량 $Q = Au = 0.03 \times 13.342 = 0.4$
- 추력 $F = Q\rho u = 0.4 \times 1{,}000 \times 13.342 = 5{,}337N$

PART 1 과목별 예상문제

74 2cm 떨어진 두 수평한 판 사이에 기름이 차 있고, 두 판 사이의 정중앙에 두께가 매우 얇은 한 변의 길이가 10cm인 정사각형 판이 놓여있다. 이 판을 10cm/s의 일정한 속도로 수평하게 움직이는데 0.02N의 힘이 필요하다면, 기름의 점도는 약 몇 N · s/m²인가? (단, 정사각형 판의 두께는 무시한다.)

① $0.1N \cdot s/m^2$
② $0.2N \cdot s/m^2$
③ $0.3N \cdot s/m^2$
④ $0.4N \cdot s/m^2$

정답 ①

- 전단응력 $\tau = \frac{F}{A} = \mu\frac{u}{h}$, $F = \mu A\frac{u}{h}$
- 두 판을 움직이는데 작용하는 힘은 같다. 두 판을 움직이는데 필요한 힘 $F = F_1 + F_2 = 2F_1$이다.
  $F = 2 \times \left(\mu A\frac{u}{h}\right)$에서
- 두께 $\mu = \frac{Fh}{2Au} = \frac{0.02 \times 0.01}{2 \times (0.1 \times 0.1) \times 0.1}$
  $= 0.1N \cdot s/m^2$

75 초기온도와 압력이 각각 50℃, 600kPa인 이상기체를 100kPa까지 가역 단열팽창시켰을 때 온도는 약 몇 K인가? (단, 이 기체의 비열비는 1.4이다.)

① 192K
② 194K
③ 196K
④ 198K

가역 단열팽창 시 온도 $T_2 = T_1\left(\frac{P_2}{P_1}\right)^{\frac{k-1}{k}}$

$= (273+50) \times \left(\frac{100}{600}\right)^{\frac{1.4-1}{1.4}} = 193.6K$

76 원관 속의 흐름에서 관의 직경, 유체의 속도, 유체의 밀도, 유체의 점성계수가 각각 D, V, ρ, μ로 표시될 때 층류 흐름의 마찰계수(f)로 옳은 식은?

① $f = \frac{64}{DV\rho\mu}$
② $f = \frac{64}{DV\mu}$
③ $f = \frac{64D}{V\rho\mu}$
④ $f = \frac{64\mu}{DV\rho}$

관마찰계수 $f = \frac{64}{Re} = \frac{64}{\frac{DV\rho}{\mu}} = \frac{64\mu}{DV\rho}$

77 관의 길이가 *l*이고, 지름이 *d*, 관마찰계수가 *f*일 때, 총 손실수두 H(m)를 식으로 바르게 나타낸 것은? (단, 입구 손실계수가 0.5, 출구 손실계수가 1.0, 속도수두는 $\frac{V^2}{2g}$이다.)

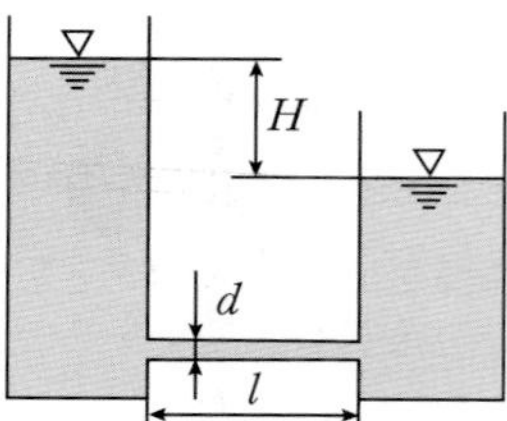

① $\left(1.5 + f\frac{l}{d}\right)\frac{V^2}{2g}$

② $\left(f\dfrac{l}{d}+1\right)\dfrac{V^2}{2g}$

③ $\left(0.5+f\dfrac{l}{d}\right)\dfrac{V^2}{2g}$

④ $\left(f\dfrac{l}{d}\right)\dfrac{V^2}{2g}$

정답 ①

핵심 포인트

총 손실수두 H

1. 관입구에서 손실수두 $H_1=0.5\times\dfrac{V^2}{2g}$
2. 관출구에서 손실수두 $H_2=\dfrac{V^2}{2g}$
3. 관마찰에서 손실수두 $H_3=f\dfrac{l}{d}\dfrac{V^2}{2g}$
4. 총 손실수두 $H=H_1+H_2+H_3=0.5\times\dfrac{V^2}{2g}+\dfrac{V^2}{2g}+f\dfrac{l}{d}\dfrac{V^2}{2g}=\left(1.5+f\dfrac{1}{d}\right)\dfrac{V^2}{2g}$

78 지름이 다른 두 개의 피스톤이 그림과 같이 연결되어 있다. "1" 부분의 피스톤의 지름이 "2" 부분의 2배일 때, 각 피스톤에 작용하는 힘 F_1과 F_2의 크기의 관계는?

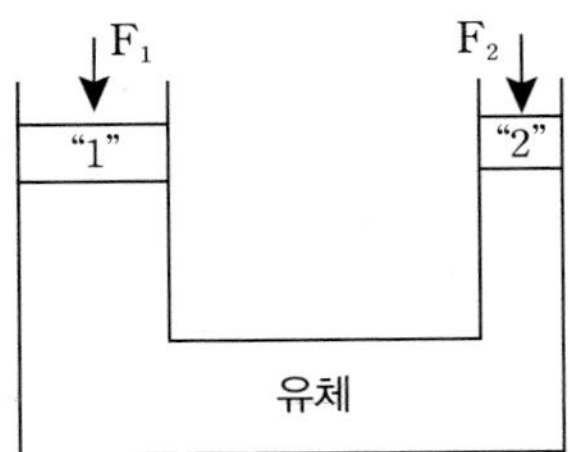

① $F_1=F_2$

② $F_1=2F_2$

③ $F_1=3F_2$

④ $F_1=4F_2$

정답 ④

파스칼의 원리에서 피스톤 1의 지름을 A_1, 피스톤 2의 지름을 A_2라 할 때

$$\frac{F_1}{A_1}=\frac{F_2}{A_2},\ \frac{F_1}{F_2}=\frac{A_1}{A_2}=\frac{\frac{\pi}{4}(D_1)^2}{\frac{\pi}{4}(D_2)^2}=\frac{D_1^2}{D_2^2}$$

$$=\left(\frac{2}{1}\right)^2=4$$

따라서 $F_1=4F_2$

79 피토관을 사용하여 일정 속도로 흐르고 있는 물의 유속(V)을 측정하기 위해, 그림과 같이 비중 S인 유체를 갖는 액주계를 설치하였다. S=2일 때 액주의 높이 차이가 H=h가 되면, S=3일 때 액주의 높이 차(H)는 얼마가 되는가?

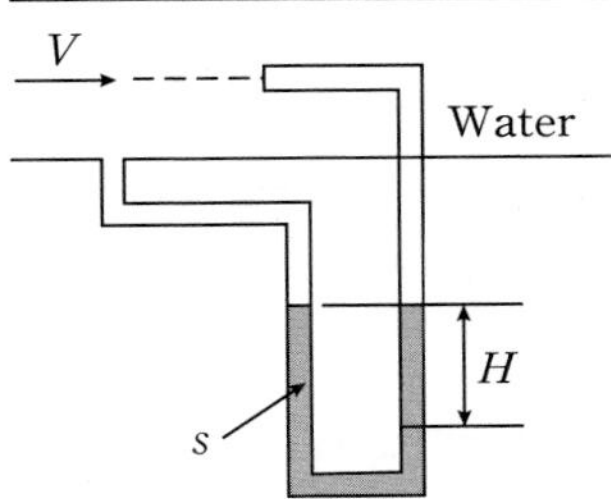

① $\dfrac{h}{2}$

② $\dfrac{h}{\sqrt{3}}$

③ $\dfrac{h}{3}$

④ $\dfrac{h}{9}$

정답 ①

비중 $S=2$일 때 유속 $V_1=\sqrt{2gH\left(\frac{2}{1}-1\right)}=\sqrt{2gH}$
$=\sqrt{2gh}$

비중 $S=3$일 때 유속 $V_2=\sqrt{2gH\left(\frac{3}{1}-1\right)}=\sqrt{4gH}$
$=\sqrt{4gh}$

유속 $V_1=V_2$이므로 $\sqrt{2gh}=\sqrt{4gh}$에서 양변을 제곱하면
$2gh=4gh$, 액주의 높이 차 $H=\frac{2g}{4g}h=\frac{1}{2}h$

80 **비중이 0.877인 기름이 단면적이 변하는 원관을 흐르고 있으며 체적유량은 0.146m³/s이다. A점에서는 안지름이 150mm, 압력이 91kPa이고, B점에서는 안지름이 450mm, 압력이 60.3kPa이다. 또한 B점은 A점보다 3.66m 높은 곳에 위치한다. 기름이 A점에서 B점까지 흐르는 동안의 손실수두는 약 몇 m인가? (단, 물의 비중량은 9,810N/m³이다.)**

① 1.3m
② 2.3m
③ 3.3m
④ 4.3m

정답 ③

- 베르누이 정리 $\frac{P_1}{\gamma}+\frac{u_1^2}{2g}+Z_1=\frac{P_2}{\gamma}+\frac{u_2^2}{2g}+Z_2$
- 물 비중량 $\gamma=9{,}810$, 기름 비중량 $\gamma=s\gamma_w$
$=0.877\times 9{,}810=8{,}603.37$
- 유량 $Q=uA=u\times\left(\frac{\pi}{4}\times d^2\right)$
- A점의 유속 $u_A=\frac{0.146}{\frac{\pi}{4}\times(0.15)^2}=8.262$
- B점의 유속 $u_B=\frac{0.146}{\frac{\pi}{4}\times(0.45)^2}=0.918$
- 위치수두 $Z_B-Z_A=3.66$
- 압력 $P_A=91kPa=91{,}000N/m^2$,
$P_B=60.3kPa=60{,}300N/m^2$

$\frac{91{,}000}{8{,}603.37}+\frac{(8.262)^2}{2\times 9.8}-\frac{60{,}300}{8{,}603.37}+\frac{(0.918)^2}{2\times 9.8}$
$=3.66+h_L$

$\therefore$ 손실수두 $h_L=\left\{\frac{91{,}000}{8{,}603.37}+\frac{(8.262)^2}{2\times 9.8}\right\}$
$-\left\{\frac{60{,}300}{8{,}603.37}+\frac{(0.918)^2}{2\times 9.8}\right\}-3.66$
$=3.34\text{m}$

81 **다음 중 부자(float)의 오르내림에 의해서 배관 내의 유량을 측정하는 기구의 명칭은?**

① 피토관(pitot tube)
② 로터미터(rotameter)
③ 오리피스(orifice)
④ 벤투리미터(venturi meter)

정답 ②

② **로터미터(rotameter)** : 면적식 유량계로 부자에 의해 유량을 직접 눈으로 읽을 수 있는 장치이다.
① **피토관(pitot tube)** : 유체의 흐름 속도, 즉 유속을 측정하는 계측 센서이다.
③ **오리피스(orifice)** : 두 지점 간의 압력차에 의해 유속, 유량을 측정하는 장치이다.
④ **벤투리미터(venturi meter)** : 오리피스판의 전후 압력차를 측정하여 유량을 측정한다.

82 **100cm×100cm이고, 300℃로 가열된 평판에 25℃의 공기를 불어준다고 할 때 열전달량은 약 몇 kW인가? (단, 대류열전달 계수는 30W/m²·K이다.)**

① 6.25kW
② 7.25kW
③ 8.25kW
④ 9.25kW

정답 ③

열전달량 $Q=hA\Delta t$(h : 대류 열전달계수, A : 면적,

Δt : 온도차)

$Q=(30\times10^{-3})\times1\times(573-298)=8.25kW$

83 그림과 같이 매우 큰 탱크에 연결된 길이 100m, 안지름 20cm인 원관에 부차적 손실계수가 5인 밸브 A가 부착되어 있다. 관 입구에서의 부차적 손실계수가 0.5, 관마찰계수는 0.02이고, 평균속도가 2m/s일 때 물의 높이 H(m)는?

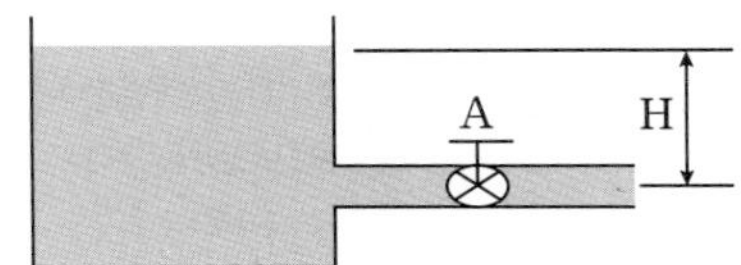

① 2.36m
② 3.36m
③ 4.36m
④ 5.36m

정답 ②

- 총손실수두 $H_L=H_1+H_2+H_3$
- 관입구 손실수두 $H_1=K_1\dfrac{u^2}{2g}=0.5\times\dfrac{2^2}{2\times9.8}=0.102$
- 밸브 A의 손실수두 $H_2=K_2\dfrac{u^2}{2g}=5\times\dfrac{2^2}{2\times9.8}=1.02$
- 관 손실수두 $H_3=f\dfrac{l}{d}\dfrac{u^2}{2g}=0.02\times\dfrac{100}{0.2}\times\dfrac{2^2}{2\times9.8}=2.041$

$\therefore H_L=0.102+1.02+2.041=3.163$

$P_1=P_2$, $H=z_1-z_2$, $u_1=0$, $u_2=2$이므로 베르누이 방정식

$\dfrac{P_1}{\gamma}+\dfrac{u_1^2}{2g}+Z_1=\dfrac{P_2}{\gamma}+\dfrac{u_2^2}{2g}+Z_2+H_L$을 적용하면

높이 $H=\dfrac{2^2}{2\times9.8}+3.163=3.367\text{m}$

84 회전속도 N(rpm)일 때 송출량 Qm³/min, 전양정 Hm인 원심펌프를 상사한 조건에서 회전속도를 1.4Nrpm으로 바꾸어 작동할 때 ㉠ 유량과 ㉡ 전양정은?

① ㉠ 1.2Q, ㉡ 1.94H
② ㉠ 1.3Q, ㉡ 1.95H
③ ㉠ 1.4Q, ㉡ 1.96H
④ ㉠ 1.5Q, ㉡ 1.97H

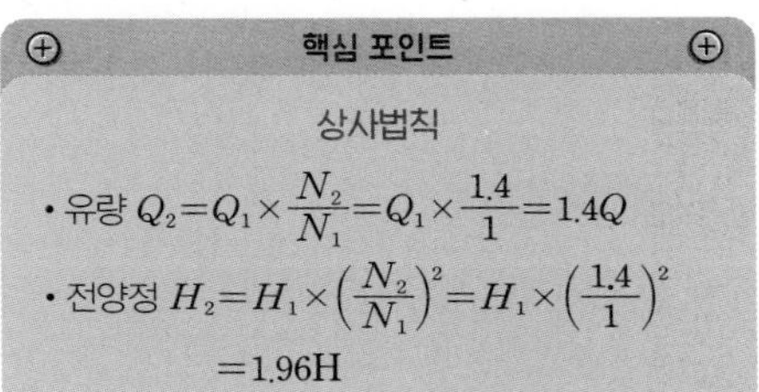

핵심 포인트

상사법칙

- 유량 $Q_2=Q_1\times\dfrac{N_2}{N_1}=Q_1\times\dfrac{1.4}{1}=1.4Q$
- 전양정 $H_2=H_1\times\left(\dfrac{N_2}{N_1}\right)^2=H_1\times\left(\dfrac{1.4}{1}\right)^2=1.96\text{H}$

85 용량 2,000L의 탱크에 물을 가득 채운 소방차가 화재 현장에 출동하여 노즐압력 390kPa(계기압력), 노즐구경 2.5cm를 사용하여 방수한다면 소방차 내의 물이 전부 방수되는 데 걸리는 시간은?

① 약 2분 27초
② 약 2분 37초
③ 약 2분 47초
④ 약 2분 57초

방수량 $Q=0.6597CD^2\sqrt{10P}$(Q : 유량, C : 유량계수, D : 내경, P : 압력)

$Q=0.6597\times(25)^2\times\sqrt{10\times0.39}=814.25L/\text{min}$

$t=\dfrac{V}{Q}=\dfrac{2,000}{814.25}=2.456$

PART 1 과목별 예상문제

$2.456 \times 60\text{s} = 147.36\text{s}$
= 약 2분 27초

86 **다음 중 관내의 흐름에서 부차적 손실에 해당하지 않는 것은?**

① 관의 입구와 출구에서의 손실
② 직선 원관 내의 손실
③ 단면적의 변화로 인한 손실
④ 관 단면의 급격한 확대에 의한 손실

정답 ②

핵심 포인트

관내 마찰손실

1. **주손실** : 길고 곧은 관에서의 수두손실
2. **부차적 손실** : 관의 입구와 출구에서의 손실, 단면적의 변화로 인한 손실, 곡관 · 지관 · 합류관 · 밸브 · 콕크 등 관로의 부속장치에서 생기는 손실 등

87 **그림과 같이 피스톤의 지름이 각각 25cm와 5cm이다. 작은 피스톤을 화살표 방향으로 20cm 만큼 움직일 경우 큰 피스톤이 움직이는 거리는 약 몇 mm인가? (단, 누설은 없고, 비압축성이라고 가정한다.)**

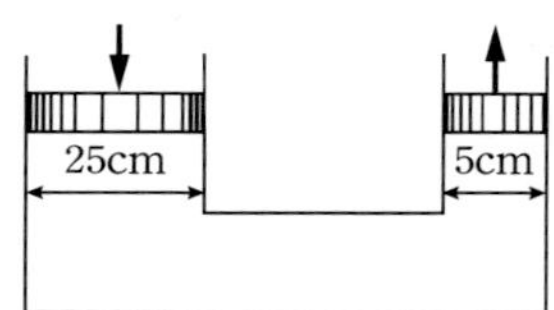

① 6mm
② 8mm
③ 10mm
④ 12mm

정답 ②

큰 피스톤이 움직인 거리를 s_1, 작은 피스톤이 움직인 거리를 s_2라고 하면

$A_1 s_1 = A_2 s_2$

$$s_1 = s_2 \times \frac{A_2}{A_1} = 20 \times \frac{\frac{\pi}{4}(5)^2}{\frac{\pi}{4}(25)^2} = 0.8\text{cm} = 8\text{mm}$$

88 **다음의 열역학적 용어에 대한 설명으로 틀린 것은?**

① 물질의 3중점은 고체, 액체, 기체의 3상이 평형상태로 공존하는 상태의 지점을 말한다.
② 엔탈피는 계의 내부에너지에 부피와 압력의 곱을 합친 것이다.
③ 전열은 전기 에너지를 열에너지로 변환시켰을 때 발생하는 열이다.
④ 포화액체를 정압하에서 가열할 때 온도변화 없이 포화증기로 상변화를 일으키는데 사용되는 열을 현열이라 한다.

정답 ④

④는 잠열에 대한 설명이다.
현열 : 물질을 가열이나 냉각했을 때 상변화없이 온도변화에만 사용되는 열량이다.

89 파라과이에서 무게가 20N인 어떤 물체를 한국에서 재어보니 19.8N이었다면 한국에서의 중력가속도는 약 몇 m/s^2인가? (단, 파라과이에서의 중력가속도는 $9.82m/s^2$이다.)

① $9.72m/s^2$
② $9.74m/s^2$
③ $9.76m/s^2$
④ $9.78m/s^2$

정답 ①

$19.8 : 20 = x : 9.82 \quad x = 9.72m/s^2$

90 마그네슘은 절대온도 293K에서 열전도도가 156W/m · K, 밀도는 $1,740kg/m^3$이고, 비열이 1,017J/kg · K일 때 열확산계수(m^2/s)는?

① 8.81×10^{-2}
② 8.81×10^{-3}
③ 8.81×10^{-4}
④ 8.81×10^{-5}

정답 ④

열확산계수 $\alpha = \dfrac{\lambda}{\rho \times C} = \dfrac{156}{1,740 \times 1,017}$

$= 8.81 \times 10^{-5} m^2/s$

91 그림과 같이 길이 5m, 입구직경(D_1) 30cm, 출구직경(D_2) 16cm인 직관을 수평면과 30° 기울어지게 설치하였다. 입구에서 $0.3m^3/s$로 유입되어 출구에서 대기중으로 분출된다면 입구에서의 압력(kPa)은? (단, 대기는 표준대기압 상태이고 마찰손실은 없다)

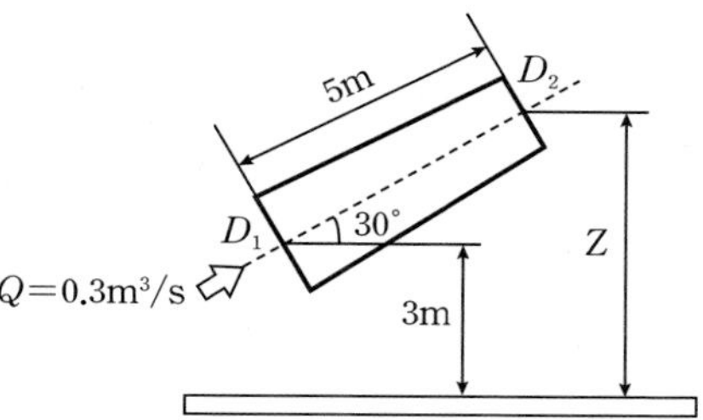

① 225kPa
② 226kPa
③ 227kPa
④ 228kPa

정답 ④

- 연속방정식 $Q = uA = u\left(\dfrac{\pi}{4} \times D^2\right)$
- 입구 유속 $u_1 = \dfrac{4Q}{\pi D^2} = \dfrac{4 \times 0.3}{\pi \times (0.3)^2} = 4.24m/s$
- 출구 유속 $u_2 = \dfrac{4Q}{\pi D^2} = \dfrac{4 \times 0.3}{\pi \times (0.16)^2} = 14.92m/s$
- 출구 높이 $Z_2 = Z = Z_1 + l\sin\theta = 3 + 5 \times \sin 30°$
  $= 3 + 5 \times \dfrac{1}{2} = 5.5m$
- 베르누이 방정식 $\dfrac{P_1}{\gamma} + \dfrac{u_1^2}{2g} + Z_1 = \dfrac{P_2}{\gamma} + \dfrac{u_2^2}{2g} + Z_2$ 을 적용하면
  $\dfrac{P_1}{9,800} + \dfrac{(4.24)^2}{2 \times 9.8} + 3 = \dfrac{101,325}{9,800} + \dfrac{(14.92)^2}{2 \times 9.8} + 5.5$
- 출구 압력 $P_1 = 228,139.4N/m^2 = 228.1kPa$

92 거리가 1000m 되는 곳에 안지름 20cm의 관을 통하여 물을 수평으로 수송하려 한다. 한 시간에 800m³를 보내기 위해 필요한 압력(kPa)는? (단, 관의 마찰계수는 0.03이다.)

① 3,350kPa
② 3,550kPa
③ 3,750kPa
④ 3,950kPa

압력 $\Delta P=\frac{flu^2\gamma}{2gD}$($f$: 관마찰계수, l : 길이, u : 유속, γ : 물의 비중량, g : 중력가속도, D : 지름)

$$\Delta P=\frac{flu^2\gamma}{2gD}=\frac{0.03\times1{,}000\times(7.07)^2\times9{,}800}{2\times9.8\times0.2}$$
$$=3{,}748{,}867.5Pa=3{,}748.9kPa$$

93 압력 2MPa인 수증기 건도가 0.2일 때 엔탈피는 몇 kJ/kg인가? (단, 포화증기 엔탈피는 2,780.5kJ/kg이고, 포화액의 엔탈피는 910kJ/kg이다.)

① 1,284kJ/kg
② 1,384kJ/kg
③ 1,484kJ/kg
④ 1,584kJ/kg

엔탈피 $h=h_f+x(h_g-h_f)=910+0.2(2{,}780.5-910)=1{,}284.1kJ/kg$

94 스프링클러 헤드의 방수압이 4배가 되면 방수량은 몇 배가 되는가?

① $\sqrt{2}$배
② $\sqrt{3}$배
③ 2배
④ 4배

방수량 $Q=k\sqrt{P}=\sqrt{4}=2$배

95 펌프를 이용하여 10m 높이 위에 있는 물탱크로 유량 0.3m³/min의 물을 퍼올리려고 한다. 관로 내 마찰손실수두가 3.8m이고, 펌프의 효율이 85%일 때 펌프에 공급해야 하는 동력은 약 몇 W인가?

① 786W
② 796W
③ 806W
④ 816W

동력 $P=\frac{\gamma\times Q\times H}{\eta}$($\gamma$: 물 비중량, Q : 유량, H : 전양정, η : 펌프효율)

$$P=\frac{9{,}800\times0.005\times13.8}{0.85}=795.53W$$

96 다음 중 비압축성 유체를 설명한 것으로 가장 옳은 것은?

① 액체의 대부분은 압축성 유체이다.
② 체적탄성계수가 0인 유체를 말한다.
③ 점성이 없는 유체를 말한다.
④ 난류 유동을 하는 유체를 말한다.

정답 ②

비압축성 유체 : 압력이나 유속이 변할 때 부피가 거의 변하지 않는 성질을 가진 유체를 의미한다. 즉, 균일한 비압축성 유체의 밀도는 시공간에 따라 일정하다. 또한 체적탄성계수가 0일 경우는 압축이 되지 않는다는 의미이므로 비압축성 유체가 된다.

97 그림과 같이 반지름이 1m, 폭(y방향) 2m인 곡면 AB에 작용하는 물에 의한 힘의 수직성분(z방향) F_z와 수평성분(x방향) Fx와의 비$\left(\frac{F_z}{F_x}\right)$는 얼마인가?

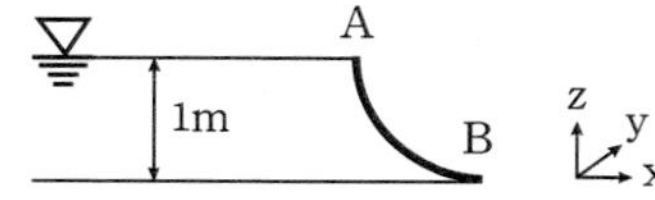

① $\frac{\pi}{2}$
② $\frac{2}{\pi}$
③ 2π
④ $\frac{1}{2\pi}$

정답 ①

수직 성분의 힘 $F_z=\gamma V=9{,}800\times\frac{\pi}{4}\times1^2\times3$

수평 성분의 힘 $F_x=\gamma\bar{h}A=9{,}800\times0.5\times1\times3$

곡면 AB에 작용하는 힘 $\frac{F_z}{F_x}=\frac{9{,}800\times\frac{\pi}{4}\times1^2\times3}{9{,}800\times0.5\times1\times3}$

$=\frac{\pi}{2}$

98 다음 중 배관의 유량을 측정하는 계측장치가 아닌 것은?

① 마노미터(Manometer)
② 유동노즐(Flow Nozzle)
③ 로터미터(Rotameter)
④ 오리피스(Orifice)

정답 ①

① **마노미터(Manometer)** : 압력을 측정하는 장치로 액주계라고도 한다.
② **유동노즐(Flow Nozzle)** : 유량을 측정하기 위해 압력 강하를 생성하는 장치이다.
③ **로터미터(Rotameter)** : 유량(시간 단위로 관을 통해 이동하는 유체의 양)을 측정하는 계측기이다.
④ **오리피스(Orifice)** : 두 지점 간의 압력차에 의해 유속, 유량을 측정하는 장치이다.

99 글로브 밸브에 의한 손실을 지름이 10cm이고 관 마찰계수가 0.025인 관의 길이로 환산하면 상당길이가 40m가 된다. 이 밸브의 부차적 손실계수는?

① 0.5
② 2.5
③ 5.0
④ 10

정답 ④

부차적 손실계수 $L_e=\frac{Kd}{f}$, $K=\frac{L_e\times f}{d}$(L_e : 관의 상당길이, K : 부차적 손실계수, d : 지름, f : 관마찰계수)

그러므로 $K=\frac{40\times0.025}{0.1}=10$

PART 1 과목별 예상문제

100 출구 단면적이 $0.02m^2$인 수평 노즐을 통하여 물이 수평 방향으로 8m/s의 속도로 노즐 출구에 놓여있는 수직 평판에 분사될 때 평판에 작용하는 힘은 약 몇 N인가?

① 1,180N
② 1,280N
③ 1,380N
④ 1,480N

힘 $F=Q\rho u$(Q : 유량, ρ : 밀도, u : 유속)
유량 $Q=uA=8\times0.02=0.16$
$F=0.16\times1{,}000\times8=1{,}280N$

101 다음 중 표준대기압인 1기압에 가장 가까운 것은?

① 10.33mAq
② 860mmHg
③ 101.325bar
④ $1.0332kgf/m^2$

표준대기압 $1atm=760mmHg$, $10.33mAq$, 1.013bar, $10{,}332kgf/m^2$

102 회전속도 1000rpm일 때 송출량 Qm^3/min, 전양정 Hm인 원심펌프가 상사한 조건에서 송출량이 $1.1Qm^3$/min가 되도록 회전속도를 증가시킬 때, 전양정은 어떻게 되는가?

① 1.21H
② 1.31H
③ 1.41H
④ 1.51H

송출량이 $1.1Qm^3$/min가 되도록 회전속도를 증가시킬 때
유량 $Q_2=Q_1\times\frac{N_2}{N_1}$, $1.1=1\times\frac{x}{1{,}000}$
$x=1{,}100rpm$
전양정 $H_2=H_1\times\left(\frac{N_2}{N_1}\right)^2=H\times\left(\frac{1{,}100}{1{,}000}\right)^2$
$=1.21H$

103 지름 20cm의 소화용 호스에 물이 질량유량 80kg/s로 흐른다. 이때 평균유속은 약 몇 m/s인가?

① 2.22m/s
② 2.33m/s
③ 2.44m/s
④ 2.55m/s

유속 $\overline{m}=Au\rho$, $u=\frac{\overline{m}}{A\rho}=\frac{80}{\frac{\pi}{4}\times(0.2)^2\times1{,}000}$
$=2.55m/s$

104 대기압하에서 10℃의 물 2kg이 전부 증발하여 100℃의 수증기로 되는 동안 흡수되는 열량(kJ)은 얼마인가? (단, 물의 비열은 4.2kJ/kg · K, 기화열은 2,250kJ/kg이다.)

① 5,056kJ

② 5,156kJ

③ 5,256kJ

④ 5,356kJ

열량 $Q=mc\Delta t+\gamma m$(m : 질량, c : 비열, Δt온도차, γ : 물의 기화열)

$Q=(2\times 4.2\times 90)+(2,250\times 2)=5,256kJ$

105 지름 10cm의 호스에 출구 지름이 3cm인 노즐이 부착되어 있고, 1,500L/min의 물이 대기 중으로 뿜어져 나온다. 이때 4개의 플랜지 볼트를 사용하여 노즐을 호스에 부착하고 있다면 볼트 1개에 작용되는 힘의 크기(N)는? (단, 유동에서 마찰이 존재하지 않는다고 가정한다)

① 918.4N

② 1,018.4N

③ 1,118.4N

④ 1,218.4N

힘의 크기 $F=\dfrac{\gamma Q^2 A_1}{2g}\left(\dfrac{A_1-A_2}{A_1 A_2}\right)^2$

$$=\frac{9,800\times\left(\frac{1.5}{60}\right)^2\times\left(\frac{\pi}{4}\times(0.1)^2\right)}{2\times 9.8}\times\left(\frac{\frac{\pi}{4}\times 0.1^2-\frac{\pi}{4}\times 0.03^2}{\frac{\pi}{4}\times 0.1^2\times\frac{\pi}{4}\times 0.03^2}\right)^2=4,071.65$$

볼트 1개에 작용되는 힘 $F_1=\dfrac{F}{4}=\dfrac{4,071.65}{4}$

$=1,018N$

106 체적탄성계수가 2×10^9Pa인 물의 체적을 3% 감소시키려면 몇 MPa의 압력을 가하여야 하는가?

① 60MPa

② 65MPa

③ 70MPa

④ 80MPa

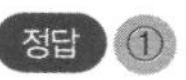

체적탄성계수 $K=-\left(\dfrac{\Delta P}{\frac{\Delta V}{V}}\right)$, $\Delta P=-\left(K\times\dfrac{\Delta V}{V}\right)$

$\Delta P=-2\times 10^9\times(-0.03)=60,000,000Pa$

$=60MPa$

107 안지름이 25mm인 노즐 선단에서의 방수 압력은 계기 압력으로 5.8×10^5Pa이다. 이때 방수량은 약 m^3/s인가?

① $1.17m^3/s$

② $0.17m^3/s$

③ $0.017m^3/s$

④ $0.0017m^3/s$

정답 ③

방수량 $Q=uA$(u : 유속, A : 면적)

$u=\sqrt{2gH}=\sqrt{2\times 9.8\times\left(\dfrac{5.8\times 10^5}{101.325}\times 10.332\right)}$

$=34.05$

PART 1 과목별 예상문제

$A=\frac{\pi}{4}(0.025)^2=0.000491$

$Q=34.05\times0.000491=0.0167\text{m}^3/s$

108 **안지름 10cm의 관로에서 마찰 손실 수두가 속도 수두와 같다면 그 관로의 길이는 약 몇 m인가? (단, 관마찰계수는 0.03이다.)**

① 3.33m
② 3.43m
③ 3.53m
④ 3.63m

관로 길이 $H=\frac{flu^2}{2gD}$ (마찰손실수두 H와 속도수두 $\frac{u^2}{2g}$는 같다)

그러므로 $l=\frac{D}{f}=\frac{0.1}{0.03}=3.33\text{m}$

109 **모세관 현상에 있어서 물이 모세관을 따라 올라가는 높이에 대한 설명으로 옳은 것은?**

① 밀도가 낮을수록 높이 올라간다.
② 관의 지름이 클수록 높이 올라간다.
③ 표면장력이 클수록 높이 올라간다.
④ 중력의 크기가 클수록 높이 올라간다.

모세관 현상 : 액체 속에 모세관(가는 관)을 넣었을 때 모세관 내의 액체면이 외부의 액체면보다 높거나 낮아지는 현상이다. 물의 표면장력이 클수록 관의 지름이 작을수록 높이 올라간다.

110 **깊이 1m까지 물을 넣은 물탱크의 밑에 오리피스가 있다. 수면에 대기압이 작용할 때의 초기 오리피스에서의 유속 대비 2배 유속으로 물을 유출시키려면 수면에는 몇 kPa의 압력을 더 가하면 되는가? (단, 손실은 무시한다.)**

① 25.4kPa
② 27.4kPa
③ 29.4kPa
④ 31.4kPa

- 베르누이 방정식 $\frac{P_1}{\gamma}+\frac{u_1^2}{2g}+Z_1=\frac{P_2}{\gamma}+\frac{u_2^2}{2g}+Z_2$
  ($P_1=P_2=$대기압, $u_1=0$, $Z_1-Z_2=1$, $u_2=\sqrt{2g}$)
- 유속을 2배로 물을 유출할 경우 $\frac{P_1}{\gamma}+\frac{u_1^2}{2g}+Z_1$
  $=\frac{P_2}{\gamma}+\frac{u_2^2}{2g}+Z_2$에서
  $\frac{P_1-P_2}{\gamma}+(Z_1-Z_2)=\frac{u_2^2}{2g}$
  $\frac{P_1-P_2}{\gamma}=\frac{(2u_2)^2}{2g}-1=\frac{(2\times\sqrt{2g})^2}{2g}-1=3$
- $P_1-P_2=3\gamma=3\times9{,}800=29{,}400N/\text{m}^2$
  $=29.4\text{k}N/\text{m}^2$

111 **경사진 관로의 유체흐름에서 수력기울기선의 위치로 옳은 것은?**

① 항상 수평이 된다.
② 에너지선보다 속도수두 만큼 아래에 있다.
③ 항상 에너지선보다 위에 있다.
④ 개수로의 수면보다 속도수두 만큼 위에 있다.

수력기울기선(수력구배선)은 에너지 구배선에서 속도수두 만큼을 뺀 값을 가지므로 에너지선보다 속도수두 만큼 아래에 있다.

112 **−10℃, 6기압의 이산화탄소 10kg이 분사노즐에서 1기압까지 가역 단열팽창 하였다면 팽창 후의 온도는 몇 ℃가 되겠는가? (단, 이산화탄소의 비열비는 1.289이다)**

① −97℃
② −107℃
③ −117℃
④ −127℃

 정답 ①

단열팽창 후의 온도 $T_2=T_1\left(\frac{P_2}{P_1}\right)^{\frac{k-1}{k}}$($T_1$: 팽창 전의 온도, P_1 : 팽창 전의 압력, P_2 : 팽창 후의 압력, k : 비열비)

$T_2=(273-10\times\left(\frac{1}{6}\right)^{\frac{1289-1}{1289}}=176K$

$176K-273=-97℃$

113 **다음 중 물질의 열역학적 변화에 대한 설명으로 틀린 것은?**

① 열역학적 평형 상태는 동시에 열적, 정적, 화학적으로 평형이다.
② 열역학 제2법칙은 시각마다 엔트로피가 더 작은 거시상태로는 진행하지 않는다는 법칙이다.
③ 이상기체는 이상기체 상태방정식을 만족한다.
④ 가역단열과정은 엔트로피가 증가하는 과정이다.

 정답 ④

가역단열과정은 외부로부터 열의 출입 없이 이루어지는 과정이며 완전히 되돌릴 수 있다는 것이다.

114 **수평관의 길이가 100m이고, 안지름이 100mm인 소화설비 배관 내를 평균유속 2m/s로 물이 흐를 때 마찰손실수두는 약 몇 m인가? (단, 관의 마찰계수는 0.05이다.)**

① 7.2m
② 8.2m
③ 9.2m
④ 10.2m

 정답 ④

Darcy−weisbach 방정식 $H=\frac{flu^2}{2gD}$(H : 마찰손실, f : 관 마찰계수, l : 관 길이, u : 유속, D : 관 내경)

$H=\frac{0.05\times100\times(2)^2}{2\times9.8\times0.1}=10.2\text{m}$

115 **원심식 송풍기에서 회전수를 변화시킬 때 동력변화를 구하는 식으로 옳은 것은? (단, 변화 전후의 회전수는 각각 N_1, N_2, 동력은 L_1, L_2이다.)**

① $L_2=L_1\times\left(\frac{N_1}{N_2}\right)^2$
② $L_2=L_1\times\left(\frac{N_2}{N_1}\right)^3$
③ $L_2=L_1\times\left(\frac{N_2}{N_1}\right)^2$
④ $L_2=L_1\times\left(\frac{N_1}{N_2}\right)^3$

PART 1 과목별 예상문제

정답 ②

핵심 포인트

펌프 상사법칙

- 유량 $Q_2=Q_1\times\frac{N_2}{N_1}\times\left(\frac{D_2}{D_1}\right)^3$ (N : 회전수, D : 내경)
- 전양정 $H_2=H_1\times\left(\frac{N_2}{N_1}\right)^2\times\left(\frac{D_2}{D_1}\right)^2$
- 동력 $L_2=L_1\times\left(\frac{N_2}{N_1}\right)^3\times\left(\frac{D_2}{D_1}\right)^5$

116 그림과 같이 30°로 경사진 0.5m×3m 크기의 수문평판 AB가 있다. A지점에서 힌지로 연결되어 있을 때 이 수문을 열기 위하여 B점에서 수문에 직각방향으로 가해야 할 최소 힘은 약 몇 N인가? (단, 힌지 A에서의 마찰은 무시한다.)

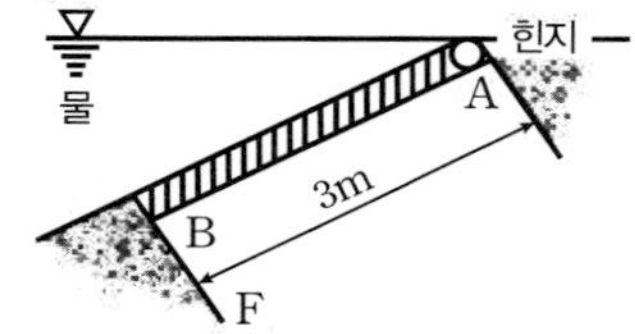

① 7,335N
② 7,340N
③ 7,345N
④ 7,350N

정답 ④

- 수문에 작용하는 압력 $F=\gamma\bar{y}\sin\theta A$
$=9{,}800\times\frac{3}{2}\times\sin30^\circ\times(0.5\times3)=11{,}025N$
- 압력중심 $y_p=\frac{I_c}{\bar{y}A}+\bar{y}=\frac{\frac{0.5\times3^3}{12}}{1.5\times1.5}+1.5=2\text{m}$
- 자유물체도에서 모멘트의 합은 0이므로 $\Sigma M_A=0$이다.

$F_B\times3-F\times2=0,\ F_B=\frac{2}{3}F=\frac{2}{3}\times11{,}025$
$=7{,}350N$

117 그림과 같은 거꾸로 된 마노미터에서 물과 기름, 수은이 채워져 있다. a=10cm, c=25cm이고 A의 압력이 B의 압력보다 80kPa 작을 때 b의 길이는 약 몇 cm인가? (단, 수은의 비중량은 133,100N/m³, 기름의 비중은 0.90이다.)

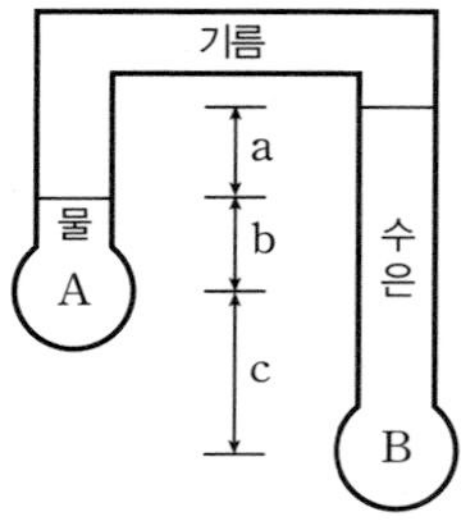

① 27.8cm
② 27.8cm
③ 29.8cm
④ 31.8cm

정답 ②

b의 길이 $P_A-\gamma_{물}h_b-\gamma_{기름}h_a=P_B-\gamma_{수은}(h_a+h_b+h_c)$

$P_A-9{,}800\times h_b-(0.9\times9{,}800)\times0.1$
$=P_B-133{,}100\times(0.1+h_b+0.25)$

$P_A-9{,}800h_b-882=P_B-46{,}585-133{,}100h_b$

$-9{,}800h_b+133{,}100h_b=(P_B-P_A)-46{,}585+882$

$h_b=\frac{34{,}297}{123{,}300}=0.278\text{m}=27.8\text{cm}$

118 그림과 같이 폭(b)이 1m이고 깊이(h_0) 1m로 물이 들어있는 수조가 트럭 위에 실려 있다. 이 트럭이 7m/s²의 가속도로 달릴 때 물의 최대 높이(h_2)와 최소 높이(h_1)는 각각 몇 m인가?

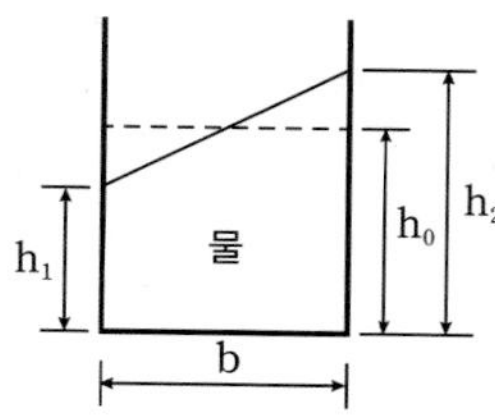

① $h_1=0.643m$, $h_2=1.357m$
② $h_1=0.653m$, $h_2=1.457m$
③ $h_1=0.663m$, $h_2=1.357m$
④ $h_1=0.673m$, $h_2=1.457m$

정답 ①

유체 등가속도운동 $\tan\theta=\frac{a_x}{g}=\frac{7}{9.8}$

$h_1=h_0-\frac{b}{2}\tan\theta=1-\frac{1}{2}\times\frac{7}{9.8}=0.643m$

$h_2=h_0+\frac{b}{2}\tan\theta=1+\frac{1}{2}\times\frac{7}{9.8}=1.357m$

119 다음 그림에서 A, B점의 압력차(kPa)는? (단, A는 비중 1의 물, B는 비중 0.899의 벤젠이다.)

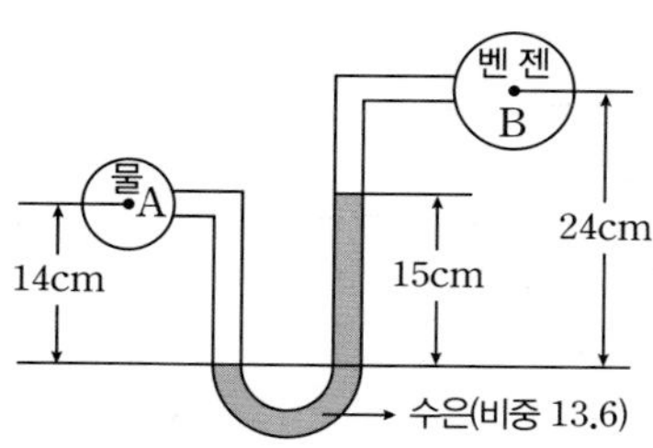

① 16.4kPa
② 17.4kPa
③ 18.4kPa
④ 19.4kPa

정답 ④

A, B점의 압력차

$P_A-P_B=\gamma_2h_2+\gamma_3h_3-\gamma_1h_1$

$=(0.899\times9.8)\times(0.24-0.15)+(13.6\times9.8)\times0.15$

$-(1\times9.8)\times0.14$

$=19.41kPa$

120 폭이 4m이고 반경이 1m인 그림과 같은 1/4원형 모양으로 설치된 수문 AB가 있다. 이 수문이 받는 수직방향 분력 F_V의 크기(N)는?

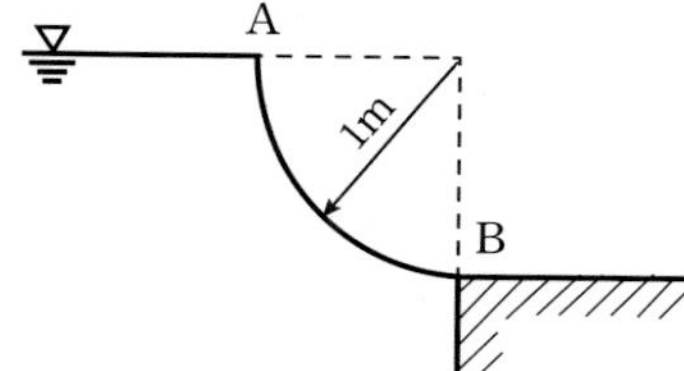

① 10,787N
② 20,787N
③ 30,787N
④ 40,787N

정답 ③

수직성분 $F_V=\gamma V=9{,}800\times\frac{\pi\times1}{4}\times4=30{,}787.6N$

PART 1 과목별 예상문제

121 다음과 관련된 힘을 바르게 나열한 것은?

㉠ 수평 원관 내 완전발달 유동에서 유동을 일으키는 힘
㉡ 유체가 받는 마찰력을 저지하려는 결과로 나타나는 힘

① ㉠ 압력차에 의한 힘, ㉡ 점성력
② ㉠ 중력 힘, ㉡ 전압력
③ ㉠ 압력, ㉡ 압력차에 의한 힘
④ ㉠ 동적 힘, ㉡ 전단응력

㉠ 압력차에 의한 힘 : 수평 원관 내 완전발달 유동에서 유동을 일으키는 힘
㉡ 점성력 : 유체가 받는 마찰력을 저지하려는 결과로 나타나는 힘

122 그림과 같은 1/4원형의 수문 AB가 받는 수평성분 힘(F_H)과 수직성분 힘(F_V)은 각각 약 몇 kN인가? (단, 수문의 반지름은 2m이고, 폭은 3m이다.)

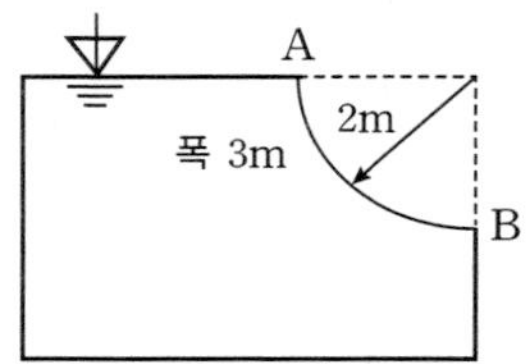

① $F_H=24.4$, $F_V=46.2$
② $F_H=34.4$, $F_V=62.4$
③ $F_H=48.4$, $F_V=86.2$
④ $F_H=58.8$, $F_V=92.4$

정답 ④

핵심 포인트

수평성분과 수직성분

1. 수평성분 F_H는 곡면 AB의 수평투영면적에 작용하는 힘과 같다.
$F_H=\gamma\bar{h}A=9{,}800\times1\times(2\times3)=58{,}800\text{N}$
$=58.8kN$
2. 수직성분 F_V는 곡면 AB 위에 있는 가상의 물 무게와 같다.
$F_V=\gamma V=9{,}800\times\left(\frac{\pi}{4}\times2^2\times3\right)=92{,}362N$
$=92.4kN$

123 관내에 물이 흐르고 있을 경우 그림과 같이 액주계를 설치하였을 때 관내에서 물의 유속은 약 몇 m/s인가?

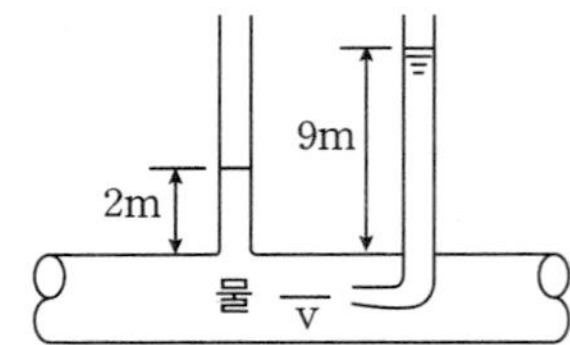

① 9.7m/s
② 10.7m/s
③ 11.7m/s
④ 12.7m/s

유속 $u=\sqrt{2gH}$(g : 중력가속도, H : 양정)
$u=\sqrt{2gH}=\sqrt{2\times9.8\times(9-2)}=11.71\text{m/s}$

124 **공기를 체적비율이 산소(O_2, 분자량 32g/mol) 20%, 질소(N_2, 분자량 28g/mol) 80%의 혼합기체라 가정할 때 공기의 기체상수는 약 몇 kJ/kg · K인가? (단, 일반기체상수는 8.3145kJ/kg · K이다.)**

① 0.289kJ/kg · K
② 0.290kJ/kg · K
③ 0.291kJ/kg · K
④ 0.292kJ/kg · K

- 공기 기체상수 $R=\frac{8.3145}{M}$
- 공기 분자량$=(32\times0.2)+(28\times0.8)=28.8$
- 기체상수 $R=\frac{8.3145}{28.8}=0.289kJ/kg\cdot K$

125 **유체의 거동을 해석하는데 있어서 비점성 유체에 대한 설명으로 옳은 것은?**

① 이상 유체가 아닌 유체를 말한다.
② 전단응력이 존재하는 유체를 말한다.
③ 유체 유동 시 마찰저항이 속도 기울기에 반비례하는 유체이다.
④ 유체 유동 시 마찰저항을 무시한 유체를 말한다.

비점성 유체 : 분자 운동에 의한 점성의 영향이 무시되는 가상의 유체를 말한다. 유체의 점성력이 관성력보다 매우 작아 점성에 의한 에너지의 소산을 무시할 수 있을 때 이를 비점성유체로 간주한다.

126 **펌프의 일과 손실을 고려할 때 베르누이 수정 방정식을 바르게 나타낸 것은? (단, H_P와 H_L은 펌프의 수두와 손실 수두를 나타내며, 하첨자 1, 2는 각각 펌프의 전후 위치를 나타낸다)**

① $\frac{v_1^2}{2g}+\frac{P_1}{\gamma}+z_1=\frac{v_2^2}{2g}+\frac{P_2}{\gamma}+H_L$
② $\frac{v_1^2}{2g}+\frac{P_1}{\gamma}+z_1+H_P=\frac{v_2^2}{2g}+\frac{P_2}{\gamma}+z_2+H_L$
③ $\frac{v_1^2}{2g}+\frac{P_1}{\gamma}+H_P=\frac{v_2^2}{2g}+\frac{P_2}{\gamma}+z_2+H_L$
④ $\frac{v_1^2}{2g}+\frac{P_1}{\gamma}+z_1+H_P=\frac{v_2^2}{2g}+\frac{P_2}{\gamma}+H_L$

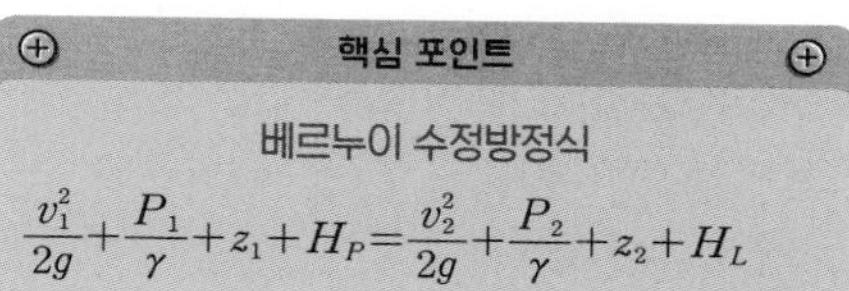

127 **다음 단위 중 3가지는 동일한 단위이고 나머지 하나는 다른 단위이다. 이 중 동일한 단위가 아닌 것은?**

① N · s
② J
③ $Pa\cdot m^3$
④ $kg\cdot m^2/s^2$

① $N\cdot sN\cdot s=kg\times m/s^2\times s=kg\times m/s$
② $J=N\cdot m$
③ $Pa\cdot m^3=\frac{N}{m^2}\cdot m^3=N\cdot m=J$
④ $kg\cdot m^2/s^2=\frac{N}{m^2}\times m^3=N\cdot m=J$

128 외부표면의 온도가 24℃, 내부표면의 온도가 24.5℃일 때, 높이 1.5m, 폭 1.5m, 두께 0.5cm인 유리창을 총한 열전달률은 약 몇 W인가? (단, 유리창의 열전도계수는 0.8w/m · K이다.)

① 140W
② 160W
③ 180W
④ 200W

열전달열량 $Q=\frac{\lambda}{l}A\Delta t$($\lambda$: 열전도계수, l : 두께, A : 면적, Δt : 온도차)

$Q=\frac{0.8}{0.005}\times(1.5\times1.5)\times\{(273+24.5)-(273+24)\}$
$=180W$

129 펌프 중심으로부터 2m 아래에 있는 물을 펌프 중심으로부터 15m 위에 있는 송출수면으로 양수하려 한다. 관로의 전 손실수두가 6m이고, 송출수량이 $1m^3$/min라면 필요한 펌프의 동력은 약 몇 W인가?

① 3,764W
② 3,864W
③ 3,964W
④ 4,064W

동력 $P=\frac{\gamma QH}{\eta}$(γ : 비중량, Q : 유량, H : 전양정)
$P=\frac{9,800\times0.0167\times23}{1}=3,764.2W$

130 파이프 단면적이 2.5배로 급격하게 확대되는 구간을 지난 후의 유속이 1.2m/s이다. 부차적 손실 계수가 0.36이라면 급격확대로 인한 손실수두는 몇 m인가?

① 0.165m
② 0.175m
③ 0.185m
④ 0.195m

• 단면적 $A_2=2.5A_1$, $u_2=1.2$, $K=0.36$
$Q=u_1A_1=u_2A_2$
• 유속 $u_1=u_2\times\frac{A_2}{A_1}=1.2\times\frac{2.5A_1}{A_1}=3$
• 손실수두 $H=K\frac{u_1^2}{2g}=0.36\times\frac{3^2}{2\times9.8}=0.165m$

131 물이 소방노즐을 통해 대기로 방출될 때 유속이 24m/s가 되도록 하기 위해서는 노즐입구의 압력이 몇 kPa가 되어야 하는가? (단, 압력은 계기 압력으로 표시되며 마찰손실 및 노즐입구에서의 속도는 무시한다.)

① 258kPa
② 268kPa
③ 278kPa
④ 288kPa

• 양정 $H=\frac{u^2}{2g}=\frac{(24)^2}{2\times9.8}=29.39m$
• 양정을 압력으로 환산하면 $\frac{29.39}{10.332}\times101.325$
$=288.23kPa$

132 출구단면적이 $0.0004m^2$인 소방호스로부터 25m/s의 속도로 수평으로 분출되는 물제트가 수직으로 세워진 평판과 충돌한다. 평판을 고정시키기 위한 힘(F)은 몇 N인가?

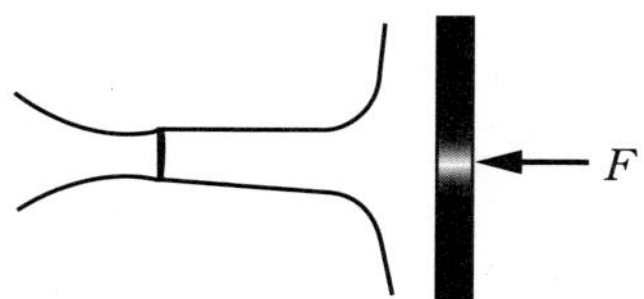

① 200N
② 250N
③ 300N
④ 350N

정답 ②

힘 $F = Q\rho u = uA\rho u$(u : 유속, A : 단면적, ρ : 밀도)
$F = 25 \times 0.0004 \times 1{,}000 \times 25 = 250N$

133 그림과 같이 단면 A에서 정압이 500kPa이고 10m/s로 난류의 물이 흐르고 있을 때 단면 B에서의 유속(m/s)은?

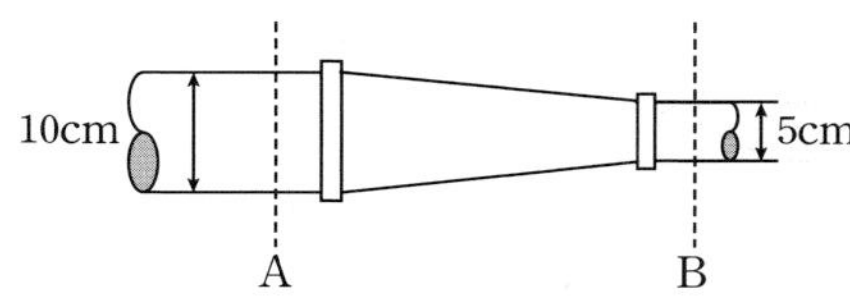

① 40m/s
② 50m/s
③ 60m/s
④ 70m/s

정답 ①

유속 $u_2 = u_1\left(\frac{D_1}{D_2}\right)^2 = 10 \times \left(\frac{0.1}{0.05}\right)^2 = 40m/s$

134 전양정이 60m, 유량이 $6m^3$/min, 효율이 60%인 펌프를 작동시키는 데 필요한 동력(kW)는?

① 78kW
② 88kW
③ 98kW
④ 108kW

정답 ③

펌프동력 $P = \frac{\gamma QH}{\eta} = \frac{9{,}800 \times \frac{6}{60} \times 60}{0.6}$
$= 98{,}000W = 98kW$

135 어떤 용기 내의 이산화탄소(45kg)가 방호공간에 가스 상태로 방출되고 있다. 방출 온도가 압력이 15℃, 101kPa일 때 방출가스의 체적은 약 몇 m^3인가? (단, 일반 기체상수는 8.314J/kmol · K이다.)

① $21.2m^3$
② $22.2m^3$
③ $23.2m^3$
④ $24.3m^3$

정답 ④

이상기체 상태방정식 $PV = \frac{W}{M}RT$, $V = \frac{W}{PM}RT$
(P : 압력, V : 부피, W : 무게, M : 분자량, R : 기체상수)
$V = \frac{45}{101 \times 44} \times 8.314 \times 288 = 24.25m^3$

PART 1 과목별 예상문제

136 **일반적인 배관 시스템에서 발생되는 손실을 주손실과 부차적 손실로 구분할 때 다음 중 부차적 손실에 속하지 않는 것은?**

① 단면의 확대 및 축소에 의한 손실
② 관의 입구와 출구에서의 손실
③ 직관에서 발생하는 마찰 손실
④ 곡관 · 지관 · 합류관 · 밸브 · 콕크 등 관로의 부속장치에서 생기는 손실

정답 ③

핵심 포인트

관내 마찰손실

1. **주손실** : 길고 곧은 관에서 생기는 수두손실
2. **부차적 손실** : 관의 입구와 출구에서의 손실, 단면적의 변화로 인한 손실, 곡관 · 지관 · 합류관 · 밸브 · 콕크 등 관로의 부속장치에서 생기는 손실 등

137 **기체, 유체, 액체에 대한 다음 설명 중 옳은 것을 모두 고르면?**

㉠ 기체 : 매우 작은 응집력을 가지고 있으며 자유표면을 가지지 않고 주어진 공간을 가득 채우는 물질
㉡ 액체 : 전단응력이 전단변형률과 선형적인 관계를 가지는 물질
㉢ 유체 : 전단응력을 받을 때 연속적으로 변형하는 물질

① ㉠, ㉡
② ㉠, ㉢
③ ㉡, ㉢
④ ㉠, ㉡, ㉢

정답 ②

㉡ **뉴턴 유체** : 전단응력이 전단변형률과 선형적인 관계를 가지는 물질
㉠ **기체** : 무시할 정도의 응집력을 가지고 있으며 확산을 통해 주어진 공간을 가득 채우는 물질
㉢ **유체** : 전단응력을 받을 때 버티지 못하고 연속적으로 변형하는 물질

138 **동점성계수가 $1.15\times10^{-6}\text{m}^2/\text{s}$인 물이 30mm의 지름 원관 속을 흐르고 있다. 층류가 기대될 수 있는 최대 유량은 약 몇 m^3/s인가? (단, 임계 레이놀즈수는 2,100이다.)**

① $4.69\times10^{-4}\text{m}^3/s$
② $5.69\times10^{-5}\text{m}^3/s$
③ $6.69\times10^{-6}\text{m}^3/s$
④ $7.69\times10^{-7}\text{m}^3/s$

정답 ②

• 레이놀즈수 $R_e=\dfrac{Du}{v}$, $2{,}100=\dfrac{0.03\times u}{1.15\times10^{-6}}$,
$u=0.0805$

• 유량 $Q=uA=0.0805\times\dfrac{\pi}{4}(0.03)^2$
$=5.69\times10^{-5}\text{m}^3/s$

139 두 개의 가벼운 공을 그림과 같이 실로 매달아 놓았다. 두 개의 공 사이로 공기를 불어 넣으면 공은 어떻게 되겠는가?

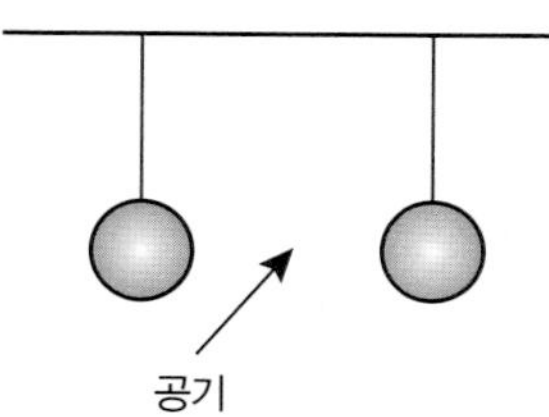

① 운동량보존의 법칙에 따라 벌어진다.
② 파스칼의 법칙에 따라 가까워진다.
③ 에너지보존의 법칙에 따라 벌어진다.
④ 베르누이의 법칙에 따라 가까워진다.

정답 ④

베르누이의 법칙은 유체 동역학에서 점성과 압축성이 없는 이상적인 유체가 규칙적으로 흐르는 경우에 대해, 유체의 속도와 압력, 위치 에너지 사이의 관계는 일정하다. 두 개의 공 사이로 공기를 불어 넣으면 속도가 증가하고 압력이 감소하여 공은 가까워진다.

140 압력이 100kPa이고 온도가 20℃인 이산화탄소를 완전기체라고 가정할 때 밀도(kg/m^3)는? (단, 이산화탄소의 기체상수는 188.95J/kg · K이다)

① $1.6kg/m^3$
② $1.8kg/m^3$
③ $2.0kg/m^3$
④ $2.2kg/m^3$

정답 ②

밀도 $PV=WRT$, $P=\frac{W}{V}RT$, $\rho=\mathrm{PRT}$

$$\rho=\frac{100\times1{,}000}{188.95\times(273+20)}=1.8kg/m^3$$

141 지름이 150mm인 원관에 비중이 0.85, 동점성계수가 $1.33\times10-4m^2/s$기름이 $0.01m^3/s$의 유량으로 흐르고 있다. 이때 관마찰계수는? (단, 임계 레이놀즈수는 2,100이다.)

① 0.10
② 0.12
③ 0.14
④ 0.18

정답 ①

- 레이놀즈수 $R_e=\frac{Du}{v}$(D : 관 내경, u : 유속, v : 동점도)
- 유속 $u=\frac{Q}{A}=\frac{4Q}{\pi D^2}=\frac{4\times0.01}{\pi\times(0.15)^2}=0.57$
- $R_e=\frac{0.15\times0.57}{1.33\times10^{-4}}=642.86$(층류)
- 관마찰계수 $f=\frac{64}{Re}=\frac{64}{642.86}=0.099$

142 다음 점성계수와 동점성계수에 관한 설명으로 옳은 것은?

① 동점성계수=점성계수×밀도
② 점성계수=동점성계수×중력가속도
③ 점성계수=동점성계수/중력가속도
④ 동점성계수=점성계수/밀도

정답 ④

동점성계수는 유체의 점성계수 μ를 그 유체의 질량 밀도 ρ로 나눈 값을 말한다.

동점성계수 $v=\frac{\mu(\text{절대점도, 점성계수})}{\rho(\text{밀도})}$

PART 1 과목별 예상문제

143 온도차이 20℃, 열전도율 5W/(m · K), 두께 20cm인 벽을 통한 열유속(heat flux)과 온도차이 40℃, 열전도율 10W/(m · K), 두께 t인 같은 면적을 가진 벽을 통한 열유속이 같다면 두께 t는 약 몇 cm인가?

① 80cm
② 90cm
③ 100cm
④ 110cm

열전달률 $Q=\frac{\lambda}{l}A\Delta t$($\lambda$: 열전도율, l : 두께, A : 면적, Δt : 온도차)

$\frac{5}{20}\times 20=\frac{10}{x}\times 40$, $\therefore x=80\text{cm}$

144 지름 2cm의 금속 공은 선풍기를 켠 상태에서 냉각하고, 지름 4cm의 금속 공은 선풍기를 끄고 냉각할 때 동일 시간당 발생하는 대류 열전달량의 비(2cm 공 : 4cm 공)는? (단, 두 경우 온도차는 같고, 선풍기를 켜면 대류 열전달계수가 10배가 된다고 가정한다.)

① 1 : 0.1
② 1 : 0.2
③ 1 : 0.3
④ 1 : 0.4

대류 전달열량 $q=hA\Delta t=h(4\pi r^2)\Delta t$($h$: 열전달계수, A : 열전달면적, Δt : 온도차)

- 지름 2cm의 대류 열전달량 $q_1=10h\times[4\pi\times(1)^2]\times\Delta t=10\times 4\pi h\Delta t$
- 지름 4cm의 대류 열전달량 $q_2=h\times[4\pi\times(2)^2]\times\Delta t=4\times 4\pi h\Delta t$
- $q_1 : q_2=10\times 4\pi h\Delta t : 4\times 4\pi h\Delta t=10 : 4=1 : 0.4$

145 다음과 같은 유동형태를 갖는 파이프 입구 영역의 유동에서 부차적 손실계수가 가장 작은 것은?

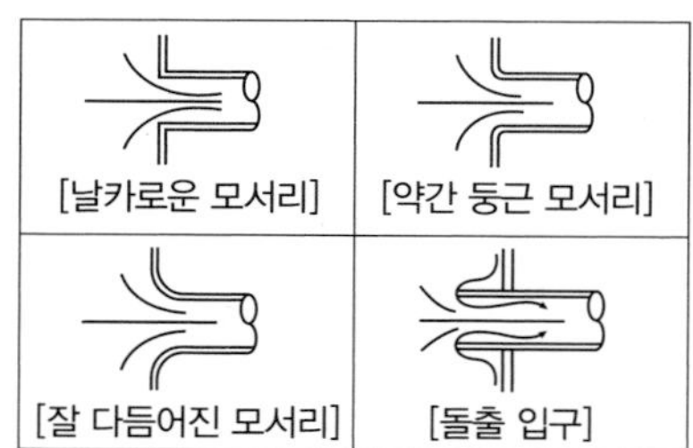

① 날카로운 모서리
② 약간 둥근 모서리
③ 잘 다듬어진 모서리
④ 돌출 입구

핵심 포인트

유동형태와 부차적 손실계수

1. 날카로운 모서리 : 0.45~0.5K
2. 약간 둥근 모서리 : 0.2~0.25K
3. 잘 다듬어진 모서리 : 0.05K
4. 돌출 입구 : 0.78K

146 **다음 중 뉴튼(Newton)의 점성법칙을 이용하여 만든 회전 원통식 점도계는?**

① 세이볼트(Saybolt) 점도계
② 맥미셀(MacMichael) 점도계
③ 레드우드(Redwood) 점도계
④ 오스발트(Ostwald) 점도계

정답 ②

뉴튼(Newton)의 점성법칙 : 유체의 흐름에 평행하게 작용하는 전단응력이 유체 속도의 수직 방향 높이에 대한 변화량에 비례한다는 법칙이다.

핵심 포인트

점성계수 측정

1. **뉴튼(Newton)의 점성법칙 이용** : 맥미셀 점도계, 스토머 점도계
2. **Stokes의 법칙 이용** : 낙구식 점도계
3. **하겐-포아젤 방정식 이용** : 오스발트 점도계, 세이볼트 점도계

147 **온도차이가 △T, 열전도율이 k_1, 두께 x인 벽을 통한 열유속(Heat Flux)과 온도차이가 2△T, 열전도율이 k_2, 두께 $0.5x$인 벽을 통한 열유속이 서로 같다면 두 재질의 열전도율비인 $\frac{k_1}{k_2}$의 값은?**

① 1
② 2
③ 3
④ 4

정답 ④

열전달량 $Q=\frac{k}{l}A\Delta T$ (k : 열전도율, l : 두께, A : 면적, ΔT : 온도차)

$$\frac{k_1\Delta T}{x}=\frac{k_2 2\Delta T}{0.5x} \quad xk_2 2\Delta T=0.5xk_1\Delta T$$

$$\frac{k_1}{k_2}=\frac{x2\Delta T}{0.5x\Delta T}=4$$

148 **검사체적(control volume)에 대한 운동량방정식(momentum equation)과 가장 관계가 깊은 법칙은?**

① 열역학 제2법칙
② 상대성의 원리
③ 플랑크의 법칙
④ 뉴턴(Newton)의 법칙

정답 ④

뉴턴(Newton)의 제2법칙은 검사체적에 대한 운동량 방정식의 근원이 되는 법칙으로, 물체의 운동량의 시간에 따른 변화율이 그 물체에 작용하는 힘과 같다는 법칙이다.

149 그림과 같은 관에 비압축성 유체가 흐를 때 A 단면의 평균속도가 V_1이라면 B단면에서의 평균속도 V_2는? (단, A 단면의 지름은 d_1이고 B단면의 지름은 d_2이다.)

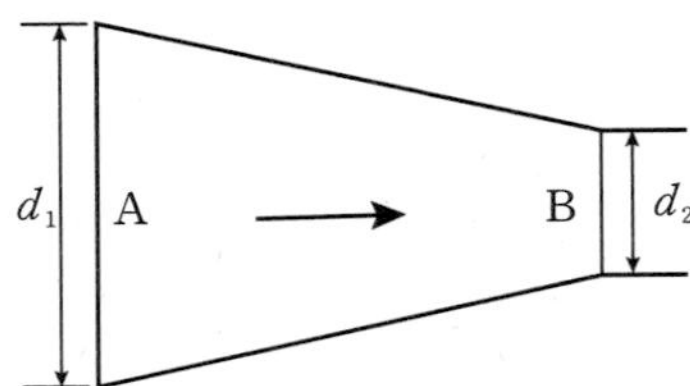

① $V_2=\left(\dfrac{d_1}{d_2}\right)V_1$

② $V_2=\left(\dfrac{d_2}{d_1}\right)V_1$

③ $V_2=\left(\dfrac{d_1}{d_2}\right)^2V_1$

④ $V_2=\left(\dfrac{d_2}{d_1}\right)^2V_1$

유체의 유속은 단면적에 반비례하고 지름의 제곱에 반비례하므로 $\dfrac{V_2}{V_1}=\dfrac{A_1}{A_2}=\left(\dfrac{d_1}{d_2}\right)^2$, $V_2=\left(\dfrac{d_1}{d_2}\right)^2V_1$이다.

150 다음의 낙구식 점도계는 어떤 법칙을 이론적 근거로 하는가?

① 뉴튼(Newton)의 점성법칙

② Stokes의 법칙

③ Hagen–Poiseuille의 법칙

④ Boyle의 법칙

핵심 포인트

점성계수 측정

1. **뉴튼(Newton)의 점성법칙 이용** : 맥미셀 점도계, 스토머 점도계
2. **Stokes의 법칙 이용** : 낙구식 점도계
3. **하겐–포아젤 방정식 이용** : 오스발트 점도계, 세이볼트 점도계

3과목 소방관계법규

01 **다음 중 소방기본법령상 소방본부를 두는 곳은?**

① 국무총리
② 시 · 도지사
③ 행정안전부장관
④ 소방청장

 ②

시 · 도에서 소방업무를 수행하기 위하여 시 · 도지사 직속으로 소방본부를 둔다(법 제3조 제4항).

02 **다음 중 소방기본법령상 용어에 관한 설명으로 옳지 않은 것은?**

① 관계인이란 소방대상물이 있는 장소 및 그 이웃 지역으로서 화재의 예방 · 경계 · 진압, 구조 · 구급 등의 활동에 필요한 지역을 말한다.
② 소방대상물이란 건축물, 차량, 선박(항구에 매어둔 선박은 제외) 등을 말한다.
③ 소방대란 소방공무원, 의무소방원, 의용소방대원으로 구성된 조직체이다.
④ 소방대장이란 소방본부장 또는 소방서장 등 화재, 재난 · 재해, 그 밖의 위급한 상황이 발생한 현장에서 소방대를 지휘하는 사람을 말한다.

 ②

소방대상물 : 건축물, 차량, 선박(항구에 매어둔 선박만 해당한다), 선박 건조 구조물, 산림, 그 밖의 인공 구조물 또는 물건을 말한다(법 제2조 제1호).

03 **소방시설 설치 및 관리에 관한 법령상 무창층으로 판정하기 위한 개구부가 갖추어야 할 요건으로 틀린 것은?**

① 크기는 지름 50cm 이상의 원이 통과할 수 있을 것
② 해당 층의 바닥면으로부터 개구부 밑부분까지의 높이가 2.1m 이내일 것
③ 도로 또는 차량이 진입할 수 있는 빈터를 향할 것
④ 내부 또는 외부에서 쉽게 부수거나 열 수 있을 것

 ②

무창층으로 판정하기 위한 개구부가 갖추어야 할 요건 (영 제2조 제1호)

1. 크기는 지름 50cm 이상의 원이 통과할 수 있을 것
2. 해당 층의 바닥면으로부터 개구부 밑부분까지의 높이가 1.2m 이내일 것
3. 도로 또는 차량이 진입할 수 있는 빈터를 향할 것
4. 화재 시 건축물로부터 쉽게 피난할 수 있도록 창살이나 그 밖의 장애물이 설치되지 않을 것
5. 내부 또는 외부에서 쉽게 부수거나 열 수 있을 것

04 소방시설 설치 및 관리에 관한 법령상 제조 또는 가공 공정에서 방염처리를 한 물품 중 방염대상물품이 아닌 것은?

① 암막 · 무대막
② 무대용 합판
③ 두께가 2mm 미만인 종이벽지
④ 카펫

제조 또는 가공 공정에서 방염처리를 한 물품(영 제31조 제1항 제1호)

1. 창문에 설치하는 커튼류(블라인드를 포함한다)
2. 카펫
3. 벽지류(두께가 2mm 미만인 종이벽지는 제외한다)
4. 전시용 합판 · 목재 또는 섬유판, 무대용 합판 · 목재 또는 섬유판(합판 · 목재류의 경우 불가피하게 설치 현장에서 방염처리한 것을 포함한다)
5. 암막 · 무대막(영화상영관에 설치하는 스크린과 가상체험 체육시설업에 설치하는 스크린을 포함한다)
6. 섬유류 또는 합성수지류 등을 원료로 하여 제작된 소파 · 의자(단란주점영업, 유흥주점영업 및 노래연습장업의 영업장에 설치하는 것으로 한정한다)

05 소방시설 설치 및 관리에 관한 법령상 특정소방대상물을 화재안전기준에 따라 적합하게 설치한 경우 설치면제를 받을 수 있는 연소방지설비가 아닌 것은?

① 스프링클러설비
② 물분무소화설비
③ 옥내소화전설비
④ 미분무소화설비

연소방지설비(영 별표 5) : 연소방지설비를 설치해야 하는 특정소방대상물에 스프링클러설비, 물분무소화설비 또는 미분무소화설비를 화재안전기준에 적합하게 설치한 경우에는 그 설비의 유효범위에서 설치가 면제된다.

06 소방시설공사업법령상 소방시설업 등록의 결격사유에 해당되지 않는 법인은?

① 법인의 대표자가 피성년후견인인 경우
② 법인의 임원이 피성년후견인인 경우
③ 법인의 대표자가 소방시설업 등록이 취소된 지 2년이 지나지 아니한 자인 경우
④ 법인의 임원이 소방시설업 등록이 취소된 지 2년이 지나지 아니한 자인 경우

소방시설업 등록의 결격사유(법 제5조)

1. 피성년후견인
2. 이 법, 「소방기본법」, 「화재의 예방 및 안전관리에 관한 법률」, 「소방시설 설치 및 관리에 관한 법률」 또는 「위험물안전관리법」에 따른 금고 이상의 실형을 선고받고 그 집행이 끝나거나(집행이 끝난 것으로 보는 경우를 포함한다) 면제된 날부터 2년이 지나지 아니한 사람
3. 이 법, 「소방기본법」, 「화재의 예방 및 안전관리에 관한 법률」, 「소방시설 설치 및 관리에 관한 법률」 또는 「위험물안전관리법」에 따른 금고 이상의 형의 집행유예를 선고받고 그 유예기간 중에 있는 사람
4. 등록하려는 소방시설업 등록이 취소에 해당하여 등록이 취소된 경우는 제외한다)된 날부터 2년이 지나지 아니한 자
5. 법인의 대표자가 1 또는 2부터 4까지에 해당하는 경우 그 법인
6. 법인의 임원이 2부터 4까지의 규정에 해당하는 경우 그 법인

07 **소방시설공사업법령상 소방공사감리업을 등록한 자가 수행하여야 할 업무가 아닌 것은?**

① 소방시설 등의 설치계획표의 적법성 검토
② 소방용품 형식승인의 검토 및 검증
③ 소방용품의 위치 · 규격 및 사용 자재의 적합성 검토
④ 피난시설 및 방화시설의 적법성 검토

정답 ②

소방공사감리업을 등록한 자가 수행하여야 할 업무(법 제16조 제1항)
1. 소방시설 등의 설치계획표의 적법성 검토
2. 소방시설 등 설계도서의 적합성(적법성과 기술상의 합리성을 말한다.) 검토
3. 소방시설 등 설계 변경 사항의 적합성 검토
4. 소방용품의 위치 · 규격 및 사용 자재의 적합성 검토
5. 공사업자가 한 소방시설 등의 시공이 설계도서와 화재안전기준에 맞는지에 대한 지도 · 감독
6. 완공된 소방시설 등의 성능시험
7. 공사업자가 작성한 시공 상세 도면의 적합성 검토
8. 피난시설 및 방화시설의 적법성 검토
9. 실내장식물의 불연화와 방염 물품의 적법성 검토

08 **소방시설 설치 및 관리에 관한 법령상 관리업자가 소방시설 등의 점검을 마친 후 점검기록표에 기록하고 이를 해당 특정소방대상물에 부착하여야 하나 이를 위반하고 점검기록표를 거짓으로 작성하거나 해당 특정소방대상물에 부착하지 아니하였을 경우 벌칙 기준은?**

① 50만원 이하의 과태료
② 100만원 이하의 과태료
③ 200만원 이하의 과태료
④ 300만원 이하의 과태료

정답 ④

300만원 이하의 과태료(법 제61조 제1항)
1. 소방시설을 화재안전기준에 따라 설치 · 관리하지 아니한 자
2. 공사 현장에 임시소방시설을 설치 · 관리하지 아니한 자
3. 피난시설, 방화구획 또는 방화시설의 폐쇄 · 훼손 · 변경 등의 행위를 한 자
4. 방염대상물품을 방염성능기준 이상으로 설치하지 아니한 자
5. 점검능력 평가를 받지 아니하고 점검을 한 관리업자
6. 관계인에게 점검 결과를 제출하지 아니한 관리업자 등
7. 점검인력의 배치기준 등 자체점검 시 준수사항을 위반한 자
8. 점검 결과를 보고하지 아니하거나 거짓으로 보고한 자
9. 이행계획을 기간 내에 완료하지 아니한 자 또는 이행계획 완료 결과를 보고하지 아니하거나 거짓으로 보고한 자
10. 점검기록표를 기록하지 아니하거나 특정소방대상물의 출입자가 쉽게 볼 수 있는 장소에 게시하지 아니한 관계인
11. 등록사항의 신고, 관리업자의 지위승계 신고를 하지 아니하거나 거짓으로 신고한 자
12. 관리업자의 지위승계, 행정처분 또는 휴업 · 폐업의 사실을 특정소방대상물의 관계인에게 알리지 아니하거나 거짓으로 알린 관리업자
13. 소속 기술인력의 참여 없이 자체점검을 한 관리업자
14. 점검실적을 증명하는 서류 등을 거짓으로 제출한 자
15. 명령을 위반하여 보고 또는 자료제출을 하지 아니하거나 거짓으로 보고 또는 자료제출을 한 자 또는 정당한 사유 없이 관계 공무원의 출입 또는 검사를 거부 · 방해 또는 기피한 자

09 위험물안전관리법령상 제조소 등에서의 흡연 금지에 관한 내용으로 틀린 것은?

① 누구든지 제조소 등에서는 지정된 장소가 아닌 곳에서 흡연을 하여서는 아니 된다.
② 제조소 등의 관계인은 해당 제조소 등이 금연구역임을 알리는 표지를 설치하여야 한다.
③ 시 · 도지사는 제조소 등의 관계인이 제2항을 위반하여 금연구역임을 알리는 표지를 설치하지 아니하거나 보완이 필요한 경우 일정한 기간을 정하여 그 시정을 명할 수 있다.
④ 지정 기준 · 방법 등은 소방청장이 정하고, 표지를 설치하는 기준 · 방법 등은 시 · 도지사가 정한다.

정답 ④

지정 기준 · 방법 등은 대통령령으로 정하고, 표지를 설치하는 기준 · 방법 등은 행정안전부령으로 정한다(법 제19조의2 제4항).

10 소방시설공사업법령상 전문 소방시설공사업의 등록기준 및 영업범위의 기준에 대한 설명으로 틀린 것은?

① 보조 기술인력은 최소 3명 이상을 둔다.
② 개인인 경우 자산평가액은 최소 1억원 이상이다.
③ 주된 기술인력은 소방기술사 최소 1명 이상을 둔다.
④ 영업범위는 특정소방대상물에 설치되는 기계분야 및 전기분야 소방시설의 공사 · 개설 · 이전 및 정비이다.

정답 ①

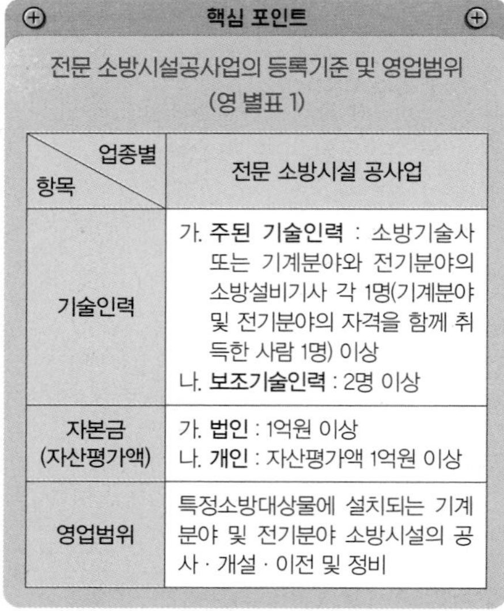
핵심 포인트

전문 소방시설공사업의 등록기준 및 영업범위 (영 별표 1)

항목 \ 업종별	전문 소방시설 공사업
기술인력	가. **주된 기술인력** : 소방기술사 또는 기계분야와 전기분야의 소방설비기사 각 1명(기계분야 및 전기분야의 자격을 함께 취득한 사람 1명) 이상 나. **보조기술인력** : 2명 이상
자본금 (자산평가액)	가. **법인** : 1억원 이상 나. **개인** : 자산평가액 1억원 이상
영업범위	특정소방대상물에 설치되는 기계분야 및 전기분야 소방시설의 공사 · 개설 · 이전 및 정비

11 소방기본법령의 소방대상물의 관계인에 해당하지 않는 자는?

① 관리자
② 감리자
③ 점유자
④ 소유자

정답 ②

관계인 : 소방대상물의 소유자 · 관리자 또는 점유자를 말한다(법 제2조 제3호).

12 **소방기본법령상 출동한 소방대원에게 폭행 또는 협박을 행사하여 화재진압 인명구조 또는 구급활동을 방해한 사람에 대한 벌칙 기준은?**

① 1년 이하의 징역 또는 1000만원 이하의 벌금
② 3년 이하의 징역 또는 3000만원 이하의 벌금
③ 5년 이하의 징역 또는 5000만원 이하의 벌금
④ 7년 이하의 징역 또는 5000만원 이하의 벌금

정답 ③

5년 이하의 징역 또는 5천만원 이하의 벌금(법 제50조)
1. 위력을 사용하여 출동한 소방대의 화재진압 · 인명구조 또는 구급활동을 방해하는 행위
2. 소방대가 화재진압 · 인명구조 또는 구급활동을 위하여 현장에 출동하거나 현장에 출입하는 것을 고의로 방해하는 행위
3. 출동한 소방대원에게 폭행 또는 협박을 행사하여 화재진압 · 인명구조 또는 구급활동을 방해하는 행위
4. 출동한 소방대의 소방장비를 파손하거나 그 효용을 해하여 화재진압 · 인명구조 또는 구급활동을 방해하는 행위
5. 소방자동차의 출동을 방해한 사람
6. 사람을 구출하는 일 또는 불을 끄거나 불이 번지지 아니하도록 하는 일을 방해한 사람
7. 정당한 사유 없이 소방용수시설 또는 비상소화장치를 사용하거나 소방용수시설 또는 비상소화장치의 효용을 해치거나 그 정당한 사용을 방해한 사람

13 **위험물안전관리법령상 위험물별 성질로서 틀린 것은?**

① 제1류 : 산화성 고체
② 제2류 : 가연성 액체
③ 제4류 : 인화성 액체
④ 제6류 : 산화성 액체

정답 ②

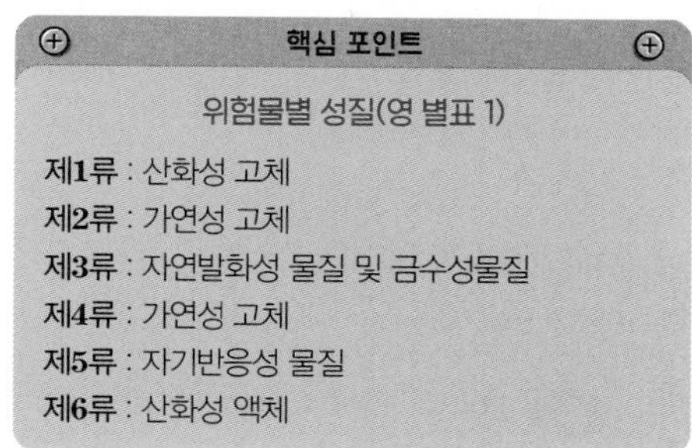
핵심 포인트

위험물별 성질(영 별표 1)

제1류 : 산화성 고체
제2류 : 가연성 고체
제3류 : 자연발화성 물질 및 금수성물질
제4류 : 가연성 고체
제5류 : 자기반응성 물질
제6류 : 산화성 액체

14 **소방시설공사업법령상 하자보수를 하여야하는 소방시설 중 하자보수 보증기간이 2년이 아닌 것은?**

① 유도표지
② 무선통신보조설비
③ 비상경보설비
④ 상수도소화용수설비

정답 ④

하자보수 대상 소방시설과 하자보수 보증기간(영 제6조)
1. 피난기구, 유도등, 유도표지, 비상경보설비, 비상조명등, 비상방송설비 및 무선통신보조설비 : **2년**
2. 자동소화장치, 옥내소화전설비, 스프링클러설비, 간이스프링클러설비, 물분무등소화설비, 옥외소화전설비, 자동화재탐지설비, 상수도소화용수설비 및 소화활동설비(무선통신보조설비는 제외한다) : **3년**

PART 1 과목별 예상문제

15 **소방시설 설치 및 관리에 관한 법령상 자동차를 제작 · 조립 · 수입 · 판매하려는 자 또는 해당 자동차의 소유자가 차량용 소화기를 설치하거나 비치하여야 하는 자동차 아닌 것은?**

① 승합자동차
② 특수자동차
③ 2인승 이상의 승용자동차
④ 화물자동차

자동차를 제작 · 조립 · 수입 · 판매하려는 자 또는 해당 자동차의 소유자는 차량용 소화기를 설치하거나 비치하여야 한다(법 제11조 제1항).

1. 5인승 이상의 승용자동차
2. 승합자동차
3. 화물자동차
4. 특수자동차

16 **소방시설 설치 및 관리에 관한 법령상 특정소방대상물의 소방시설 설치의 면제기준 중 연소방지설비의 설치가 면제되는 설비가 아닌 것은?**

① 물분무소화설비
② 스프링클러설비
③ 미분무소화설비
④ 청정소화약제소화설비

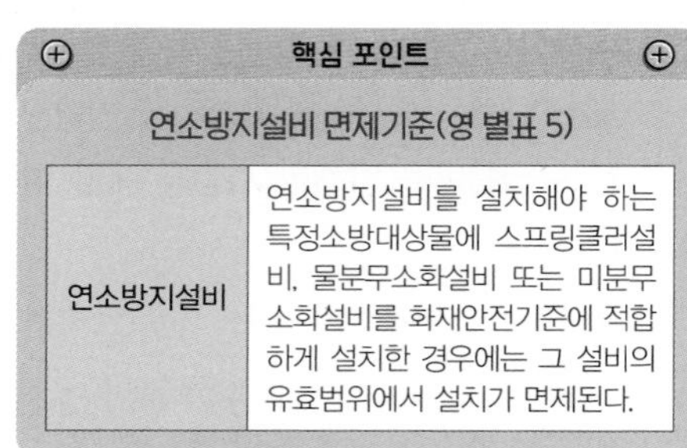

핵심 포인트

연소방지설비 면제기준(영 별표 5)

연소방지설비	연소방지설비를 설치해야 하는 특정소방대상물에 스프링클러설비, 물분무소화설비 또는 미분무소화설비를 화재안전기준에 적합하게 설치한 경우에는 그 설비의 유효범위에서 설치가 면제된다.

17 **소방시설 설치 및 관리에 관한 법령상 비상경보설비를 설치하여야 하는 특정소방대상물에 속하지 않는 것은?**

① 연면적 $400m^2$ 이상인 것은 모든 층
② 무창층의 바닥면적이 $150m^2$ 이상인 것은 모든 층
③ 10명 이상의 근로자가 작업하는 옥내 작업장
④ 지하가 중 터널로서 길이가 500m 이상인 것

비상경보설비를 설치해야 하는 특정소방대상물(모래 · 석재 등 불연재료 공장 및 창고시설, 위험물 저장 및 처리 시설 중 가스시설, 사람이 거주하지 않거나 벽이 없는 축사 등 동물 및 식물 관련 시설 및 지하구는 제외한다)은 다음의 어느 하나에 해당하는 것으로 한다(영 별표 4).

1. 연면적 $400m^2$ 이상인 것은 모든 층
2. 지하층 또는 무창층의 바닥면적이 $150m^2$(공연장의 경우 $100m^2$) 이상인 것은 모든 층
3. 지하가 중 터널로서 길이가 500m 이상인 것
4. 50명 이상의 근로자가 작업하는 옥내 작업장

18 **화재의 예방 및 안전관리에 관한 법률상 화재예방강화지구로 지정하여 관리할 수 있는 지역이 아닌 것은?**

① 노후 · 불량건축물이 밀집한 지역
② 위험물의 저장 및 처리 시설이 밀집한 지역
③ 공장 · 창고가 밀집한 지역
④ 10층 이하의 아파트가 밀집한 지역

④

시 · 도지사는 다음의 어느 하나에 해당하는 지역을 화재예방강화지구로 지정하여 관리할 수 있다(법 제18조 제1항).

1. 시장지역
2. 공장 · 창고가 밀집한 지역
3. 목조건물이 밀집한 지역
4. 노후 · 불량건축물이 밀집한 지역
5. 위험물의 저장 및 처리 시설이 밀집한 지역
6. 석유화학제품을 생산하는 공장이 있는 지역
7. 산업단지
8. 소방시설 · 소방용수시설 또는 소방출동로가 없는 지역
9. 물류단지

19 **소방시설공사업법령에서 정의된 업종 중 소방시설업의 종류에 해당되지 않는 것은?**

① 소방시설정비업
② 소방시설공사업
③ 방염처리업
④ 소방공사감리업

①

소방시설업(법 제2조 제1호)

1. **소방시설설계업** : 소방시설공사에 기본이 되는 공사계획, 설계도면, 설계 설명서, 기술계산서 및 이와 관련된 서류를 작성하는 영업
2. **소방시설공사업** : 설계도서에 따라 소방시설을 신설, 증설, 개설, 이전 및 정비하는 영업
3. **소방공사감리업** : 소방시설공사에 관한 발주자의 권한을 대행하여 소방시설공사가 설계도서와 관계 법령에 따라 적법하게 시공되는지를 확인하고, 품질 · 시공 관리에 대한 기술지도를 하는 영업
4. **방염처리업** : 방염대상물품에 대하여 방염처리하는 영업

PART 1 과목별 예상문제

20 **소방시설 설치 및 관리에 관한 법령상 업무를 수행하면서 알게 된 비밀을 이 법에서 정한 목적 외의 용도로 사용하거나 다른 사람 또는 기관에 제공하거나 누설한 자에 대한 벌칙 기준은?**

① 100만원 이하의 벌금
② 300만원 이하의 벌금
③ 1년 이하의 징역 또는 1,000만원 이하의 벌금
④ 3년 이하의 징역 또는 3000만원 이하의 벌금

정답 ②

300만원 이하의 벌금(법 제59조)

1. 업무를 수행하면서 알게 된 비밀을 이 법에서 정한 목적 외의 용도로 사용하거나 다른 사람 또는 기관에 제공하거나 누설한 자
2. 방염성능검사에 합격하지 아니한 물품에 합격표시를 하거나 합격표시를 위 · 변조하여 사용한 자
3. 거짓 시료를 제출한 자
4. 자체점검 결과 필요한 조치를 하지 아니한 관계인 또는 관계인에게 중대위반사항을 알리지 아니한 관리업자 등

21 **화재의 예방 및 안전관리에 관한 법령상 가연성 고체류로 틀린 것은?**

① 인화점이 섭씨 10도 이상 100도 미만인 것
② 인화점이 섭씨 100도 이상 200도 미만이고, 연소열량이 1g당 8kcal 이상인 것
③ 인화점이 섭씨 200도 이상이고 연소열량이 1g당 8kcal 이상인 것으로서 녹는점(융점)이 100도 미만인 것
④ 1기압과 섭씨 20도 초과 40도 이하에서 액상인 것으로서 인화점이 섭씨 70도 이상 섭씨 200도 미만에 해당하는 것

가연성 고체류(영 별표 2)
1. 인화점이 섭씨 40도 이상 100도 미만인 것
2. 인화점이 섭씨 100도 이상 200도 미만이고, 연소열량이 1g당 8kcal 이상인 것
3. 인화점이 섭씨 200도 이상이고 연소열량이 1그램당 8kcal 이상인 것으로서 녹는점(융점)이 100도 미만인 것
4. 1기압과 섭씨 20도 초과 40도 이하에서 액상인 것으로서 인화점이 섭씨 70도 이상 섭씨 200도 미만이거나 2 또는 3에 해당하는 것

22 **소방시설공사업법령상 감리업자가 아닌 자가 감리할 수 있는 보안성 등이 요구되는 소방대상물의 시공 장소는?**

① 50층 이상의 건물
② 정보기관이 상주하는 건물
③ 군사관련시설
④ 원자력안전법상 관계시설이 설치되는 장소

감리업자가 아닌 자가 감리할 수 있는 보안성 등이 요구되는 소방대상물의 시공 장소 : 「원자력안전법」에 따른 관계시설이 설치되는 장소를 말한다(영 제8조).

23 **화재의 예방 및 안전관리에 관한 법률상 소방안전관리자가 되려고 하는 사람 또는 소방안전관리자로 선임된 사람이 소방안전관리업무에 관한 능력의 습득 또는 향상을 위하여 소방청장으로부터 받아야 하는 교육은?**

① 강습교육
② 기술교육
③ 보수교육
④ 특별교육

소방안전관리자가 되려고 하는 사람 또는 소방안전관리자(소방안전관리보조자를 포함한다)로 선임된 사람은 소방안전관리업무에 관한 능력의 습득 또는 향상을 위하여 행정안전부령으로 정하는 바에 따라 소방청장이 실시하는 강습교육 또는 실무교육을 받아야 한다(법 제34조 제1항).

24 **소방시설 설치 및 관리에 관한 법률상 소방시설을 구분하는 경우 소화설비에 해당되지 않는 것은?**

① 물분무등소화설비
② 옥내소화전설비
③ 자동소화장치
④ 화재알림설비

정답 ④

소화설비(영 별표 1)

1. 소화기구
   ㉠ 소화기
   ㉡ **간이소화용구** : 에어로졸식 소화용구, 투척용 소화용구, 소공간용 소화용구 및 소화약제 외의 것을 이용한 간이소화용구
   ㉢ 자동확산소화기
2. **자동소화장치** : 주거용 주방자동소화장치, 상업용 주방자동소화장치, 캐비닛형 자동소화장치, 가스자동소화장치, 분말자동소화장치, 고체에어로졸자동소화장치
3. 옥내소화전설비[호스릴(hose reel) 옥내소화전설비를 포함한다]
4. **스프링클러설비 등** : 스프링클러설비, 간이스프링클러설비(캐비닛형 간이스프링클러설비를 포함한다), 화재조기진압용 스프링클러설비
5. **물분무등소화설비** : 물분무소화설비, 미분무소화설비, 포소화설비, 이산화탄소소화설비, 할론소화설비, 할로겐화합물 및 불활성기체 소화설비, 분말소화설비, 강화액소화설비, 고체에어로졸소화설비
6. 옥외소화전설비

25 화재의 예방 및 안전관리에 관한 법령상 시·도지사가 화재예방강화지구 관리대장에 기재할 사항이 아닌 것은?

① 화재예방강화지구의 지정 현황
② 소방훈련 및 교육의 실시 현황
③ 화재안전조사의 결과
④ 의용소방대의 운용상황

시·도지사는 다음의 사항을 행정안전부령으로 정하는 화재예방강화지구 관리대장에 작성하고 관리해야 한다(영 제20조 제4항).

1. 화재예방강화지구의 지정 현황
2. 화재안전조사의 결과
3. 소화기구, 소방용수시설 또는 그 밖에 소방에 필요한 설비의 설치(보수, 보강을 포함한다) 명령 현황
4. 소방훈련 및 교육의 실시 현황
5. 그 밖에 화재예방 강화를 위하여 필요한 사항

26 화재의 예방 및 안전관리에 관한 법령상 용접 또는 용단 작업장에서 불꽃을 사용하는 용접·용단기구 사용에 있어서 작업자로부터 반경 몇 m 이내에 소화기를 갖추어야 하는가? (단, 산업안전보건법에 따른 안전조치의 적용을 받는 사업장의 경우는 제외한다.)

① 5m
② 10m
③ 15m
④ 20m

용접 또는 용단 작업장에서는 다음의 사항을 지켜야 한다. 다만, 「산업안전보건법」의 적용을 받는 사업장에는 적용하지 않는다(영 별표 1).

1. 용접 또는 용단 작업장 주변 반경 5m 이내에 소화기를 갖추어 둘 것
2. 용접 또는 용단 작업장 주변 반경 10m 이내에는 가연물을 쌓아두거나 놓아두지 말 것(다만, 가연물의 제거가 곤란하여 방화포 등으로 방호조치를 한 경우는 제외한다.)

27 **소방시설 설치 및 관리에 관한 법령상 비상경보설비를 설치하여야 할 특정소방대상물이 아닌 것은? (단, 지하구, 모래 · 석재 등 불연재료 창고 및 위험물 저장 · 처리 시설 중 가스시설은 제외한다.)**

① 지하층 또는 무창층의 바닥면적이 $50m^2$ 이상인 것
② 연면적 $400m^2$ 이상인 것은 모든 층
③ 지하가 중 터널로서 길이가 500m 이상인 것
④ 50명 이상의 근로자가 작업하는 옥내 작업장

정답 ①

비상경보설비를 설치해야 하는 특정소방대상물(모래 · 석재 등 불연재료 공장 및 창고시설, 위험물 저장 및 처리 시설 중 가스시설, 사람이 거주하지 않거나 벽이 없는 축사 등 동물 및 식물 관련 시설 및 지하구는 제외한다)은 다음의 어느 하나에 해당하는 것으로 한다.
1. 연면적 $400m^2$ 이상인 것은 모든 층
2. 지하층 또는 무창층의 바닥면적이 $150m^2$(공연장의 경우 $100m^2$) 이상인 것은 모든 층
3. 지하가 중 터널로서 길이가 500m 이상인 것
4. 50명 이상의 근로자가 작업하는 옥내 작업장

28 **소방시설 설치 및 관리에 관한 법령상 소방시설관리업을 등록할 수 있는 자는?**

① 피성년후견인
② 소방시설관리업의 등록이 취소된 날부터 2년이 지나지 아니한 자
③ 금고 이상의 형의 집행유예를 선고받고 유예기간이 종료된 뒤 2년이 지나지 아니한 자
④ 금고 이상의 실형을 선고받고 그 집행이 면제된 날부터 2년이 지나지 아니한 자

정답 ③

소방시설관리업 등록의 결격사유(법 제30조)
1. 피성년후견인
2. 이 법, 관련 법령을 위반하여 금고 이상의 실형을 선고받고 그 집행이 끝나거나(집행이 끝난 것으로 보는 경우를 포함한다) 집행이 면제된 날부터 2년이 지나지 아니한 사람
3. 이 법, 관련 법령을 위반하여 금고 이상의 형의 집행유예를 선고받고 그 유예기간 중에 있는 사람
4. 관리업의 등록이 취소(1에 해당하여 등록이 취소된 경우는 제외한다)된 날부터 2년이 지나지 아니한 자
5. 임원 중에 1부터 4까지의 어느 하나에 해당하는 사람이 있는 법인

29 **소방시설공사업법령에 따른 소방시설업자가 소방시설공사 등을 맡긴 특정소방대상물의 관계인에게 지체 없이 그 사실을 알려야 하는 경우가 아닌 것은?**

① 사무소의 소재지를 이전한 경우
② 소방시설업자의 지위를 승계한 경우
③ 소방시설업의 등록취소처분 또는 영업정지처분을 받은 경우
④ 휴업하거나 폐업한 경우

정답 ①

소방시설업자는 다음의 어느 하나에 해당하는 경우에는 소방시설공사 등을 맡긴 특정소방대상물의 관계인에게 지체 없이 그 사실을 알려야 한다(법 8조 제3항).
1. 소방시설업자의 지위를 승계한 경우
2. 소방시설업의 등록취소처분 또는 영업정지처분을 받은 경우
3. 휴업하거나 폐업한 경우

30 **화재의 예방 및 안전관리에 관한 법률상 화재예방강화지구로 지정할 수 있는 대상이 아닌 것은?**

① 목조건물이 밀집한 지역
② 위험물의 저장 및 처리 시설이 밀집한 지역
③ 아파트가 밀집한 지역
④ 노후 · 불량건축물이 밀집한 지역

시 · 도지사는 다음의 어느 하나에 해당하는 지역을 화재예방강화지구로 지정하여 관리할 수 있다(법 제18조 제1항).

1. 시장지역
2. 공장 · 창고가 밀집한 지역
3. 목조건물이 밀집한 지역
4. 노후 · 불량건축물이 밀집한 지역
5. 위험물의 저장 및 처리 시설이 밀집한 지역
6. 석유화학제품을 생산하는 공장이 있는 지역
7. 산업단지
8. 소방시설 · 소방용수시설 또는 소방출동로가 없는 지역
9. 물류단지
10. 그 밖에 1부터 9까지에 준하는 지역으로서 소방관서장이 화재예방강화지구로 지정할 필요가 있다고 인정하는 지역

31 **화재의 예방 및 안전관리에 관한 법률상 소방관서장이 화재안전조사 결과에 따른 소방대상물의 위치 · 구조 · 설비 또는 관리의 상황이 화재예방을 위하여 보완될 필요가 있거나 화재가 발생하면 인명 또는 재산의 피해가 클 것으로 예상되는 때에는 행정안전부령으로 정하는 바에 따라 관계인에게 명할 수 있는 조치가 아닌 것은?**

① 소방대상물의 개수 · 이전 · 제거
② 사용의 금지 또는 제한
③ 소방대상물에서의 퇴거
④ 공사의 정지 또는 중지

소방관서장은 화재안전조사 결과에 따른 소방대상물의 위치 · 구조 · 설비 또는 관리의 상황이 화재예방을 위하여 보완될 필요가 있거나 화재가 발생하면 인명 또는 재산의 피해가 클 것으로 예상되는 때에는 행정안전부령으로 정하는 바에 따라 관계인에게 그 소방대상물의 개수 · 이전 · 제거, 사용의 금지 또는 제한, 사용폐쇄, 공사의 정지 또는 중지, 그 밖에 필요한 조치를 명할 수 있다.

32 **화재의 예방 및 안전관리에 관한 법률상 자위소방대의 대장 · 부대장 및 편성조직의 임무로 틀린 것은?**

① 대장은 자위소방대를 총괄 지휘한다.
② 부대장은 대장을 보좌하고 대장이 부득이한 사유로 임무를 수행할 수 없는 때에는 그 임무를 대행한다.
③ 방호안전팀은 화재 발생 시 초기화재 진압 활동을 수행한다.
④ 비상연락팀은 화재사실의 전파 및 신고 업무를 수행한다.

자위소방대에는 대장과 부대장 1명을 각각 두며, 편성조직의 인원은 해당 소방안전관리대상물의 수용인원 등을 고려하여 구성한다. 이 경우 자위소방대의 대장 · 부대장 및 편성조직의 임무는 다음과 같다(규칙 제11조 제2항).

1. 대장은 자위소방대를 총괄 지휘한다.
2. 부대장은 대장을 보좌하고 대장이 부득이한 사유로 임무를 수행할 수 없는 때에는 그 임무를 대행한다.
3. 비상연락팀은 화재사실의 전파 및 신고 업무를 수행한다.
4. 초기소화팀은 화재 발생 시 초기화재 진압 활동을 수

행한다.
5. 피난유도팀은 재실자 및 장애인, 노인, 임산부, 영유아 및 어린이 등 이동이 어려운 사람을 안전한 장소로 대피시키는 업무를 수행한다.
6. 응급구조팀은 인명을 구조하고, 부상자에 대한 응급조치를 수행한다.
7. 방호안전팀은 화재확산방지 및 위험시설의 비상정지 등 방호안전 업무를 수행한다.

33 소방기본법령상 소방자동차 전용구역에 차를 주차하거나 전용구역에의 진입을 가로막는 등의 방해행위를 한 자에 대한 벌칙은?

① 10만원 이하의 과태료
② 20만원 이하의 과태료
③ 50만원 이하의 과태료
④ 100만원 이하의 과태료

소방자동차 전용구역에 차를 주차하거나 전용구역에의 진입을 가로막는 등의 방해행위를 한 자에게는 100만원 이하의 과태료를 부과한다(법 제56조 제3항)

34 화재의 예방 및 안전관리에 관한 법령상 화재안전조사의 방법에 해당하는 것은?

① 서면조사
② 집중조사
③ 종합조사
④ 임의조사

소방관서장은 화재안전조사의 목적에 따라 다음의 어느 하나에 해당하는 방법으로 화재안전조사를 실시할 수 있다(영 제8조 제1항).
1. **종합조사** : 화재안전조사 항목 전부를 확인하는 조사
2. **부분조사** : 화재안전조사 항목 중 일부를 확인하는 조사

35 위험물안전관리법령상 위험물취급소의 구분에 해당하지 않는 것은?

① 주유취급소
② 저장취급소
③ 판매취급소
④ 일반취급소

위험물취급소의 구분(규칙 제37조~제40조) : 주유취급소, 판매취급소, 이송취급소, 일반취급소

36 소방기본법령상 소방업무 상호응원협정 체결 시 포함되어야 하는 사항이 아닌 것은?

① 구조 · 구급업무의 지원
② 출동대원의 수당 · 식사 및 의복 수선의 경비 부담
③ 응원출동훈련 및 평가
④ 응원출동 시 현장지휘에 관한 사항

소방업무 상호응원협정 체결 시 포함되어야 하는 사항(규칙 제8조)
1. 화재의 경계 · 진압활동
2. 구조 · 구급업무의 지원
3. 화재조사활동
4. 응원출동대상지역 및 규모

5. 다음의 소요경비의 부담에 관한 사항
   ㉠ 출동대원의 수당 · 식사 및 의복의 수선
   ㉡ 소방장비 및 기구의 정비와 연료의 보급
   ㉢ 그 밖의 경비
4. 응원출동의 요청방법
5. 응원출동훈련 및 평가

37 화재의 예방 및 안전관리에 관한 법령상 3년 이하의 징역 또는 3천만원 이하의 벌금에 해당하지 않는 것은?

① 보수 · 보강 등의 조치명령을 정당한 사유 없이 위반한 자
② 소방안전관리자 선임명령을 정당한 사유 없이 위반한 자
③ 화재안전조사 결과에 따른 조치명령을 정당한 사유 없이 위반한 자
④ 소방특별조사 결과에 따른 조치명령을 정당한 사유 없이 위반한 자

정답 ④

3년 이하의 징역 또는 3천만원 이하의 벌금(법 제50조 제1항)
1. 화재안전조사 결과에 따른 조치명령을 정당한 사유 없이 위반한 자
2. 소방안전관리자 선임명령을 정당한 사유 없이 위반한 자
3. 보수 · 보강 등의 조치명령을 정당한 사유 없이 위반한 자
4. 거짓이나 그 밖의 부정한 방법으로 진단기관으로 지정을 받은 자

38 소방시설 설치 및 관리에 관한 법령상 둘 이상의 특정소방대상물이 내화구조로 된 연결통로가 벽이 있는 구조로서 그 길이가 몇 m 이하인 경우 하나의 소방대상물로 보는가?

① 10m
② 12m
③ 15m
④ 20m

둘 이상의 특정소방대상물이 다음의 어느 하나에 해당되는 구조의 복도 또는 통로(연결통로)로 연결된 경우에는 이를 하나의 특정소방대상물로 본다(영 별표 2).
1. 내화구조로 된 연결통로가 다음의 어느 하나에 해당되는 경우
   ㉠ 벽이 없는 구조로서 그 길이가 6m 이하인 경우
   ㉡ 벽이 있는 구조로서 그 길이가 10m 이하인 경우 (다만, 벽 높이가 바닥에서 천장까지의 높이의 2분의 1 이상인 경우에는 벽이 있는 구조로 보고, 벽 높이가 바닥에서 천장까지의 높이의 2분의 1 미만인 경우에는 벽이 없는 구조로 본다.)
2. 내화구조가 아닌 연결통로로 연결된 경우
3. 컨베이어로 연결되거나 플랜트설비의 배관 등으로 연결되어 있는 경우
4. 지하보도, 지하상가, 지하가로 연결된 경우
5. 자동방화셔터 또는 60분+ 방화문이 설치되지 않은 피트(전기설비 또는 배관설비 등이 설치되는 공간을 말한다)로 연결된 경우
6. 지하구로 연결된 경우

39 **소방기본법령상 소방용수시설 중 소화전과 급수탑의 설치기준으로 틀린 것은?**

① 급수탑 급수배관의 구경은 150mm 이상으로 할 것
② 소화전은 상수도와 연결하여 지하식 또는 지상식의 구조로 할 것
③ 소방용호스와 연결하는 소화전의 연결금속구의 구경은 65mm로 할 것
④ 급수탑의 개폐밸브는 지상에서 1.5m 이상 1.7m 이하의 위치에 설치할 것

정답 ①

소방용수시설별 설치기준(규칙 별표 3)
1. **소화전의 설치기준** : 상수도와 연결하여 지하식 또는 지상식의 구조로 하고, 소방용호스와 연결하는 소화전의 연결금속구의 구경은 65mm로 할 것
2. **급수탑의 설치기준** : 급수배관의 구경은 100mm 이상으로 하고, 개폐밸브는 지상에서 1.5m 이상 1.7m 이하의 위치에 설치하도록 할 것

40 **소방시설 설치 및 관리에 관한 법령에 따른 특정소방대상물의 수용 인원 산정방법 기준 중 틀린 것은?**

① 침대가 있는 숙박시설의 경우는 해당 특정소방대상물의 종사자 수에 침대 수(2인용 침대는 2개로 산정)를 합한 수
② 침대가 없는 숙박시설의 경우는 해당 특정소방대상물의 종사자 수에 숙박시설 바닥면적의 합계를 $3m^2$로 나누어 얻은 수를 합한 수
③ 강의실 용도로 쓰이는 특정소방대상물의 경우는 해당 용도로 사용하는 바닥면적의 합계를 $1.9m^2$로 나누어 얻은 수
④ 문화 및 집회시설의 경우는 해당 용도로 사용하는 바닥면적의 합계를 $3m^2$로 나누어 얻은 수

정답 ④

수용인원의 산정 방법(영 별표 7)
1. 숙박시설이 있는 특정소방대상물
   ㉠ **침대가 있는 숙박시설**: 해당 특정소방대상물의 종사자 수에 침대 수(2인용 침대는 2개로 산정한다)를 합한 수
   ㉡ **침대가 없는 숙박시설**: 해당 특정소방대상물의 종사자 수에 숙박시설 바닥면적의 합계를 $3m^2$로 나누어 얻은 수를 합한 수
2. 숙박시설이 없는 특정소방대상물
   ㉠ **강의실 · 교무실 · 상담실 · 실습실 · 휴게실 용도로 쓰는 특정소방대상물** : 해당 용도로 사용하는 바닥면적의 합계를 $1.9m^2$로 나누어 얻은 수
   ㉡ **강당, 문화 및 집회시설, 운동시설, 종교시설** : 해당 용도로 사용하는 바닥면적의 합계를 $4.6m^2$로 나누어 얻은 수(관람석이 있는 경우 고정식 의자를 설치한 부분은 그 부분의 의자 수로 하고, 긴 의자의 경우에는 의자의 정면너비를 0.45m로 나누어 얻은 수로 한다)
   ㉢ **그 밖의 특정소방대상물** : 해당 용도로 사용하는 바닥면적의 합계를 $3m^2$로 나누어 얻은 수

41 **소방시설 설치 및 관리에 관한 법령상 스프링클러설비를 설치하여야 하는 특정소방대상물 중 근린생활시설이 아닌 것은?**

① 근린생활시설로 사용하는 부분의 바닥면적 합계가 1천m^2 이상인 것은 모든 층
② 한의원으로서 입원실이 없는 시설
③ 산후조리원으로서 연면적 $600m^2$ 미만인 시설
④ 치과의원으로서 입원실이 있는 시설

정답 ②

근린생활시설 중 다음의 어느 하나에 해당하는 것(영 별

표 4)
1. 근린생활시설로 사용하는 부분의 바닥면적 합계가 1천m^2 이상인 것은 모든 층
2. 의원, 치과의원 및 한의원으로서 입원실이 있는 시설
3. 조산원 및 산후조리원으로서 연면적 600m^2 미만인 시설

42 소방기본법령상 소방의 날 제정과 운영 등에 관한 내용으로 틀린 것은?

① 국민의 안전의식과 화재에 대한 경각심을 높이고 안전문화를 정착시키기 위하여 매년 소방의 날 기념행사를 하여야 한다.
② 매년 10월 9일을 소방의 날로 정한다.
③ 소방의 날 행사에 관하여 필요한 사항은 소방청장 또는 시 · 도지사가 따로 정하여 시행할 수 있다.
④ 소방청장은 소방행정 발전에 공로가 있다고 인정되는 사람을 명예직 소방대원으로 위촉할 수 있다.

 ②

국민의 안전의식과 화재에 대한 경각심을 높이고 안전문화를 정착시키기 위하여 매년 11월 9일을 소방의 날로 정하여 기념행사를 한다(법 제7조 제1항).

43 소방기본법령에 따른 소방용수시설 급수탑 급수배관의 구경으로 맞는 것은?

① 80mm 이상
② 100mm 이상
③ 120mm 이상
④ 150mm 이상

 ②

소방용수시설별 설치기준(규칙 별표 3)
1. **소화전의 설치기준** : 상수도와 연결하여 지하식 또는 지상식의 구조로 하고, 소방용호스와 연결하는 소화전의 연결금속구의 구경은 65mm로 할 것
2. **급수탑의 설치기준** : 급수배관의 구경은 100mm 이상으로 하고, 개폐밸브는 지상에서 1.5m 이상 1.7m 이하의 위치에 설치하도록 할 것

44 소방기본법령상 한국소방안전원의 업무에 해당하지 않는 것은?

① 소방안전에 관한 국제협력
② 소방기술과 안전관리에 관한 전문소방인력의 육성
③ 화재예방과 안전관리의식의 고취를 위한 대국민 홍보
④ 회원에 대한 기술지원 등 정관으로 정하는 사항

 ②

한국소방안전원의 업무(법 제41조)
1. 소방기술과 안전관리에 관한 교육 및 조사 · 연구
2. 소방기술과 안전관리에 관한 각종 간행물 발간
3. 화재 예방과 안전관리의식 고취를 위한 대국민 홍보
4. 소방업무에 관하여 행정기관이 위탁하는 업무
5. 소방안전에 관한 국제협력
6. 그 밖에 회원에 대한 기술지원 등 정관으로 정하는 사항

45 소방기본법령상 생활안전활동에 해당하지 않는 것은?

① 위해동물, 벌 등의 포획 및 퇴치 활동
② 화재, 재난 · 재해로 인한 피해복구 지원 활동
③ 단전사고 시 비상전원 또는 조명의 공급
④ 끼임, 고립 등에 따른 위험제거 및 구출 활동

정답 ②

생활안전활동(법 제16조의3 제1항)
1. 붕괴, 낙하 등이 우려되는 고드름, 나무, 위험 구조물 등의 제거활동
2. 위해동물, 벌 등의 포획 및 퇴치 활동
3. 끼임, 고립 등에 따른 위험제거 및 구출 활동
4. 단전사고 시 비상전원 또는 조명의 공급
5. 그 밖에 방치하면 급박해질 우려가 있는 위험을 예방하기 위한 활동

46 위험물안전관리법령상 경유의 저장량이 2000L, 중유의 저장량이 4000L, 등유의 저장량이 2000L인 저장소에 있어서 지정수량의 배수는?

① 1배
② 2배
③ 4배
④ 6배

정답 ③

핵심 포인트

제4류 위험물 지정수량(영 별표 1)

제2석유류	비수용성액체(경유)	1,000L
	수용성액체(등유)	2,000L
제3석유류	비수용성액체	2,000L
	수용성액체(중유)	4,000L

지정수량의 배수$=\frac{\text{저장량}}{\text{지정수량}}$

$=\frac{2,000}{1,000}+\frac{4,000}{4,000}+\frac{2,000}{2,000}=4$(배)

47 소방시설공사업법령에 따른 소방시설공사 중 특정소방대상물에 설치된 소방시설 등을 구성 하는 것의 전부 또는 일부를 개설, 이전 또는 정비하는 공사의 착공신고 대상이 아닌 것은?

① 수신반
② 스프링클러
③ 동력(감시)제어반
④ 소화펌프

정답 ②

특정소방대상물에 설치된 소방시설 등을 구성하는 다음의 어느 하나에 해당하는 것의 전부 또는 일부를 개설, 이전 또는 정비하는 공사. 다만, 고장 또는 파손 등으로 인하여 작동시킬 수 없는 소방시설을 긴급히 교체하거나 보수하여야 하는 경우에는 신고하지 않을 수 있다(영 제4조 제3호).
1. 수신반
2. 소화펌프
3. 동력(감시)제어반

48 **소방기본법상 소방신호의 종류 및 방법으로 틀린 것은?**

① 경계신호 : 화재예방상 필요하다고 인정되거나 화재위험경보시 발령
② 발화신호 : 화재가 발생한 때 발령
③ 해제신호 : 소화활동이 필요없다고 인정되는 때 발령
④ 훈련신호 : 화재가 발생할 우려가 인정되는 때 발령

정답 ④

소방신호의 종류 및 방법(규칙 제10조 제1항)
1. **경계신호** : 화재예방상 필요하다고 인정되거나 화재위험경보시 발령
2. **발화신호** : 화재가 발생한 때 발령
3. **해제신호** : 소화활동이 필요없다고 인정되는 때 발령
4. **훈련신호** : 훈련상 필요하다고 인정되는 때 발령

49 **화재의 예방 및 안전관리에 관한 법령상 화재의 예방 및 안전관리 기본계획에 포함되어야 할 사항이 아닌 것은?**

① 화재예방정책의 기본목표 및 추진방향
② 화재의 예방과 안전관리를 위한 대국민 교육 · 홍보
③ 화재의 예방과 안전관리 관련 산업의 국제경쟁력 향상
④ 화재의 예방과 안전관리를 위한 소방전문기관의 양성

화재의 예방 및 안전관리 기본계획에 포함되어야 할 사항(법 제4조 제3항)
1. 화재예방정책의 기본목표 및 추진방향
2. 화재의 예방과 안전관리를 위한 법령 · 제도의 마련 등 기반 조성
3. 화재의 예방과 안전관리를 위한 대국민 교육 · 홍보
4. 화재의 예방과 안전관리 관련 기술의 개발 · 보급
5. 화재의 예방과 안전관리 관련 전문인력의 육성 · 지원 및 관리
6. 화재의 예방과 안전관리 관련 산업의 국제경쟁력 향상
7. 그 밖에 대통령령으로 정하는 화재의 예방과 안전관리에 필요한 사항

50 **소방기본법에 따라 시 · 도지사로부터 소방활동 비용을 지급받을 수 있는 사람은?**

① 화재의 인근 건물에 거주하는 사람으로 소방대장의 명령에 의해 사람을 구출한 사람
② 고의 또는 과실로 화재 또는 구조 · 구급 활동이 필요한 상황을 발생시킨 사람
③ 소방대상물에 화재, 재난 · 재해, 그 밖의 위급한 상황이 발생한 경우 그 관계인
④ 화재 또는 구조 · 구급 현장에서 물건을 가져간 사람

소방활동 종사명령에 따라 소방활동에 종사한 사람은 시 · 도지사로부터 소방활동의 비용을 지급받을 수 있다. 다만, 다음의 어느 하나에 해당하는 사람의 경우에는 그러하지 아니하다(법 제24조 제3항).
1. 소방대상물에 화재, 재난 · 재해, 그 밖의 위급한 상황이 발생한 경우 그 관계인
2. 고의 또는 과실로 화재 또는 구조 · 구급 활동이 필요한 상황을 발생시킨 사람
3. 화재 또는 구조 · 구급 현장에서 물건을 가져간 사람

PART 1 과목별 예상문제

51 **소방기본법상 소방대의 구성원에 속하지 않는 자는?**

① 지역소방대원
② 의용소방대원
③ 소방공무원
④ 의무소방원

정답 ①

소방대 : 화재를 진압하고 화재, 재난 · 재해, 그 밖의 위급한 상황에서 구조 · 구급 활동 등을 하기 위하여 다음의 사람으로 구성된 조직체를 말한다(법 제2조 제5호).
1. 소방공무원
2. 의무소방원
3. 의용소방대원

52 **소방시설 설치 및 관리에 관한 법률상 소방시설관리업자가 기술인력을 변경하는 경우, 시 · 도지사에게 제출하여야 하는 서류로 틀린 것은?**

① 소방시설관리업 등록수첩
② 변경된 기술인력의 기술자격증(경력수첩 포함)
③ 기술인력 연명부
④ 소방시설관리업 등록증

정답 ④

기술인력이 변경된 경우 시 · 도지사에게 제출해야 하는 서류(규칙 제34조 제1항 제3호)
1. 소방시설관리업 등록수첩
2. 변경된 기술인력의 기술자격증(경력수첩을 포함한다)
3. 소방기술인력대장

53 **소방기본법상 소방본부장, 소방서장 또는 소방대장의 명령에 따라 소방활동에 종사한 사람으로써 시 · 도지사로부터 소방활동 비용을 지급받을 수 있는 사람은?**

① 소방대상물에 화재, 재난 · 재해, 그 밖의 위급한 상황이 발생한 경우 그 관계인
② 고의 또는 과실로 화재 또는 구조 · 구급 활동이 필요한 상황을 발생시킨 사람
③ 화재 또는 구조 · 구급 현장에서 구조업무에 종사한 사람
④ 화재 또는 구조 · 구급 현장에서 물건을 가져간 사람

정답 ③

소방본부장, 소방서장 또는 소방대장의 명령에 따라 소방활동에 종사한 사람은 시 · 도지사로부터 소방활동의 비용을 지급받을 수 있다. 다만, 다음의 어느 하나에 해당하는 사람의 경우에는 그러하지 아니하다.
1. 소방대상물에 화재, 재난 · 재해, 그 밖의 위급한 상황이 발생한 경우 그 관계인
2. 고의 또는 과실로 화재 또는 구조 · 구급 활동이 필요한 상황을 발생시킨 사람
3. 화재 또는 구조 · 구급 현장에서 물건을 가져간 사람

54 **소방기본법령상 소방력의 기준 등에 관한 내용으로 틀린 것은?**

① 소방기관은 소방력의 기준에 따라 관할구역의 소방력을 확충하기 위하여 필요한 계획을 수립하여 시행하여야 한다.
② 소방기관이 소방업무를 수행하는 데에 필요한 인력과 장비 등에 관한 기준은 행정안전부령으로 정한다.
③ 시 · 도지사는 관할구역의 소방장비 및 소방인력의 수요 · 보유 및 부족 현황을 5년

마다 조사하여 소방력 보강계획을 수립 · 추진하여야 한다.

④ 소방자동차 등 소방장비의 분류 · 표준화와 그 관리 등에 필요한 사항은 따로 법률에서 정한다.

시 · 도지사는 소방력의 기준에 따라 관할구역의 소방력을 확충하기 위하여 필요한 계획을 수립하여 시행하여야 한다(법 제8조 제2항).

55 **위험물안전관리법상 위험물에 의한 사고를 예방하기 위하여 국가가 시책을 수립 · 시행하여야 할 사항이 아닌 것은?**

① 위험물의 유통실태 분석
② 소방인력의 복리향상의 추진
③ 전문인력 양성
④ 사고 예방을 위한 안전기술 개발

국가는 위험물에 의한 사고를 예방하기 위하여 다음의 사항을 포함하는 시책을 수립 · 시행하여야 한다(법 제3조의2).

1. 위험물의 유통실태 분석
2. 위험물에 의한 사고 유형의 분석
3. 사고 예방을 위한 안전기술 개발
4. 전문인력 양성
5. 그 밖에 사고 예방을 위하여 필요한 사항

56 **소방시설 설치 및 관리에 관한 법령상 소화활동설비에 속하지 않는 것은?**

① 연소방지설비
② 스프링클러설비
③ 비상콘센트설비
④ 연결살수설비

소화활동설비(영 별표 1)

1. 제연설비
2. 연결송수관설비
3. 연결살수설비
4. 비상콘센트설비
5. 무선통신보조설비
6. 연소방지설비

57 **소방시설 설치 및 관리에 관한 법률상 소방용품의 형식승인을 받지 아니하고 소방용품을 제조하거나 수입한 자에 대한 벌칙 기준은?**

① 1년 이하의 징역 또는 1천만원 이하의 벌금
② 2년 이하의 징역 또는 2천만원 이하의 벌금
③ 3년 이하의 징역 또는 3천만원 이하의 벌금
④ 7년 이하의 징역 또는 5천만원 이하의 벌금

3년 이하의 징역 또는 3천만원 이하의 벌금(법 제57조)

1. 명령을 정당한 사유 없이 위반한 자
2. 관리업의 등록을 하지 아니하고 영업을 한 자
3. 소방용품의 형식승인을 받지 아니하고 소방용품을 제

조하거나 수입한 자 또는 거짓이나 그 밖의 부정한 방법으로 형식승인을 받은 자
4. 제품검사를 받지 아니한 자 또는 거짓이나 그 밖의 부정한 방법으로 제품검사를 받은 자
5. 형식승인을 받지 아니하고 소방용품을 판매 · 진열하거나 소방시설공사에 사용한 자
6. 거짓이나 그 밖의 부정한 방법으로 성능인증 또는 제품검사를 받은 자
7. 제품검사를 받지 아니하거나 합격표시를 하지 아니한 소방용품을 판매 · 진열하거나 소방시설공사에 사용한 자
8. 구매자에게 명령을 받은 사실을 알리지 아니하거나 필요한 조치를 하지 아니한 자
9. 거짓이나 그 밖의 부정한 방법으로 전문기관으로 지정을 받은 자

58 위험물안전관리법령상 제조소 등이 아닌 장소에서 지정수량 이상의 위험물을 취급할 수 있다. 다음 (   ) 안에 알맞은 것은?

- 시 · 도의 조례가 정하는 바에 따라 관할소방서장의 승인을 받아 지정수량 이상의 위험물을 (㉠)일 이내의 기간 동안 임시로 저장 또는 취급하는 경우
- (㉡)이/가 지정수량 이상의 위험물을 군사목적으로 임시로 저장 또는 취급하는 경우

① ㉠ 30일, ㉡ 제조소
② ㉠ 60일, ㉡ 취급소
③ ㉠ 90일, ㉡ 군부대
④ ㉠ 120일, ㉡ 이송취급소

정답 ③

다음의 어느 하나에 해당하는 경우에는 제조소 등이 아닌 장소에서 지정수량 이상의 위험물을 취급할 수 있다. 이 경우 임시로 저장 또는 취급하는 장소에서의 저장 또는 취급의 기준과 임시로 저장 또는 취급하는 장소의 위치 · 구조 및 설비의 기준은 시 · 도의 조례로 정한다(법 제5조 제2항).
1. 시 · 도의 조례가 정하는 바에 따라 관할소방서장의 승인을 받아 지정수량 이상의 위험물을 90일 이내의 기간동안 임시로 저장 또는 취급하는 경우
2. 군부대가 지정수량 이상의 위험물을 군사목적으로 임시로 저장 또는 취급하는 경우

59 위험물안전관리법 제1류 위험물을 저장 · 취급하는 제조소에 "물기엄금"이란 주의사항을 표시하는 게시판을 설치할 경우 게시판의 색상은?

① 청색바탕에 백색문자
② 적색바탕에 백색문자
③ 백색바탕에 적색문자
④ 백색바탕에 흑색문자

정답 ①

제조소에는 보기 쉬운 곳에 다음의 기준에 따라 방화에 관하여 필요한 사항을 게시한 게시판을 설치하여야 한다(규칙 별표 4).
1. 게시판은 한 변의 길이가 0.3m 이상, 다른 한 변의 길이가 0.6m 이상인 직사각형으로 할 것
2. 게시판에는 저장 또는 취급하는 위험물의 유별 · 품명 및 저장최대수량 또는 취급최대수량, 지정수량의 배수 및 안전관리자의 성명 또는 직명을 기재할 것
3. 게시판의 바탕은 백색으로, 문자는 흑색으로 할 것
4. 2의 게시판 외에 저장 또는 취급하는 위험물에 따라 다음의 규정에 의한 주의사항을 표시한 게시판을 설치할 것
   ㉠ 제1류 위험물 중 알칼리금속의 과산화물과 이를 함유한 것 또는 제3류 위험물 중 금수성물질에 있어서는 "물기엄금"
   ㉡ 제2류 위험물(인화성고체를 제외한다)에 있어서는 "화기주의"
   ㉢ 제2류 위험물 중 인화성고체, 제3류 위험물 중 자연발화성물질, 제4류 위험물 또는 제5류 위험물에 있어서는 "화기엄금"
5. 4의 게시판의 색은 "물기엄금"을 표시하는 것에 있어

서는 청색바탕에 백색문자로, "화기주의" 또는 "화기엄금"을 표시하는 것에 있어서는 적색바탕에 백색문자로 할 것

60 소방기본법령상 소방안전원의 업무가 아닌 것은?

① 소방기술과 안전관리에 관한 교육 및 조사 · 연구
② 소방안전에 관한 관련 법령의 개정
③ 소방안전에 관한 국제협력
④ 화재 예방과 안전관리의식 고취를 위한 대국민 홍보

정답 ②

안전원의 업무(법 제41조)

1. 소방기술과 안전관리에 관한 교육 및 조사 · 연구
2. 소방기술과 안전관리에 관한 각종 간행물 발간
3. 화재 예방과 안전관리의식 고취를 위한 대국민 홍보
4. 소방업무에 관하여 행정기관이 위탁하는 업무
5. 소방안전에 관한 국제협력
6. 그 밖에 회원에 대한 기술지원 등 정관으로 정하는 사항

61 소방시설 설치 및 관리에 관한 법령상 화재안전기준을 달리 적용하여야 하는 특수한 용도 또는 구조를 가진 특정소방대상물 중 핵폐기물처리시설에 설치하지 아니할 수 있는 소방시설은?

① 옥외소화전설비
② 자동화재탐지설비
③ 스프링클러설비
④ 연결송수관설비 및 연결살수설비

정답 ④

소방시설을 설치하지 않을 수 있는 특정소방대상물 및 소방시설의 범위(영 별표 6)

구분	특정소방대상물	설치하지 않을 수 있는 소방시설
화재 위험도가 낮은 특정소방대상물	석재, 불연성금속, 불연성 건축재료 등의 가공공장 · 기계조립공장 또는 불연성 물품을 저장하는 창고	옥외소화전 및 연결살수설비
화재안전기준을 적용하기 어려운 특정소방대상물	펄프공장의 작업장, 음료수 공장의 세정 또는 충전을 하는 작업장, 그 밖에 이와 비슷한 용도로 사용하는 것	스프링클러설비, 상수도소화용수설비 및 연결살수설비
	정수장, 수영장, 목욕장, 농예 · 축산 · 어류양식용 시설, 그 밖에 이와 비슷한 용도로 사용되는 것	자동화재탐지설비, 상수도소화용수설비 및 연결살수설비
화재안전기준을 달리 적용해야 하는 특수한 용도 또는 구조를 가진 특정소방대상물	원자력발전소, 중 · 저준위방사성폐기물의 저장시설	연결송수관설비 및 연결살수설비
「위험물 안전관리법」 제19조에 따른 자체소방대가 설치된 특정소방대상물	자체소방대가 설치된 제조소 등에 부속된 사무실	옥내소화전설비, 소화용수설비, 연결살수설비 및 연결송수관설비

PART 1 과목별 예상문제

62 위험물안전관리법상 응급조치 · 통보 및 조치명령에 관한 내용으로 옳지 않은 것은?

① 제조소 등의 관계인은 당해 제조소 등에서 위험물의 유출 그 밖의 사고가 발생한 때에는 즉시 그리고 지속적으로 위험물의 유출 및 확산의 방지, 유출된 위험물의 제거 그 밖에 재해의 발생방지를 위한 응급조치를 강구하여야 한다.

② 사태를 발견한 자는 즉시 그 사실을 소방서, 경찰서 또는 그 밖의 관계기관에 통보하여야 한다.

③ 소방본부장 또는 소방서장은 제조소 등의 관계인이 응급조치를 강구하지 아니하였다고 인정하는 때에는 응급조치를 강구하도록 명할 수 있다.

④ 소방본부장 또는 소방서장은 그 관할하는 구역에 있는 이동탱크저장소의 관계인에 대하여 응급조치를 명하여야 한다.

정답 ④

소방본부장 또는 소방서장은 그 관할하는 구역에 있는 이동탱크저장소의 관계인에 대하여 응급조치를 강구하도록 명할 수 있다(법 제27조 제4항).

63 위험물안전관리법령상 허가를 받지 아니하고 당해 제조소 등을 설치하거나 그 위치 · 구조 또는 설비를 변경할 수 있으며, 신고를 하지 아니하고 위험물의 품명 · 수량 또는 지정수량의 배수를 변경할 수 있는 기준으로 옳지 않은 것은?

① 축산용으로 필요한 건조시설을 위한 지정수량 20배 이하의 저장소

② 수산용으로 필요한 건조시설을 위한 지정수량 20배 이하의 저장소

③ 농예용으로 필요한 난방시설을 위한 지정수량 20배 이하의 저장소

④ 공동주택의 중앙난방시설을 위한 저장소

정답 ④

다음의 어느 하나에 해당하는 제조소 등의 경우에는 허가를 받지 아니하고 당해 제조소 등을 설치하거나 그 위치 · 구조 또는 설비를 변경할 수 있으며, 신고를 하지 아니하고 위험물의 품명 · 수량 또는 지정수량의 배수를 변경할 수 있다(법 제6조 제3항).

1. 주택의 난방시설(공동주택의 중앙난방시설을 제외한다)을 위한 저장소 또는 취급소
2. 농예용 · 축산용 또는 수산용으로 필요한 난방시설 또는 건조시설을 위한 지정수량 20배 이하의 저장소

64 위험물안전관리법령에 따라 위험물안전관리자를 해임하거나 퇴직한 때에는 해임하거나 퇴직한 날부터 며칠 이내에 다시 안전관리자를 선임하여야 하는가?

① 7일

② 15일

③ 20일

④ 30일

정답 ④

안전관리자를 선임한 제조소 등의 관계인은 그 안전관리자를 해임하거나 안전관리자가 퇴직한 때에는 해임하거나 퇴직한 날부터 30일 이내에 다시 안전관리자를 선임하여야 한다(법 제15조 제2항).

65 **화재의 예방 및 안전관리에 관한 법령상 소방대상물의 개수 · 이전 · 제거, 사용의 금지 또는 제한, 사용폐쇄, 공사의 정지 또는 중지, 그 밖의 필요한 조치로 인하여 손실을 받은 자가 손실보상청구서에 첨부하여야 하는 서류로 틀린 것은?**

① 손실을 증명할 수 있는 사진
② 손실을 증명할 수 있는 증빙자료
③ 소방대상물의 관계인임을 증명할 수 있는 서류(건축물대장은 제외)
④ 손실보상 확인서

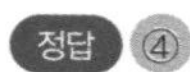
정답 ④

명령으로 인하여 손실을 입은 자가 손실보상을 청구하려는 경우에는 손실보상 청구서(전자문서를 포함한다)에 다음의 서류(전자문서를 포함한다)를 첨부하여 시 · 도지사에게 제출해야 한다(규칙 제6조 제1항).
1. 소방대상물의 관계인임을 증명할 수 있는 서류(건축물대장은 제외한다)
2. 손실을 증명할 수 있는 사진 및 그 밖의 증빙자료

66 **소방시설 설치 및 관리에 관한 법률상 우수품질 제품에 대한 인증에 관한 내용으로 틀린 것은?**

① 소방청장은 형식승인의 대상이 되는 소방용품 중 품질이 우수하다고 인정하는 소방용품에 대하여 인증을 할 수 있다.
② 우수품질인증을 받으려는 자는 행정안전부령으로 정하는 바에 따라 소방청장에게 신청하여야 한다.
③ 우수품질인증의 유효기간은 10년의 범위에서 행정안전부령으로 정한다.
④ 우수품질인증을 받은 소방용품에는 우수품질인증 표시를 할 수 있다.

정답 ③

우수품질인증의 유효기간은 5년의 범위에서 행정안전부령으로 정한다(법 제43조 제4항).

67 **화재의 예방 및 안전관리에 관한 법률상 화재예방강화지구에서의 금지행위가 아닌 것은?**

① 흡연실에서 담배를 피우는 행위
② 용접 · 용단 등 불꽃을 발생시키는 행위
③ 풍등 등 소형열기구 날리기
④ 모닥불 등 화기의 취급

정답 ①

누구든지 화재예방강화지구 및 이에 준하는 대통령령으로 정하는 장소에서는 다음의 어느 하나에 해당하는 행위를 하여서는 아니 된다. 다만, 행정안전부령으로 정하는 바에 따라 안전조치를 한 경우에는 그러하지 아니한다(법 제17조 제1항).
1. 모닥불, 흡연 등 화기의 취급
2. 풍등 등 소형열기구 날리기
3. 용접 · 용단 등 불꽃을 발생시키는 행위
4. 그 밖에 대통령령으로 정하는 화재 발생 위험이 있는 행위

68 **위험물안전관리법령에 따른 인화성액체 위험물(이황화탄소 제외)의 옥외탱크 저장소의 탱크 주위에 설치하는 방유제의 설치기준 중 틀린 것은?**

① 방유제는 높이 0.5m 이상 3m 이하, 두께 0.2m 이상, 지하매설깊이 1m 이상으로 할 것
② 방유제 내의 면적은 8만m^2 이하로 할 것

③ 높이가 1m를 넘는 방유제 및 간막이 둑의 안팎에는 방유제 내에 출입하기 위한 계단 또는 경사로를 약 100m마다 설치할 것

④ 방유제의 용량은 방유제 안에 설치된 탱크가 2기 이상인 때에는 그 탱크 중 용량이 최대인 것의 용량의 110% 이상으로 할 것

정답 ③

제3류, 제4류 및 제5류 위험물 중 인화성이 있는 액체(이황화탄소를 제외한다)의 옥외탱크저장소의 탱크 주위에는 다음의 기준에 의하여 방유제를 설치하여야 한다(규칙 별표 6).

1. 방유제의 용량은 방유제 안에 설치된 탱크가 하나인 때에는 그 탱크 용량의 110% 이상, 2기 이상인 때에는 그 탱크 중 용량이 최대인 것의 용량의 110% 이상으로 할 것
2. 방유제는 높이 0.5m 이상 3m 이하, 두께 0.2m 이상, 지하매설깊이 1m 이상으로 할 것
3. 방유제 내의 면적은 8만m^2 이하로 할 것
4. 방유제 내에 설치하는 옥외저장탱크의 수는 10(방유제 내에 설치하는 모든 옥외저장탱크의 용량이 20만l 이하이고, 당해 옥외저장탱크에 저장 또는 취급하는 위험물의 인화점이 70℃ 이상 200℃ 미만인 경우에는 20) 이하로 할 것
5. 방유제 외면의 2분의 1 이상은 자동차 등이 통행할 수 있는 3m 이상의 노면폭을 확보한 구내도로(옥외저장탱크가 있는 부지 내의 도로를 말한다.)에 직접 접하도록 할 것
6. 방유제는 옥외저장탱크의 지름에 따라 그 탱크의 옆판으로부터 다음에 정하는 거리를 유지할 것
   ㉠ 지름이 15m 미만인 경우에는 탱크 높이의 3분의 1 이상
   ㉡ 지름이 15m 이상인 경우에는 탱크 높이의 2분의 1 이상
7. 방유제는 철근콘크리트로 하고, 방유제와 옥외저장탱크 사이의 지표면은 불연성과 불침윤성이 있는 구조(철근콘크리트 등)로 할 것
8. 용량이 1,000만l 이상인 옥외저장탱크의 주위에 설치하는 방유제에는 다음의 규정에 따라 당해 탱크마다 간막이 둑을 설치할 것
   ㉠ 간막이 둑의 높이는 0.3m(방유제 내에 설치되는 옥외저장탱크의 용량의 합계가 2억l를 넘는 방유제에 있어서는 1m) 이상으로 하되, 방유제의 높이보다 0.2m 이상 낮게 할 것
   ㉡ 간막이 둑은 흙 또는 철근콘크리트로 할 것
   ㉢ 간막이 둑의 용량은 간막이 둑안에 설치된 탱크의 용량의 10% 이상일 것
9. 방유제 내에는 당해 방유제 내에 설치하는 옥외저장탱크를 위한 배관(당해 옥외저장탱크의 소화설비를 위한 배관을 포함한다), 조명설비 및 계기시스템과 이들에 부속하는 설비 그 밖의 안전확보에 지장이 없는 부속설비 외에는 다른 설비를 설치하지 아니할 것
10. 방유제 또는 간막이 둑에는 해당 방유제를 관통하는 배관을 설치하지 아니할 것
11. 방유제에는 그 내부에 고인 물을 외부로 배출하기 위한 배수구를 설치하고 이를 개폐하는 밸브 등을 방유제의 외부에 설치할 것
12. 용량이 100만l 이상인 위험물을 저장하는 옥외저장탱크에 있어서는 밸브 등에 그 개폐상황을 쉽게 확인할 수 있는 장치를 설치할 것
13. 높이가 1m를 넘는 방유제 및 간막이 둑의 안팎에는 방유제 내에 출입하기 위한 계단 또는 경사로를 약 50m마다 설치할 것
14. 용량이 50만리터 이상인 옥외탱크저장소가 해안 또는 강변에 설치되어 방유제 외부로 누출된 위험물이 바다 또는 강으로 유입될 우려가 있는 경우에는 해당 옥외탱크저장소가 설치된 부지 내에 전용유조 등 누출위험물 수용설비를 설치할 것

69 다음 중 소방기본법상 소방활동구역을 설정하는 자는?

① 소방본부장
② 소방서장
③ 소방대장
④ 소방청장

정답 ③

소방대장은 화재, 재난 · 재해, 그 밖의 위급한 상황이 발생한 현장에 소방활동구역을 정하여 소방활동에 필요한 사람으로서 대통령령으로 정하는 사람 외에는 그 구역에 출입하는 것을 제한할 수 있다(법 제23조 제1항).

70 소방기본법령상 시장지역에서 화재로 오인할 만한 우려가 있는 불을 피우거나 연막소독을 하려는 자가 신고를 하지 아니하여 소방자동차를 출동하게 한 행위에 대한 과태료 부과 · 징수권자는?

① 시 · 도경찰청장
② 소방본부장 또는 소방서장
③ 소방청장
④ 시 · 도지사

정답 ②

핵심 포인트

과태료(법 제57조)

1. 시장지역 또는 장소에서 화재로 오인할 만한 우려가 있는 불을 피우거나 연막 소독을 하려는 자는 시 · 도의 조례로 정하는 바에 따라 관할 소방본부장 또는 소방서장에게 신고를 하지 아니하여 소방자동차를 출동하게 한 자에게는 20만원 이하의 과태료를 부과한다.
2. 과태료는 조례로 정하는 바에 따라 관할 소방본부장 또는 소방서장이 부과 · 징수한다.

71 소방시설 설치 및 관리에 관한 법률상 피난구조설비를 구성하는 제품 또는 기기가 아닌 것은?

① 공기호흡기
② 피난사다리
③ 피난구유도등
④ 예비 전원이 없는 비상조명등

정답 ④

피난구조설비를 구성하는 제품 또는 기기(영 별표 3)
1. 피난사다리, 구조대, 완강기(지지대를 포함한다) 및 간이완강기(지지대를 포함한다)
2. 공기호흡기(충전기를 포함한다)
3. 피난구유도등, 통로유도등, 객석유도등 및 예비 전원이 내장된 비상조명등

72 화재의 예방 및 안전관리에 관한 법령상 소방청장, 소방본부장 또는 소방서장은 관할구역에 있는 소방대상물에 대하여 소방특별조사를 실시할 수 있다. 소방특별조사 대상과 거리가 먼 것은? (단, 개인 주거에 대하여는 관계인의 승낙이 있는 경우이다.)

① 자체점검이 불성실하거나 불완전하다고 인정되는 경우
② 기상예보 등을 분석한 결과 소방대상물에 화재의 발생 위험이 크다고 판단되는 경우
③ 화재예방안전진단이 불성실하거나 불완전하다고 인정되는 경우
④ 화재가 발생한 적이 없거나 발생할 우려가 없는 곳에 대한 조사가 필요한 경우

정답 ④

화재안전조사를 실시할 수 있는 경우(법 제7조 제1항)
1. 자체점검이 불성실하거나 불완전하다고 인정되는 경우
2. 화재예방강화지구 등 법령에서 화재안전조사를 하도록 규정되어 있는 경우
3. 화재예방안전진단이 불성실하거나 불완전하다고 인정되는 경우
4. 국가적 행사 등 주요 행사가 개최되는 장소 및 그 주변의 관계 지역에 대하여 소방안전관리 실태를 조사할 필요가 있는 경우
5. 화재가 자주 발생하였거나 발생할 우려가 뚜렷한 곳에 대한 조사가 필요한 경우
6. 재난예측정보, 기상예보 등을 분석한 결과 소방대상물에 화재의 발생 위험이 크다고 판단되는 경우
7. 화재, 그 밖의 긴급한 상황이 발생할 경우 인명 또는 재산 피해의 우려가 현저하다고 판단되는 경우

73 소방시설공사업법령상 고급기술자에 해당하는 학력 · 경력 기준으로 옳은 것은?

① 박사학위를 취득한 후 3년 이상 소방 관련 업무를 수행한 사람
② 석사학위를 취득한 후 4년 이상 소방 관련 업무를 수행한 사람
③ 학사학위를 취득한 후 8년 이상 소방 관련 업무를 수행한 사람
④ 고등학교를 졸업 후 12년 이상 소방 관련 업무를 수행한 사람

정답 ②

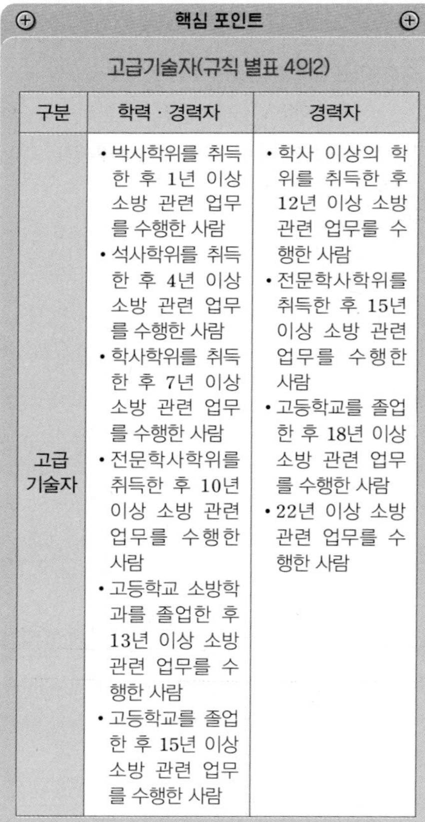

핵심 포인트

고급기술자(규칙 별표 4의2)

구분	학력 · 경력자	경력자
고급 기술자	• 박사학위를 취득한 후 1년 이상 소방 관련 업무를 수행한 사람 • 석사학위를 취득한 후 4년 이상 소방 관련 업무를 수행한 사람 • 학사학위를 취득한 후 7년 이상 소방 관련 업무를 수행한 사람 • 전문학사학위를 취득한 후 10년 이상 소방 관련 업무를 수행한 사람 • 고등학교 소방학과를 졸업한 후 13년 이상 소방 관련 업무를 수행한 사람 • 고등학교를 졸업한 후 15년 이상 소방 관련 업무를 수행한 사람	• 학사 이상의 학위를 취득한 후 12년 이상 소방 관련 업무를 수행한 사람 • 전문학사학위를 취득한 후 15년 이상 소방 관련 업무를 수행한 사람 • 고등학교를 졸업한 후 18년 이상 소방 관련 업무를 수행한 사람 • 22년 이상 소방 관련 업무를 수행한 사람

74 소방시설 설치 및 관리에 관한 법률상 비상경보설비를 설치해야 하는 특정소방대상물이 아닌 것은?

① 연면적 400m² 이상인 것은 모든 층
② 지하가 중 터널로서 길이가 500m 이상인 것
③ 지하층 또는 무창층의 바닥면적이 150m²(공연장의 경우 100m²) 이상인 것은 모든 층
④ 150명 이상의 근로자가 작업하는 옥외 작업장

정답  ④

비상경보설비를 설치해야 하는 특정소방대상물(모래 · 석재 등 불연재료 공장 및 창고시설, 위험물 저장 및 처리 시설 중 가스시설, 사람이 거주하지 않거나 벽이 없는 축사 등 동물 및 식물 관련 시설 및 지하구는 제외한다)은 다음의 어느 하나에 해당하는 것으로 한다(영 별표 4).

1. 연면적 400m² 이상인 것은 모든 층
2. 지하층 또는 무창층의 바닥면적이 150m²(공연장의 경우 100m²) 이상인 것은 모든 층
3. 지하가 중 터널로서 길이가 500m 이상인 것
4. 50명 이상의 근로자가 작업하는 옥내 작업장

75 소방시설 설치 및 관리에 관한 법령에 따른 임시소방시설 중 간이소화 장치를 설치하여야 하는 공사의 작업현장의 규모의 기준으로 틀린 것은?

① 연면적 2천m² 이상
② 지하층으로 바닥면적이 600m² 이상인 경우
③ 무창층으로 바닥면적이 600m² 이상인 경우
④ 4층 이상의 층으로 바닥면적이 600m²

이상인 경우

다음의 어느 하나에 해당하는 공사의 화재위험작업현장에는 간이소화장치를 설치한다(영 별표 6).

1. 연면적 3천m^2 이상
2. 지하층, 무창층 또는 4층 이상의 층(이 경우 해당 층의 바닥면적이 600m^2 이상인 경우만 해당한다.)

76 소방기본법령상 저수조의 설치기준으로 틀린 것은?

① 지면으로부터의 낙차가 1.5m 이하일 것
② 소방펌프자동차가 쉽게 접근할 수 있도록 할 것
③ 흡수관의 투입구가 사각형의 경우에는 한 변의 길이가 60cm 이상, 원형의 경우에는 지름이 60cm 이상일 것
④ 흡수부분의 수심이 0.5m 이상일 것

정답 ①

핵심 포인트

저수조의 설치기준

1. 지면으로부터의 낙차가 4.5m 이하일 것
2. 흡수부분의 수심이 0.5m 이상일 것
3. 소방펌프자동차가 쉽게 접근할 수 있도록 할 것
4. 흡수에 지장이 없도록 토사 및 쓰레기 등을 제거할 수 있는 설비를 갖출 것
5. 흡수관의 투입구가 사각형의 경우에는 한 변의 길이가 60cm 이상, 원형의 경우에는 지름이 60cm 이상일 것
6. 저수조에 물을 공급하는 방법은 상수도에 연결하여 자동으로 급수되는 구조일 것

77 소방시설공사업법령상 공사감리자 지정대상 특정소방대상물의 범위가 아닌 것은?

① 옥내소화전설비를 신설 · 개설 또는 증설할 때
② 연결살수설비를 신설 · 개설하거나 송수구역을 증설할 때
③ 자동화재탐지설비를 신설 또는 개설할 때
④ 소화용수설비를 신설 또는 증설할 때

공사감리자 지정대상 특정소방대상물의 범위(영 제10조 제2항)

1. 옥내소화전설비를 신설 · 개설 또는 증설할 때
2. 스프링클러설비 등(캐비닛형 간이스프링클러설비는 제외한다)을 신설 · 개설하거나 방호 · 방수 구역을 증설할 때
3. 물분무등소화설비(호스릴 방식의 소화설비는 제외한다)를 신설 · 개설하거나 방호 · 방수 구역을 증설할 때
4. 옥외소화전설비를 신설 · 개설 또는 증설할 때
5. 자동화재탐지설비를 신설 또는 개설할 때
6. 비상방송설비를 신설 또는 개설할 때
7. 통합감시시설을 신설 또는 개설할 때
8. 소화용수설비를 신설 또는 개설할 때
9. 다음에 따른 소화활동설비에 대하여 그에 따른 시공을 할 때
   ㉠ 제연설비를 신설 · 개설하거나 제연구역을 증설할 때
   ㉡ 연결송수관설비를 신설 또는 개설할 때
   ㉢ 연결살수설비를 신설 · 개설하거나 송수구역을 증설할 때
   ㉣ 비상콘센트설비를 신설 · 개설하거나 전용회로를 증설할 때
   ㉤ 무선통신보조설비를 신설 또는 개설할 때
   ㉥ 연소방지설비를 신설 · 개설하거나 살수구역을 증설할 때

PART 1 과목별 예상문제

78 **화재의 예방 및 안전관리에 관한 법령상 보일러에 기체연료를 사용할 때 지켜야 할 사항이 아닌 것은?**

① 보일러를 설치하는 장소에는 환기구를 설치하는 등 가연성 가스가 머무르지 않도록 할 것
② 보일러가 설치된 장소에는 가스누설경보기를 설치할 것
③ 연료를 공급하는 배관은 PVC관으로 할 것
④ 화재 등 긴급 시 연료를 차단할 수 있는 개폐밸브를 연료용기 등으로부터 0.5m 이내에 설치할 것

정답 ③

기체연료를 사용할 때에는 다음 사항을 지켜야 한다(영 별표 1).

1. 보일러를 설치하는 장소에는 환기구를 설치하는 등 가연성 가스가 머무르지 않도록 할 것
2. 연료를 공급하는 배관은 금속관으로 할 것
3. 화재 등 긴급 시 연료를 차단할 수 있는 개폐밸브를 연료용기 등으로부터 0.5m 이내에 설치할 것
4. 보일러가 설치된 장소에는 가스누설경보기를 설치할 것

79 **소방시설 설치 및 관리에 관한 법령상 임시소방시설에 속하지 않은 것은?**

① 간이소화장치
② 비상경보장치
③ 간이피난유도선
④ 방화포

임시소방시설의 종류(영 별표 8) : 소화기, 간이소화장치, 가스누설경보기, 간이피난유도선, 비상조명등, 방화포

80 **소방기본법령상 소방청장이 각 시 · 도지사에게 소방력 동원을 요청하는 경우 동원 요청 사실과 팩스 또는 전화 등의 방법으로 통지하여야 할 내용이 아닌 것은?**

① 동원을 요청하는 인력 및 장비의 규모
② 소방력 이송 수단 및 집결장소
③ 소방활동을 수행하게 될 재난의 규모, 원인 등 소방활동에 필요한 정보
④ 화재조사활동에 관한 사항

소방청장은 각 시 · 도지사에게 소방력 동원을 요청하는 경우 동원 요청 사실과 다음의 사항을 팩스 또는 전화 등의 방법으로 통지하여야 한다. 다만, 긴급을 요하는 경우에는 시 · 도 소방본부 또는 소방서의 종합상황실장에게 직접 요청할 수 있다(규칙 제6조의2 제1항).

1. 동원을 요청하는 인력 및 장비의 규모
2. 소방력 이송 수단 및 집결장소
3. 소방활동을 수행하게 될 재난의 규모, 원인 등 소방활동에 필요한 정보

81 **소방기본법령상 소방본부 종합상황실 실장이 소방청의 종합상황실에 서면 · 팩스 또는 컴퓨터통신 등으로 보고하여야 하는 화재의 기준에 해당하지 않는 것은?**

① 사망자가 20인 이상 발생하거나 사상자가 100인 이상 발생한 화재
② 이재민이 100인 이상 발생한 화재
③ 재산피해액이 50억원 이상 발생한 화재
④ 가스 및 화약류의 폭발에 의한 화재

정답 ①

종합상황실에 서면 · 팩스 또는 컴퓨터통신 등으로 보고하여야 하는 화재(규칙 제3조 제2항 제1호)

1. 사망자가 5인 이상 발생하거나 사상자가 10인 이상 발생한 화재
2. 이재민이 100인 이상 발생한 화재
3. 재산피해액이 50억원 이상 발생한 화재
4. 관공서 · 학교 · 정부미도정공장 · 문화재 · 지하철 또는 지하구의 화재
5. 관광호텔, 층수가 11층 이상인 건축물, 지하상가, 시장, 백화점, 지정수량의 3천배 이상의 위험물의 제조소 · 저장소 · 취급소, 층수가 5층 이상이거나 객실이 30실 이상인 숙박시설, 층수가 5층 이상이거나 병상이 30개 이상인 종합병원 · 정신병원 · 한방병원 · 요양소, 연면적 1만5천m^2 이상인 공장 또는 화재경계지구에서 발생한 화재
6. 철도차량, 항구에 매어둔 총 톤수가 1천톤 이상인 선박, 항공기, 발전소 또는 변전소에서 발생한 화재
7. 가스 및 화약류의 폭발에 의한 화재
8. 다중이용업소의 화재

82 피난시설, 방화구획 또는 방화시설을 폐쇄 · 훼손 · 변경 등의 행위를 3차 이상 위반한 경우에 대한 과태료 부과기준으로 옳은 것은?

① 50만원
② 100만원
③ 200만원
④ 300만원

정답 ④

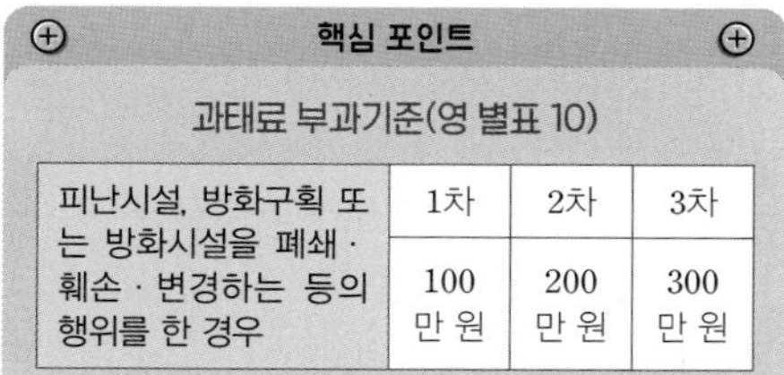
핵심 포인트

과태료 부과기준(영 별표 10)

피난시설, 방화구획 또는 방화시설을 폐쇄 · 훼손 · 변경하는 등의 행위를 한 경우	1차	2차	3차
	100만원	200만원	300만원

83 소방시설 설치 및 관리에 관한 법령상 특정소방대상물별로 설치하여야 하는 소방시설의 정비 등에 관한 설명으로 틀린 것은?

① 소방시설을 정할 때에는 특정소방대상물의 규모 · 용도 · 수용인원 및 이용자 특성 등을 고려하여야 한다.
② 소방청장은 건축 환경 및 화재위험특성 변화사항을 효과적으로 반영할 수 있도록 소방시설 규정을 매년 정비하여야 한다.
③ 소방청장은 건축 환경 및 화재위험특성 변화 추세를 체계적으로 연구하여 정비를 위한 개선방안을 마련하여야 한다.
④ 연구의 수행 등에 필요한 사항은 행정안전부령으로 정한다.

정답 ②

소방청장은 건축 환경 및 화재위험특성 변화사항을 효과적으로 반영할 수 있도록 소방시설 규정을 3년에 1회 이상 정비하여야 한다(법 제14조 제2항).

84 소방기본법령상 소방기관의 설치 등에 관한 설명으로 틀린 것은?

① 시 · 도의 화재 예방 · 경계 · 진압 및 조사, 소방안전교육 · 홍보와 화재, 재난 · 재해, 그 밖의 위급한 상황에서의 구조 · 구급 등의 업무를 수행하는 소방기관의 설치에 필요한 사항은 대통령령으로 정한다.
② 소방업무를 수행하는 소방본부장 또는 소방서장은 그 소재지를 관할하는 특별시장 · 광역시장 · 특별자치시장 · 도지사 또는 특별자치도지사의 지휘와 감독을 받는다.

③ 시 · 도지사는 화재 예방 및 대형 재난 등 필요한 경우 시 · 도 소방본부장 및 소방서장을 지휘 · 감독할 수 있다.
④ 시 · 도에서 소방업무를 수행하기 위하여 시 · 도지사 직속으로 소방본부를 둔다.

정답 ③

소방청장은 화재 예방 및 대형 재난 등 필요한 경우 시 · 도 소방본부장 및 소방서장을 지휘 · 감독할 수 있다(법 제3조 제3항).

85 소방시설 설치 및 관리에 관한 법령상 소방시설 중 경보설비가 아닌 것은?

① 자동화재탐지설비
② 무선통신보조설비
③ 통합감시시설
④ 자동식사이렌설비

정답 ②

경보설비(영 별표 1)
1. 단독경보형 감지기
2. **비상경보설비** : 비상벨설비, 자동식사이렌설비
3. 자동화재탐지설비
4. 시각경보기
5. 화재알림설비
6. 비상방송설비
7. 자동화재속보설비
8. 통합감시시설
9. 누전경보기
10. 가스누설경보기

86 소방시설공사업법령상 상주 공사감리를 하여야 할 대상으로 옳은 것은?

① 지하층을 포함한 층수가 16층 이상으로서 500세대 이상인 아파트에 대한 소방시설의 공사
② 지하층을 포함한 층수가 16층 이상으로서 300세대 이상인 아파트에 대한 소방시설의 공사
③ 연면적 2만m^2 이상의 특정소방대상물(아파트는 제외한다)에 대한 소방시설의 공사
④ 연면적 3만m^2 이상의 특정소방대상물(아파트는 포함한다)에 대한 소방시설의 공사

정답 ①

상주 공사감리를 하여야 할 대상(영 별표 3)
1. 연면적 3만m^2 이상의 특정소방대상물(아파트는 제외한다)에 대한 소방시설의 공사
2. 지하층을 포함한 층수가 16층 이상으로서 500세대 이상인 아파트에 대한 소방시설의 공사

87 화재의 예방 및 안전관리에 관한 법령상 옮긴 물건 등의 보관기간 및 보관기간 경과 후 처리에 관한 내용으로 틀린 것은?

① 소방관서장은 옮긴 물건 등을 보관하는 경우에는 그날부터 30일 동안 해당 소방관서의 인터넷 홈페이지에 그 사실을 공고해야 한다.
② 옮긴 물건 등의 보관기간은 공고기간의 종료일 다음 날부터 7일까지로 한다.
③ 소방관서장은 보관기간이 종료된 때에는 보관하고 있는 옮긴 물건 등을 매각해야

한다.

④ 소방관서장은 보관하던 옮긴 물건 등을 매각한 경우에는 지체 없이 「국가재정법」에 따라 세입조치를 해야 한다.

소방관서장은 옮긴 물건 등을 보관하는 경우에는 그날부터 14일 동안 해당 소방관서의 인터넷 홈페이지에 그 사실을 공고해야 한다(영 제17조 제1항).

88 소방시설 설치 및 관리에 관한 법령상 업무를 수행하면서 알게 된 비밀을 이 법에서 정한 목적 외의 용도로 사용하거나 다른 사람 또는 기관에 제공하거나 누설한 자에 대한 벌칙은?

① 100만원 이하의 벌금
② 200만원 이하의 벌금
③ 300만원 이하의 벌금
④ 6개월 이하의 징역 또는 1000만원 이하의 벌금

300만원 이하의 벌금(법 제59조)

1. 업무를 수행하면서 알게 된 비밀을 이 법에서 정한 목적 외의 용도로 사용하거나 다른 사람 또는 기관에 제공하거나 누설한 자
2. 방염성능검사에 합격하지 아니한 물품에 합격표시를 하거나 합격표시를 위조하거나 변조하여 사용한 자
3. 거짓 시료를 제출한 자
4. 소방시설의 자체점검 결과에 따른 필요한 조치를 하지 아니한 관계인 또는 관계인에게 중대위반사항을 알리지 아니한 관리업자 등

89 소방시설 설치 및 관리에 관한 법령상 성능위주설계를 해야 하는 특정소방대상물의 범위로 틀린 것은?

① 터널 중 수저터널 또는 길이가 5천m 이상인 것
② 연면적 10만m^2 이상인 특정소방대상물(아파트 등은 제외)
③ 지하연계 복합건축물에 해당하는 특정소방대상물
④ 하나의 건축물에 영화상영관이 10개 이상인 특정소방대상물

성능위주설계를 해야 하는 특정소방대상물의 범위(영 제9조)

1. 연면적 20만m^2 이상인 특정소방대상물(다만, 아파트 등은 제외한다.)
2. 50층 이상(지하층은 제외한다)이거나 지상으로부터 높이가 200m 이상인 아파트 등
3. 30층 이상(지하층을 포함한다)이거나 지상으로부터 높이가 120m 이상인 특정소방대상물(아파트 등은 제외한다)
4. 연면적 3만m^2 이상인 특정소방대상물로서 다음의 어느 하나에 해당하는 특정소방대상물
   ㉠ 철도 및 도시철도 시설
   ㉡ 공항시설
5. 창고시설 중 연면적 10만m^2 이상인 것 또는 지하층의 층수가 2개 층 이상이고 지하층의 바닥면적의 합계가 3만m^2 이상인 것
6. 하나의 건축물에 영화상영관이 10개 이상인 특정소방대상물
7. 지하연계 복합건축물에 해당하는 특정소방대상물
8. 터널 중 수저터널 또는 길이가 5천m 이상인 것

90 **화재의 예방 및 안전관리에 관한 법령상 소방안전관리대상물의 소방안전관리자의 업무가 아닌 것은?**

① 화기취급의 감독 및 조치
② 자위소방대 및 초기대응체계의 구성 · 운영 · 교육
③ 소방안전관리에 관한 업무수행에 관한 기록 · 유지
④ 피난계획에 관한 사항과 대통령령으로 정하는 사항이 포함된 소방계획서의 작성 및 시행

소방안전관리자 업무(법 제24조 제5항)
1. 피난계획에 관한 사항과 대통령령으로 정하는 사항이 포함된 소방계획서의 작성 및 시행
2. 자위소방대 및 초기대응체계의 구성, 운영 및 교육
3. 소방훈련 및 교육
4. 행정안전부령으로 정하는 바에 따른 소방안전관리에 관한 업무수행에 관한 기록 · 유지

91 **소방시설 설치 및 관리에 관한 법령상 옥외소화전설비를 설치해야 하는 특정소방대상물의 기준으로 틀린 것은? (아파트등, 위험물 저장 및 처리 시설 중 가스시설, 지하구 및 지하가 중 터널은 제외한다)**

① 지상 1층 및 2층의 바닥면적의 합계가 9천m^2 이상인 것
② 문화유산 중 국보로 지정된 내화건축물
③ 창고시설로서 지정수량의 750배 이상의 특수가연물을 저장 · 취급하는 것
④ 문화유산 중 보물로 지정된 목조건축물

옥외소화전설비를 설치해야 하는 특정소방대상물(아파트 등, 위험물 저장 및 처리 시설 중 가스시설, 지하구 및 지하가 중 터널은 제외한다)은 다음의 어느 하나에 해당하는 것으로 한다(영 별표 4).
1. 지상 1층 및 2층의 바닥면적의 합계가 9천m^2 이상인 것. 이 경우 같은 구 내의 둘 이상의 특정소방대상물이 행정안전부령으로 정하는 연소 우려가 있는 구조인 경우에는 이를 하나의 특정소방대상물로 본다.
2. 문화유산 중 보물 또는 국보로 지정된 목조건축물
3. 1.에 해당하지 않는 공장 또는 창고시설로서 지정수량의 750배 이상의 특수가연물을 저장 · 취급하는 것

92 **화재의 예방 및 안전관리에 관한 법률상 소방안전관리대상물의 소방안전관리자의 업무가 아닌 것은?**

① 소방훈련 및 교육
② 초기대응체계의 구성, 운영 및 교육
③ 소방훈련 및 교육
④ 자체소방대의 관리 · 유지

정답 ④

특정소방대상물(소방안전관리대상물은 제외한다)의 관계인과 소방안전관리대상물의 소방안전관리자는 다음의 업무를 수행한다. 다만, 1 · 2 · 5 및 7의 업무는 소방안전관리대상물의 경우에만 해당한다(법 제24조 제5항).
1. 피난계획에 관한 사항과 대통령령으로 정하는 사항이 포함된 소방계획서의 작성 및 시행
2. 자위소방대 및 초기대응체계의 구성, 운영 및 교육
3. 피난시설, 방화구획 및 방화시설의 관리
4. 소방시설이나 그 밖의 소방 관련 시설의 관리
5. 소방훈련 및 교육
6. 화기취급의 감독
7. 행정안전부령으로 정하는 바에 따른 소방안전관리에 관한 업무수행에 관한 기록 · 유지(3 · 4 및 6의 업무를 말한다)
8. 화재발생 시 초기대응
9. 그 밖에 소방안전관리에 필요한 업무

93 **화재의 예방 및 안전관리에 관한 법령상 화재안전조사 항목에 해당하지 않는 것은?**

① 화재의 예방조치 등에 관한 사항
② 소방안전관리 업무 수행에 관한 사항
③ 소방시설의 설치 및 관리에 관한 사항
④ 화재상황의 조사에 관한 사항

 ④

화재안전조사 항목(영 제7조)

1. 화재의 예방조치 등에 관한 사항
2. 소방안전관리 업무 수행에 관한 사항
3. 피난계획의 수립 및 시행에 관한 사항
4. 소화 · 통보 · 피난 등의 훈련 및 소방안전관리에 필요한 교육에 관한 사항
5. 소방자동차 전용구역의 설치에 관한 사항
6. 시공, 감리 및 감리원의 배치에 관한 사항
7. 소방시설의 설치 및 관리에 관한 사항
8. 건설현장 임시소방시설의 설치 및 관리에 관한 사항
9. 피난시설, 방화구획 및 방화시설의 관리에 관한 사항
10. 방염에 관한 사항
11. 소방시설 등의 자체점검에 관한 사항
12. 다중이용업소의 안전관리에 관한 사항
13. 위험물 안전관리에 관한 사항
14. 초고층 및 지하연계 복합건축물의 안전관리에 관한 사항
15. 그 밖의 소방대상물에 화재의 발생 위험이 있는지 등을 확인하기 위해 소방관서장이 화재안전조사가 필요하다고 인정하는 사항

94 **위험물안전관리법령상 지정수량의 최소 몇 배 이상의 위험물을 취급하는 제조소에는 피뢰침을 설치해야 하는가? (단, 제6류 위험물을 취급하는 위험물제조소는 제외하고, 제조소 주위의 상황에 따라 안전상 지장이 없는 경우도 제외한다.)**

① 5배
② 10배
③ 100배
④ 1,000배

 ②

피뢰설비(규칙 별표 4)

지정수량의 10배 이상의 위험물을 취급하는 제조소(제6류 위험물을 취급하는 위험물제조소를 제외한다)에는 피뢰침(한국산업표준 중 피뢰설비 표준에 적합한 것을 말한다.)을 설치하여야 한다. 다만, 제조소의 주위의 상황에 따라 안전상 지장이 없는 경우에는 피뢰침을 설치하지 아니할 수 있다.

95 **화재의 예방 및 안전관리에 관한 법령상 특수가연물 표지에 관한 내용으로 틀린 것은?**

① 특수가연물 표지는 한 변의 길이가 0.3m 이상, 다른 한 변의 길이가 0.6m 이상인 직사각형으로 할 것
② 특수가연물 표지는 특수가연물을 저장하거나 취급하는 장소 중 보기 쉬운 곳에 설치할 것
③ 특수가연물 표지의 바탕은 흰색으로, 문자는 검은색으로 할 것
④ 특수가연물 표지 중 화기엄금 표시 부분의 바탕은 노랑색으로, 문자는 검은색으로 할 것

 ④

특수가연물 표지의 규격(영 별표 3)

1. 특수가연물 표지는 한 변의 길이가 0.3m 이상, 다른 한 변의 길이가 0.6m 이상인 직사각형으로 할 것
2. 특수가연물 표지의 바탕은 흰색으로, 문자는 검은색으로 할 것(다만, "화기엄금" 표시 부분은 제외한다.)
3. 특수가연물 표지 중 화기엄금 표시 부분의 바탕은 붉은색으로, 문자는 백색으로 할 것

96 **소방시설 설치 및 관리에 관한 법령에 따른 특정소방대상물 중 운수시설에 해당하지 않는 것은?**

① 여객자동차터미널
② 도시철도 시설
③ 공항시설(항공관제탑 포함)
④ 자동차대여사업 시설

운수시설(영 별표 2)
1. 여객자동차터미널
2. 철도 및 도시철도 시설(정비창 등 관련 시설을 포함한다)
3. 공항시설(항공관제탑을 포함한다)
4. 항만시설 및 종합여객시설

97 **화재의 예방 및 안전관리에 관한 법령상 건설현장 소방안전관리대상물이 아닌 것은?**

① 신축 · 증축 · 개축 · 재축 · 이전 · 용도변경 또는 대수선을 하려는 부분의 연면적의 합계가 1만5천m^2 이상인 것
② 신축 · 증축 · 개축 · 재축 · 이전 · 용도변경 또는 대수선을 하려는 부분의 연면적이 5천m^2 이상인 것으로서 지상층의 층수가 11층 이상인 것
③ 신축 · 증축 · 개축 · 재축 · 이전 · 용도변경 또는 대수선을 하려는 부분의 연면적이 5천m^2 이상인 것으로서 지하층의 층수가 2개 층 이상인 것
④ 신축 · 증축 · 개축 · 재축 · 이전 · 용도변경 또는 대수선을 하려는 부분의 연면적이 1천m^2 이상인 것으로서 냉동창고, 냉장창고 또는 냉동 · 냉장창고

건설현장 소방안전관리대상물(영 제29조)
1. 신축 · 증축 · 개축 · 재축 · 이전 · 용도변경 또는 대수선을 하려는 부분의 연면적의 합계가 1만5천m^2 이상인 것
2. 신축 · 증축 · 개축 · 재축 · 이전 · 용도변경 또는 대수선을 하려는 부분의 연면적이 5천m^2 이상인 것으로서 다음의 어느 하나에 해당하는 것
   ㉠ 지하층의 층수가 2개 층 이상인 것
   ㉡ 지상층의 층수가 11층 이상인 것
   ㉢ 냉동창고, 냉장창고 또는 냉동 · 냉장창고

98 **소방시설 설치 및 관리에 관한 법령상 단독경보형 감지기를 설치하여야 하는 특정소방대상물의 기준으로 틀린 것은?**

① 연면적 2천m^2 미만의 유치원
② 수련시설 내에 있는 합숙소로서 연면적 2천m^2 미만인 것
③ 교육연구시설 내에 있는 기숙사로서 연면적 2천m^2 미만인 것
④ 공동주택 중 연립주택 및 다세대주택

단독경보형 감지기를 설치해야 하는 특정소방대상물은 다음의 어느 하나에 해당하는 것으로 한다. 이 경우 연립주택 및 다세대주택에 설치하는 단독경보형 감지기는 연동형으로 설치해야 한다(영 별표 4).
1. 교육연구시설 내에 있는 기숙사 또는 합숙소로서 연면적 2천m^2 미만인 것
2. 수련시설 내에 있는 기숙사 또는 합숙소로서 연면적 2천m^2 미만인 것
3. 수련시설(숙박시설이 있는 것만 해당한다)
4. 연면적 400m^2 미만의 유치원
5. 공동주택 중 연립주택 및 다세대주택

99 **소방기본법령에 따라 주거지역 · 상업지역 및 공업지역 외의 지역에 소방용수시설을 설치하는 경우 소방대상물과의 수평거리를 몇 m 이하가 되도록 해야 하는가?**

① 100m

② 120m

③ 140m

④ 200m

정답 ③

핵심 포인트

공통기준

1. 주거지역 · 상업지역 및 공업지역에 설치하는 경우 : 소방대상물과의 수평거리를 100m 이하가 되도록 할 것
2. 1 외의 지역에 설치하는 경우 : 소방대상물과의 수평거리를 140m 이하가 되도록 할 것

100 **소방시설 설치 및 관리에 관한 법령상 간이스프링클러설비를 설치하여야 하는 특정소방대상물의 기준으로 옳은 것은?**

① 근린생활시설로 사용하는 부분의 바닥면적 합계가 1000m² 이상인 것은 모든 층

② 숙박시설로 사용되는 바닥면적의 합계가 100m² 이상 200m² 미만인 시설

③ 의원, 치과의원 및 한의원으로서 입원실이 없는 시설

④ 복합건축물로서 연면적 500m² 이상인 것은 모든 층

정답 ①

간이스프링클러설비를 설치해야 하는 특정소방대상물

(영 별표 4)

1. 공동주택 중 연립주택 및 다세대주택
2. 근린생활시설 중 다음의 어느 하나에 해당하는 것
   ㉠ 근린생활시설로 사용하는 부분의 바닥면적 합계가 1천m² 이상인 것은 모든 층
   ㉡ 의원, 치과의원 및 한의원으로서 입원실이 있는 시설
   ㉢ 조산원 및 산후조리원으로서 연면적 600m² 미만인 시설
3. 의료시설 중 다음의 어느 하나에 해당하는 시설
   ㉠ 종합병원, 병원, 치과병원, 한방병원 및 요양병원(의료재활시설은 제외한다)으로 사용되는 바닥면적의 합계가 600m² 미만인 시설
   ㉡ 정신의료기관 또는 의료재활시설로 사용되는 바닥면적의 합계가 300m² 이상 600m² 미만인 시설
   ㉢ 정신의료기관 또는 의료재활시설로 사용되는 바닥면적의 합계가 300m² 미만이고, 창살이 설치된 시설
4. 교육연구시설 내에 합숙소로서 연면적 100m² 이상인 경우에는 모든 층
5. 노유자 시설로서 다음의 어느 하나에 해당하는 시설
   ㉠ 노인주거복지시설, 학대피해노인 전용쉼터, 아동복지시설, 정신질환자 관련 시설, 노숙인자활시설, 노숙인재활시설 및 노숙인요양시설, 결핵환자나 한센인이 24시간 생활하는 노유자 시설
   ㉡ ㉠에 해당하지 않는 노유자 시설로 해당 시설로 사용하는 바닥면적의 합계가 300m² 이상 600m² 미만인 시설
   ㉢ ㉠에 해당하지 않는 노유자 시설로 해당 시설로 사용하는 바닥면적의 합계가 300m² 미만이고, 창살(철재 · 플라스틱 또는 목재 등으로 사람의 탈출 등을 막기 위하여 설치한 것을 말하며, 화재 시 자동으로 열리는 구조로 되어 있는 창살은 제외한다)이 설치된 시설
6. 숙박시설로 사용되는 바닥면적의 합계가 300m² 이상 600m² 미만인 시설
7. 건물을 임차하여 보호시설로 사용하는 부분
8. 복합건축물로서 연면적 1천m² 이상인 것은 모든 층

101 **위험물안전관리법령상 산화성고체인 제1류 위험물에 해당하지 않는 것은?**

① 아염소산염류
② 과염소산염류
③ 질산에스테르류
④ 아이오딘산염류

정답 ③

제1류 위험물(영 별표 1) : 아염소산염류, 염소산염류, 과염소산염류, 무기과산화물, 브로민산염류, 질산염류, 아이오딘산염류, 과망가니즈산염류, 다이크로뮴산염류

102 **위험물안전관리법령상 제3류 위험물 중 금수성 물품에 적응성이 있는 소화약제가 아닌 것은?**

① 마른모래
② 강화액
③ 팽창질석
④ 팽창진주암

정답 ②

금수성 물품에 적응성이 있는 소화약제 : 마른모래, 팽창질석, 팽창진주암

103 **소방기본법령에 따른 소방대원에게 실시할 교육 · 훈련 횟수 및 기간으로 알맞은 것은?**

① 교육 · 훈련 횟수 : 1년마다 1회, 기간 : 1주 이상
② 교육 · 훈련 횟수 : 2년마다 1회, 기간 : 2주 이상
③ 교육 · 훈련 횟수 : 3년마다 2회, 기간 : 3주 이상
④ 교육 · 훈련 횟수 : 5년마다 2회, 기간 : 4주 이상

정답 ②

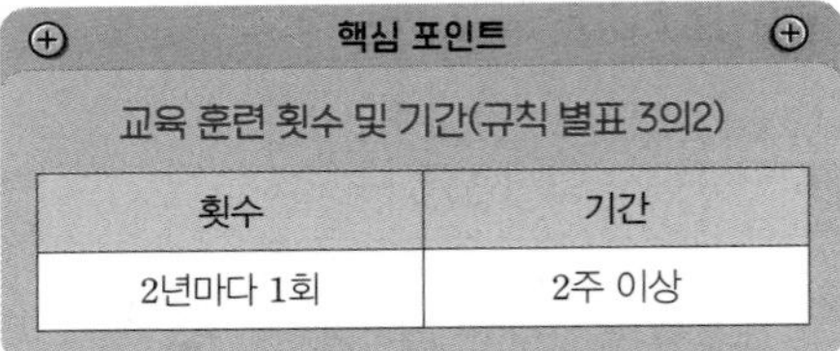

핵심 포인트

교육 훈련 횟수 및 기간(규칙 별표 3의2)

횟수	기간
2년마다 1회	2주 이상

104 **소방시설 설치 및 관리에 관한 법령상 방염성능의 검사에 관한 내용으로 틀린 것은?**

① 특정소방대상물에 사용하는 방염대상물품은 소방청장이 실시하는 방염성능검사를 받은 것이어야 한다.
② 시 · 도지사는 방염대상물품이 방염성능기준에 미치지 못하면 특정소방대상물의 관계인에게 방염성능검사를 받도록 명할 수 있다.
③ 방염처리업의 등록을 한 자는 방염성능검사를 할 때에 거짓 시료를 제출하여서는 아니 된다.
④ 방염성능검사의 방법과 검사 결과에 따른

합격 표시 등에 필요한 사항은 행정안전부령으로 정한다.

소방본부장 또는 소방서장은 방염대상물품이 방염성능기준에 미치지 못하거나 방염성능 검사를 받지 아니한 것이면 특정소방대상물의 관계인에게 방염대상물품을 제거하도록 하거나 방염성능검사를 받도록 하는 등 필요한 조치를 명할 수 있다(법 제21조 제1항).

105 위험물안전관리법령상 위험물의 저장 또는 취급에 관한 세부기준을 위반한 자에 대한 과태료 기준은?

① 50만원 이하
② 100만원 이하
③ 200만원 이하
④ 500만원 이하

500만원 이하의 과태료(법 제39조 제1항)
1. 관할소방서장의 승인을 받지 아니한 자
2. 위험물의 저장 또는 취급에 관한 세부기준을 위반한 자
3. 품명 등의 변경신고를 기간 이내에 하지 아니하거나 허위로 한 자
4. 지위승계신고를 기간 이내에 하지 아니하거나 허위로 한 자
5. 제조소 등의 폐지신고 또는 안전관리자의 선임신고를 기간 이내에 하지 아니하거나 허위로 한 자
6. 사용 중지신고 또는 재개신고를 기간 이내에 하지 아니하거나 거짓으로 한 자
7. 등록사항의 변경신고를 기간 이내에 하지 아니하거나 허위로 한 자
8. 예방규정을 준수하지 아니한 자
9. 점검결과를 기록 · 보존하지 아니한 자
10. 기간 이내에 점검결과를 제출하지 아니한 자
11. 흡연금지를 위반하여 흡연을 한 자
12. 시정명령을 따르지 아니한 자
13. 위험물의 운반에 관한 세부기준을 위반한 자
14. 위험물의 운송에 관한 기준을 따르지 아니한 자

106 소방시설 설치 및 관리에 관한 법령상 소방시설 등의 자체점검 시 종합점검의 점검 시기로 바르지 않은 것은?

① 특정소방대상물은 건축물을 사용할 수 있게 된 날부터 60일 이내 실시한다.
② 학교의 경우에는 해당 건축물의 사용승인일이 1월에서 6월 사이에 있는 경우에는 6월 30일까지 실시할 수 있다.
③ 건축물 사용승인일 이후 종합점검 대상에 해당하게 된 경우에는 그 다음 해부터 실시한다.
④ 하나의 대지경계선 안에 2개 이상의 자체점검 대상 건축물 등이 있는 경우에는 그 건축물 중 사용승인일이 가장 늦은 연도의 건축물의 사용승인일을 기준으로 점검할 수 있다.

종합점검의 점검 시기(규칙 별표 3)
1. 특정소방대상물은 건축물을 사용할 수 있게 된 날부터 60일 이내 실시한다.
2. 1을 제외한 특정소방대상물은 건축물의 사용승인일이 속하는 달에 실시한다. 다만, 학교의 경우에는 해당 건축물의 사용승인일이 1월에서 6월 사이에 있는 경우에는 6월 30일까지 실시할 수 있다.
3. 건축물 사용승인일 이후 종합점검 대상에 해당하게 된 경우에는 그 다음 해부터 실시한다.
4. 하나의 대지경계선 안에 2개 이상의 자체점검 대상 건축물 등이 있는 경우에는 그 건축물 중 사용승인일이 가장 빠른 연도의 건축물의 사용승인일을 기준으로 점검할 수 있다.

107 **위험물안전관리법상 청문을 실시하여 하는 것은?**

① 탱크안전성검사 취소
② 제조소 등 업무정지 처분
③ 탱크시험자에 대한 명령
④ 탱크시험자의 등록취소

청문(법 제29조)
1. 제조소 등 설치허가의 취소
2. 탱크시험자의 등록취소

108 **화재의 예방 및 안전관리에 관한 법령상 화재안전조사위원회의 구성 · 운영 등에 관한 설명으로 틀린 것은?**

① 화재안전조사위원회는 위원장 1명, 부위원장 1명을 포함하여 7명 이내의 위원으로 성별을 고려하여 구성한다.
② 위원회의 위원장은 소방관서장이 된다.
③ 위원회의 위원은 소방관서장이 임명하거나 위촉한다.
④ 위촉위원의 임기는 2년으로 하며, 한 차례만 연임할 수 있다.

화재안전조사위원회는 위원장 1명을 포함하여 7명 이내의 위원으로 성별을 고려하여 구성한다(영 제11조 제1항).

109 **위험물안전관리법령에 따른 정기점검의 대상인 제조소 등으로 틀린 것은?**

① 이송취급소
② 지하탱크저장소
③ 지정수량의 10배 이상의 위험물을 취급하는 일반취급소
④ 지정수량의 150배 이상의 위험물을 저장하는 옥외탱크저장소

정기점검의 대상인 제조소 등(영 제16조)
1. 지정수량의 10배 이상의 위험물을 취급하는 제조소
2. 지정수량의 100배 이상의 위험물을 저장하는 옥외저장소
3. 지정수량의 150배 이상의 위험물을 저장하는 옥내저장소
4. 지정수량의 200배 이상의 위험물을 저장하는 옥외탱크저장소
5. 암반탱크저장소
6. 이송취급소
7. 지정수량의 10배 이상의 위험물을 취급하는 일반취급소
8. 지하탱크저장소
9. 이동탱크저장소
10. 위험물을 취급하는 탱크로서 지하에 매설된 탱크가 있는 제조소 · 주유취급소 또는 일반취급소

110 **소방시설 설치 및 관리에 관한 법령상 소방용품에 관한 설명으로 틀린 것은?**

① 내용연수를 설정해야 하는 소방용품은 가스형태의 소화약제를 사용하는 소화기로 한다.
② 특정소방대상물의 관계인은 내용연수가 경과한 소방용품을 교체하여야 한다.
③ 소방용품의 내용연수는 10년으로 한다.
④ 소방용품의 성능을 확인받은 경우에는 그

사용기한을 연장할 수 있다.

정답 ①

내용연수를 설정해야 하는 소방용품은 분말형태의 소화약제를 사용하는 소화기로 한다(영 제19조 제1항).

111 소방시설공사업법령상 소방시설공사의 하자보수 보증기간이 2년이 아닌 것은?

① 비상방송설비
② 무선통신보조설비
③ 유도표지
④ 자동소화장치

정답 ④

하자보수 대상 소방시설과 하자보수 보증기간(영 제6조)

1. 피난기구, 유도등, 유도표지, 비상경보설비, 비상조명등, 비상방송설비 및 무선통신보조설비 : **2년**
2. 자동소화장치, 옥내소화전설비, 스프링클러설비, 간이스프링클러설비, 물분무등소화설비, 옥외소화전설비, 자동화재탐지설비, 상수도소화용수설비 및 소화활동설비(무선통신보조설비는 제외한다) : **3년**

112 소방시설 설치 및 관리에 관한 법률상 소방시설 등에 대한 자체점검 중 종합점검 대상이 아닌 것은?

① 소방대가 근무하는 공공기관
② 제연설비가 설치된 터널
③ 물분무등소화설비가 설치된 연면적이 5,000m²인 특정소방대상물
④ 다중이용업의 영업장이 설치된 특정소방대상물로서 연면적이 2,000m² 이상인 것

정답 ①

종합점검은 다음의 어느 하나에 해당하는 특정소방대상물을 대상으로 한다(규칙 별표 3).

1. 특정소방대상물
2. 스프링클러설비가 설치된 특정소방대상물
3. 물분무등소화설비[호스릴(hose reel) 방식의 물분무등소화설비만을 설치한 경우는 제외한다]가 설치된 연면적 5,000m² 이상인 특정소방대상물(제조소 등은 제외한다)
4. 다중이용업의 영업장이 설치된 특정소방대상물로서 연면적이 2,000m² 이상인 것
5. 제연설비가 설치된 터널
6. 공공기관 중 연면적(터널 · 지하구의 경우 그 길이와 평균 폭을 곱하여 계산된 값을 말한다)이 1,000m² 이상인 것으로서 옥내소화전설비 또는 자동화재탐지설비가 설치된 것(다만, 소방대가 근무하는 공공기관은 제외한다.)

113 화재의 예방 및 안전관리에 관한 법령상 화재예방강화지구의 관리에 관한 내용으로 틀린 것은?

① 소방관서장은 화재예방강화지구 안의 소방대상물의 위치 · 구조 및 설비 등에 대한 화재안전조사를 연 1회 이상 실시해야 한다.
② 소방관서장은 화재예방강화지구 안의 관계인에 대하여 소방에 필요한 훈련 및 교육을 연 1회 이상 실시할 수 있다.
③ 소방관서장은 훈련 및 교육을 실시하려는 경우에는 화재예방강화지구 안의 관계인에게 훈련 또는 교육 90일 전까지 그 사실을 통보해야 한다.
④ 시 · 도지사는 행정안전부령으로 정하는 화재예방강화지구 관리대장을 작성하고 관리해야 한다.

소방관서장은 훈련 및 교육을 실시하려는 경우에는 화재예방강화지구 안의 관계인에게 훈련 또는 교육 10일 전까지 그 사실을 통보해야 한다(영 제20조 제3항).

114 소방시설 설치 및 관리에 관한 법령상 특정소방대상물 중 공공업무시설에 해당하지 않는 것은?

① 정부종합청사
② 경찰서
③ 지방자치단체의 청사
④ 외국 대사관

업무시설

1. **공공업무시설** : 국가 또는 지방자치단체의 청사와 외국공관의 건축물로서 근린생활시설에 해당하지 않는 것
2. **일반업무시설** : 금융업소, 사무소, 신문사, 오피스텔(업무를 주로 하며, 분양하거나 임대하는 구획 중 일부의 구획에서 숙식을 할 수 있도록 한 건축물로서 국토교통부장관이 고시하는 기준에 적합한 것을 말한다), 그 밖에 이와 비슷한 것으로서 근린생활시설에 해당하지 않는 것
3. 주민자치센터(동사무소), 경찰서, 지구대, 파출소, 소방서, 119안전센터, 우체국, 보건소, 공공도서관, 국민건강보험공단, 그 밖에 이와 비슷한 용도로 사용하는 것
4. 마을회관, 마을공동작업소, 마을공동구판장, 그 밖에 이와 유사한 용도로 사용되는 것
5. 변전소, 양수장, 정수장, 대피소, 공중화장실, 그 밖에 이와 유사한 용도로 사용되는 것

115 화재의 예방 및 안전관리에 관한 법률상 화재안전조사 결과에 따른 조치명령으로 손실을 입어 손실을 보상하는 경우 그 손실을 입은 자는 누구와 손실보상을 협의하여야 하는가?

① 소방서장
② 소방본부장
③ 소방청장
④ 관계인

소방청장 또는 시·도지사는 화재안전조사 결과에 따른 조치명령으로 인하여 손실을 입은 자가 있는 경우에는 대통령령으로 정하는 바에 따라 보상하여야 한다(법 제15조).

116 화재의 예방 및 관리에 관한 법령에 따른 소방안전 특별관리시설물에 속하지 않는 것은?

① 점포가 100개 이상인 전통시장
② 물류창고로서 연면적 10만m^2 이상인 것
③ 발전사업자가 가동 중인 발전소
④ 가스공급시설

소방안전 특별관리시설물(영 제41조)

1. 점포가 500개 이상인 전통시장
2. 발전사업자가 가동 중인 발전소
3. 물류창고로서 연면적 10만m^2 이상인 것
4. 가스공급시설

117 **소방기본법령상 소방본부 종합상황실 실장이 소방청의 종합상황실에 서면 · 팩스 또는 컴퓨터통신 등으로 보고하여야 하는 화재로 틀린 것은?**

① 이재민이 100인 이상 발생한 화재
② 가스 및 화약류의 폭발에 의한 화재
③ 변전소에서 발생한 화재
④ 연면적 5,000m^2 이상인 공장 또는 화재경계지구에서 발생한 화재

정답 ④

소방청의 종합상황실에 서면 · 팩스 또는 컴퓨터통신 등으로 보고하여야 하는 화재(규칙 제3조 제2항)

1. 사망자가 5인 이상 발생하거나 사상자가 10인 이상 발생한 화재
2. 이재민이 100인 이상 발생한 화재
3. 재산피해액이 50억원 이상 발생한 화재
4. 관공서 · 학교 · 정부미도정공장 · 문화재 · 지하철 또는 지하구의 화재
5. 관광호텔, 층수가 11층 이상인 건축물, 지하상가, 시장, 백화점, 지정수량의 3천배 이상의 위험물의 제조소 · 저장소 · 취급소, 층수가 5층 이상이거나 객실이 30실 이상인 숙박시설, 층수가 5층 이상이거나 병상이 30개 이상인 종합병원 · 정신병원 · 한방병원 · 요양소, 연면적 1만5천m^2 이상인 공장 또는 화재경계지구에서 발생한 화재
6. 철도차량, 항구에 매어둔 총 톤수가 1천톤 이상인 선박, 항공기, 발전소 또는 변전소에서 발생한 화재
7. 가스 및 화약류의 폭발에 의한 화재
8. 다중이용업소의 화재

118 **위험물안전관리법령상 제조소의 기준에 따라 건축물의 외벽 또는 이에 상당하는 공작물의 외측으로부터 제조소의 외벽 또는 이에 상당하는 공작물의 외측까지의 안전거리 기준으로 틀린 것은? (단, 제6류 위험물을 취급하는 제조소를 제외하고, 건축물에 불연재료로 된 방화상 유효한 담 또는 벽을 설치하지 않은 경우이다.)**

① 300명 이상을 수용할 수 있는 영화상영관에 있어서는 30m 이상
② 공작물로서 주거용으로 사용되는 것에 있어서는 100m 이상
③ 사용전압 35,000V를 초과하는 특고압가공전선에 있어서는 5m 이상
④ 유형문화재에 기념물 중 지정문화재에 있어서는 50m 이상

정답 ②

안전거리

1. 학교 · 병원 · 극장, 유형문화재와 기념물, 고압가스, 액화석유가스 또는 도시가스 외의 건축물 그 밖의 공작물로서 주거용으로 사용되는 것(제조소가 설치된 부지 내에 있는 것을 제외한다)에 있어서는 10m 이상
2. 학교 · 병원 · 극장 그 밖에 다수인을 수용하는 시설로서 다음에 해당하는 것에 있어서는 30m 이상
   ㉠ 학교
   ㉡ 병원급 의료기관
   ㉢ 공연장, 영화상영관 및 그 밖에 이와 유사한 시설로서 3백명 이상의 인원을 수용할 수 있는 것
   ㉣ 아동복지시설, 노인복지시설, 장애인복지시설, 한부모가족복지시설, 어린이집, 성매매피해자등을 위한 지원시설, 정신건강증진시설, 보호시설 및 그 밖에 이와 유사한 시설로서 20명 이상의 인원을 수용할 수 있는 것
3. 유형문화재와 기념물 중 지정문화재에 있어서는 50m 이상
4. 고압가스, 액화석유가스 또는 도시가스를 저장 또는 취급하는 시설로서 다음에 해당하는 것에 있어서는 20m 이상. 다만, 당해 시설의 배관 중 제조소가 설치된 부지 내에 있는 것은 제외한다.
   ㉠ 허가를 받거나 신고를 하여야 하는 고압가스제조시설(용기에 충전하는 것을 포함한다) 또는 고압가스 사용시설로서 1일 30㎥ 이상의 용적을 취급하는 시설이 있는 것
   ㉡ 허가를 받거나 신고를 하여야 하는 고압가스저장시설
   ㉢ 허가를 받거나 신고를 하여야 하는 액화산소를 소비하는 시설
   ㉣ 허가를 받아야 하는 액화석유가스제조시설 및 액

PART 1 과목별 예상문제

화석유가스저장시설
ⓜ 가스공급시설
5. 사용전압이 7,000V 초과 35,000V 이하의 특고압가공전선에 있어서는 3m 이상
6. 사용전압이 35,000V를 초과하는 특고압가공전선에 있어서는 5m 이상

119 소방시설 설치 및 관리에 관한 법률상 특정소방대상물 관계인의 피난시설, 방화구획 및 방화시설에서의 금지행위가 아닌 것은?

① 피난시설, 방화구획 및 방화시설을 폐쇄하거나 훼손하는 등의 행위
② 피난시설, 방화구획 및 방화시설 주위의 장애물을 철거하는 행위
③ 피난시설, 방화구획 및 방화시설의 용도에 장애를 주거나 소방활동에 지장을 주는 행위
④ 피난시설, 방화구획 및 방화시설을 변경하는 행위

특정소방대상물 관계인의 피난시설, 방화구획 및 방화시설에서의 금지행위(법 제16조)
1. 피난시설, 방화구획 및 방화시설을 폐쇄하거나 훼손하는 등의 행위
2. 피난시설, 방화구획 및 방화시설의 주위에 물건을 쌓아두거나 장애물을 설치하는 행위
3. 피난시설, 방화구획 및 방화시설의 용도에 장애를 주거나 소방활동에 지장을 주는 행위
4. 그 밖에 피난시설, 방화구획 및 방화시설을 변경하는 행위

120 위험물안전관리법령상 제조소 등의 위치 · 구조 또는 설비의 변경 없이 당해 제조소 등에서 저장하거나 취급하는 위험물의 품명 · 수량 또는 지정수량의 배수를 변경하고자 할 때는 누구에게 신고해야 하는가?

① 소방본부장
② 시 · 도지사
③ 소방서장
④ 소방청장

제조소 등의 위치 · 구조 또는 설비의 변경없이 당해 제조소 등에서 저장하거나 취급하는 위험물의 품명 · 수량 또는 지정수량의 배수를 변경하고자 하는 자는 변경하고자 하는 날의 1일 전까지 행정안전부령이 정하는 바에 따라 시 · 도지사에게 신고하여야 한다(법 제6조 제2항).

121 소방시설 설치 및 관리에 관한 법령상 소화기구에 해당하지 않는 것은?

① 자동소화장치
② 소화기
③ 간이소화용구
④ 자동확산소화기

소화기구
1. **소화기**
2. **간이소화용구** : 에어로졸식 소화용구, 투척용 소화용구, 소공간용 소화용구 및 소화약제 외의 것을 이용한 간이소화용구
3. **자동확산소화기**

122 **위험물안전관리법령상 위험물운송자 자격을 취득하지 아니한 자가 위험물 이동탱크저장소 운전 시의 벌칙으로 옳은 것은?**

① 100만원 이하의 벌금
② 300만원 이하의 벌금
③ 1,000만원 이하의 과태료
④ 1,000만원 이하의 벌금

 ④

1천만원 이하의 벌금(법 제37조)
1. 위험물의 취급에 관한 안전관리와 감독을 하지 아니한 자
2. 안전관리자 또는 그 대리자가 참여하지 아니한 상태에서 위험물을 취급한 자
3. 변경한 예방규정을 제출하지 아니한 관계인으로서 허가를 받은 자
4. 위험물의 운반에 관한 중요기준에 따르지 아니한 자
5. 위험물 분야 자격요건을 갖추지 아니한 위험물운반자
6. 위험물의 운송규정을 위반한 위험물운송자
7. 관계인의 정당한 업무를 방해하거나 출입·검사 등을 수행하면서 알게 된 비밀을 누설한 자

123 **소방시설 설치 및 관리에 관한 법령에 따른 관계인의 의무에 관한 설명으로 틀린 것은?**

① 관계인은 소방시설 등의 기능과 성능을 보전·향상시키고 이용자의 편의와 안전성을 높이기 위하여 노력하여야 한다.
② 관계인은 매년 소방시설 등의 관리에 필요한 재원을 확보하도록 노력하여야 한다.
③ 관계인은 국가 및 지방자치단체의 소방시설 등의 설치 및 관리 활동에 적극 협조하여야 한다.
④ 관계인 중 소유자는 점유자 및 관리자의 소방시설 등 관리 업무에 적극 협조하여야 한다.

 ④

관계인 중 점유자는 소유자 및 관리자의 소방시설 등 관리 업무에 적극 협조하여야 한다(법 제4조 제4항).

124 **위험물안전관리법령상 위험물의 안전관리와 관련된 업무를 수행하는 자로서 소방청장이 실시하는 안전교육대상자가 아닌 것은?**

① 안전관리자로 선임된 자
② 안전관리자의 기술인력으로 종사하는 자
③ 위험물운반자로 종사하는 자
④ 위험물운송자로 종사하는 자

 ②

안전교육대상자(영 제20조)
1. 안전관리자로 선임된 자
2. 탱크시험자의 기술인력으로 종사하는 자
3. 위험물운반자로 종사하는 자
4. 위험물운송자로 종사하는 자

125 **소방기본법령상 소방본부장, 소방서장 또는 소방대장의 강제처분 등에 관한 내용으로 틀린 것은?**

① 소방본부장, 소방서장 또는 소방대장은 사람을 구출하거나 불이 번지는 것을 막기 위하여 필요할 때에는 화재가 발생하거나 불이 번질 우려가 있는 소방대상물 및 토지를 일시적으로 사용하거나 그 사용의 제한 또는 소방활동에 필요한 처분을 할 수 있다.

② 소방본부장, 소방서장 또는 소방대장은 사람을 구출하거나 불이 번지는 것을 막기 위하여 긴급하다고 인정할 때에는 소방대상물 또는 토지 외의 소방대상물과 토지에 대하여 소방활동에 필요한 처분을 할 수 있다.

③ 소방본부장, 소방서장 또는 소방대장은 소방활동을 위하여 긴급하게 출동할 때에는 소방자동차의 통행과 소방활동에 방해가 되는 주차 또는 정차된 차량 및 물건 등을 제거하거나 이동시킬 수 있다.

④ 소방본부장, 소방서장 또는 소방대장은 견인차량과 인력 등을 지원한 자에게 시 · 도의 조례로 정하는 바에 따라 비용을 지급할 수 있다.

정답 ④

시 · 도지사는 견인차량과 인력 등을 지원한 자에게 시 · 도의 조례로 정하는 바에 따라 비용을 지급할 수 있다(법 제25조 제5항).

126 **위험물안전관리법령상 옥외탱크저장소가 자동화재속보설비를 설치하지 않을 수 있는 경우가 아닌 것은?**

① 가스감지기를 설치한 경우

② 자체소방대를 설치한 경우

③ 옥외소화전설비를 설치한 경우

④ 안전관리자가 해당 사업소에 24시간 상주하는 경우

옥외탱크저장소가 다음의 어느 하나에 해당하는 경우에는 자동화재속보설비를 설치하지 않을 수 있다(규칙 별표 17).

1. 옥외탱크저장소의 방유제와 옥외저장탱크 사이의 지표면을 불연성 및 불침윤성이 있는 철근콘크리트 구조 등으로 한 경우
2. 가스감지기를 설치한 경우
3. 자체소방대를 설치한 경우
4. 안전관리자가 해당 사업소에 24시간 상주하는 경우

127 **소방시설 설치 및 관리에 관한 법령상 차고는 특정소방대상물 중 어느 시설에 해당하는가?**

① 공동주택

② 의료시설

③ 운수시설

④ 항공기 및 자동차 관련 시설

항공기 및 자동차 관련 시설(건설기계 관련 시설을 포함한다)(영 별표 2)

1. 항공기 격납고
2. 차고, 주차용 건축물, 철골 조립식 주차시설(바닥면이 조립식이 아닌 것을 포함한다) 및 기계장치에 의한 주차시설

3. 세차장
4. 폐차장
5. 자동차 검사장
6. 자동차 매매장
7. 자동차 정비공장
8. 운전학원 · 정비학원
9. 다음의 건축물을 제외한 건축물의 내부(필로티와 건축물의 지하를 포함한다)에 설치된 주차장
   ㉠ 단독주택
   ㉡ 공동주택 중 50세대 미만인 연립주택 또는 50세대 미만인 다세대주택
10. 차고 및 주기장

128 소방시설공사업법령상 자격수첩 또는 경력수첩을 빌려 준 사람에 대한 벌칙은?

① 50만원 이하의 과태료
② 100만원 이하의 벌금
③ 200만원 이하의 벌금
④ 300만원 이하의 벌금

 ④

300만원 이하의 벌금(법 제37조)
1. 다른 자에게 자기의 성명이나 상호를 사용하여 소방시설공사 등을 수급 또는 시공하게 하거나 소방시설업의 등록증이나 등록수첩을 빌려준 자
2. 소방시설공사 현장에 감리원을 배치하지 아니한 자
3. 감리업자의 보완 요구에 따르지 아니한 자
4. 공사감리 계약을 해지하거나 대가 지급을 거부하거나 지연시키거나 불이익을 준 자
5. 소방시설공사를 다른 업종의 공사와 분리하여 도급하지 아니한 자
6. 자격수첩 또는 경력수첩을 빌려 준 사람
7. 동시에 둘 이상의 업체에 취업한 사람
8. 관계인의 정당한 업무를 방해하거나 업무상 알게 된 비밀을 누설한 사람

129 화재의 예방 및 안전관리에 관한 법률상 1급 소방안전관리대상물에 해당하는 것은?

① 15층 이상인 아파트
② 가연성가스를 1,000톤 이상 저장 · 취급하는 시설
③ 10층인 오피스텔로서 300세대인 것
④ 연면적 10,000m^2인 문화집회 및 운동시설

 ②

1급 소방안전관리대상물의 범위(영 별표 4)
1. 30층 이상(지하층은 제외한다)이거나 지상으로부터 높이가 120m 이상인 아파트
2. 연면적 1만5천m^2 이상인 특정소방대상물(아파트 및 연립주택은 제외한다)
3. 2에 해당하지 않는 특정소방대상물로서 지상층의 층수가 11층 이상인 특정소방대상물(아파트는 제외한다)
4. 가연성 가스를 1천톤 이상 저장 · 취급하는 시설

130 위험물안전관리법령에 따른 위험물제조소의 옥외에 있는 위험물취급탱크의 주위에는 그 저장 또는 취급하는 위험물의 최대수량에 따라 옥외저장탱크의 측면으로부터 지정수량 500배 이하일 경우 공지의 너비는?

① 3m 이상
② 5m 이상
③ 9m 이상
④ 12m 이상

핵심 포인트

보유공지(규칙 별표 6)

저장 또는 취급하는 위험물의 최대수량	공지의 너비
지정수량의 500배 이하	3m 이상
지정수량의 500배 초과 1,000배 이하	5m 이상
지정수량의 1,000배 초과 2,000배 이하	9m 이상
지정수량의 2,000배 초과 3,000배 이하	12m 이상
지정수량의 3,000배 초과 4,000배 이하	15m 이상
지정수량의 4,000배 초과	당해 탱크의 수평단면의 최대지름(가로형인 경우에는 긴 변)과 높이 중 큰 것과 같은 거리 이상(다만, 30m 초과의 경우에는 30m 이상으로 할 수 있고, 15m 미만의 경우에는 15m 이상으로 하여야 한다.)

131 소방공사업법령상 피난기구, 유도등, 유도표지, 비상경보설비, 비상조명등, 비상방송설비 및 무선통신보조설비의 하자보수 보증기간은?

① 2년

② 3년

③ 5년

④ 10년

하자를 보수하여야 하는 소방시설과 소방시설별 하자보수 보증기간은 다음의 구분과 같다(영 제6조).

1. 피난기구, 유도등, 유도표지, 비상경보설비, 비상조명등, 비상방송설비 및 무선통신보조설비 : **2년**
2. 자동소화장치, 옥내소화전설비, 스프링클러설비, 간이스프링클러설비, 물분무등소화설비, 옥외소화전설비, 자동화재탐지설비, 상수도소화용수설비 및 소화활동설비(무선통신보조설비는 제외한다) : **3년**

132 소방기본법령상 피난명령에 관한 내용이다. ( )에 공통으로 들어갈 내용은?

> 피난 명령
>
> 1. ( )은/는 화재, 재난 · 재해, 그 밖의 위급한 상황이 발생하여 사람의 생명을 위험하게 할 것으로 인정할 때에는 일정한 구역을 지정하여 그 구역에 있는 사람에게 그 구역 밖으로 피난할 것을 명할 수 있다.
> 2. ( )은/는 명령을 할 때 필요하면 관할 경찰서장 또는 자치경찰단장에게 협조를 요청할 수 있다.

① 시 · 도지사

② 소방본부장, 소방서장 또는 소방대장

③ 소방청장

④ 시 · 도경찰청장

정답 ②

피난 명령(법 제26조)

1. 소방본부장, 소방서장 또는 소방대장은 화재, 재난 · 재해, 그 밖의 위급한 상황이 발생하여 사람의 생명을 위험하게 할 것으로 인정할 때에는 일정한 구역을 지정하여 그 구역에 있는 사람에게 그 구역 밖으로 피난할 것을 명할 수 있다.
2. 소방본부장, 소방서장 또는 소방대장은 명령을 할 때 필요하면 관할 경찰서장 또는 자치경찰단장에게 협조를 요청할 수 있다.

133 **소방기본법령상 소방본부장, 소방서장 또는 소방대장은 사람을 구출하거나 불이 번지는 것을 막기 위하여 긴급하다고 인정할 때에는 소방대상물 또는 토지 외의 소방대상물과 토지에 대하여 처분을 할 수 있는데, 이를 방해한 자 또는 정당한 사유 없이 그 처분에 따르지 아니한 자에 대한 벌칙은?**

① 50만원 이하의 벌금
② 100만원 이하의 벌금
③ 200만원 이하의 벌금
④ 300만원 이하의 벌금

정답 ④

300만원 이하의 벌금(법 제52조) : 소방본부장, 소방서장 또는 소방대장은 사람을 구출하거나 불이 번지는 것을 막기 위하여 긴급하다고 인정할 때에는 소방대상물 또는 토지 외의 소방대상물과 토지에 대하여 처분을 할 수 있는데, 이를 방해한 자 또는 정당한 사유 없이 그 처분에 따르지 아니한 자

134 **소방기본법령상 국고보조 대상사업의 범위 중 소방활동장비와 설비에 해당하지 않는 것은?**

① 소방전용통신설비
② 소방자동차
③ 스프링클러설비
④ 소방헬리콥터

정답 ③

국고보조 대상사업의 범위 중 소방활동장비와 설비(영 제2조 제1항 제1호)

1. 소방자동차
2. 소방헬리콥터 및 소방정
3. 소방전용통신설비 및 전산설비
4. 그 밖에 방화복 등 소방활동에 필요한 소방장비

135 **소방시설 설치 및 관리에 관한 법령상 건축허가 등의 동의를 요구한 기관이 그 건축허가 등을 취소하였을 때, 취소한 날로부터 최대 며칠 이내에 건축물 등의 시공지 또는 소재지를 관할하는 소방본부장 또는 소방서장에게 그 사실을 통보하여야 하는가?**

① 7일
② 14일
③ 30일
④ 90일

정답 ①

건축허가 등의 동의를 요구한 기관이 그 건축허가 등을 취소했을 때에는 취소한 날부터 7일 이내에 건축물 등의 시공지 또는 소재지를 관할하는 소방본부장 또는 소방서장에게 그 사실을 통보해야 한다(규칙 제3조 제5항).

136 **위험물안전관리법령상 문화재보호법의 규정에 의한 유형문화재와 지정문화재에 있어서는 제조소 등과의 수평거리를 몇 m 이상 유지하여야 하는가?**

① 40m
② 50m
③ 50m
④ 60m

정답 ③

「문화재보호법」의 규정에 의한 유형문화재와 기념물 중 지정문화재에 있어서는 제조소 등과의 수평거리를 50m 이상 유지하여야 한다(규칙 별표 4).

137 소방시설 설치 및 관리에 관한 법령에 따른 방염성능기준 이상의 실내 장식물 등을 설치하여야 하는 특정소방대상물로 틀린 것은?

① 건축물의 옥내에 있는 문화 및 집회시설
② 층수가 11층 이상인 아파트
③ 교육연구시설 중 합숙소
④ 노유자시설

정답 ②

방염성능기준 이상의 실내장식물 등을 설치해야 하는 특정소방대상물(영 제30조)

1. 근린생활시설 중 의원, 조산원, 산후조리원, 체력단련장, 공연장 및 종교집회장
2. **건축물의 옥내에 있는 다음의 시설** : 문화 및 집회시설, 종교시설, 운동시설(수영장은 제외한다)
3. 의료시설
4. 교육연구시설 중 합숙소
5. 노유자 시설
6. 숙박이 가능한 수련시설
7. 숙박시설
8. 방송통신시설 중 방송국 및 촬영소
9. 다중이용업의 영업소
10. 층수가 11층 이상인 것(아파트 등은 제외한다)

138 위험물안전관리법상 위험물의 저장 및 취급의 제한에 관한 내용으로 틀린 것은?

① 지정수량 이상의 위험물을 저장소가 아닌 장소에서 저장하거나 제조소 등이 아닌 장소에서 취급하여서는 안 된다.
② 임시로 저장 또는 취급하는 장소에서의 저장 또는 취급의 기준과 임시로 저장 또는 취급하는 장소의 위치 · 구조 및 설비의 기준은 대통령령으로 정한다.
③ 제조소 등에서의 위험물의 저장 또는 취급에 관하여는 중요기준 및 세부기준에 따라야 한다.
④ 둘 이상의 위험물을 같은 장소에서 저장 또는 취급하는 경우에 있어서 당해 장소에서 저장 또는 취급하는 각 위험물의 수량을 그 위험물의 지정수량으로 각각 나누어 얻은 수의 합계가 1 이상인 경우 당해 위험물은 지정수량 이상의 위험물로 본다.

정답 ②

임시로 저장 또는 취급하는 장소에서의 저장 또는 취급의 기준과 임시로 저장 또는 취급하는 장소의 위치 · 구조 및 설비의 기준은 시 · 도의 조례로 정한다(법 제5조 제2항).

139 위험물안전관리법령상 위험물시설의 설치 및 변경 등에 관한 내용으로 다음 ( ) 안에 들어갈 내용은?

> 제조소 등의 위치 · 구조 또는 설비의 변경없이 당해 제조소 등에서 저장하거나 취급하는 위험물의 품명 · 수량 또는 지정수량의 배수를 변경하고자 하는 자는 변경하고자 하는 날의 (㉠)일 전까지 행정안전부령이 정하는 바에 따라 (㉡)에게 신고하여야 한다.

① ㉠ 1, ㉡ 시 · 도지사
② ㉠ 7, ㉡ 소방본부장
③ ㉠ 14, ㉡ 소방서장
④ ㉠ 30, ㉡ 소방청장

정답 ①

제조소 등의 위치 · 구조 또는 설비의 변경없이 당해 제조소 등에서 저장하거나 취급하는 위험물의 품명 · 수량 또는 지정수량의 배수를 변경하고자 하는 자는 변경하고자 하는 날의 1일 전까지 행정안전부령이 정하는 바에 따라 시 · 도지사에게 신고하여야 한다(법 제6조 제2항).

140 소방시설 설치 및 관리에 관한 법률상 방염대상물품의 종류에 따른 구체적인 방염성능기준으로 틀린 것은?

① 버너의 불꽃을 제거한 때부터 불꽃을 올리며 연소하는 상태가 그칠 때까지 시간은 20초 이내일 것
② 탄화한 길이는 50cm 이내일 것
③ 발연량을 측정하는 경우 최대연기밀도는 400 이하일 것
④ 불꽃에 의하여 완전히 녹을 때까지 불꽃의 접촉 횟수는 3회 이상일 것

정답 ②

방염성능기준은 다음의 기준에 따르되, 방염대상물품의 종류에 따른 구체적인 방염성능기준은 다음의 기준의 범위에서 소방청장이 정하여 고시하는 바에 따른다(영 제31조 제2항).

1. 버너의 불꽃을 제거한 때부터 불꽃을 올리며 연소하는 상태가 그칠 때까지 시간은 20초 이내일 것
2. 버너의 불꽃을 제거한 때부터 불꽃을 올리지 않고 연소하는 상태가 그칠 때까지 시간은 30초 이내일 것
3. 탄화한 면적은 50cm^2 이내, 탄화한 길이는 20cm 이내일 것
4. 불꽃에 의하여 완전히 녹을 때까지 불꽃의 접촉 횟수는 3회 이상일 것
5. 소방청장이 정하여 고시한 방법으로 발연량을 측정하는 경우 최대연기밀도는 400 이하일 것

141 위험물안전관리법령상 제조소 등의 관계인은 위험물의 안전관리에 관한 직무를 수행하게 하기 위하여 제조소 등마다 위험물의 취급에 관한 자격이 있는 자를 위험물안전관리자로 선임하여야 한다. 이 경우 제조소 등의 관계인이 지켜야 할 기준으로 틀린 것은?

① 제조소 등의 관계인은 안전관리자를 해임하거나 안전관리자가 퇴직한 때에는 해임하거나 퇴직한 날부터 15일 이내에 다시 안전관리자를 선임하여야한다.
② 제조소 등의 관계인이 안전관리자를 해임하거나 안전관리자가 퇴직한 경우 그 관계인 또는 안전관리자는 소방본부장이나 소방서장에게 그 사실을 알려 해임되거나 퇴직한 사실을 확인받을 수 있다.
③ 제조소 등의 관계인은 안전관리자를 선임한 경우에는 선임한 날부터 14일 이내에 소방본부장 또는 소방서장에게 신고하여야 한다.
④ 제조소 등에 있어서 위험물취급자격자가 아닌 자는 안전관리자 또는 대리자가 참여한 상태에서 위험물을 취급하여야 한다.

정답 ①

위험물안전관리자를 선임한 제조소 등의 관계인은 그 안전관리자를 해임하거나 안전관리자가 퇴직한 때에는 해임하거나 퇴직한 날부터 30일 이내에 다시 안전관리자를 선임하여야 한다(법 제15조 제2항).

PART 1 과목별 예상문제

142 **소방기본법상 소방박물관의 설립과 운영에 관한 내용으로 틀린 것은?**

① 소방청장은 소방박물관을 설립 · 운영하는 경우에 소방박물관에 소방박물관장 1인과 부관장 1인을 두되, 소방박물관장은 소방공무원 중에서 소방청장이 임명한다.
② 소방박물관은 국내 · 외의 소방의 역사, 소방공무원의 복장 및 소방장비 등의 변천 및 발전에 관한 자료를 수집 · 보관 및 전시한다.
③ 소방박물관에는 그 운영에 관한 중요한 사항을 심의하기 위하여 15인 이내의 위원으로 구성된 운영위원회를 둔다.
④ 소방박물관의 관광업무 · 조직 · 운영위원회의 구성 등에 관하여 필요한 사항은 소방청장이 정한다.

정답 ③

소방박물관에는 그 운영에 관한 중요한 사항을 심의하기 위하여 7인 이내의 위원으로 구성된 운영위원회를 둔다(규칙 제4조 제3항).

143 **소방시설공사업법령상 시 · 도지사의 영업정지가 그 이용자에게 불편을 주거나 그 밖에 공익을 해칠 우려가 있을 때에 영업정지처분에 갈음하여 부과될 수 있는 과징금은?**

① 1억원 이하
② 2억원 이하
③ 3억원 이하
④ 5억원 이하

정답 ②

시 · 도지사는 영업정지에 해당하는 경우로서 영업정지가 그 이용자에게 불편을 주거나 그 밖에 공익을 해칠 우려가 있을 때에는 영업정지처분에 갈음하여 2억원 이하의 과징금을 부과할 수 있다(법 제10조 제1항).

144 **화재의 예방 및 안전관리에 관한 법령에 따른 공동 소방안전관리자를 선임하여야 하는 특정소방대상물 중 복합건축물은 지하층을 제외한 층수가 몇 층 이상인 건축물만 해당되는가?**

① 11층
② 20층
③ 30층
④ 50층

정답 ①

다음의 어느 하나에 해당하는 특정소방대상물로서 그 관리의 권원이 분리되어 있는 특정소방대상물의 경우 그 관리의 권원별 관계인은 대통령령으로 정하는 바에 따라 소방안전관리자를 선임하여야 한다. 다만, 소방본부장 또는 소방서장은 관리의 권원이 많아 효율적인 소방안전관리가 이루어지지 아니한다고 판단되는 경우 대통령령으로 정하는 바에 따라 관리의 권원을 조정하여 소방안전관리자를 선임하도록 할 수 있다.

1. 복합건축물(지하층을 제외한 층수가 11층 이상 또는 연면적 3만m^2 이상인 건축물)
2. 지하가(지하의 인공구조물 안에 설치된 상점 및 사무실, 그 밖에 이와 비슷한 시설이 연속하여 지하도에 접하여 설치된 것과 그 지하도를 합한 것을 말한다)
3. 판매시설 중 도매시장, 소매시장 및 전통시장

145 **소방시설 설치 및 관리에 관한 법령상 지위승계, 행정처분 또는 휴업 · 폐업의 사실을 특정소방대상물의 관계인에게 알리지 아니하거나 거짓으로 알린 관리업자에 대한 과태료는?**

① 50만원의 이하의 과태료
② 100만원의 이하의 과태료
③ 200만원의 이하의 과태료
④ 300만원의 이하의 과태료

 ④

300만원의 이하의 과태료(법 제61조 제1항)

1. 소방시설을 화재안전기준에 따라 설치 · 관리하지 아니한 자
2. 공사 현장에 임시소방시설을 설치 · 관리하지 아니한 자
3. 피난시설, 방화구획 또는 방화시설의 폐쇄 · 훼손 · 변경 등의 행위를 한 자
4. 방염대상물품을 방염성능기준 이상으로 설치하지 아니한 자
5. 점검능력 평가를 받지 아니하고 점검을 한 관리업자
6. 관계인에게 점검 결과를 제출하지 아니한 관리업자 등
7. 점검인력의 배치기준 등 자체점검 시 준수사항을 위반한 자
8. 점검 결과를 보고하지 아니하거나 거짓으로 보고한 자
9. 이행계획을 기간 내에 완료하지 아니한 자 또는 이행계획 완료 결과를 보고하지 아니하거나 거짓으로 보고한 자
10. 점검기록표를 기록하지 아니하거나 특정소방대상물의 출입자가 쉽게 볼 수 있는 장소에 게시하지 아니한 관계인
11. 등록사항의 변경신고를 하지 아니하거나 거짓으로 신고한 자
12. 지위승계, 행정처분 또는 휴업 · 폐업의 사실을 특정소방대상물의 관계인에게 알리지 아니하거나 거짓으로 알린 관리업자
13. 소속 기술인력의 참여 없이 자체점검을 한 관리업자
14. 점검실적을 증명하는 서류 등을 거짓으로 제출한 자
15. 명령을 위반하여 보고 또는 자료제출을 하지 아니하거나 거짓으로 보고 또는 자료제출을 한 자 또는 정당한 사유 없이 관계 공무원의 출입 또는 검사를 거부 · 방해 또는 기피한 자

146 **소방시설 설치 및 관리에 관한 법령상 수용인원 산정 방법 중 침대가 없는 숙박시설로서 해당 특정소방대상물의 종사자의 수는 10명, 복도, 계단 및 화장실의 바닥면적을 제외한 바닥 면적이 200m²인 경우의 수용인원은 약 몇 명인가?**

① 74명
② 75명
③ 76명
④ 77명

정답 ④

침대가 없는 숙박시설(영 별표 7) : 해당 특정소방대상물의 종사자 수에 숙박시설 바닥면적의 합계를 $3m^2$로 나누어 얻은 수를 합한 수

$10+\frac{200}{3}≒77$(명)

147 **소방시설공사업법령에 따른 소방시설업의 등록에 관한 내용으로 틀린 것은?**

① 특정소방대상물의 소방시설공사 등을 하려는 자는 업종별로 자본금, 기술인력 등 대통령령으로 정하는 요건을 갖추어 시 · 도지사에게 소방시설업을 등록하여야 한다.
② 소방시설업의 업종별 영업범위는 대통령령으로 정한다.
③ 소방시설업의 등록신청과 등록증 · 등록수첩의 발급 · 재발급 신청, 그 밖에 소방시설업 등록에 필요한 사항은 행정안전부령으로 정한다.
④ 공기업 · 준정부기관 및 지방공사나 지방공단이 요건을 모두 갖춘 경우에는 시 ·

도지사에게 등록을 하고 자체 기술인력을 활용하여 설계 · 감리를 할 수 있다.

공기업 · 준정부기관 및 지방공사나 지방공단이 요건을 모두 갖춘 경우에는 시 · 도지사에게 등록을 하지 아니하고 자체 기술인력을 활용하여 설계 · 감리를 할 수 있다. 이 경우 대통령령으로 정하는 기술인력을 보유하여야 한다(법 제4조 제4항).

148 **소방시설 설치 및 관리에 관한 법률상 소방대상물의 방염 등에 관한 설명으로 틀린 것은?**

① 대통령령으로 정하는 특정소방대상물에 실내장식 등의 목적으로 설치 또는 부착하는 물품으로서 대통령령으로 정하는 물품은 방염성능기준 이상의 것으로 설치하여야 한다.

② 소방본부장 또는 소방서장은 방염대상물품이 방염성능기준에 미치지 못하거나 방염성능검사를 받지 아니한 것이면 특정소방대상물의 관계인에게 방염대상물품을 제거하도록 하거나 방염성능검사를 받도록 하는 등 필요한 조치를 명할 수 있다.

③ 방염성능검사의 방법과 검사 결과에 따른 합격 표시 등에 필요한 사항은 행정안전부령으로 정한다.

④ 방염성능기준은 소방청장이 정하여 고시한다.

방염성능기준은 대통령령으로 정한다(영 제20조 제3항).

149 **소방기본법령상 소방활동구역의 출입자에 해당되지 않는 자는?**

① 수사업무에 종사하는 사람

② 소방안전실무교육에 종사하는 사람

③ 의사 · 간호사 그 밖의 구조 · 구급업무에 종사하는 사람

④ 소방대장이 소방활동을 위하여 출입을 허가한 사람

소방활동구역의 출입자(영 제8조)

1. 소방활동구역 안에 있는 소방대상물의 소유자 · 관리자 또는 점유자
2. 전기 · 가스 · 수도 · 통신 · 교통의 업무에 종사하는 사람으로서 원활한 소방활동을 위하여 필요한 사람
3. 의사 · 간호사 그 밖의 구조 · 구급업무에 종사하는 사람
4. 취재인력 등 보도업무에 종사하는 사람
5. 수사업무에 종사하는 사람
6. 그 밖에 소방대장이 소방활동을 위하여 출입을 허가한 사람

150 **소방시설공사업법령상 상주 공사감리 대상인 특정소방대상물에 대한 소방시설의 공사 면적은?**

① 연면적 1만m^2 이상의 특정소방대상물(아파트는 제외한다)에 대한 소방시설의 공사

② 연면적 2만m^2 이상의 특정소방대상물(아파트는 제외한다)에 대한 소방시설의 공사

③ 연면적 3만m^2 이상의 특정소방대상물(아파트는 제외한다)에 대한 소방시설의 공사

④ 연면적 5만m^2 이상의 특정소방대상물

(아파트는 제외한다)에 대한 소방시설의 공사

③

상주 공사감리 대상(영 별표 3)

1. 연면적 3만m^2 이상의 특정소방대상물(아파트는 제외한다)에 대한 소방시설의 공사
2. 지하층을 포함한 층수가 16층 이상으로서 500세대 이상인 아파트에 대한 소방시설의 공사

4과목 소방기계시설의 구조 및 원리

01 할론소화설비의 화재안전기준에 따른 할론소화설비 배관의 설치기준으로 틀린 것은?

① 배관은 전용으로 할 것
② 동관을 사용하는 경우의 배관은 이음이 없는 구리 및 구리합금관(KS D 5301)으로서 고압식은 3.75메가파스칼 이상의 압력에 견딜 수 있는 것을 사용할 것
③ 배관부속 및 밸브류는 강관 또는 동관과 동등 이상의 강도 및 내식성이 있는 것으로 할 것
④ 강관을 사용하는 경우의 배관은 압력 배관용 탄소 강관(KS D 3562) 중 스케줄 80(저압식은 스케줄 40) 이상의 것

정답 ②

할론소화설비 배관의 설치기준(제8조)
1. 배관은 전용으로 할 것
2. 강관을 사용하는 경우의 배관은 압력 배관용 탄소 강관(KS D 3562) 중 스케줄 80(저압식은 스케줄 40) 이상의 것 또는 이와 동등 이상의 강도를 가진 것으로 아연도금 등으로 방식처리된 것을 사용할 것
3. 동관을 사용하는 경우의 배관은 이음이 없는 구리 및 구리합금관(KS D 5301)으로서 고압식은 16.5메가파스칼 이상, 저압식은 3.75메가파스칼 이상의 압력에 견딜 수 있는 것을 사용할 것
4. 배관부속 및 밸브류는 강관 또는 동관과 동등 이상의 강도 및 내식성이 있는 것으로 할 것

02 피난기구의 화재안전기준상 근린생활시설 지하층에 적응성이 있는 피난기구는? (단, 노유자시설에 한한다.)

① 피난용트랩
② 승강식피난기
③ 피난사다리
④ 구조대

정답 ①

핵심 포인트

소방대상물의 설치장소별 피난기구의 적응성

설치장소별 구분 \ 층별	지하층
노유자시설	피난용트랩
의료시설 · 근린생활시설중 입원실이 있는 의원 · 접골원 · 조산원	피난용트랩
다중이용업소로서 영업장의 위치가 4층 이하인 다중이용업소	–
그 밖의 것	피난사다리 · 피난용트랩

03 화재조기진압용 스프링클러설비의 화재안전기술기준상 가지배관 사이의 거리로 옳은 것은?

① 1.2m 이상 2.3m 이하

② 2.4m 이상 3.7m 이하
③ 3.7m 이상 4.5m 이하
④ 4.6m 이상 5.3m 이하

가지배관의 배열 기준(제8조 제10항)
1. 토너먼트(tournament)방식이 아닐 것
2. 가지배관 사이의 거리는 2.4m 이상 3.7m 이하로 할 것
3. 교차배관에서 분기되는 지점을 기점으로 한 쪽 가지배관에 설치되는 헤드의 개수(반자 아래와 반자 속의 헤드를 하나의 가지배관 상에 병설하는 경우에는 반자 아래에 설치하는 헤드의 개수)는 8개 이하로 할 것
4. 가지배관과 화재조기진압용 스프링클러헤드 사이의 배관을 신축배관으로 하는 경우에는 소방청장이 정하여 고시한 「스프링클러설비신축배관의 성능인증 및 제품검사의 기술기준」에 적합한 것으로 설치할 것

04 물분무소화설비의 화재안전기술기준에 따른 수원의 저수량 기준으로 옳지 않은 것은?

① 차고 또는 주차장은 그 바닥면적(최대 방수구역의 바닥면적을 기준으로 하며, $50m^2$ 이하인 경우에는 $50m^2$) $1m^2$에 대하여 $20l$/min로 20분간 방수할 수 있는 양 이상으로 할 것
② 절연유 봉입 변압기는 바닥부분을 제외한 표면적을 합한 면적 $1m^2$에 대하여 $10l$/min로 20분간 방수할 수 있는 양 이상으로 할 것
③ 케이블트레이, 케이블덕트 등은 투영된 바닥면적 $1m^2$에 대하여 $20l$/min로 30분간 방수할 수 있는 양 이상으로 할 것
④ 컨베이어 벨트 등은 벨트부분의 바닥면적 $1m^2$에 대하여 $10l$/min로 20분간 방수할 수 있는 양 이상으로 할 것

물분무소화설비의 저수량 기준(제4조 제1항)
1. 특수가연물을 저장 또는 취급하는 특정소방대상물 또는 그 부분에 있어서 그 바닥면적(최대 방수구역의 바닥면적을 기준으로 하며, $50m^2$ 이하인 경우에는 $50m^2$) $1m^2$에 대하여 $10l$/min로 20분간 방수할 수 있는 양 이상으로 할 것
2. 차고 또는 주차장은 그 바닥면적(최대 방수구역의 바닥면적을 기준으로 하며, $50m^2$ 이하인 경우에는 $50m^2$) $1m^2$에 대하여 $20l$/min로 20분간 방수할 수 있는 양 이상으로 할 것
3. 절연유 봉입 변압기는 바닥부분을 제외한 표면적을 합한 면적 $1m^2$에 대하여 $10l$/min로 20분간 방수할 수 있는 양 이상으로 할 것
4. 케이블트레이, 케이블덕트 등은 투영된 바닥면적 $1m^2$에 대하여 $12l$/min로 20분간 방수할 수 있는 양 이상으로 할 것
5. 컨베이어 벨트 등은 벨트부분의 바닥면적 $1m^2$에 대하여 $10l$/min로 20분간 방수할 수 있는 양 이상으로 할 것

05 옥외소화전설비의 화재안전기술기준상 옥외소화전설비에는 옥외소화전마다 몇 m 이내의 장소에 소화전함을 설치하여야 하는가?

① 3m
② 5m
③ 7m
④ 10m

옥외소화전설비에는 옥외소화전마다 그로부터 5m 이내의 장소에 소화전함을 기준에 따라 설치하여야 한다(제7조 제1항).

PART 1 과목별 예상문제

06 상수도소화용수설비의 화재안전기술기준상 일반적으로 표기하는 배관의 직경은?

① 호칭지름
② 배관지름
③ 곡관지름
④ 표준지름

정답 ①

호칭지름 : 일반적으로 표기하는 배관의 직경을 말한다(제3조).

07 물분무소화설비의 화재안전기술기준상 차고 또는 주차장에 설치하는 물분무소화설비의 배수설비 기준으로 틀린 것은?

① 차량이 주차하는 장소의 적당한 곳에 높이 10cm 이상의 경계턱으로 배수구를 설치할 것
② 차량이 주차하는 바닥은 배수구를 향하여 100분의 20 이상의 기울기를 유지할 것
③ 배수구에는 새어나온 기름을 모아 소화할 수 있도록 길이 40m 이하마다 집수관 · 소화핏트 등 기름분리장치를 설치할 것
④ 배수설비는 가압송수장치의 최대송수능력의 수량을 유효하게 배수할 수 있는 크기 및 기울기로 할 것

정답 ②

물분무소화설비를 설치하는 차고 또는 주차장에는 다음의 기준에 따라 배수설비를 하여야 한다(제11조).
1. 차량이 주차하는 장소의 적당한 곳에 높이 10cm 이상의 경계턱으로 배수구를 설치할 것
2. 배수구에는 새어나온 기름을 모아 소화할 수 있도록 길이 40m 이하마다 집수관 · 소화핏트 등 기름분리장치를 설치할 것
3. 차량이 주차하는 바닥은 배수구를 향하여 100분의 2 이상의 기울기를 유지할 것
4. 배수설비는 가압송수장치의 최대송수능력의 수량을 유효하게 배수할 수 있는 크기 및 기울기로 할 것

08 스프링클러설비의 화재안전기술기준에 따라 헤드가 설치되어 있는 배관은?

① 교차배관
② 신축배관
③ 주배관
④ 가지배관

정답 ④

④ **가지배관** : 헤드가 설치되어 있는 배관을 말한다.
① **교차배관** : 가지배관에 급수하는 배관을 말한다.
② **신축배관** : 가지배관과 스프링클러헤드를 연결하는 구부림이 용이하고 유연성을 가진 배관을 말한다.
③ **주배관** : 가압송수장치 또는 송수구 등과 직접 연결되어 소화수를 이송하는 주된 배관을 말한다.

09 포소화설비의 화재안전기술기준에 따라 포소화설비에 소방용 합성수지배관을 설치할 수 있는 경우로 틀린 것은?

① 배관을 지하에 매설하는 경우
② 공기 고임이 생기지 않는 구조로 하고 여과장치를 설치하는 경우
③ 다른 부분과 내화구조로 구획된 덕트 또는 피트의 내부에 설치하는 경우
④ 천장과 반자를 불연재료 또는 준불연재료로 설치하고 그 내부에 항상 소화수가 채워진 상태로 배관을 설치하는 경우

포소화설비에 소방용 합성수지배관을 설치할 수 있는 경우

1. 배관을 지하에 매설하는 경우
2. 다른 부분과 내화구조로 구획된 덕트 또는 피트의 내부에 설치하는 경우
3. 천장(상층이 있는 경우에는 상층바닥의 하단을 포함한다.)과 반자를 불연재료 또는 준불연 재료로 설치하고 소화배관 내부에 항상 소화수가 채워진 상태로 설치하는 경우

10 물분소화설비의 화재안전기술기준에 따라 감시제어반의 설치기준으로 틀린 것은?

① 화재 및 침수 등의 재해로 인한 피해를 받을 우려가 없는 곳에 설치할 것

② 감시제어반은 물분무소화설비와 다른 용도의 설비와 공동으로 할 것

③ 감시제어반은 전용실 안에 설치할 것

④ 전용실에는 특정소방대상물의 기계 · 기구 또는 시설 등의 제어 및 감시설비 외의 것을 두지 않을 것

감시제어반의 설치기준(제13조 제3항)

1. 화재 및 침수 등의 재해로 인한 피해를 받을 우려가 없는 곳에 설치할 것
2. 감시제어반은 물분무소화설비의 전용으로 할 것
3. 감시제어반은 다음의 기준에 따른 전용실 안에 설치하고, 전용실에는 특정소방대상물의 기계 · 기구 또는 시설 등의 제어 및 감시설비 외의 것을 두지 않을 것
   ㉠ 다른 부분과 방화구획을 할 것
   ㉡ 피난층 또는 지하 1층에 설치할 것
   ㉢ 비상조명등 및 급 · 배기설비를 설치할 것
   ㉣ 유효하게 통신이 가능할 것
   ㉤ 바닥면적은 감시제어반의 설치에 필요한 면적 외에 화재 시 소방대원이 그 감시제어반의 조작에 필요한 최소면적 이상으로 할 것

11 화재조기진압용 스프링클러설비의 화재안전기술기준상 헤드의 방호면적은?

① $3.0m^2$ 이상 $6.3m^2$ 이하

② $4.0m^2$ 이상 $7.3m^2$ 이하

③ $5.0m^2$ 이상 $8.3m^2$ 이하

④ $6.0m^2$ 이상 $9.3m^2$ 이하

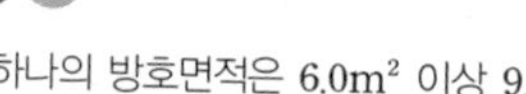

헤드 하나의 방호면적은 $6.0m^2$ 이상 $9.3m^2$ 이하로 할 것(제10조 제1호)

12 연결살수설비의 화재안전기술기준상 배관의 설치기준 중 하나의 배관에 부착하는 살수헤드의 개수가 7개인 경우 배관의 구경은 최소 몇 mm 이상으로 설치해야 하는가? (단, 연결살수설비 전용 헤드를 사용하는 경우이다.)

① 80mm

② 70mm

③ 60mm

④ 50mm

하나의 배관에 부착하는 살수헤드의 개수(제5조 제3항)

하나의 배관에 부착하는 살수 헤드의 개수	1개	2개	3개	4개 또는 5개	6개 이상 10개 이하
배관의 구경 (mm)	32	40	50	65	80

13 **특별피난계단의 계단실 및 부속실 제연설비의 화재안전기준상 차압 등에 관한 기준으로 옳지 않은 것은?**

① 제연구역과 옥내와의 사이에 유지해야 하는 최소차압은 40Pa 이상으로 해야 한다.
② 제연설비가 가동되었을 경우 출입문의 개방에 필요한 힘은 110N 이하로 해야 한다.
③ 출입문이 일시적으로 개방되는 경우 개방되지 않은 제연구역과 옥내와의 차압은 70% 이상이어야 한다.
④ 제연구역과 옥내에 스프링클러설비가 설치된 경우에는 20Pa 이상으로 해야 한다.

정답 ④

핵심 포인트

차압 등에 관한 기준(2.3)

1. 제연구역과 옥내와의 사이에 유지해야 하는 최소차압은 40Pa(옥내에 스프링클러설비가 설치된 경우에는 12.5Pa) 이상으로 해야 한다.
2. 제연설비가 가동되었을 경우 출입문의 개방에 필요한 힘은 110N 이하로 해야 한다.
3. 출입문이 일시적으로 개방되는 경우 개방되지 않은 제연구역과 옥내와의 차압은 70% 이상이어야 한다.
4. 계단실과 부속실을 동시에 제연하는 경우 부속실의 기압은 계단실과 같게 하거나 계단실의 기압보다 낮게 할 경우에는 부속실과 계단실의 압력 차이는 5Pa 이하가 되도록 해야 한다.

14 **소화전함의 성능인증 및 제품검사의 기술기준상 옥내 소화전함의 재료로 옳지 않은 것은?**

① 소화전함의 각 부분은 내구성이 우수한 재료로 제작하여야 한다.
② 소화전함에 사용되는 금속재료(지하소화장치함 제외)는 적합한 것이어야 한다.
③ 옥내소화전함의 경우 문의 일부를 난연재료 또는 불연재료로 할 수 있다.
④ 지하소화장치함에 사용되는 문의 재료는 STS304 또는 동등 이상의 내식성이 있는 재료이어야 한다.

정답 

소화전함에 사용되는 금속재료(지하소화장치함 제외)는 재료에 적합한 것이거나 이와 동등 이상의 강도가 있는 것이어야 한다. 다만, 옥내소화전함의 경우 문의 일부를 난연재료 또는 망유리로 할 수 있다(제7조 제2항).

15 **분말소화설비의 화재안전기술기준상 제어밸브 등에 관한 내용으로 틀린 것은?**

① 2차 측 배관 부분에는 해당 방수구역 외에 밸브의 작동을 시험할 수 있는 장치를 설치해야 한다.
② 제어밸브는 바닥으로부터 0.8m 이상 1.5m 이하의 위치에 설치해야 한다.
③ 제어밸브의 가까운 곳의 보기 쉬운 곳에 "제어밸브"라고 표시한 표지를 해야 한다.
④ 자동 개방밸브 및 수동식 개방밸브는 화재 시 일반인의 접근이 어려운 곳에 설치해야 한다.

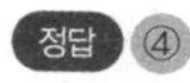

자동 개방밸브 및 수동식 개방밸브는 화재 시 용이하게 접근할 수 있는 곳에 설치하고, 2차 측 배관 부분에는 해당 방수구역 외에 밸브의 작동을 시험할 수 있는 장치를 설치해야 한다(제9조 제2항).

16 상수도소화용수설비의 화재안전기술기준상 소화전은 특정소방대상물의 수평투영면의 각 부분으로부터 몇 m 이하가 되도록 설치하여야 하는가?

① 120m
② 140m
③ 150m
④ 200m

상수도소화용수설비의 설치기준

1. 호칭지름 75mm 이상의 수도배관에 호칭지름 100mm 이상의 소화전을 접속할 것
2. 소화전은 소방자동차 등의 진입이 쉬운 도로변 또는 공지에 설치할 것
3. 소화전은 특정소방대상물의 수평투영면의 각 부분으로부터 140m 이하가 되도록 설치할 것
4. 지상식 소화전의 호스접결구는 지면으로부터 높이가 0.5m 이상 1m 이하가 되도록 설치할 것

17 상수도소화용수설비의 화재안전기술기준상 지상식 소화전의 호스접결구는 지면으로부터 몇 m 높이에 설치하여야 하는가?

① 0.5m 이상 1.0m 이하
② 0.7m 이상 1.2m 이하
③ 0.8m 이상 1.5m 이하
④ 1.0m 이상 1.8m 이하

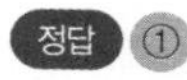

상수도소화용수설비는 「수도법」에 따른 기준 외에 다음의 기준에 따라 설치해야 한다.

1. 호칭지름 75mm 이상의 수도배관에 호칭지름 100mm 이상의 소화전을 접속할 것
2. 소화전은 소방자동차 등의 진입이 쉬운 도로변 또는 공지에 설치할 것
3. 소화전은 특정소방대상물의 수평투영면의 각 부분으로부터 140m 이하가 되도록 설치할 것
4. 지상식 소화전의 호스접결구는 지면으로부터 높이가 0.5m 이상 1m 이하가 되도록 설치할 것

18 피난기구의 화재안전기술기준에 따라 다수인 피난장비의 설치기준으로 틀린 것은?

① 하강 시에 탑승기가 건물 외벽이나 돌출물에 충돌하지 않도록 설치할 것
② 사용 시에 보관실 안측 문이 먼저 열리고 탑승기가 안측으로 자동으로 전개될 것
③ 상 · 하층에 설치할 경우에는 탑승기의 하강경로가 중첩되지 않도록 할 것
④ 피난층에는 해당 층에 설치된 피난기구가 착지에 지장이 없도록 충분한 공간을 확보할 것

다수인 피난장비의 설치기준(제5조 제3항 제8호)

1. 피난에 용이하고 안전하게 하강할 수 있는 장소에 적재 하중을 충분히 견딜 수 있도록 구조안전의 확인을 받아 견고하게 설치할 것
2. 다수인피난장비 보관실은 건물 외측보다 돌출되지 아니하고, 빗물 · 먼지 등으로부터 장비를 보호할 수 있는 구조일 것
3. 사용 시에 보관실 외측 문이 먼저 열리고 탑승기가 외측으로 자동으로 전개될 것
4. 하강 시에 탑승기가 건물 외벽이나 돌출물에 충돌하지 않도록 설치할 것
5. 상 · 하층에 설치할 경우에는 탑승기의 하강경로가 중첩되지 않도록 할 것
6. 하강 시에는 안전하고 일정한 속도를 유지하도록 하고 전복, 흔들림, 경로이탈 방지를 위한 안전조치를 할 것
7. 보관실의 문에는 오작동 방지조치를 하고, 문 개방 시에는 당해 소방대상물에 설치된 경보설비와 연동하여 유효한 경보음을 발하도록 할 것
8. 피난층에는 해당 층에 설치된 피난기구가 착지에 지장이 없도록 충분한 공간을 확보할 것
9. 한국소방산업기술원 또는 성능시험기관으로 지정받은 기관에서 그 성능을 검증받은 것으로 설치할 것

19 스프링클러설비의 화재안전기술기준에 따른 수직배수배관의 구경은 몇 mm 이상으로 해야 하는가?

① 20mm 이상
② 30mm 이상
③ 50mm 이상
④ 80mm 이상

정답 ③

수직배수배관의 구경은 50mm 이상으로 해야 한다. 다만, 수직배관의 구경이 50mm 미만인 경우에는 수직배관과 동일한 구경으로 할 수 있다.

20 포소화설비의 화재안전기술기준에 따른 특정소방대상물 중 차고 또는 주차장에 적응하는 소화설비가 아닌 것은?

① 포워터스프링클러설비
② 압축공기포소화설비
③ 포헤드설비
④ 고정포방출설비

정답 ②

차고 또는 주차장 : 포워터스프링클러설비 · 포헤드설비 또는 고정포방출설비, 압축공기포소화설비. 다만, 다음의 어느 하나에 해당하는 차고 · 주차장의 부분에는 호스릴포소화설비 또는 포소화전설비를 설치할 수 있다.

1. 완전 개방된 옥상주차장 또는 고가 밑의 주차장으로서 주된 벽이 없고 기둥뿐이거나 주위가 위해방지용 철주 등으로 둘러쌓인 부분
2. 지상 1층으로서 지붕이 없는 부분

21 스프링클러설비의 화재안전기술기준에서 가압수조를 이용한 가압송수장치의 설치기준으로 틀린 것은?

① 가압수조의 압력은 방수압을 20분 이상 유지되도록 할 것
② 가압수조의 압력은 방수량을 20분 이상 유지되도록 할 것
③ 가압수조 및 가압원은 방화구획 된 장소에 설치할 것
④ 가압수조를 이용한 가압송수장치는 시 · 도지사가 정하여 고시한 「가압수조식가압송수장치의 성능인증 및 제품검사의 기술기준」에 적합한 것으로 설치할 것

정답 ④

가압수조를 이용한 가압송수장치는 다음의 기준에 따라 설치해야 한다.

1. 가압수조의 압력은 방수압 및 방수량을 20분 이상 유지되도록 할 것
2. 가압수조 및 가압원은 방화구획 된 장소에 설치할 것
3. 가압수조를 이용한 가압송수장치는 소방청장이 정하여 고시한 「가압수조식가압송수장치의 성능인증 및 제품검사의 기술기준」에 적합한 것으로 설치할 것

22 분말소화설비의 화재안전기술기준상 분말소화설비 음향경보장치의 설치기준으로 틀린 것은?

① 수동식 기동장치를 설치한 것은 그 기동장치의 조작과정에서 경보를 발하는 것으로 할 것

② 자동식 기동장치를 설치한 것은 화재감지기와 연동하여 자동으로 경보를 발하는 것으로 할 것

③ 소화약제의 방출개시 후 5분 이상 경보를 계속할 수 있는 것으로 할 것

④ 방호구역 또는 방호대상물이 있는 구획 안에 있는 자에게 유효하게 경보할 수 있는 것으로 할 것

정답 ③

음향경보장치의 설치기(제13조 제1항)

1. 수동식 기동장치를 설치한 것은 그 기동장치의 조작과정에서, 자동식 기동장치를 설치한 것은 화재감지기와 연동하여 자동으로 경보를 발하는 것으로 할 것
2. 소화약제의 방출개시 후 1분 이상 경보를 계속할 수 있는 것으로 할 것
3. 방호구역 또는 방호대상물이 있는 구획 안에 있는 자에게 유효하게 경보할 수 있는 것으로 할 것

23 이산화탄소소화설비의 화재안전기술기준상 이산화탄소소화설비의 자동식 기동장치에 대한 기준으로 틀린 것은?

① 기계식 기동장치는 저장용기를 쉽게 개방할 수 있는 구조로 할 것

② 자동식 기동장치에는 자동으로도 기동할 수 있는 구조로 할 것

③ 기동용 가스용기에는 내압시험압력의 0.8배부터 내압시험압력 이하에서 작동하는 안전장치를 설치할 것

④ 전기식 기동장치로서 7병 이상의 저장용기를 동시에 개방하는 설비는 2병 이상의 저장용기에 전자 개방밸브를 부착해야 한다.

정답 ②

이산화탄소소화설비의 자동식 기동장치는 자동화재탐지설비의 감지기의 작동과 연동하는 것으로서 다음의 기준에 따라 설치해야 한다.

1. 자동식 기동장치에는 수동으로도 기동할 수 있는 구조로 할 것
2. 전기식 기동장치로서 7병 이상의 저장용기를 동시에 개방하는 설비는 2병 이상의 저장용기에 전자 개방밸브를 부착할 것
3. 가스압력식 기동장치는 다음의 기준에 따를 것
   ㉠ 기동용 가스용기 및 해당 용기에 사용하는 밸브는 25MPa 이상의 압력에 견딜 수 있는 것으로 할 것
   ㉡ 기동용 가스용기에는 내압시험압력의 0.8배부터 내압시험압력 이하에서 작동하는 안전장치를 설치할 것
   ㉢ 기동용 가스용기의 체적은 5L 이상으로 하고, 해당 용기에 저장하는 질소 등의 비활성기체는 6.0MPa 이상(21 ℃ 기준)의 압력으로 충전할 것
   ㉣ 질소 등의 비활성기체 기동용가스용기에는 충전 여부를 확인할 수 있는 압력게이지를 설치할 것
4. 기계식 기동장치는 저장용기를 쉽게 개방할 수 있는 구조로 할 것

24 **물분무소화설비의 화재안전성능기준상 물분무헤드의 설치 제외 장소가 아닌 것은?**

① 물에 심하게 반응하는 물질이 있는 장소
② 고온의 물질이 있는 장소
③ 직접 분무를 하는 경우 그 부분에 손상을 입힐 우려가 있는 기계장치 등이 있는 장소
④ 물분무소화설비용 전기배선의 양단 및 접속단자 등이 있는 장소

정답 ④

물분무헤드의 설치 제외 : 물에 심하게 반응하는 물질, 고온의 물질 또는 직접 분무를 하는 경우 그 부분에 손상을 입힐 우려가 있는 기계장치 등이 있는 장소에는 물분무헤드를 설치하지 않을 수 있다(제15조).

25 **이산화탄소소화설비의 화재안전기술기준상 대형 분사헤드 설치 제외 장소가 아닌 것은?**

① 방재실 · 제어실 등 사람이 상시 근무하지 않는 장소
② 니트로셀룰로스 · 셀룰로이드제품 등 자기연소성물질을 저장 · 취급하는 장소
③ 나트륨 · 칼륨 · 칼슘 등 활성금속물질을 저장 · 취급하는 장소
④ 전시장 등의 관람을 위하여 다수인이 출입 · 통행하는 통로 및 전시실 등

정답 ①

이산화탄소소화설비의 분사헤드는 다음의 장소에 설치해서는 안 된다.
1. 방재실 · 제어실 등 사람이 상시 근무하는 장소
2. 니트로셀룰로스 · 셀룰로이드제품 등 자기연소성물질을 저장 · 취급하는 장소
3. 나트륨 · 칼륨 · 칼슘 등 활성금속물질을 저장 · 취급하는 장소
4. 전시장 등의 관람을 위하여 다수인이 출입 · 통행하는 통로 및 전시실 등

26 **자동화재탐지설비 감지기의 작동과 연동하는 분말소화설비 기동장치의 설치기준으로 옳지 않은 것은?**

① 분말소화설비의 수동식 기동장치는 조작, 피난 및 유지관리가 용이한 장소에 설치한다.
② 전역방출방식은 방호구역마다, 국소방출방식은 방호대상물마다 설치해야 한다.
③ 분말소화설비의 자동식 기동장치는 자동화재탐지설비 감지기의 작동과 연동하는 것으로서 수동으로 기동할 수 없는 구조로 설치해야 한다.
④ 분말소화설비가 설치된 부분의 출입구 등의 보기 쉬운 곳에 소화약제의 방출을 표시하는 표시등을 설치해야 한다.

정답 ③

분말소화설비의 자동식 기동장치는 자동화재탐지설비의 감지기의 작동과 연동하는 것으로서 수동으로도 기동할 수 있는 구조로 설치해야 한다(제7조 제2항).

27 **분말소화설비의 화재안전성능기준상 전역방출방식의 분말소화설비에 있어서 방호구역의 용적이 500m³일 때 적합한 분사헤드의 수는? (단, 제1종 분말이며, 체적 1m³당 소화약제의 양은 0.60kg이며, 분사헤드 1개의 분당 표준 방사량은 18kg이다.)**

① 32개
② 34개
③ 36개
④ 38개

전역방출방식의 분말소화설비의 분사헤드는 소화약제 저장량을 30초 이내에 방출할 수 있는 것으로 하여야 한다(제11조 제1항).
헤드수＝500×0.6÷18÷0.5≒33.3 ∴ 34(개)

28 **구조대의 형식승인 및 제품검사의 기술기준상 수직강하식 구조대의 구조기준 중 틀린 것은?**

① 건물 내부의 별실에 설치하는 것은 내부포지를 설치하지 아니할 수 있다.
② 입구틀 및 고정틀의 입구는 지름 60cm 이상의 구체가 통과할 수 있는 것이어야 한다.
③ 수직구조대는 안전하고 쉽게 사용할 수 있는 구조이어야 한다.
④ 수직구조대는 연속하여 강하할 수 있는 구조이어야 한다.

수직강하식 구조대의 구조기준(제17조)
1. 수직구조대는 안전하고 쉽게 사용할 수 있는 구조이어야 한다.
2. 수직구조대의 포지는 외부포지와 내부포지로 구성하되, 외부포지와 내부포지의 사이에 충분한 공기층을 두어야 한다. 다만, 건물 내부의 별실에 설치하는 것은 외부포지를 설치하지 아니할 수 있다.
3. 입구틀 및 고정틀의 입구는 지름 60cm 이상의 구체가 통과할 수 있는 것이어야 한다.
4. 수직구조대는 연속하여 강하할 수 있는 구조이어야 한다.
5. 포지는 사용시 수직방향으로 현저하게 늘어나지 않아야 한다.
6. 포지, 지지틀, 고정틀 그밖의 부속장치 등은 견고하게 부착되어야 한다.

29 **할론소화설비의 화재안전기술기준상 축압식 할론소화약제의 저장용기에 사용되는 축압용 가스로서 적합한 것은?**

① 질소
② 아르곤
③ 일산화탄소
④ 불활성 가스

할론소화약제의 저장용기는 다음의 기준에 적합해야 한다(제4조 제2항).
1. 축압식 저장용기의 축압용 가스는 질소가스로 할 것
2. 저장용기의 충전비는 소화약제의 종류에 따를 것
3. 동일 집합관에 접속되는 저장용기의 소화약제 충전량은 동일 충전비의 것으로 할 것

PART 1 과목별 예상문제

30 **스프링클러설비의 화재안전기술기준상 천장의 기울기가 10분의 1을 초과할 경우에 가지관의 최상부에 설치되는 톱날지붕의 스프링클러헤드는 천장의 최상부로부터의 수직거리가 몇 cm 이하가 되도록 설치하여야 하는가?**

① 70cm
② 80cm
③ 90cm
④ 100cm

천장의 기울기가 10분의 1을 초과하는 경우에는 가지관을 천장의 마루와 평행하게 설치하고, 스프링클러헤드는 다음의 어느 하나에 적합하게 설치할 것

1. 천장의 최상부에 스프링클러헤드를 설치하는 경우에는 최상부에 설치하는 스프링클러헤드의 반사판을 수평으로 설치할 것
2. 천장의 최상부를 중심으로 가지관을 서로 마주보게 설치하는 경우에는 최상부의 가지관 상호간의 거리가 가지관상의 스프링클러헤드 상호간의 거리의 2분의 1 이하(최소 1m 이상이 되어야 한다)가 되게 스프링클러헤드를 설치하고, 가지관의 최상부에 설치하는 스프링클러헤드는 천장의 최상부로부터의 수직거리가 90cm 이하가 되도록 할 것(톱날지붕, 둥근지붕 기타 이와 유사한 지붕의 경우에도 이에 준한다.)

31 **소화기구 및 자동소화장치의 화재안전성능기준상 마른모래가 100L일 경우 능력단위는?**

① 0.5단위
② 1단위
③ 1.5단위
④ 2단위

마른모래가 50L일 경우 능력단위가 0.5이므로, 100L일 경우의 능력단위는 1이다.

능력단위 : 소화기 및 소화약제에 따른 간이소화용구에 있어서는 형식승인 된 수치를 말하며, 소화약제 외의 것을 이용한 간이소화용구에 있어서는 다음 표에 따른 수치를 말한다.

간이소화용구		능력단위
마른모래	삽을 이용한 50L 이상의 것 1포	0.5단위
팽창질석 또는 팽창진주암	삽을 이용한 80L 이상의 것 1포	

32 **스프링클러설비의 화재안전기술기준상 개방형 스프링클러설비의 방수구역 및 일제개방밸브의 설치기준으로 틀린 것은?**

① 하나의 방수구역은 2개 층에 미치지 않아야 한다.
② 방수구역마다 일제개방밸브를 설치해야 한다.
③ 2개 이상의 방수구역으로 나눌 경우에는 하나의 방수구역을 담당하는 헤드의 개수는 50개 이상으로 해야 한다.
④ 일제개방밸브의 표지는 "일제개방밸브실"이라고 표시해야 한다.

개방형 스프링클러설비의 방수구역 및 일제개방밸브는 다음의 기준에 적합해야 한다.

1. 하나의 방수구역은 2개 층에 미치지 않아야 한다.
2. 방수구역마다 일제개방밸브를 설치해야 한다.
3. 하나의 방수구역을 담당하는 헤드의 개수는 50개 이하로 할 것. 다만, 2개 이상의 방수구역으로 나눌 경우에는 하나의 방수구역을 담당하는 헤드의 개수는 25개 이상으로 해야 한다.
4. 일제개방밸브의 설치 위치는 실내에 설치하거나 보

호용 철망 등으로 구획하여 바닥에 설치하고, 표지는 "일제개방밸브실"이라고 표시해야 한다.

33 **소화수조 및 저수조의 화재안전성능기준상 소화용수설비인 소화수조가 옥상 또는 옥탑 부근에 설치된 경우에는 지상에 설치된 채수구에서의 압력이 최소 몇 MPa 이상이 되어야 하는가?**

① 0.15MPa
② 0.18MPa
③ 0.25MPa
④ 0.32MPa

소화수조가 옥상 또는 옥탑의 부분에 설치된 경우에는 지상에 설치된 채수구에서의 압력이 0.15MPa 이상이 되도록 해야 한다(제5조 제3항).

34 **이산화탄소소화설비의 화재안전성능기준상 이산화탄소 소화약제의 저장용기 설치기준 중 옳지 않은 것은?**

① 저장용기의 충전비는 고압식은 1.5 이상 1.9 이하, 저압식은 1.1 이상 1.4 이하로 할 것
② 고압식 저장용기에는 안전밸브, 봉판, 액면계, 압력계, 압력경보장치 및 자동냉동장치 등의 안전장치를 설치할 것
③ 저장용기 고압식은 25MPa 이상, 저압식은 3.5MPa 이상의 내압시험압력에 합격한 것으로 할 것
④ 소화약제의 저장용기는 방호구역 외의 장소로서 방화구획된 실에 설치할 것

이산화탄소 소화약제의 저장용기 설치기준(제4조 제2항)

1. 저장용기는 고압식은 25MPa 이상, 저압식은 3.5MPa 이상의 내압시험압력에 합격한 것으로 할 것
2. 저압식 저장용기에는 안전밸브, 봉판, 액면계, 압력계, 압력경보장치 및 자동냉동장치 등의 안전장치를 설치할 것
3. 저장용기의 충전비는 고압식은 1.5 이상 1.9 이하, 저압식은 1.1 이상 1.4 이하로 할 것

35 **분말소화설비의 화재안전기술기준상 분말소화설비의 가압용 가스로 질소가스를 사용하는 경우 질소가스는 소화약제 1kg마다 최소 몇 L 이상이어야 하는가? (단, 질소가스의 양은 35℃에서 1기압의 압력상태로 환산한 것이다.)**

① 30L
② 40L
③ 50L
④ 80L

가압용 가스로 질소가스를 사용하는 경우 질소가스는 소화약제 1kg마다 40L(섭씨 35도에서 1기압의 압력상태로 환산한 것) 이상, 이산화탄소를 사용하는 경우 이산화탄소는 소화약제 1kg에 대하여 20g에 배관의 청소에 필요한 양을 가산한 양 이상으로 할 것(제5조 제4항 제2호)

PART 1 과목별 예상문제

36 **물분무소화설비의 화재안전기술기준에 따른 물분무소화설비의 설치 장소별 1m²당 수원의 최소 저수량으로 틀린 것은?**

① 차고 : 20L/min×20분×바닥면적
② 케이블트레이 : 12L/min×20분×투영된 바닥면적
③ 콘베이어 벨트 : 10L/min×20분×벨트 부분의 바닥면적
④ 특수가연물을 취급하는 특정소방대상물 : 20L/min×20분×바닥면적

물분무소화설비 수원의 저수량이 다음의 기준에 적합하도록 해야 한다.

1. 특수가연물을 저장 또는 취급하는 특정소방대상물 또는 그 부분에 있어서 그 바닥면적(최대 방수구역의 바닥면적을 기준으로 하며, 50m² 이하인 경우에는 50m²) 1m²에 대하여 분당 10L로 20분간 방수할 수 있는 양 이상으로 할 것
2. 차고 또는 주차장은 그 바닥면적(최대 방수구역의 바닥면적을 기준으로 하며, 50m² 이하인 경우에는 50m²) 1m²에 대하여 분당 20L로 20분간 방수할 수 있는 양 이상으로 할 것
3. 절연유 봉입 변압기는 바닥 부분을 제외한 표면적을 합한 면적 1m²에 대하여 분당 10L로 20분간 방수할 수 있는 양 이상으로 할 것
4. 케이블트레이, 케이블덕트 등은 투영된 바닥면적 1m²에 대하여 분당 12L로 20분간 방수할 수 있는 양 이상으로 할 것
5. 콘베이어 벨트 등은 벨트 부분의 바닥면적 1m²에 대하여 분당 10L로 20분간 방수할 수 있는 양 이상으로 할 것

37 **피난기구의 화재안전성능기준상 주요 구조부가 내화구조이고 건널 복도가 설치된 층의 피난기구 수의 설치 감소 방법으로 적합하지 않은 것은?**

① 주요구조부가 내화구조이고 건널 복도가 설치되어 있는 층에는 피난기구의 일부를 감소할 수 있다.
② 주요구조부가 내화구조이고, 피난계단 또는 특별피난계단이 둘 이상 설치되어 있는 층에는 피난기구의 일부를 감소할 수 있다.
③ 피난기구의 수는 원래의 수에서 건널 복도 수를 더한 수로 한다.
④ 피난에 유효한 노대가 설치된 거실의 바닥면적은 피난기구의 설치개수 산정을 위한 바닥면적에서 이를 제외한다.

피난기구설치의 감소(제7조)

1. 피난기구를 설치해야 할 특정소방대상물 중 주요구조부가 내화구조이고, 피난계단 또는 특별피난계단이 둘 이상 설치되어 있는 층에는 피난기구의 일부를 감소할 수 있다.
2. 피난기구를 설치해야 할 특정소방대상물 중 주요구조부가 내화구조이고 건널 복도가 설치되어 있는 층에는 피난기구의 일부를 감소할 수 있다.
3. 피난기구를 설치해야 할 특정소방대상물 중 피난에 유효한 노대가 설치된 거실의 바닥면적은 피난기구의 설치개수 산정을 위한 바닥면적에서 이를 제외한다.

38 **제연설비의 화재안전성능기준상 비상전원의 설치기준에 해당하지 않는 것은?**

① 비상전원의 설치장소는 다른 장소와 방화구획 할 것
② 점검에 편리하고 화재 및 침수 등의 재해

로 인한 피해를 받을 우려가 없는 곳에 설치할 것
③ 비상전원을 실내에 설치하는 때에는 그 실내에 비상조명등을 설치할 것
④ 제연설비를 유효하게 30분 이상 작동할 수 있도록 할 것

정답 ④

비상전원은 자가발전설비, 축전지설비 또는 전기저장장치로서 다음의 기준에 따라 설치해야 한다(제11조 제1항).

1. 점검에 편리하고 화재 및 침수 등의 재해로 인한 피해를 받을 우려가 없는 곳에 설치할 것
2. 제연설비를 유효하게 20분 이상 작동할 수 있도록 할 것
3. 상용전원으로부터 전력의 공급이 중단된 때에는 자동으로 비상전원으로부터 전력을 공급받을 수 있도록 할 것
4. 비상전원의 설치장소는 다른 장소와 방화구획 할 것
5. 비상전원을 실내에 설치하는 때에는 그 실내에 비상조명등을 설치할 것

39 **분말소화설비의 화재안전성능기준상 가압용 가스 또는 축압용 가스의 설치기준으로 틀린 것은?**

① 배관의 청소에 필요한 가스는 별도의 용기에 저장할 것
② 축압용 가스로 질소가스를 사용하는 경우 질소가스는 소화약제 1kg마다 20L 이상으로 할 것
③ 가압용 가스로 질소가스를 사용하는 경우 질소가스는 소화약제 1kg마다 40L 이상으로 할 것
④ 가압용 가스 또는 축압용 가스는 질소가스 또는 이산화탄소로 할 것

 정답 ②

가압용 가스 또는 축압용 가스는 다음의 기준에 따라 설치한다(제5조 제4항).

1. 가압용 가스 또는 축압용 가스는 질소가스 또는 이산화탄소로 할 것
2. 가압용 가스로 질소가스를 사용하는 경우 질소가스는 소화약제 1kg마다 40L(섭씨 35도에서 1기압의 압력상태로 환산한 것) 이상, 이산화탄소를 사용하는 경우 이산화탄소는 소화약제 1kg에 대하여 20g에 배관의 청소에 필요한 양을 가산한 양 이상으로 할 것
3. 축압용 가스로 질소가스를 사용하는 경우 질소가스는 소화약제 1kg에 대하여 10L(섭씨 35도에서 1기압의 압력상태로 환산한 것) 이상, 이산화탄소를 사용하는 경우 이산화탄소는 소화약제 1kg에 대하여 20g에 배관의 청소에 필요한 양을 가산한 양 이상으로 할 것
4. 배관의 청소에 필요한 가스는 별도의 용기에 저장할 것

40 **옥내소화전설비의 화재안전성능기준상 옥내소화전설비용 수조에 설치하는 설비가 아닌 것은?**

① 수위계
② 청소용 배수밸브
③ 고정식 사다리
④ 충압펌프

 정답 ④

수조에는 수위계, 고정식 사다리, 청소용 배수밸브(또는 배수관), 표지 및 실내조명 등 수조의 유지관리에 필요한 설비를 설치할 것(제4조 제6항 제3호)

41 분말소화설비의 화재안전성능기준상 호스릴 방식의 분말소화설비의 설치기준으로 적합한 것은?

① 호스릴방식의 분말소화설비는 하나의 노즐마다 분당 10kg 이상의 소화약제를 방사할 수 있는 것으로 할 것
② 소화약제의 저장용기는 호스릴을 설치하는 장소마다 설치할 것
③ 소화약제의 저장용기의 개방밸브는 호스릴의 설치장소에서 자동으로 개폐할 수 있는 것으로 할 것
④ 방호대상물의 각 부분으로부터 하나의 호스접결구까지의 수평거리가 20m 이하가 되도록 할 것

정답 ②

호스릴방식의 분말소화설비의 설치기준(제11조 제4항)
1. 방호대상물의 각 부분으로부터 하나의 호스접결구까지의 수평거리가 15m 이하가 되도록 할 것
2. 소화약제의 저장용기의 개방밸브는 호스릴의 설치장소에서 수동으로 개폐할 수 있는 것으로 할 것
3. 소화약제의 저장용기는 호스릴을 설치하는 장소마다 설치할 것
4. 호스릴방식의 분말소화설비는 하나의 노즐마다 분당 27kg(제1종 분말은 45kg, 제4종 분말은 18kg) 이상의 소화약제를 방사할 수 있는 것으로 할 것
5. 저장용기에는 그 가까운 곳의 보기 쉬운 곳에 적색의 표시등을 설치하고, 호스릴방식의 분말소화설비가 있다는 뜻을 표시한 표지를 할 것

42 도로터널의 화재안전기술기준상 소화기의 설치 기준으로 틀린 것은?

① 소화기의 능력단위는 A급 화재는 3단위 이상으로 할 것
② 소화기의 능력단위는 B급 화재는 5단위 이상으로 할 것
③ 소화기의 능력단위는 C급 화재에 적응성이 있는 것으로 할 것
④ 소화기의 총중량은 사용 및 운반의 편리성을 고려하여 10kg 이하로 할 것

정답 ④

소화기의 설치기준(제5조)
1. 소화기의 능력단위는 A급 화재는 3단위 이상, B급 화재는 5단위 이상 및 C급 화재에 적응성이 있는 것으로 할 것
2. 소화기의 총중량은 사용 및 운반의 편리성을 고려하여 7kg 이하로 할 것
3. 소화기는 주행차로의 우측 측벽에 50m 이내의 간격으로 두 개 이상을 설치하며, 편도 2차선 이상의 양방향 터널과 4차로 이상의 일방향 터널의 경우에는 양쪽 측벽에 각각 50m 이내의 간격으로 엇갈리게 두 개 이상을 설치할 것
4. 바닥면(차로 또는 보행로를 말한다.)으로부터 1.5m 이하의 높이에 설치할 것
5. 소화기구함의 상부에 "소화기"라고 조명식 또는 반사식의 표지판을 부착하여 사용자가 쉽게 인지할 수 있도록 할 것

43 소방시설의 설치 및 관리에 관한 법률상 자동소화장치가 아닌 것은?

① 주거용 주방자동소화장치
② 이산화탄소소화설비
③ 분말자동소화장치
④ 고체에어로졸자동소화장치

정답 ②

자동소화장치(영 별표 1) : 주거용 주방자동소화장치, 상업용 주방자동소화장치, 캐비닛형 자동소화장치, 가스자동소화장치, 분말자동소화장치, 고체에어로졸자동소화장치

44 **특별피난계단의 계단실 및 부속실 제연설비의 화재안전성능기준상 제연설비의 설치장소에 따른 제연구역의 선정 기준으로 틀린 것은?**

① 계단실을 단독으로 제연하는 것
② 부속실을 단독으로 제연하는 것
③ 계단실 및 그 부속실을 동시에 제연하는 것
④ 개구부를 단독으로 제연하는 것

정답 ④

제연구역의 선정(제5조)
1. 계단실 및 그 부속실을 동시에 제연하는 것
2. 부속실을 단독으로 제연하는 것
3. 계단실을 단독으로 제연하는 것

45 **스프링클러설비의 화재안전성능기준상 개방형 스프링클러설비의 방수구역 및 일제개방밸브의 기준으로 틀린 것은?**

① 하나의 방수구역을 담당하는 헤드의 개수는 10개 이하로 할 것
② 하나의 방수구역은 두 개 층에 미치지 않을 것
③ 방수구역마다 일제개방밸브를 설치할 것
④ 일제개방밸브의 설치위치는 0.8m 이상 1.5m 이하의 위치에 설치할 것

정답 ①

개방형 스프링클러설비의 방수구역 및 일제개방밸브는 다음의 기준에 적합해야 한다(제7조).
1. 하나의 방수구역은 두 개 층에 미치지 않을 것
2. 방수구역마다 일제개방밸브를 설치할 것
3. 하나의 방수구역을 담당하는 헤드의 개수는 50개 이하로 할 것(다만, 두 개 이상의 방수구역으로 나눌 경우에는 하나의 방수구역을 담당하는 헤드의 개수는 25개 이상으로 해야 한다.)
4. 일제개방밸브의 설치위치는 0.8m 이상 1.5m 이하의 위치에 설치하고, 표지는 "일제개방밸브실"이라고 표시할 것

46 **소화수조 및 저수조의 화재안전기술기준상 소화용수설비에 설치하는 채수구의 설치기준으로 적합하지 않은 것은?**

① 채수구는 지면으로부터의 높이가 1.2m 이상 1.8m 이하의 위치에 설치할 것
② 채수구는 "채수구"라고 표시한 표지를 할 것
③ 채수구는 소방용호스에 사용하는 구경 65mm 이상의 나사식 결합금속구를 설치할 것
④ 채수구는 소방용흡수관에 사용하는 구경 65mm 이상의 나사식 결합금속구를 설치할 것

정답 ①

소화용수설비에 설치하는 채수구는 다음의 기준에 따라 설치할 것
1. 채수구는 소방용호스 또는 소방용흡수관에 사용하는 구경 65mm 이상의 나사식 결합금속구를 설치할 것
2. 채수구는 지면으로부터의 높이가 0.5m 이상 1m 이하의 위치에 설치하고 "채수구"라고 표시한 표지를 할 것

47 **제연설비의 화재안전성능기준상 배출기의 흡입측 풍도안의 풍속은?**

① 초속 10m 이하
② 초속 15m 이하
③ 초속 20m 이하
④ 초속 25m 이하

배출기의 흡입측 풍도안의 풍속은 초속 15m 이하로 하고 배출측 풍속은 초속 20m 이하로 할 것(제9조 제2항 제2호)

48 **소화수조 및 저수조의 화재안전성능기준상 소화수조의 소요수량이 $200m^3$인 경우 설치하여야 하는 채수구의 개수로 옳은 것은?**

① 1개
② 2개
③ 3개
④ 4개

채수구는 2개(소요수량이 $40m^3$ 미만인 것은 1개, $100m^3$ 이상인 것은 3개)를 설치한다(제4조 제3항 제2호).

49 **물분무소화설비의 화재안전기술기준상 감시제어반을 두는 전용실 안의 기준으로 틀린 것은?**

① 다른 부분과 방화구획을 할 것
② 피난층에는 설치하지 아니할 것
③ 비상조명등 및 급 · 배기설비를 설치할 것
④ 유효하게 통신이 가능할 것

감시제어반은 다음의 기준에 따른 전용실 안에 설치하고, 전용실에는 특정소방대상물의 기계 · 기구 또는 시설 등의 제어 및 감시설비 외의 것을 두지 않을 것

1. 다른 부분과 방화구획을 할 것
2. 피난층 또는 지하 1층에 설치할 것
3. 비상조명등 및 급 · 배기설비를 설치할 것
4. 「무선통신보조설비의 화재안전성능기준(NFPC 505)」에 따라 유효하게 통신이 가능할 것
5. 바닥면적은 감시제어반의 설치에 필요한 면적 외에 화재 시 소방대원이 그 감시제어반의 조작에 필요한 최소면적 이상으로 할 것

50 **피난기구의 화재안전성능기준에 따라 피난기구를 설치하여야 할 소방대상물 중 피난기구의 일부를 감소할 수 있는 조건이 아닌 것은?**

① 주요구조부가 내화구조이고 건널 복도가 설치되어 있다.
② 특별피난계단이 2 이상 설치되어 있다.
③ 직통계단인 피난계단이 2 이상 설치되어 있다.
④ 비상용 엘리베이터가 설치되어 있다.

피난기구설치의 감소(제7조)

1. 피난기구를 설치해야 할 특정소방대상물 중 주요구조부가 내화구조이고, 피난계단 또는 특별피난계단이 둘 이상 설치되어 있는 층에는 피난기구의 일부를 감소할 수 있다.
2. 피난기구를 설치해야 할 특정소방대상물 중 주요구조부가 내화구조이고 건널 복도가 설치되어 있는 층에는 피난기구의 일부를 감소할 수 있다.
3. 피난기구를 설치해야 할 특정소방대상물 중 피난에 유효한 노대가 설치된 거실의 바닥면적은 피난기구의 설치개수 산정을 위한 바닥면적에서 이를 제외한다.

51 물분무소화설비의 화재안전성능기준상 물분무소화설비의 가압송수장치로 압력수조의 필요압력을 산출할 때 필요한 것이 아닌 것은?

① 낙차의 환산수두압
② 물분무헤드의 설계압력 환산수두
③ 배관의 마찰손실 수두압
④ 물분무헤드의 설계압력

정답 ②

압력수조를 이용한 가압송수장치를 설치하는 경우 압력수조의 압력은 물분무헤드의 설계압력과 배관의 마찰손실 수두압 및 낙차의 환산수두압을 고려하여, 단위 면적당 방수량이 20분 이상 유지되도록 해야 한다(제5조 제3항).

52 스프링클러설비의 화재안전기준상 가압수조를 이용한 가압송수장치의 설치기준으로 적합하지 않는 것은?

① 가압수조의 압력은 방수량이 20분 이상 유지되도록 할 것
② 가압수조의 압력은 방수압이 20분 이상 유지되도록 할 것
③ 가압수조 및 가압원은 방화구획되지 않는 장소에 설치할 것
④ 가압수조를 이용한 가압송수장치는 소방청장이 정하여 고시한 「가압수조식가압송수장치의 성능인증 및 제품검사의 기술기준」에 적합한 것으로 설치할 것

정답 ③

가압수조를 이용한 가압송수장치는 다음의 기준에 따라 설치하여야 한다(제5조 제4항).
1. 가압수조의 압력은 방수량 및 방수압이 20분 이상 유지되도록 할 것
2. 가압수조 및 가압원은 방화구획된 장소에 설치할 것
3. 가압수조를 이용한 가압송수장치는 소방청장이 정하여 고시한 「가압수조식가압송수장치의 성능인증 및 제품검사의 기술기준」에 적합한 것으로 설치할 것

53 스프링클러설비의 화재안전성능기준상 스프링클러소화설비의 배관 내 압력이 얼마 이상일 때 압력배관용 탄소 강관을 사용해야 하는가?

① 1.0MPa
② 1.2MPa
③ 1.8MPa
④ 2.1MPa

정답 ②

배관 내 사용압력이 1.2MPa 이상일 경우에는 다음의 어느 하나에 해당하는 것
1. 압력 배관용 탄소 강관(KS D 3562)
2. 배관용 아크 용접 탄소 강관(KS D 3583)

PART 1 과목별 예상문제

54 소화수조 및 저수조의 화재안전기술기준상 소화용수설비에 설치하는 채수구의 설치기준으로 틀린 것은?

① 채수구는 소방용호스 또는 소방용흡수관에 사용하는 구경 65mm 이상의 나사식 결합금속구를 설치할 것

② 채수구는 지면으로부터의 높이가 1.5m 이상 2m 이하의 위치에 설치하고 "채수구"라고 표시한 표지를 할 것

③ 소화수조 또는 저수조에는 흡수관투입구 또는 채수구를 설치할 것

④ 소화수조 및 저수조의 채수구 또는 흡수관투입구는 소방차가 2m 이내의 지점까지 접근할 수 있는 위치에 설치할 것

채수구는 지면으로부터의 높이가 0.5m 이상 1m 이하의 위치에 설치하고 "채수구"라고 표시한 표지를 할 것

55 연결살수설비의 화재안전성능기준상 건축물에 설치하는 연결살수설비 헤드의 설치기준 중 틀린 것은?

① 반자의 실외에 면하는 부분에 설치할 것

② 천장의 실내에 면하는 부분에 설치할 것

③ 반자의 각 부분으로부터 하나의 살수헤드까지의 수평거리는 연결살수설비 전용헤드의 경우 3.7m 이하로 할 것

④ 천장의 각 부분으로부터 하나의 살수헤드까지의 수평거리는 스프링클러헤드의 경우 2.3m 이하로 할 것

건축물에 설치하는 연결살수설비 헤드의 설치기준(제6조 제2항)

1. 천장 또는 반자의 실내에 면하는 부분에 설치할 것
2. 천장 또는 반자의 각 부분으로부터 하나의 살수헤드까지의 수평거리는 연결살수설비 전용헤드의 경우에는 3.7m 이하, 스프링클러헤드의 경우는 2.3m 이하로 할 것

56 분말소화설비의 화재안전기술기준상 분말소화설비 배관의 설치기준으로 틀린 것은?

① 배관은 전용으로 할 것

② 밸브류는 개폐위치 또는 개폐방향을 표시한 것으로 할 것

③ 동관을 사용하는 경우의 배관은 고정압력 또는 최고사용압력의 2.5배 이상의 압력에 견딜 수 있는 것을 사용할 것

④ 강관을 사용하는 경우의 배관은 아연도금에 따른 배관용 탄소 강관(KS D 3507)이나 이와 동등 이상의 강도 · 내식성 및 내열성을 가진 것으로 할 것

정답 ③

분말소화설비 배관의 설치기준(제9조)

1. 배관은 전용으로 할 것
2. 강관을 사용하는 경우의 배관은 아연도금에 따른 배관용 탄소 강관(KS D 3507)이나 이와 동등 이상의 강도 · 내식성 및 내열성을 가진 것으로 할 것. 다만, 축압식분말소화설비에 사용하는 것 중 20℃에서 압력이 2.5MPa 이상 4.2MPa 이하인 것은 압력 배관용 탄소 강관(KS D 3562) 중 이음이 없는 스케줄(schedule) 40 이상인 것 또는 이와 동등 이상의 강도를 가진 것으로서 아연도금으로 방식처리된 것을 사용한다.
3. 동관을 사용하는 경우의 배관은 고정압력 또는 최고사용압력의 1.5배 이상의 압력에 견딜 수 있는 것을 사용할 것
4. 밸브류는 개폐위치 또는 개폐방향을 표시한 것으로 할 것

5. 배관의 관부속 및 밸브류는 배관과 동등 이상의 강도 및 내식성이 있는 것으로 할 것
6. 확관형 분기배관을 사용할 경우에는 소방청장이 정하여 고시한 「분기배관의 성능인증 및 제품검사의 기술기준」에 적합한 것으로 설치할 것

57 소화수조 및 저수조의 화재안전기술기준에 따라 소화용수설비에 설치하는 채수구의 수는 소요수량이 100m³ 이상인 경우 몇 개를 설치해야 하는가?

① 1개
③ 2개
③ 3개
④ 4개

소요수량에 따른 채수구의 수

소요수량	20m³ 이상 40m³ 미만	40m³ 이상 100m³ 미만	100m³ 이상
채수구의 수	1개	2개	3개

58 소화기구 및 자동소화장치의 화재안전기술기준상 주거용 주방자동소화장치의 설치기준으로 틀린 것은?

① 차단장치는 상시 확인 및 점검이 가능하도록 설치할 것
② 감지부는 형식승인 받은 유효한 높이 및 위치에 설치할 것
③ 수신부는 주위의 열기류 또는 습기 등과 주위온도에 영향을 받지 않고 사용자가 상시 볼 수 있는 장소에 설치할 것
④ 공기보다 무거운 가스를 사용하는 장소에는 천장 면으로부터 30cm 이하의 위치에 설치할 것

주거용 주방자동소화장치는 다음의 기준에 따라 설치할 것

1. 소화약제 방출구는 환기구의 청소부분과 분리되어 있어야 하며, 형식승인 받은 유효설치 높이 및 방호면적에 따라 설치할 것
2. 감지부는 형식승인 받은 유효한 높이 및 위치에 설치할 것
3. 차단장치(전기 또는 가스)는 상시 확인 및 점검이 가능하도록 설치할 것
4. 가스용 주방자동소화장치를 사용하는 경우 탐지부는 수신부와 분리하여 설치하되, 공기보다 가벼운 가스를 사용하는 경우에는 천장 면으로부터 30cm 이하의 위치에 설치하고, 공기보다 무거운 가스를 사용하는 장소에는 바닥 면으로부터 30cm 이하의 위치에 설치할 것
5. 수신부는 주위의 열기류 또는 습기 등과 주위온도에 영향을 받지 않고 사용자가 상시 볼 수 있는 장소에 설치할 것

59 **옥내소화전설비의 화재안전성능기준상 가압송수장치에 관한 내용이다. ( )에 공통으로 들어갈 내용은?**

- 고가수조의 자연낙차를 이용한 가압송수장치를 설치하는 경우 고가수조의 자연낙차수두(수조의 하단으로부터 최고층에 설치된 소화전 호스 접결구까지의 수직거리를 말한다)는 방수압 및 방수량이 ( )분 이상 유지되도록 해야 한다.
- 압력수조를 이용한 가압송수장치를 설치하는 경우 압력수조의 압력은 방수압 및 방수량이 ( )분 이상 유지되도록 해야 한다.
- 가압수조를 이용한 가압송수장치는 소방청장이 정하여 고시한 「가압수조식가압송수장치의 성능인증 및 제품검사의 기술기준」에 적합한 것으로 설치하되, 가압수조의 압력은 방수압 및 방수량이 ( )분 이상 유지되도록 해야 한다.

① 20분
② 30분
③ 50분
④ 60분

정답 ①

가압송수장치
1. 고가수조의 자연낙차를 이용한 가압송수장치를 설치하는 경우 고가수조의 자연낙차수두(수조의 하단으로부터 최고층에 설치된 소화전 호스 접결구까지의 수직거리를 말한다)는 방수압 및 방수량이 20분 이상 유지되도록 해야 한다.
2. 압력수조를 이용한 가압송수장치를 설치하는 경우 압력수조의 압력은 방수압 및 방수량이 20분 이상 유지되도록 해야 한다.
3. 가압수조를 이용한 가압송수장치는 소방청장이 정하여 고시한 「가압수조식가압송수장치의 성능인증 및 제품검사의 기술기준」에 적합한 것으로 설치하되, 가압수조의 압력은 방수압 및 방수량이 20분 이상 유지되도록 해야 한다.

60 **할론소화설비의 화재안전성능기준상 할론소화설비에서 국소방출방식의 경우 할론소화약제의 양을 산출하는 식은 다음과 같다. 여기서 A는 무엇을 의미하는가? (단, 가연물이 비산할 우려가 있는 경우로 가정한다.)**

$$Q = X - Y\frac{a}{A}$$

① 방호공간의 벽면적의 합계
② 창문이나 문의 틈새면적의 합계
③ 방호공간 $1m^2$에 대한 할론소화약제의 양
④ 방호대상물 주위에 설치된 벽면적의 합계

정답 ①

할론소화약제의 양을 산출하는 식

$Q = X - Y\frac{a}{A}$ (Q : 방호공간 $1m^2$에 대한 할론소화약제의 양, a : 방호대상물의 주위에 설치된 벽면적의 합계, A : 방호공간의 벽면적의 합계)

61 스프링클러설비의 화재안전성능기준상 배관 내 사용압력이 1.2메가파스칼 이상일 경우에 사용하는 배관은?

① 배관용 탄소 강관(KS D 3507)
② 덕타일 주철관(KS D 4311)
③ 압력 배관용 탄소 강관(KS D 3562)
④ 이음매 없는 구리 및 구리합금관(KS D 5301)

 ③

배관 내 사용압력이 1.2MPa 이상일 경우에는 다음의 어느 하나에 해당하는 것(제8조 제1항 제2호)
1. 압력 배관용 탄소 강관(KS D 3562)
2. 배관용 아크 용접 탄소 강관(KS D 3583)

62 포소화설비의 화재안전기술기준상 포소화설비용 수조의 설치기준으로 적합하지 않는 것은?

① 점검에 편리한 곳에 설치할 것
② 수조가 실내에 설치된 때에는 그 실내에 조명설비를 설치할 것
③ 수조의 상단이 바닥보다 높은 때에는 수조의 외측에 이동식 사다리를 설치할 것
④ 수조의 외측에 수위계를 설치할 것

 ③

포소화설비용 수조의 설치기준(2.2.4)
1. 점검에 편리한 곳에 설치할 것
2. 동결방지조치를 하거나 동결의 우려가 없는 장소에 설치할 것
3. 수조의 외측에 수위계를 설치할 것(다만, 구조상 불가피한 경우에는 수조의 맨홀 등을 통하여 수조 안의 물의 양을 쉽게 확인할 수 있도록 해야 한다.)
4. 수조의 상단이 바닥보다 높은 때에는 수조의 외측에 고정식 사다리를 설치할 것
5. 수조가 실내에 설치된 때에는 그 실내에 조명설비를 설치할 것
6. 수조의 밑 부분에는 청소용 배수밸브 또는 배수관을 설치할 것
7. 수조 외측의 보기 쉬운 곳에 "포소화설비용 수조"라고 표시한 표지를 할 것(이 경우 그 수조를 다른 설비와 겸용하는 때에는 그 겸용되는 설비의 이름을 표시한 표지를 함께 해야 한다.)
8. 소화설비용 펌프의 흡수배관 또는 소화설비의 수직배관과 수조의 접속부분에는 "포소화설비용 배관"이라고 표시한 표지를 할 것(다만, 수조와 가까운 장소에 소화설비용 펌프가 설치되고 해당 펌프에 표지를 설치한 때에는 그렇지 않다.)

63 소화기의 형식승인 및 제품검사의 기술기준상 소화기의 사용온도범위로 틀린 것은?

① 강화액소화기 : −30℃ 이상 30℃ 이하
② 분말소화기 : −20℃ 이상 40℃ 이하
③ 그 밖의 소화기 : 0℃ 이상 40℃ 이하
④ 사용온도의 범위를 확대하고자 할 경우에는 10℃ 단위로 하여야 한다.

 ①

사용온도범위(제36조)
1. 소화기는 그 종류에 따라 다음의 온도범위에서 사용할 경우 소화 및 방사의 기능을 유효하게 발휘할 수 있는 것이어야 한다.
   ㉠ **강화액소화기** : −20℃ 이상 40℃ 이하
   ㉡ **분말소화기** : −20℃ 이상 40℃ 이하
   ㉢ **그 밖의 소화기** : 0℃ 이상 40℃ 이하
2. 사용온도의 범위를 확대하고자 할 경우에는 10℃ 단위로 하여야 한다.

64 포소화설비의 화재안전기술기준에 따라 바닥면적이 180m²인 건축물 내부에 호스릴 방식의 포소화설비를 설치할 경우 가능한 포소화약제의 최소 필요량은 몇 L인가? (단, 호스 접결구 : 2개, 약제 농도 : 3%)

① 260L

② 270L

③ 280L

④ 290L

옥내포소화전방식 또는 호스릴방식에 있어서는 다음의 식에 따라 산출한 양 이상으로 할 것(다만, 바닥면적이 200m² 미만인 건축물에 있어서는 75%로 할 수 있다.)

Q=N×S×6,000L(Q : 포 소화약제의 양(L), N : 호스 접결구 개수(5개 이상인 경우는 5개), S : 포 소화약제의 사용농도(%))

Q=N×S×6,000×0.75=2×0.03×6,000×0.75=270L

65 물분무소화설비의 화재안전성능기준상 물분무소화설비의 제어밸브는 바닥으로부터 몇 m 위치에 설치하여야 하는가?

① 0.8m 이상 1.5m 이하

② 0.9m 이상 1.6m 이하

③ 1.0m 이상 1.8m 이하

④ 1.2m 이상 2.0m 이하

제어밸브 등(제9조)

1. 제어밸브는 바닥으로부터 0.8m 이상 1.5m 이하의 위치에 설치할 것
2. 제어밸브의 가까운 곳의 보기 쉬운 곳에 "제어밸브"라고 표시한 표지를 할 것

66 할로겐화합물 및 불활성기체소화설비의 화재안전기술기준상 할로겐화합물 및 불활성기체소화설비의 수동식 기동장치의 설치기준으로 맞지 않은 것은?

① 100N 이하의 힘을 가하여 기동할 수 있는 구조로 할 것

② 전기를 사용하는 기동장치에는 전원표시등을 설치할 것

③ 기동장치 인근의 보기 쉬운 곳에 "할로겐화합물 및 불활성기체소화설비 수동식 기동장치"라는 표지를 할 것

④ 기동장치의 방출용스위치는 음향경보장치와 연동하여 조작될 수 있는 것으로 할 것

할로겐화합물 및 불활성기체소화설비의 수동식 기동장치는 다음의 기준에 따라 설치해야 한다. 이 경우 수동식 기동장치의 부근에는 소화약제의 방출을 지연시킬 수 있는 방출지연스위치를 설치해야 한다.

1. 방호구역마다 설치할 것
2. 해당 방호구역의 출입구 부근 등 조작을 하는 자가 쉽게 피난할 수 있는 장소에 설치할 것
3. 기동장치의 조작부는 바닥으로부터 0.8m 이상 1.5m 이하의 위치에 설치하고, 보호판 등에 따른 보호장치를 설치할 것
4. 기동장치 인근의 보기 쉬운 곳에 "할로겐화합물 및 불활성기체소화설비 수동식 기동장치"라는 표지를 할 것
5. 전기를 사용하는 기동장치에는 전원표시등을 설치할 것
6. 기동장치의 방출용스위치는 음향경보장치와 연동하여 조작될 수 있는 것으로 할 것
7. 50N 이하의 힘을 가하여 기동할 수 있는 구조로 할 것
8. 기동장치에는 보호장치를 설치해야 하며, 보호장치를 개방하는 경우 기동장치에 설치된 부저 또는 벨 등에 의하여 경고음을 발할 것
9. 기동장치를 옥외에 설치하는 경우 빗물 또는 외부 충격의 영향을 받지 아니하도록 설치할 것

67 이산화탄소소화설비의 화재안전성능기준상 국소방출방식의 이산화탄소소화설비의 분사헤드 설치기준으로 옳지 않은 것은?

① 이산화탄소 소화약제의 저장량은 30초 이내에 방출할 수 있는 것으로 할 것
② 방출된 소화약제가 방호구역의 전역에 균일하고 신속하게 확산할 수 있도록 할 것
③ 분사헤드의 방출압력이 2.1메가파스칼(저압식은 1.05메가파스칼) 이상의 것으로 할 것
④ 소화약제의 방출에 따라 가연물이 비산하는 장소에 설치할 것

정답 ④

국소방출방식의 이산화탄소소화설비의 분사헤드는 다음의 기준에 따라 설치해야 한다(제10조 제2항).
1. 소화약제의 방출에 따라 가연물이 비산하지 않는 장소에 설치할 것
2. 이산화탄소 소화약제의 저장량은 30초 이내에 방출할 수 있는 것으로 할 것
3. 소화약제가 방호구역 전역에 균일하고 신속하게 확산되도록 설치할 것
4. 분사헤드의 방출압력이 2.1메가파스칼(저압식은 1.05메가파스칼) 이상의 것으로 할 것

68 포소화설비의 화재안전기술기준상 특정소방대상물에 따라 적응하는 포소화설비의 설치기준 중 특수가연물을 저장 · 취급하는 공장 또는 창고에 적응성을 갖는 포소화설비가 아닌 것은?

① 포헤드설비
② 고정포방출설비
③ 포워터스프링클러설비
④ 호스릴포소화설비

정답 ④

특수가연물을 저장 · 취급하는 공장 또는 창고 : 포워터스프링클러설비 또는 포헤드설비의 경우에는 포워터스프링클러헤드 또는 포헤드가 가장 많이 설치된 층의 포헤드(바닥면적이 200m²를 초과한 층은 바닥면적 200m² 이내에 설치된 포헤드를 말한다)에서 동시에 표준방사량으로 10분간 방사할 수 있는 양 이상으로, 고정포방출설비의 경우에는 고정포방출구가 가장 많이 설치된 방호구역 안의 고정포방출구에서 표준방사량으로 10분간 방사할 수 있는 양 이상으로 한다. 이 경우 하나의 공장 또는 창고에 포워터스프링클러설비 · 포헤드설비 또는 고정포방출설비가 함께 설치된 때에는 각 설비별로 산출된 저수량 중 최대의 것을 그 특정소방대상물에 설치해야 할 수원의 양으로 한다.

69 스프링클러설비의 화재안전성능기준상 배관 내 사용압력이 1.2메가파스칼 미만일 경우 사용하는 배관이 아닌 것은?

① 배관용 탄소 강관(KS D 3507)
② 압력 배관용 탄소 강관(KS D 3562)
③ 이음매 없는 구리 및 구리합금관(KS D 5301)
④ 덕타일 주철관(KS D 4311)

정답 ②

배관 내 사용압력이 1.2MPa 미만일 경우에는 다음의 어느 하나에 해당하는 것(제8조 제1항 제1호)
1. 배관용 탄소 강관(KS D 3507)
2. 이음매 없는 구리 및 구리합금관(KS D 5301). 다만, 습식의 배관에 한한다.
3. 배관용 스테인리스 강관(KS D 3576) 또는 일반 배관용 스테인리스 강관(KS D 3595)
4. 덕타일 주철관(KS D 4311)

70 상수도소화용수설비의 화재안전기술기준상 지상식 소화전의 호스접결구는 지면으로부터 몇 m 높이에 설치하여야 하는가?

① 0.1m 이상 0.7m 이하
② 0.3m 이상 0.8m 이하
③ 0.5m 이상 1m 이하
④ 0.8m 이상 1.2m 이하

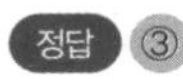
정답 ③

지상식 소화전의 호스접결구는 지면으로부터 높이가 0.5m 이상 1m 이하가 되도록 설치할 것

71 소화수조 및 저수조의 화재안전기술기준에 따라 소화용수 설비를 설치하여야 할 특정소방대상물에 있어서 유수의 양이 최소 몇 m^3/min 이상인 유수를 사용할 수 있는 경우에 소화수조를 설치하지 아니할 수 있는가?

① $0.8m^3$/min
② $0.9m^3$/min
③ $1.0m^3$/min
④ $1.2m^3$/min

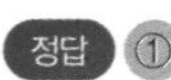

정답 ①

소화용수설비를 설치해야 할 특정소방대상물에 있어서 유수의 양이 $0.8m^3$/min 이상인 유수를 사용할 수 있는 경우에는 소화수조를 설치하지 않을 수 있다.

72 옥외소화전설비의 화재안전성능기준상 소화전함 등에 관한 내용으로 틀린 것은?

① 옥외소화전설비에는 옥외소화전마다 그로부터 5미터 이내의 장소에 소화전함을 설치해야 한다.
② 옥외소화전설비의 함은 소방청장이 정하여 고시한 「소화전함의 성능인증 및 제품검사의 기술기준」에 적합한 것으로 설치하되 밸브의 조작, 호스의 수납 등에 충분한 여유를 가질 수 있도록 해야 한다.
③ 옥외소화전설비의 함에는 그 표면에 "옥내소화전"이라는 표시를 해야 한다.
④ 옥외소화전설비의 함에는 옥외소화전설비의 위치를 표시하는 표시등과 가압송수장치의 기동을 표시하는 표시등을 설치해야 한다.

정답 ③

옥외소화전설비의 함에는 그 표면에 "옥외소화전"이라는 표시를 해야 한다(제7조 제3조).

73 분말소화설비의 화재안전성능기준상 방호구역의 체적 $1m^3$에 대한 소화약제의 양으로 틀린 것은?

① 제1종 분말 – 0.60kg
② 제2종 분말 – 0.36kg
③ 제3종 분말 – 0.54kg
④ 제4종 분말 – 0.24kg

정답 ③

방호구역의 체적 $1m^3$에 대한 소화약제의 양(제6조 제2항)

소화약제의 종류	방호구역의 체적 1m³에 대한 소화약제의 양
제1종 분말 제2종 분말 또는 제3종 분말 제4종 분말	0.60kg 0.36kg 0.24kg

74 포소화설비의 화재안전성능기준상 가압송수장치의 포워터스프링클러헤드의 표준방사량은?

① 70L/min 이상
② 75L/min 이상
③ 80L/min 이상
④ 85L/min 이상

정답 ②

가압송수장치 표준방사량(제6조 제5항

구분	표준방사량
포워터스프링클러헤드	75L/min 이상
포헤드 · 고정포방출구 또는 이동식포노즐 · 압축공기포헤드	각 포헤드 · 고정포방출구 또는 이동식포노즐의 설계압력에 따라 방출되는 소화약제의 양

75 포소화설비의 화재안전기술기준상 포 소화약제의 저장탱크 등의 설치기준으로 틀린 것은?

① 포 소화약제 저장량의 확인이 쉽도록 연성계 또는 진공계 등을 설치할 것
② 포 소화약제가 변질될 우려가 없고 점검에 편리한 장소에 설치할 것
③ 기온의 변동으로 포의 발생에 장애를 주지 않는 장소에 설치할 것
④ 화재 등의 재해로 인한 피해를 받을 우려가 없는 장소에 설치할 것

정답 ①

포 소화약제의 저장탱크(용기를 포함한다.)는 다음의 기준에 따라 설치하고, 혼합장치와 배관 등으로 연결해야 한다.

1. 화재 등의 재해로 인한 피해를 받을 우려가 없는 장소에 설치할 것
2. 기온의 변동으로 포의 발생에 장애를 주지 않는 장소에 설치할 것(다만, 기온의 변동에 영향을 받지 않는 포 소화약제의 경우에는 그렇지 않다.)
3. 포 소화약제가 변질될 우려가 없고 점검에 편리한 장소에 설치할 것
4. 가압송수장치 또는 포 소화약제 혼합장치의 기동에 따라 압력이 가해지는 것 또는 상시 가압된 상태로 사용되는 것은 압력계를 설치할 것
5. 포 소화약제 저장량의 확인이 쉽도록 액면계 또는 계량봉 등을 설치할 것
6. 가압식이 아닌 저장탱크는 글라스게이지를 설치하여 액량을 측정할 수 있는 구조로 할 것

76 특별피난계단의 계단실 및 부속실 제연설비의 화재안전성능기준상 특별피난계단의 계단실 및 부속실 제연설비의 차압 등에 관한 기준 중 다음 ( ) 안에 알맞은 것은?

> 계단실과 부속실을 동시에 제연하는 경우 부속실의 기압은 계단실과 같게 하거나 계단실의 기압보다 낮게 할 경우에는 부속실과 계단실의 압력 차이는 (   ) 이하가 되도록 해야 한다.

① 3Pa
② 5Pa
③ 10Pa
④ 20Pa

계단실과 부속실을 동시에 제연하는 경우 부속실의 기압은 계단실과 같게 하거나 계단실의 기압보다 낮게 할 경우에는 부속실과 계단실의 압력 차이는 5파스칼 이하가 되도록 해야 한다(제6조 제4항).

77 **연소방지설비의 화재안전기술기준상 연소방지설비 배관의 설치기준으로 틀린 것은?**

① 동관 수준 이상의 강도 · 내부식성 및 내열성을 가진 것으로 할 것

② 급수배관(송수구로부터 연소방지설비 헤드에 급수하는 배관을 말한다.)은 전용으로 할 것

③ 교차배관은 가지배관과 수평으로 설치하거나 또는 가지배관 밑에 설치하고, 최소구경은 40mm 이상이 되도록 할 것

④ 배관에 설치되는 행거는 가지배관, 교차배관 및 수평주행배관에 설치하고, 배관을 충분히 지지할 수 있도록 설치할 것

정답 ①

연소방지설비 배관의 설치기준(제8조 제1항)

1. 배관용 탄소 강관(KS D 3507) 또는 압력 배관용 탄소 강관(KS D 3562)이나 이와 같은 수준 이상의 강도 · 내부식성 및 내열성을 가진 것으로 할 것
2. 급수배관(송수구로부터 연소방지설비 헤드에 급수하는 배관을 말한다.)은 전용으로 할 것
3. 배관의 구경은 다음의 기준에 적합한 것이어야 한다.
   ㉠ 연소방지설비전용헤드를 사용하는 경우에는 다음 표에 따른 구경 이상으로 할 것

하나의 배관에 부착하는 살수헤드의 개수	1개	2개	3개	4개 또는 5개	6개 이상
배관의 구경(mm)	32	40	50	65	80

   ㉡ 개방형 스프링클러헤드를 사용하는 경우에는 「스프링클러설비의 화재안전성능기준(NFPC 103)」의 기준에 따를 것
4. 교차배관은 가지배관과 수평으로 설치하거나 또는 가지배관 밑에 설치하고, 그 구경은 표에 따르되, 최소구경은 40mm 이상이 되도록 할 것
5. 배관에 설치되는 행거는 가지배관, 교차배관 및 수평주행배관에 설치하고, 배관을 충분히 지지할 수 있도록 설치할 것
6. 확관형 분기배관을 사용할 경우에는 소방청장이 정하여 고시한 「분기배관의 성능인증 및 제품검사의 기술기준」에 적합한 것으로 설치할 것

78 **스프링클러설비의 화재안전기술기준에 따라 개방형 스프링클러설비에서 방수구역 및 일제개방밸브의 설치기준으로 틀린 것은?**

① 하나의 방수구역은 5개 층에 미치지 않아야 한다.

② 방수구역마다 일제개방밸브를 설치해야 한다.

③ 하나의 방수구역을 담당하는 헤드의 개수는 50개 이하로 한다.

④ 표지는 "일제개방밸브실"이라고 표시해야 한다.

개방형 스프링클러설비의 방수구역 및 일제개방밸브는 다음의 기준에 적합해야 한다.

1. 하나의 방수구역은 2개 층에 미치지 않아야 한다.
2. 방수구역마다 일제개방밸브를 설치해야 한다.
3. 하나의 방수구역을 담당하는 헤드의 개수는 50개 이하로 할 것(다만, 2개 이상의 방수구역으로 나눌 경우에는 하나의 방수구역을 담당하는 헤드의 개수는 25개 이상으로 해야 한다.)
4. 일제개방밸브의 설치 위치는 유수검지장치의 기준에 따르고, 표지는 "일제개방밸브실"이라고 표시해야 한다.

79 **분말소화설비의 화재안전성능기준상 분말소화약제의 1kg당 저장용기의 내용적 기준으로 틀린 것은?**

① 제1종 분말 : 0.8L
② 제2종 분말 : 1.2L
③ 제3종 분말 : 1.0L
④ 제4종 분말 : 1.25L

②

저장용기의 내용적은 소화약제 1kg당 1리터(제1종 분말은 0.8L, 제4종 분말은 1.25L)로 한다.

80 **분말소화설비의 화재안전성능기준상 분말소화약제의 가스용기에 관한 내용으로 틀린 것은?**

① 분말소화약제의 가스용기는 분말소화약제의 저장용기에 접속하여 설치해야 한다.
② 분말소화약제의 가압용 가스용기를 3병 이상 설치한 경우에는 2개 이상의 용기에 전자개방밸브를 부착한다.
③ 분말소화약제의 가압용 가스용기에는 2.5메가파스칼 이하의 압력에서 조정이 가능한 압력조정기를 설치한다.
④ 가압용 가스 또는 축압용 가스는 수소가스 또는 뷰테인가스로 한다.

④

가압용 가스용기
1. 분말소화약제의 가스용기는 분말소화약제의 저장용기에 접속하여 설치해야 한다.
2. 분말소화약제의 가압용 가스용기를 3병 이상 설치한 경우에는 2개 이상의 용기에 전자개방밸브를 부착한다.
3. 분말소화약제의 가압용 가스용기에는 2.5메가파스칼 이하의 압력에서 조정이 가능한 압력조정기를 설치한다.
4. 가압용 가스 또는 축압용 가스는 질소가스 또는 이산화탄소로 설치한다.

81 **소화수조 및 저수조의 화재안전기술기준상 소화수조 또는 저수조에 설치하는 흡수관투입구 또는 채수구에 관한 내용으로 틀린 것은?**

① 지하에 설치하는 소화용수설비의 흡수관투입구는 그 한 변이 1.2m 이상이거나 직경이 1.6m 이상인 것으로 할 것
② 지하에 설치하는 소화용수설비의 흡수관투입구는 소요수량이 80m³ 미만인 것은 1개 이상 설치할 것
③ 채수구는 소방용호스 또는 소방용흡수관에 사용하는 구경 65mm 이상의 나사식 결합금속구를 설치할 것
④ 채수구는 지면으로부터의 높이가 0.5m 이상 1m 이하의 위치에 설치하고 "채수구"라고 표시한 표지를 할 것

①

소화수조 또는 저수조는 다음의 기준에 따라 흡수관투입구 또는 채수구를 설치해야 한다.
1. 지하에 설치하는 소화용수설비의 흡수관투입구는 그 한 변이 0.6m 이상이거나 직경이 0.6m 이상인 것으로 하고, 소요수량이 80m³ 미만인 것은 1개 이상, 80m³ 이상인 것은 2개 이상을 설치해야 하며, "흡수관투입구"라고 표시한 표지를 할 것
2. 소화용수설비에 설치하는 채수구는 다음의 기준에 따라 설치할 것
   ㉠ 채수구는 소방용호스 또는 소방용흡수관에 사용하는 구경 65mm 이상의 나사식 결합금속구를 설치할 것

ⓒ 채수구는 지면으로부터의 높이가 0.5m 이상 1m 이하의 위치에 설치하고 "채수구"라고 표시한 표지를 할 것

82 물분무소화설비의 화재안전성능기준상 고압의 전기기기가 있는 장소에 있어서 전기의 절연을 위한 전기기기와 물분무헤드 사이의 이격거리는?

① 100cm 이상
③ 120cm 이상
③ 150cm 이상
④ 안전이격거리

고압의 전기기기가 있는 장소는 전기의 절연을 위하여 전기기기와 물분무헤드 사이에 전기기기의 전압(kV)에 따라 안전이격거리를 두어야 한다(제10조 제2항).

83 피난기구의 화재안전성능기준상 피난기구에 속하지 않는 것은?

① 미끄럼대
② 피난교
③ 피난사다리
④ 승강식 피난기

피난기구의 종류 : 미끄럼대 · 피난교 · 피난용트랩 · 간이완강기 · 공기안전매트 · 다수인 피난장비 · 승강식 피난기 등을 말한다(제3조).

84 포소화설비의 화재안전기술기준상 항공기격납고에 적응하는 포소화설비가 아닌 것은?

① 포워터스프링클러설비
② 포헤드설비
③ 고정포방출설비
④ 고정식 압축공기포소화설비

항공기격납고 : 포워터스프링클러설비 · 포헤드설비 또는 고정포방출설비, 압축공기포소화설비. 다만, 바닥면적의 합계가 1,000m² 이상이고 항공기의 격납위치가 한정되어 있는 경우에는 그 한정된 장소 외의 부분에 대하여는 호스릴포소화설비를 설치할 수 있다.

85 완강기의 형식승인 및 제품검사의 기술기준상 완강기의 최대사용하중 및 최대사용자수 등에 관한 내용으로 틀린 것은?

① 최대사용하중은 800N 이상의 하중이어야 한다.
② 최대사용자수는 1회에 강하할 수 있는 사용자의 최대수를 말한다.
③ 최대사용자수는 최대사용하중을 1,500N으로 나누어서 얻은 값으로 한다.
④ 최대사용자수에 상당하는 수의 벨트가 있어야 한다.

최대사용하중 및 최대사용자수 등(제4조)

① 최대사용하중은 1,500N 이상의 하중이어야 한다.
② 최대사용자수(1회에 강하할 수 있는 사용자의 최대수를 말한다.)는 최대사용하중을 1,500N으로 나누어서 얻은 값(1미만의 수는 계산하지 아니한다)으로 한다.
③ 최대사용자수에 상당하는 수의 벨트가 있어야 한다.

86 분말소화설비의 화재안전성능기준상 분말소화약제 저장용기의 기준으로 틀린 것은?

① 저장용기의 내용적은 소화약제 1kg당 1리터로 할 것
② 저장용기에는 가압식은 최고사용압력의 1.8배 이하로 할 것
③ 저장용기의 충전비는 1.2 이상으로 할 것
④ 저장용기 및 배관에는 잔류 소화약제를 처리할 수 있는 청소장치를 설치할 것

정답 ③

분말소화약제의 저장용기는 다음의 기준에 적합해야 한다(제4조 제2항).

1. 저장용기의 내용적은 소화약제 1kg당 1리터(제1종 분말은 0.8L, 제4종 분말은 1.25L)로 할 것
2. 저장용기에는 가압식은 최고사용압력의 1.8배 이하, 축압식은 용기의 내압시험압력의 0.8배 이하의 압력에서 작동하는 안전밸브를 설치할 것
3. 가압식 저장용기에는 저장용기의 내부압력이 설정압력으로 되었을 때 주밸브를 개방하는 정압작동장치를 설치할 것
4. 저장용기의 충전비는 0.8 이상으로 할 것
5. 저장용기 및 배관에는 잔류 소화약제를 처리할 수 있는 청소장치를 설치할 것
6. 축압식 저장용기에는 사용압력 범위를 표시한 지시압력계를 설치할 것

87 이산화탄소소화설비의 화재안전성능기준상 이산화탄소 소화약제의 저장용기에 관한 일반적인 설명으로 옳지 않은 것은?

① 이산화탄소 소화약제의 저장용기는 방호구역 외의 장소로서 방화구획된 실에 설치해야 한다.
② 저장용기의 충전비는 고압식은 2.1 이상 2.5 이하, 저압식은 1.1 이상 2.1 이하로 해야 한다.
③ 이산화탄소 소화약제 저장용기의 개방밸브는 전기식 · 가스압력식 또는 기계식에 따라 자동으로 개방되고 수동으로도 개방되는 것으로서 안전장치가 부착된 것으로 해야 한다.
④ 이산화탄소 소화약제 저장용기와 집합관을 연결하는 연결배관에는 체크밸브를 설치해야 한다.

정답 ②

저장용기의 충전비는 고압식은 1.5 이상 1.9 이하, 저압식은 1.1 이상 1.4 이하로 할 것(제4조 제2항 제3호)

88 제연설비의 화재안전성능기준상 제연설비에 설치되는 댐퍼의 설치기준으로 적합하지 않는 것은?

① 제연설비의 풍도에 댐퍼를 설치하는 경우 댐퍼를 확인, 정비할 수 있는 점검구를 댐퍼에 설치할 것
② 제연설비 댐퍼의 설정된 개방 및 폐쇄 상태를 제어반에서 상시 확인할 수 있도록 할 것
③ 제연설비가 공기조화설비와 겸용으로 설치되는 경우 풍량조절댐퍼는 각 설비별 기능에 따른 작동 시 각각의 풍량을 충족하는 개구율로 자동 조절될 수 있는 기능이 있어야 할 것
④ 댐퍼가 반자 내부에 설치되는 때에는 댐퍼 직근의 반자에도 점검구(지름 60cm 이상의 원이 내접할 수 있는 크기)를 설치하고 제연설비용 점검구임을 표시할 것

제연설비에 설치되는 댐퍼는 다음의 기준에 따라 설치해야 한다(제10조의2).

1. 제연설비의 풍도에 댐퍼를 설치하는 경우 댐퍼를 확인, 정비할 수 있는 점검구를 풍도에 설치할 것. 이 경우 댐퍼가 반자 내부에 설치되는 때에는 댐퍼 직근의 반자에도 점검구(지름 60cm 이상의 원이 내접할 수 있는 크기)를 설치하고 제연설비용 점검구임을 표시해야 한다.
2. 제연설비 댐퍼의 설정된 개방 및 폐쇄 상태를 제어반에서 상시 확인할 수 있도록 할 것
3. 제연설비가 공기조화설비와 겸용으로 설치되는 경우 풍량조절댐퍼는 각 설비별 기능에 따른 작동 시 각각의 풍량을 충족하는 개구율로 자동 조절될 수 있는 기능이 있어야 할 것

89 할로겐화합물 및 불활성기체소화설비의 화재안전성능기준상 할로겐화합물 및 불활성기체소화설비를 설치할 수 없는 장소가 아닌 것은?

① 최대허용 설계농도에 미달하는 장소
② 소화성능이 인정되지 않는 위험물을 저장하는 장소
③ 소화성능이 인정되지 않는 위험물을 사용하는 장소
④ 소화성능이 인정되지 않는 위험물을 보관하는 장소

할로겐화합물 및 불활성기체소화설비는 사람이 상주하는 곳으로 최대허용 설계농도를 초과하는 장소 또는 소화성능이 인정되지 않는 위험물을 저장 · 보관 · 사용하는 장소 등에는 설치할 수 없다(제5조).

90 스프링클러설비의 화재안전성능기준상 교차배관의 위치 · 청소구 및 가지배관의 헤드설치기준으로 적합하지 않는 것은?

① 교차배관은 가지배관과 수직으로 설치하거나 가지배관 위에 설치할 것
② 교차배관의 구경은 최대구경이 40mm 이상이 되도록 할 것
③ 청소구는 교차배관 끝에 개폐밸브를 설치하고, 호스접결이 가능한 나사식 또는 고정배수 배관식으로 할 것
④ 하향식헤드를 설치하는 경우에 가지배관으로부터 헤드에 이르는 헤드접속배관은 가지배관 상부에서 분기할 것

교차배관의 위치 · 청소구 및 가지배관의 헤드설치기준(제8조 제10항)

1. 교차배관은 가지배관과 수평으로 설치하거나 가지배관 밑에 설치하고, 그 구경은 최소구경이 40mm 이상이 되도록 할 것
2. 청소구는 교차배관 끝에 개폐밸브를 설치하고, 호스접결이 가능한 나사식 또는 고정배수 배관식으로 할 것
3. 하향식헤드를 설치하는 경우에 가지배관으로부터 헤드에 이르는 헤드접속배관은 가지배관 상부에서 분기할 것

91 제연설비의 화재안전기술기준상 유입공기의 배출방식으로 건물의 옥내와 면하는 외벽마다 옥외와 통하는 배출구를 설치하여 배출하는 것은?

① 자연배출식
② 기계배출식
③ 배출구에 따른 배출
④ 제연설비에 따른 배출

정답 ③

유입공기의 배출은 다음의 어느 하나의 기준에 따른 배출방식으로 해야 한다(제13조 제2항).

1. **수직풍도에 따른 배출** : 옥상으로 직통하는 전용의 배출용 수직풍도를 설치하여 배출하는 것으로서 다음의 어느 하나에 해당하는 것
   - ㉠ **자연배출식** : 굴뚝효과에 따라 배출하는 것
   - ㉡ **기계배출식** : 수직풍도의 상부에 전용의 배출용 송풍기를 설치하여 강제로 배출하는 것
2. **배출구에 따른 배출** : 건물의 옥내와 면하는 외벽마다 옥외와 통하는 배출구를 설치하여 배출하는 것
3. **제연설비에 따른 배출** : 거실제연설비가 설치되어 있고 당해 옥내로부터 옥외로 배출해야 하는 유입공기의 양을 거실제연설비의 배출량에 합하여 배출하는 경우 유입공기의 배출은 당해 거실제연설비에 따른 배출로 갈음할 수 있다.

92 옥외소화전설비의 화재안전기술기준에 따라 옥외소화전 배관에 관한 내용으로 틀린 것은?

① 호스접결구는 지면으로부터 높이가 0.5m 이상 1m 이하의 위치에 설치한다.
② 특정소방대상물의 각 부분으로부터 하나의 호스접결구까지의 수평거리가 20m 이하가 되도록 설치해야 한다.
③ 호스는 구경 65mm의 것으로 해야 한다.
④ 동결방지조치를 하거나 동결의 우려가 없는 장소에 설치해야 한다.

정답 ②

호스접결구는 지면으로부터 높이가 0.5미터 이상 1미터 이하의 위치에 설치하고 특정소방대상물의 각 부분으로부터 하나의 호스접결구까지의 수평거리가 40미터 이하가 되도록 설치해야 한다(제6조 제1항).

93 특별피난계단의 계단실 및 부속실 제연설비의 안전기준상 차압 등에 관한 내용으로 틀린 것은?

① 제연구역과 옥내와의 사이에 유지하여야 하는 최소 차압은 110Pa 이상으로 하여야 한다.
② 제연설비가 가동되었을 경우 출입문의 개방에 필요한 힘은 110N 이하로 해야 한다.
③ 출입문이 일시적으로 개방되는 경우 개방되지 않은 제연구역과 옥내와의 차압은 차압의 70% 이상이어야 한다.
④ 단실과 부속실을 동시에 제연 하는 경우 부속실의 기압은 계단실과 같게 하거나 계단실의 기압보다 낮게 할 경우에는 부속실과 계단실의 압력 차이는 5파스칼 이하가 되도록 해야 한다.

정답 ①

제연구역과 옥내와의 사이에 유지해야 하는 최소차압은 40파스칼(옥내에 스프링클러설비가 설치된 경우에는 12.5파스칼) 이상으로 해야 한다(제6조 제1항).

94 피난기구의 화재안전성능기준상 피난기구의 설치개수로 틀린 것은?

① 층마다 설치할 것
② 특정소방대상물의 종류에 따라 그 층의 용도 및 바닥면적을 고려하여 한 개 이상 설치할 것
③ 숙박시설(휴양콘도미니엄 제외)의 경우에는 추가로 객실마다 한 개의 완강기 또는 간이완강기를 설치할 것
④ 4층 이상의 층에 설치된 노유자시설 중

장애인 관련 시설로서 주된 사용자 중 스스로 피난이 불가한 자가 있는 경우에는 층마다 구조대를 1개 이상 추가로 설치할 것

정답 ③

피난기구는 다음의 기준에 따른 개수 이상을 설치해야 한다(제5조 제2항).

1. 층마다 설치하되, 특정소방대상물의 종류에 따라 그 층의 용도 및 바닥면적을 고려하여 한 개 이상 설치할 것
2. 설치한 피난기구 외에 숙박시설(휴양콘도미니엄을 제외한다)의 경우에는 추가로 객실마다 완강기 또는 둘 이상의 간이완강기를 설치할 것
3. 설치한 피난기구 외에 4층 이상의 층에 설치된 노유자시설 중 장애인 관련 시설로서 주된 사용자 중 스스로 피난이 불가한 자가 있는 경우에는 층마다 구조대를 1개 이상 추가로 설치할 것

95 제연설비의 화재안전성능기준상 예상제연구역이 제연경계로 구획된 경우에는 그 수직거리에 따라 배출량의 연결이 틀린 것은?

① 2m 이하 – 40,000m^3/h 이상

② 2m 초과 2.5m 이하 – 45,000m^3/h 이상

③ 2.5m 초과 3m 이하 – 50,000m^3/h 이상

④ 3m 초과 – 80,000m^3/h 이상

정답 ④

예상제연구역이 직경 40미터인 원의 범위 안에 있을 경우에는 배출량이 시간당 40,000세제곱미터 이상으로 할 것. 다만, 예상제연구역이 제연경계로 구획된 경우에는 그 수직거리에 따라 배출량은 다음 표에 따른다(제6조 제2항).

수직거리	배출량
2m 이하	40,000m^3/h 이상
2m 초과 2.5m 이하	45,000m^3/h 이상
2.5m 초과 3m 이하	50,000m^3/h 이상
3m 초과	60,000m^3/h 이상

96 스프링클러설비의 화재안전성능기준상 조기반응형 스프링클러헤드를 설치해야 하는 곳이 아닌 것은?

① 숙박시설의 침실

② 의원의 입원실

③ 공동주택의 침실

④ 노유자시설의 거실

정답 ③

다음의 어느 하나에 해당하는 장소에는 조기반응형 스프링클러헤드를 설치해야 한다(제10조 제5항).

1. 공동주택 · 노유자시설의 거실
2. 오피스텔 · 숙박시설의 침실
3. 병원 · 의원의 입원실

97 스프링클러설비의 화재안전성능기준상 스프링클러설비 헤드의 설치방법으로 틀린 것은?

① 살수 및 감열에 장애가 없도록 설치할 것

② 스프링클러헤드와 개구부의 내측 면으로부터 직선거리는 15cm 이하가 되도록 할 것

③ 습식스프링클러설비 및 부압식스프링클러설비 외의 설비에는 하향식스프링클러

헤드를 설치할 것

④ 연소할 우려가 있는 개구부에는 그 상하좌우에 2.5m 간격으로 스프링클러헤드를 설치할 것

정답 ③

스프링클러설비 헤드의 설치방법(제10조 제7항)

1. 스프링클러헤드는 살수 및 감열에 장애가 없도록 설치할 것
2. 연소할 우려가 있는 개구부에는 그 상하좌우에 2.5m 간격으로(개구부의 폭이 2.5m 이하인 경우에는 그 중앙에) 스프링클러헤드를 설치하되, 스프링클러헤드와 개구부의 내측 면으로부터 직선거리는 15cm 이하가 되도록 할 것
3. 습식스프링클러설비 및 부압식스프링클러설비 외의 설비에는 상향식스프링클러헤드를 설치할 것
4. 측벽형스프링클러헤드를 설치하는 경우 긴 변의 한쪽 벽에 일렬로 설치(폭이 4.5m 이상 9m 이하인 실에 있어서는 긴변의 양쪽에 각각 일렬로 설치하되 마주보는 스프링클러헤드가 나란히꼴이 되도록 설치)하고 3.6m 이내마다 설치할 것
5. 상부에 설치된 헤드의 방출수에 따라 감열부가 영향을 받을 우려가 있는 헤드에는 방출수를 차단할 수 있는 유효한 차폐판을 설치할 것

98 스프링클러설비의 화재안전기술기준상 스프링클러헤드를 설치하는 천장 · 반자 · 천장과 반자사이 · 덕트 · 선반 등의 각 부분으로부터 하나의 스프링클러헤드까지의 수평거리 기준으로 틀린 것은? (단, 성능이 별도로 인정된 스프링클러헤드를 수리계산에 따라 설치하는 경우는 제외한다.)

① 무대부를 저장 또는 취급하는 장소에 있어서는 2.5m 이하

② 무대부 · 특수가연물 외의 특정소방대상물에 있어서는 2.1m 이하

③ 특수가연물을 저장 또는 취급하는 장소에 있어서는 1.7m 이하

④ 내화구조로 된 특정소방대상물의 경우에는 2.3m 이하

정답 

스프링클러헤드를 설치하는 천장 · 반자 · 천장과 반자사이 · 덕트 · 선반 등의 각 부분으로부터 하나의 스프링클러헤드까지의 수평거리는 다음의 기준과 같이 해야 한다. 다만, 성능이 별도로 인정된 스프링클러헤드를 수리계산에 따라 설치하는 경우에는 그렇지 않다.

1. 무대부 · 특수가연물을 저장 또는 취급하는 장소에 있어서는 1.7m 이하
2. 1외의 특정소방대상물에 있어서는 2.1m 이하(내화구조로 된 경우에는 2.3m 이하)

99 소화기의 형식승인 및 제품검사의 기술기준에 따라 난방설비가 없는 교육장소에 비치하는 소화기로 가장 적합한 것은? (단, 교육장소의 겨울 최저온도는 −15℃ 이다)

① 이산화탄소소화기

② 소화포소화기

③ 산알칼리 소화기

④ ABC 분말소화기

정답 ④

사용온도범위(제36조)

1. 소화기는 그 종류에 따라 다음의 온도범위에서 사용할 경우 소화 및 방사의 기능을 유효하게 발휘할 수 있는 것이어야 한다.
   - ㉠ **강화액소화기** : −20℃ 이상 40℃ 이하
   - ㉡ **분말소화기** : −20℃ 이상 40℃ 이하
   - ㉢ **그 밖의 소화기** : 0℃ 이상 40℃ 이하
2. 사용온도의 범위를 확대하고자 할 경우에는 10℃ 단위로 하여야 한다.

100 **스프링클러설비의 화재안전기술기준상 스프링클러설비의 가압송수장치의 정격토출압력은 하나의 헤드선단에 얼마의 방수압력이 될 수 있는 크기이어야 하는가?**

① 0.05MPa 이상 0.1MPa 이하
② 0.1MPa 이상 1.2MPa 이하
③ 1.2MPa 이상 1.5MPa 이하
④ 1.5MPa 이상 2.0MPa 이하

정답 ②

가압송수장치의 정격토출압력과 송수량

1. 가압송수장치의 정격토출압력은 하나의 헤드선단에 0.1MPa 이상 1.2MPa 이하의 방수압력이 될 수 있게 하는 크기일 것
2. 가압송수장치의 송수량은 0.1MPa의 방수압력 기준으로 80L/min 이상의 방수성능을 가진 기준개수의 모든 헤드로부터의 방수량을 충족시킬 수 있는 양 이상의 것으로 할 것(이 경우 속도수두는 계산에 포함하지 않을 수 있다.)

101 **포소화설비의 화재안전성능기준상 수원으로부터 포헤드 · 고정포방출구 또는 이동식 포노즐 등에 급수하는 배관은?**

① 송액관
② 급수배관
③ 분기배관
④ 비확관형 분기배관

① **송액관** : 수원으로부터 포헤드 · 고정포방출구 또는 이동식포노즐 등에 급수하는 배관을 말한다.
② **급수배관** : 수원 또는 송수구 등으로부터 소화설비에 급수하는 배관을 말한다.
③ **분기배관** : 배관 측면에 구멍을 뚫어 둘 이상의 관로가 생기도록 가공한 배관을 말한다.
④ **비확관형 분기배관** : 배관의 측면에 분기호칭내경 이상의 구멍을 뚫고 배관이음쇠를 용접 이음한 배관을 말한다.

102 **물분무소화설비의 화재안전성능기준상 차고 또는 주차장에 설치하는 물분무소화설비의 바닥은 배수구를 향하여 얼마 이상의 기울기를 유지하여야 하는가?**

① 100분의 1
② 100분의 2
③ 100분의 3
④ 100분의 4

물분무소화설비를 설치하는 차고 또는 주차장에서 차량이 주차하는 바닥은 배수구를 향하여 100분의 2 이상의 기울기를 유지하여야 한다.

103 **분말소화설비의 화재안전성능기준상 ( )에 들어갈 말로 가장 적당한 것은?**

> 하나의 특정소방대상물 또는 그 부분에 둘 이상의 방호구역 또는 방호대상물이 있어 분말소화설비 저장용기를 공용하는 경우에는 방호구역 또는 방호대상물마다 ( )를 설치해야 한다.

① 릴리프밸브
② 선택밸브
③ 감압밸브
④ 체크밸브

선택밸브 : 하나의 특정소방대상물 또는 그 부분에 둘 이상의 방호구역 또는 방호대상물이 있어 분말소화설비 저장용기를 공용하는 경우에는 방호구역 또는 방호대상물마다 선택밸브를 설치해야 한다(제10조).

104 포소화설비의 화재안전성능기준상 포 소화약제의 혼합장치에 속하지 않는 것은?

① 펌프 프로포셔너방식
② 압축공기포 믹싱챔버방식
③ 급수배관분기방식
④ 프레셔 프로포셔너방식

혼합장치 : 포 소화약제의 혼합장치는 포 소화약제의 사용농도에 적합한 수용액으로 혼합할 수 있도록 펌프 프로포셔너방식, 프레셔 프로포셔너방식, 라인 프로포셔너방식, 프레셔 사이드 프로포셔너방식, 압축공기포 믹싱챔버방식 등으로 하며, 법 제40조에 따라 제품검사에 합격한 것으로 설치해야 한다(제9조).

105 이산화탄소소화설비의 화재안전기술기준상 이산화탄소 소화약제의 저장용기의 설치장소로 적합하지 않는 것은?

① 방호구역 외의 장소에 설치할 것
② 방화문으로 구획된 실에 설치할 것
③ 용기 간의 간격은 점검에 지장이 없도록 3cm 이상의 간격을 유지할 것
④ 온도가 40℃ 이상이고, 온도변화가 많은 곳에 설치할 것

정답 ④

이산화탄소 소화약제의 저장용기는 다음의 기준에 적합한 장소에 설치해야 한다.

1. 방호구역 외의 장소에 설치할 것(다만, 방호구역 내에 설치할 경우에는 피난 및 조작이 용이하도록 피난구 부근에 설치해야 한다.)
2. 온도가 40℃ 이하이고, 온도변화가 작은 곳에 설치할 것
3. 직사광선 및 빗물이 침투할 우려가 없는 곳에 설치할 것
4. 방화문으로 구획된 실에 설치할 것
5. 용기의 설치장소에는 해당 용기가 설치된 곳임을 표시하는 표지를 할 것
6. 용기 간의 간격은 점검에 지장이 없도록 3cm 이상의 간격을 유지할 것
7. 저장용기와 집합관을 연결하는 연결배관에는 체크밸브를 설치할 것(다만, 저장용기가 하나의 방호구역만을 담당하는 경우에는 그렇지 않다.)

106 스프링클러설비의 화재안전기술기준에 따라 연소할 우려가 있는 개구부에 드렌처설비를 설치한 경우 해당 개구부에 한하여 스프링클러헤드를 설치하지 아니할 수 있다. 관련 기준으로 틀린 것은?

① 드렌처헤드는 개구부 위 측에 1.5m 이내마다 1개를 설치할 것
② 제어밸브는 특정소방대상물 층마다에 바닥면으로부터 0.8m 이상 1.5m 이하의 위치에 설치할 것
③ 수원의 수량은 드렌처헤드가 가장 많이 설치된 제어밸브의 드렌처헤드의 설치개수에 1.6m^3를 곱하여 얻은 수치 이상이 되도록 할 것
④ 수원에 연결하는 가압송수장치는 점검이 쉽고 화재 등의 재해로 인한 피해우려가 없는 장소에 설치할 것

정답 ①

연소할 우려가 있는 개구부에 다음의 기준에 따른 드렌처설비를 설치한 경우에는 해당 개구부에 한하여 스프링클러헤드를 설치하지 않을 수 있다.

1. 드렌처헤드는 개구부 위 측에 2.5m 이내마다 1개를 설치할 것
2. 제어밸브(일제개방밸브 · 개폐표시형밸브 및 수동조작부를 합한 것을 말한다.)는 특정소방대상물 층마다 바닥 면으로부터 0.8m 이상 1.5m 이하의 위치에 설치할 것
3. 수원의 수량은 드렌처헤드가 가장 많이 설치된 제어밸브의 드렌처헤드의 설치개수에 $1.6m^3$를 곱하여 얻은 수치 이상이 되도록 할 것
4. 드렌처설비는 드렌처헤드가 가장 많이 설치된 제어밸브에 설치된 드렌처헤드를 동시에 사용하는 경우에 각각의 헤드선단에 방수압력이 0.1MPa 이상, 방수량이 80L/min 이상이 되도록 할 것
5. 수원에 연결하는 가압송수장치는 점검이 쉽고 화재 등의 재해로 인한 피해우려가 없는 장소에 설치할 것

107 스프링클러설비의 화재안전기술기준상 스프링클러설비의 가지배관 배열기준으로 틀린 것은?

① 토너먼트(tournament) 배관방식이 아닐 것
② 교차배관에서 분기되는 지점을 기점으로 한 쪽 가지배관에 설치되는 헤드의 개수는 8개 이하로 할 것
③ 가지배관과 헤드 사이의 배관을 신축배관으로 하는 경우에는 소방청장이 정하여 고시한 「스프링클러설비신축배관의 성능인증 및 제품검사의 기술기준」에 적합한 것으로 설치할 것
④ 반자 아래와 반자속의 헤드를 하나의 가지배관 상에 병설하는 경우에는 반자 아래에 설치하는 헤드의 개수는 10개 이하로 할 것

정답 ④

가지배관의 배열은 다음의 기준에 따른다.

1. 토너먼트(tournament) 배관방식이 아닐 것
2. 교차배관에서 분기되는 지점을 기점으로 한 쪽 가지배관에 설치되는 헤드의 개수(반자 아래와 반자속의 헤드를 하나의 가지배관 상에 병설하는 경우에는 반자 아래에 설치하는 헤드의 개수)는 8개 이하로 할 것. 다만, 다음 각 기준의 어느 하나에 해당하는 경우에는 그렇지 않다.
   ㉠ 기존의 방호구역 안에서 칸막이 등으로 구획하여 1개의 헤드를 증설하는 경우
   ㉡ 습식 스프링클러설비 또는 부압식 스프링클러설비에 격자형 배관방식(2 이상의 수평주행배관 사이를 가지배관으로 연결하는 방식을 말한다)을 채택하는 때에는 펌프의 용량, 배관의 구경 등을 수리학적으로 계산한 결과 헤드의 방수압 및 방수량이 소화목적을 달성하는 데 충분하다고 인정되는 경우
3. 가지배관과 헤드 사이의 배관을 신축배관으로 하는 경우에는 소방청장이 정하여 고시한 「스프링클러설비 신축배관의 성능인증 및 제품검사의 기술기준」에 적합한 것으로 설치할 것(이 경우 신축배관의 설치길이는 1.7m를 초과하지 않아야 한다.)

108 제연설비의 화재안전성능기준상 제연설비에서 배출량 및 배출방식에 관한 내용으로 틀린 것은?

① 예상제연구역이 통로인 경우의 배출량은 시간당 $45,000m^3$ 이상으로 해야 한다.
② 수직거리가 구획 부분에 따라 다른 경우는 수직거리가 긴 것을 기준으로 한다.
③ 배출은 각 예상제연구역별로 배출량 이상을 배출한다.
④ 배출량은 바닥면적 $1m^3$에 분당 $1m^3$ 이상으로 하되, 예상제연구역 전체에 대한 최저 배출량은 시간당 $5,000m^3$ 이하로 한다.

배출량은 바닥면적 $1m^3$에 분당 $1m^3$ 이상으로 하되, 예상제연구역 전체에 대한 최저 배출량은 시간당 $5{,}000m^3$ 이상으로 할 것(제6조 제1항)

109 **주거용 주방자동소화장치의 형식승인 및 제품검사의 기술기준상 자동소화장치에 사용하는 표시등으로 적합하지 않는 것은?**

① 표시등은 다른 표시등과 함께 사용할 수 있다.

② 전구는 2개 이상을 병렬로 접속하여야 한다.

③ 소켓은 접속이 확실하여야 하며 전구를 쉽게 교체할 수 있도록 부착하여야 한다.

④ 전구에는 적당한 보호커버를 설치하여야 한다.

정답 ①

주거용 주방자동소화장치에 사용하는 표시등은 다음에 적합하여야 한다(제6조).

1. 전구를 사용하는 경우 사용전압의 130%인 교류전압을 20시간 연속하여 가하였을 때 단선, 현저한 광속변화 또는 전류의 저하 등이 발생하지 아니하여야 한다.
2. 소켓은 접속이 확실하여야 하며 전구를 쉽게 교체할 수 있도록 부착하여야 한다.
3. 전구는 2개 이상을 병렬로 접속하여야 한다. 다만, 방전등 또는 발광다이오드의 경우에는 그렇지 않다.
4. 전구에는 적당한 보호커버를 설치하여야 한다. 다만, 발광다이오드는 그렇지 않다.
5. 주위의 밝기가 300lx인 장소에서 측정하여 앞면으로부터 3m 떨어진 곳에서 켜진 등이 확실하게 식별되어야 한다.
6. 표시등은 각각의 목적에만 사용하여야 한다. 다만, 단선 표시 기능은 다른 표시등과 함께 사용할 수 있다.

110 **미분무소화설비의 화재안전성능기준상 미분무소화설비의 배관에 관한 내용으로 틀린 것은?**

① 설비에 사용되는 구성요소는 STS304 이상의 재료를 사용해야 한다.

② 급수배관은 전용으로 해야 한다.

③ 동결방지조치를 하거나 동결의 우려가 없는 장소에 설치해야 한다.

④ 수직배수배관의 구경은 100mm 이상으로 해야 한다.

수직배수배관의 구경은 50mm 이상으로 해야 한다(제11조 제9항).

111 **옥외소화전설비의 화재안전성능기준상 옥외소화전설비의 수원에 관한 내용으로 틀린 것은?**

① 옥외소화전설비의 수원은 그 저수량이 옥외소화전의 설치개수(옥외소화전이 2개 이상 설치된 경우에는 2개)에 $5m^3$를 곱한 양 이하가 되도록 해야 한다.

② 옥외소화전설비의 수원을 수조로 설치하는 경우에는 소방설비의 전용수조로 해야 한다.

③ 저수량을 산정함에 있어서 다른 설비와 겸용하여 옥외소화전설비용 수조를 설치하는 경우에는 옥외소화전설비의 풋밸브 · 흡수구 또는 수직배관의 급수구와 다른 설비의 풋밸브 · 흡수구 또는 수직배관의 급수구와의 사이의 수량을 그 유효수량으로 한다.

④ 옥외소화전설비용 수조는 점검에 편리한 곳에 설치해야 한다.

옥외소화전설비의 수원은 그 저수량이 옥외소화전의 설치개수(옥외소화전이 2개 이상 설치된 경우에는 2개)에 $7m^3$를 곱한 양 이상이 되도록 해야 한다(제4조 제1항).

112 완강기의 형식승인 및 제품검사의 기술기준상 완강기 및 간이완강기의 속도조절기 구조 및 성능으로 적합하지 않은 것은?

① 견고하고 내구성이 있어야 한다.

② 평상시에 분해 청소 등을 하지 아니하여도 작동할 수 있어야 한다.

③ 강하시 발생하는 열에 의하여 기능에 이상이 생기지 아니하여야 한다.

④ 속도조절기의 풀리(Pulley) 등으로부터 로프가 노출되는 구조이어야 한다.

완강기 및 간이완강기의 속도조절기 구조 및 성능(제3조 제3호)

1. 견고하고 내구성이 있어야 한다.
2. 평상시에 분해 청소 등을 하지 아니하여도 작동할 수 있어야 한다.
3. 강하시 발생하는 열에 의하여 기능에 이상이 생기지 아니하여야 한다.
4. 속도조절기는 사용 중에 분해 · 손상 · 변형되지 아니하여야 하며, 속도조절기의 이탈이 생기지 아니하도록 덮개를 하여야 한다.
5. 강하시 로프가 손상되지 아니하여야 한다.
6. 속도조절기의 풀리(pulley) 등으로부터 로프가 노출되지 아니하는 구조이어야 한다.

113 연결살수설비의 화재안전기술기준에 따른 건축물에 설치하는 연결살수설비의 헤드에 대한 기준으로 틀린 것은?

① 반자의 실내에 면하는 부분에 설치할 것

② 바닥의 실내에 면하는 부분에 설치할 것

③ 천장 또는 반자의 각 부분으로부터 하나의 살수헤드까지의 수평거리가 연결살수설비 전용헤드의 경우에는 3.7m 이하일 것

④ 천장 또는 반자의 각 부분으로부터 하나의 살수헤드까지의 수평거리가 스프링클러헤드의 경우는 2.3m 이하로 할 것

건축물에 설치하는 연결살수설비의 헤드는 다음의 기준에 따라 설치해야 한다(제6조 제2항).

1. 천장 또는 반자의 실내에 면하는 부분에 설치할 것
2. 천장 또는 반자의 각 부분으로부터 하나의 살수헤드까지의 수평거리가 연결살수설비 전용헤드의 경우에는 3.7m 이하, 스프링클러헤드의 경우는 2.3m 이하로 할 것

114 구조대의 형식승인 및 제품검사의 기술기준상 수직강하식구조대의 구조로 적합하지 않는 것은?

① 수직구조대는 연속하여 강하할 수 있는 구조이어야 한다.

② 포지, 지지틀, 고정틀 그밖의 부속장치 등은 견고하게 부착되어야 한다.

③ 입구틀 및 고정틀의 입구는 지름 30cm 이상의 구체가 통과할 수 있는 것이어야 한다.

④ 수직구조대는 안전하고 쉽게 사용할 수 있는 구조이어야 한다.

정답 ③

수직강하식구조대의 구조는 다음에 적합하여야 한다(제17조).

1. 수직구조대는 안전하고 쉽게 사용할 수 있는 구조이어야 한다.
2. 수직구조대의 포지는 외부포지와 내부포지로 구성하되, 외부포지와 내부포지의 사이에 충분한 공기층을 두어야 한다. 다만, 건물 내부의 별실에 설치하는 것은 외부포지를 설치하지 아니할 수 있다.
3. 입구틀 및 고정틀의 입구는 지름 60cm 이상의 구체가 통과할 수 있는 것이어야 한다.
4. 수직구조대는 연속하여 강하할 수 있는 구조이어야 한다.
5. 포지는 사용시 수직방향으로 현저하게 늘어나지 않아야 한다.
6. 포지, 지지틀, 고정틀 그밖의 부속장치 등은 견고하게 부착되어야 한다.

115 **상수도소화용수설비의 화재안전성능기준상 상수도소화용수설비의 설치기준으로 적합하지 않은 것은?**

① 소화전은 소방자동차 등의 진입이 쉬운 공지에 설치할 것
② 소화전은 소방자동차 등의 진입이 쉬운 도로변에 설치할 것
③ 호칭지름 90mm 이상의 수도배관에 호칭지름 150mm 이상의 소화전을 접속할 것
④ 소화전은 특정소방대상물의 수평투영면의 각 부분으로부터 140m 이하가 되도록 설치할 것

정답 ③

상수도소화용수설비는 「수도법」에 따른 기준 외에 다음의 기준에 따라 설치해야 하며 세부기준은 기술기준에 따른다(제4조).

1. 호칭지름 75mm 이상의 수도배관에 호칭지름 100mm 이상의 소화전을 접속할 것
2. 소화전은 소방자동차 등의 진입이 쉬운 도로변 또는 공지에 설치할 것
3. 소화전은 특정소방대상물의 수평투영면의 각 부분으로부터 140m 이하가 되도록 설치할 것

116 **피난기구의 화재안전성능기준상 피난기구의 설치기준으로 적합하지 않은 것은?**

① 피난기구를 설치하는 개구부는 서로 동일 직선상에 있을 것
② 미끄럼대는 안전한 강하속도를 유지하도록 하고, 전락방지를 위한 안전조치를 할 것
③ 구조대의 길이는 피난 상 지장이 없고 안정한 강하속도를 유지할 수 있는 길이로 할 것
④ 피난기구는 특정소방대상물의 기둥·바닥 및 보 등 구조상 견고한 부분에 볼트조임·매입 및 용접 등의 방법으로 견고하게 부착할 것

정답 ①

피난기구는 다음의 기준에 따라 설치해야 한다(제5조 제3항).

1. 피난기구는 계단·피난구 기타 피난시설로부터 적당한 거리에 있는 안전한 구조로 된 피난 또는 소화 활동상 유효한 개구부(가로 0.5m 이상, 세로 1m 이상의 것을 말한다.)에 고정하여 설치하거나 필요한 때에 신속하고 유효하게 설치할 수 있는 상태에 둘 것
2. 피난기구를 설치하는 개구부는 서로 동일직선상이 아닌 위치에 있을 것
3. 피난기구는 특정소방대상물의 기둥·바닥 및 보 등 구조상 견고한 부분에 볼트조임·매입 및 용접 등의 방법으로 견고하게 부착할 것
4. 4층 이상의 층에 피난사다리(하향식 피난구용 내림식 사다리는 제외한다)를 설치하는 경우에는 금속성 고정사다리를 설치하고, 당해 고정사다리에는 쉽게 피

난할 수 있는 구조의 노대를 설치할 것
5. 완강기는 강하 시 로프가 건축물 또는 구조물 등과 접촉하여 손상되지 않도록 하고, 로프의 길이는 부착위치에서 지면 또는 기타 피난상 유효한 착지 면까지의 길이로 할 것
6. 미끄럼대는 안전한 강하속도를 유지하도록 하고, 전락방지를 위한 안전조치를 할 것
7. 구조대의 길이는 피난 상 지장이 없고 안전한 강하속도를 유지할 수 있는 길이로 할 것

117 할론소화설비의 화재안전성능기준상 전역방출방식의 할론소화설비의 분사헤드 설치기준으로 틀린 것은?

① 방출된 소화약제가 방호구역의 전역에 균일하고 신속하게 확산할 수 있도록 할 것
② 할론 2402를 방출하는 분사헤드는 해당 소화약제가 무상으로 분무되는 것으로 할 것
③ 분사헤드의 방출압력은 0.9MPa 이상으로 할 것
④ 기준저장량의 소화약제를 10초 이내에 방출할 수 있는 것으로 할 것

정답 ③

전역방출방식의 할론소화설비의 분사헤드는 다음의 기준에 따라 설치해야 한다(제10조 제1항).
1. 방출된 소화약제가 방호구역의 전역에 균일하고 신속하게 확산할 수 있도록 할 것
2. 할론 2402를 방출하는 분사헤드는 해당 소화약제가 무상으로 분무되는 것으로 할 것
3. 분사헤드의 방출압력은 0.1MPa(할론 1211을 방출하는 것은 0.2MPa, 할론1301을 방출하는 것은 0.9MPa) 이상으로 할 것
4. 기준저장량의 소화약제를 10초 이내에 방출할 수 있는 것으로 할 것

118 미분무소화설비의 화재안전성능기준상 미분무소화설비에 사용되는 소화용수에 관한 내용으로 틀린 것은?

① 미분무소화설비에 사용되는 소화용수는 「먹는물관리법」에 적합하고, 저수조 등에 충수할 경우 필터 또는 스트레이너를 통해야 한다.
② 사용되는 물에는 입자 · 용해고체 또는 염분이 없어야 한다.
③ 수원의 양은 방호구역(방수구역) 내 헤드의 개수, 설계유량, 설계방수시간, 안전율 및 배관의 총체적을 고려하여 계산한 양 이상으로 해야 한다.
④ 사용되는 필터 또는 스트레이너의 메쉬는 헤드 오리피스 지름의 50% 이하가 되어야 한다.

정답 ④

사용되는 필터 또는 스트레이너의 메쉬는 헤드 오리피스 지름의 80% 이하가 되어야 한다(제6조 제3항).

119 스프링클러설비의 화재안전기술기준상 스프링클러설비용 수조의 설치기준으로 틀린 것은?

① 점검에 편리한 곳에 설치할 것
② 동결방지조치를 하거나 동결의 우려가 없는 장소에 설치할 것
③ 수조가 실내에 설치된 때에는 그 실내에 조명설비를 설치할 것
④ 수조의 내측에 수위계를 설치할 것

정답 ④

스프링클러설비용 수조의 설치기준

1. 점검에 편리한 곳에 설치할 것
2. 동결방지조치를 하거나 동결의 우려가 없는 장소에 설치할 것
3. 수조의 외측에 수위계를 설치할 것. 다만, 구조상 불가피한 경우에는 수조의 맨홀 등을 통하여 수조 안의 물의 양을 쉽게 확인할 수 있도록 해야 한다.
4. 수조의 상단이 바닥보다 높은 때에는 수조의 외측에 고정식 사다리를 설치할 것
5. 수조가 실내에 설치된 때에는 그 실내에 조명설비를 설치할 것
6. 수조의 밑 부분에는 청소용 배수밸브 또는 배수관을 설치할 것
7. 수조 외측의 보기 쉬운 곳에 "스프링클러소화설비용 수조"라고 표시한 표지를 할 것(이 경우 그 수조를 다른 설비와 겸용하는 때에는 그 겸용되는 설비의 이름을 표시한 표지를 함께 해야 한다.)
8. 소화설비용 펌프의 흡수배관 또는 소화설비의 수직배관과 수조의 접속부분에는 "스프링클러소화설비용 배관"이라고 표시한 표지를 할 것(다만, 수조와 가까운 장소에 소화설비용 펌프가 설치되고 해당 펌프에 표지를 설치한 때에는 그렇지 않다.)

120 분말소화설비의 화재안전기술기준에 따라 분말소화약제의 가압용 가스용기에는 최대 몇 MPa 이하의 압력에서 조정이 가능한 압력조정기를 설치하여야 하는가?

① 2.5MPa
② 3.0MPa
③ 3.6MPa
④ 4.0MPa

분말소화약제의 가압용 가스용기에는 2.5MPa 이하의 압력에서 조정이 가능한 압력조정기를 설치한다(제5조 제3항).

121 포소화설비의 화재안전성능기준상 포 소화약제의 저장탱크의 설치기준으로 틀린 것은?

① 화재 등의 재해로 인한 피해를 받을 우려가 없는 장소에 설치할 것
② 포 소화약제가 변질될 우려가 없고 점검에 편리한 장소에 설치할 것
③ 포 소화약제 저장량의 확인이 쉽도록 액면계 또는 계량봉 등을 설치할 것
④ 가압송수장치 또는 포 소화약제 혼합장치의 기동에 따라 압력이 가해지지 않는 것은 압력계를 설치할 것

포 소화약제의 저장탱크(용기를 포함한다.)는 다음의 기준에 따라 설치하고, 혼합장치와 배관 등으로 연결해야 한다.

1. 화재 등의 재해로 인한 피해를 받을 우려가 없는 장소에 설치할 것
2. 기온의 변동으로 포의 발생에 장애를 주지 않는 장소에 설치할 것
3. 포 소화약제가 변질될 우려가 없고 점검에 편리한 장소에 설치할 것
4. 가압송수장치 또는 포 소화약제 혼합장치의 기동에 따라 압력이 가해지는 것 또는 상시 가압된 상태로 사용되는 것은 압력계를 설치할 것
5. 포 소화약제 저장량의 확인이 쉽도록 액면계 또는 계량봉 등을 설치할 것
6. 저장탱크에는 압력계, 액면계(또는 계량봉) 또는 글라스게이지 등 점검 및 유지관리에 필요한 설비를 설치할 것

122 물분무소화설비의 화재안전성능기준상 제어반에 관한 내용으로 틀린 것은?

① 물분무소화설비에는 제어반을 설치하되, 감시제어반과 동력제어반을 별도로 구분하지 않아야 한다.
② 감시제어반은 가압송수장치, 상용전원, 비상전원, 수조, 물올림수조, 예비전원 등을 감시 · 제어 및 시험할 수 있는 기능을 갖추어야 한다.
③ 감시제어반은 화재 및 침수 등의 재해로 인한 피해를 받을 우려가 없는 곳에 설치해야 한다.
④ 동력제어반은 앞면을 적색으로 하고, 외함은 두께 1.5mm 이상의 강판 또는 이와 동등 이상의 강도 및 내열성능이 있는 것으로 한다.

정답 ①

물분무소화설비에는 제어반을 설치하되, 감시제어반과 동력제어반으로 구분하여 설치해야 한다(제13조 제1항).

123 분말소화설비의 화재안전성능기준상 분말소화약제의 저장용기에 적합하지 않는 것은?

① 저장용기의 내용적은 소화약제 1kg당 1L로 한다.
② 저장용기의 내용적은 소화약제 1kg당 제1종 분말은 0.8L로 한다.
③ 저장용기의 내용적은 소화약제 1kg당 제2종 분말은 0.8L로 한다.
④ 저장용기의 내용적은 소화약제 1kg당 제4종 분말은 1.25L로 한다.

정답 ③

저장용기의 내용적은 소화약제 1킬로그램당 1리터(제1종 분말은 0.8리터, 제4종 분말은 1.25리터)로 한다(제4조 제2항 제1항).

124 인명구조기구의 화재안전성능기준상 공기호흡기를 층마다 2개 이상 비치해야 하는 특정소방대상물이 아닌 것은?

① 판매시설 중 전통시장
② 지하가 중 지하상가
③ 운수시설 중 지하역사
④ 문화 및 집회시설 중 수용인원 100명 이상의 영화상영관

정답 ①

공기호흡기를 층마다 2개 이상 비치해야 하는 특정소방대상물은 다음과 같다(제4조 제1항 제2호).

1. 문화 및 집회시설 중 수용인원 100명 이상의 영화상영관
2. 판매시설 중 대규모 점포
3. 운수시설 중 지하역사
4. 지하가 중 지하상가

125 소화기구 및 자동소화장치의 화재안전기술기준상 소화기구의 소화약제별 적응성 중 C급 화재에 적응성이 없는 소화약제는?

① 인산염류소화약제
② 포소화약제
③ 이산화탄소 소화약제
④ 중탄산염류 소화약제

C급 화재에 적응성이 있는 소화약제 : 이산화탄소소화약제, 할론소화약제, 할로겐화합물 및 불활성기체소화약제, 인산염류소화약제, 중탄산염류소화약제, 고체에어로졸화합물

126 제연설비의 화재안전기술기준상 제연구역의 선정대상이 아닌 것은?

① 계단실 및 그 부속실을 동시에 제연하는 것
② 복도를 단독으로 제연하는 것
③ 부속실을 단독으로 제연하는 것
④ 계단실을 단독으로 제연하는 것

제연구역의 선정(제5조)
1. 계단실 및 그 부속실을 동시에 제연하는 것
2. 부속실을 단독으로 제연하는 것
3. 계단실을 단독으로 제연하는 것

127 포소화설비의 화재안전기술기준상 차고 · 주차장에 설치하는 포소화전설비의 설치 기준으로 적합하지 않은 것은?

① 저발포의 포소화약제를 사용할 수 있는 것으로 할 것
② 호스릴함 또는 호스함은 바닥으로부터 높이 1.5m 이하의 위치에 설치할 것
③ 호스릴 또는 호스를 호스릴포방수구 또는 포소화전방수구로 분리하여 비치하는 때에는 그로부터 5m 이내의 거리에 호스릴함 또는 호스함을 설치할 것
④ 방호대상물의 각 부분으로부터 하나의 호스릴포방수구까지의 수평거리는 15m 이하가 되도록 하고 호스릴 또는 호스의 길이는 방호대상물의 각 부분에 포가 유효하게 뿌려질 수 있도록 할 것

차고 · 주차장에 설치하는 호스릴포소화설비 또는 포소화전설비는 다음의 기준에 따라야 한다.
1. 특정소방대상물의 어느 층에 있어서도 그 층에 설치된 호스릴포방수구 또는 포소화전방수구(호스릴포방수구 또는 포소화전방수구가 5개 이상 설치된 경우에는 5개)를 동시에 사용할 경우 각 이동식 포노즐 선단의 포수용액 방사압력이 0.35MPa 이상이고 300L/min 이상(1개 층의 바닥면적이 200m² 이하인 경우에는 230L/min 이상)의 포수용액을 수평거리 15m 이상으로 방사할 수 있도록 할 것
2. 저발포의 포소화약제를 사용할 수 있는 것으로 할 것
3. 호스릴 또는 호스를 호스릴포방수구 또는 포소화전방수구로 분리하여 비치하는 때에는 그로부터 3m 이내의 거리에 호스릴함 또는 호스함을 설치할 것
4. 호스릴함 또는 호스함은 바닥으로부터 높이 1.5m 이하의 위치에 설치하고 그 표면에는 "포호스릴함(또는 포소화전함)"이라고 표시한 표지와 적색의 위치표시등을 설치할 것
5. 방호대상물의 각 부분으로부터 하나의 호스릴포방수구까지의 수평거리는 15m 이하(포소화전방수구의 경우에는 25m 이하)가 되도록 하고 호스릴 또는 호스의 길이는 방호대상물의 각 부분에 포가 유효하게 뿌려질 수 있도록 할 것

PART 1 과목별 예상문제

128 **포소화설비의 화재안전성능기준상 포소화설비에서 배선 등 설치기준에 관한 내용으로 틀린 것은?**

① 비상전원으로부터 동력제어반에 이르는 전원회로배선은 내열배선으로 할 것
② 비상전원으로부터 가압송수장치에 이르는 전원회로배선은 내화배선으로 할 것
③ 상용전원으로부터 동력제어반에 이르는 배선은 내화배선 또는 내열배선으로 할 것
④ 상용전원으로부터 포소화설비의 감시 · 조작 또는 표시등회로의 배선은 내화배선 또는 내열배선으로 할 것

정답 ①

포소화설비의 배선은 「전기설비기술기준」에서 정한 것 외에 다음의 기준에 따라 설치해야 한다(제15조 제1항).
1. 비상전원으로부터 동력제어반 및 가압송수장치에 이르는 전원회로배선은 내화배선으로 할 것
2. 상용전원으로부터 동력제어반에 이르는 배선, 그 밖의 포소화설비의 감시 · 조작 또는 표시등회로의 배선은 내화배선 또는 내열배선으로 할 것

129 **피난기구의 화재안전성능기준상 다수인 피난장비 설치 기준으로 옳지 않은 것은?**

① 사용 시에 보관실 외측 문이 먼저 열리고 탑승기가 외측으로 자동으로 전개될 것
② 하강 시에 탑승기가 건물 외벽이나 돌출물에 충돌하지 않도록 설치할 것
③ 피난층에는 해당 층에 설치된 피난기구가 착지에 지장이 없도록 충분한 공간을 확보할 것
④ 다수인피난장비 보관실은 건물 외측으로 돌출되는 구조일 것

정답 ④

다수인 피난장비는 다음에 적합하게 설치할 것(제5조 제1항)
1. 피난에 용이하고 안전하게 하강할 수 있는 장소에 적재 하중을 충분히 견딜 수 있도록 「건축물의 구조기준 등에 관한 규칙」에서 정하는 구조안전의 확인을 받아 견고하게 설치할 것
2. 다수인피난장비 보관실은 건물 외측보다 돌출되지 아니하고, 빗물 · 먼지 등으로부터 장비를 보호할 수 있는 구조일 것
3. 사용 시에 보관실 외측 문이 먼저 열리고 탑승기가 외측으로 자동으로 전개될 것
4. 하강 시에 탑승기가 건물 외벽이나 돌출물에 충돌하지 않도록 설치할 것
5. 상 · 하층에 설치할 경우에는 탑승기의 하강경로가 중첩되지 않도록 할 것
6. 하강 시에는 안전하고 일정한 속도를 유지하도록 하고 전복, 흔들림, 경로이탈 방지를 위한 안전조치를 할 것
7. 보관실의 문에는 오작동 방지조치를 하고, 문 개방 시에는 당해 소방대상물에 설치된 경보설비와 연동하여 유효한 경보음을 발하도록 할 것
8. 피난층에는 해당 층에 설치된 피난기구가 착지에 지장이 없도록 충분한 공간을 확보할 것
9. 한국소방산업기술원 또는 성능시험기관으로 지정받은 기관에서 그 성능을 검증받은 것으로 설치할 것

130 **피난기구의 화재안전성능기준상 화재 발생시 사람이 건축물 내에서 외부로 긴급히 뛰어 내릴 때 충격을 흡수하여 안전하게 지상에 도달할 수 있도록 포지에 공기 등을 주입하는 구조로 되어 있는 것은?**

① 구조대
② 공기안전매트
③ 완강기
④ 피난밧줄

② **공기안전매트** : 화재 발생시 사람이 건축물 내에서 외부로 긴급히 뛰어 내릴 때 충격을 흡수하여 안전하게 지상에 도달할 수 있도록 포지에 공기 등을 주입하는 구조로 되어 있는 것을 말한다.
① **구조대** : 포지 등을 사용하여 자루형태로 만든 것으로서 화재시 사용자가 그 내부에 들어가서 내려옴으로써 대피할 수 있는 것을 말한다.
③ **완강기** : 사용자의 몸무게에 따라 자동적으로 내려올 수 있는 기구 중 사용자가 교대하여 연속적으로 사용할 수 있는 것을 말한다.
④ **피난밧줄** : 급격한 하강을 방지하기 위한 매듭 등을 만들어 놓은 밧줄을 말한다.

131 **옥내소화전설비의 화재안전성능기준상 펌프의 흡입 측 배관의 설치기준으로 적합하지 않은 것은?**

① 공기 고임이 생기지 않는 구조로 할 것
② 여과장치를 설치할 것
③ 수조가 펌프보다 낮게 설치된 경우에는 각 펌프(충압펌프를 포함한다)마다 수조로부터 별도로 설치할 것
④ 송수구로부터 주배관에 이르는 연결배관에는 개폐밸브를 설치하지 않을 것

펌프의 흡입 측 배관은 다음의 기준에 따라 설치해야 한다(제6조 제4항).
1. 공기 고임이 생기지 않는 구조로 하고 여과장치를 설치할 것
2. 수조가 펌프보다 낮게 설치된 경우에는 각 펌프(충압펌프를 포함한다)마다 수조로부터 별도로 설치할 것

132 **소화기구 및 자동소화장치의 화재안전기술기준상 화재의 종류에 관한 내용으로 틀린 것은?**

① 일반화재(A급 화재) : 나무, 섬유, 종이, 고무, 플라스틱류와 같은 일반 가연물이 타고 나서 재가 남는 화재를 말한다
② 유류화재(B급 화재) : 인화성 액체, 가연성 액체, 석유 그리스, 타르, 오일, 유성도료, 솔벤트, 래커, 알코올 및 인화성 가스와 같은 유류가 타고 나서 재가 남지 않는 화재를 말한다.
③ 전기화재(C급 화재) : 전류가 흐르고 있는 전기기기, 배선과 관련된 화재를 말한다.
④ 금속화재(D급화재) : 주방에서 동식물유를 취급하는 조리기구에서 일어나는 화재를 말한다.

정답 ④

주방화재(K급 화재) : 주방에서 동식물유를 취급하는 조리기구에서 일어나는 화재를 말한다.
금속화재(D급화재) : 마그네슘 합금 등 가연성 금속에서 일어나는 화재를 말한다.

133 **옥내소화전설비의 화재안전기술기준상 옥내소화전설비에 소방자동차부터 그 설비에 송수할 수 있는 송수구의 설치기준으로 틀린 것은?**

① 송수구는 송수 및 그 밖의 소화작업에 지장을 주지 않도록 설치할 것
② 송수구에는 이물질을 막기 위한 마개를 씌울 것
③ 송수구로부터 주배관에 이르는 연결배관에는 개폐밸브를 설치할 것
④ 구경 65mm의 쌍구형 또는 단구형으로 할 것

정답 ③

옥내소화전설비에 소방자동차부터 그 설비에 송수할 수 있는 송수구의 설치기준(제6조 제12항)
1. 송수구는 송수 및 그 밖의 소화작업에 지장을 주지 않도록 설치할 것
2. 송수구로부터 주배관에 이르는 연결배관에는 개폐밸브를 설치하지 않을 것
3. 지면으로부터 높이가 0.5m 이상 1m 이하의 위치에 설치할 것
4. 구경 65mm의 쌍구형 또는 단구형으로 할 것
5. 송수구의 가까운 부분에 자동배수밸브(또는 직경 5mm의 배수공) 및 체크밸브를 설치할 것
6. 송수구에는 이물질을 막기 위한 마개를 씌울 것

134 **이산화탄소소화설비의 화재안전기술기준에 따른 이산화탄소소화설비 수동식 기동장치의 설치기준으로 틀린 것은?**

① 전역방출방식은 방호대상물마다, 국소방출방식은 방호구역마다 설치할 것
② 기동장치의 조작부는 바닥으로부터 0.8m 이상 1.5m 이하의 위치에 설치하고, 보호판 등에 따른 보호장치를 설치할 것
③ 기동장치의 방출용스위치는 음향경보장치와 연동하여 조작될 수 있는 것으로 할 것
④ 전기를 사용하는 기동장치에는 전원표시등을 설치할 것

정답 ①

이산화탄소소화설비의 수동식 기동장치는 다음의 기준에 따라 설치해야 한다(2.3.1).
1. 전역방출방식은 방호구역마다, 국소방출방식은 방호대상물마다 설치할 것
2. 해당 방호구역의 출입구 부근 등 조작을 하는 자가 쉽게 피난할 수 있는 장소에 설치할 것
3. 기동장치의 조작부는 바닥으로부터 0.8m 이상 1.5m 이하의 위치에 설치하고, 보호판 등에 따른 보호장치를 설치할 것
4. 기동장치 인근의 보기 쉬운 곳에 "이산화탄소소화설비 수동식 기동장치"라는 표지를 할 것
5. 전기를 사용하는 기동장치에는 전원표시등을 설치할 것
6. 기동장치의 방출용스위치는 음향경보장치와 연동하여 조작될 수 있는 것으로 할 것
7. 기동장치에는 보호장치를 설치해야 하며, 보호장치를 개방하는 경우 기동장치에 설치된 부저 또는 벨 등에 의하여 경고음을 발할 것
8. 기동장치를 옥외에 설치하는 경우 빗물 또는 외부 충격의 영향을 받지 아니하도록 설치할 것

135 **옥내소화전설비의 화재안전성능기준상 옥내소화전이 하나의 층에는 6개, 또 다른 층에는 3개, 나머지 모든 층에는 4개씩 설치되어 있다. 수원의 최소 수량(m^3) 기준은?**

① $2.6m^3$
② $5.2m^3$
③ $6.4m^3$
④ $15.6m^3$

옥내소화전설비의 수원은 그 저수량이 옥내소화전의 설치개수가 가장 많은 층의 설치개수(두 개 이상 설치된 경우에는 두 개)에 2.6m³(호스릴 옥내소화전설비를 포함한다)를 곱한 양 이상이 되도록 해야 한다(제4조 제1항).

그러므로 수원의 최소 수량＝2×2.6＝5.2(m³)

136 **포소화설비의 화재안전기술기준상 압축공기포소화설비를 설치하는 경우 방수량은 설계 사양에 따라 방호구역에 최소 몇 분간 방사할 수 있어야 하는가?**

① 10분
② 15분
③ 20분
④ 30분

압축공기포소화설비를 설치하는 경우 방수량은 설계 사양에 따라 방호구역에 최소 10분간 방사할 수 있어야 한다.

137 **물분무소화설비의 화재안전성능기준상 물분무소화설비의 수원에 적합하지 않는 것은?**

① 컨베이어 벨트 등은 벨트 부분의 바닥면적 1m²에 대하여 분당 10L로 20분간 방수할 수 있는 양 이상으로 할 것
② 케이블트레이, 케이블덕트 등은 투영된 바닥면적 1m²에 대하여 분당 12L로 20분간 방수할 수 있는 양 이상으로 할 것
③ 차고 또는 주차장은 그 바닥면적 1m²에 대하여 분당 20L로 20분간 방수할 수 있는 양 이상으로 할 것
④ 절연유 봉입 변압기는 바닥 부분을 제외한 표면적을 합한 면적 1m²에 대하여 분당 20L로 40분간 방수할 수 있는 양 이상으로 할 것

물분무소화설비의 수원은 그 저수량이 다음의 기준에 적합하도록 해야 한다(제4조 제1항).

1. 특수가연물을 저장 또는 취급하는 특정소방대상물 또는 그 부분에 있어서 그 바닥면적(최대 방수구역의 바닥면적을 기준으로 하며, 50m² 이하인 경우에는 50m²) 1m²에 대하여 분당 10L로 20분간 방수할 수 있는 양 이상으로 할 것
2. 차고 또는 주차장은 그 바닥면적(최대 방수구역의 바닥면적을 기준으로 하며, 50m² 이하인 경우에는 50m²) 1m²에 대하여 분당 20L로 20분간 방수할 수 있는 양 이상으로 할 것
3. 절연유 봉입 변압기는 바닥 부분을 제외한 표면적을 합한 면적 1m²에 대하여 분당 10L로 20분간 방수할 수 있는 양 이상으로 할 것
4. 케이블트레이, 케이블덕트 등은 투영된 바닥면적 1m²에 대하여 분당 12L로 20분간 방수할 수 있는 양 이상으로 할 것
5. 컨베이어 벨트 등은 벨트 부분의 바닥면적 1m²에 대하여 분당 10L로 20분간 방수할 수 있는 양 이상으로 할 것

138 **피난기구의 화재안전성능기준상 승강식 피난기 및 하향식 피난구용 내림식사다리에 대한 설명으로 틀린 것은?**

① 대피실 내에는 비상조명등을 설치할 것
② 착지점과 하강구는 상호 수평거리 50cm 이상의 간격을 둘 것
③ 대피실의 면적은 $2m^2$(2세대 이상일 경우에는 $3m^2$) 이상으로 하고, 하강구(개구부) 규격은 직경 60cm 이상일 것
④ 사용 시 기울거나 흔들리지 않도록 설치할 것

정답 ②

승강식 피난기 및 하향식 피난구용 내림식사다리는 다음에 적합하게 설치할 것(제5조 제3항)

1. 승강식 피난기 및 하향식 피난구용 내림식사다리는 설치경로가 설치층에서 피난층까지 연계될 수 있는 구조로 설치할 것
2. 대피실의 면적은 $2m^2$(2세대 이상일 경우에는 $3m^2$) 이상으로 하고, 하강구(개구부) 규격은 직경 60cm 이상일 것
3. 하강구 내측에는 기구의 연결 금속구 등이 없어야 하며 전개된 피난기구는 하강구 수평투영면적 공간 내의 범위를 침범하지 않는 구조이어야 할 것
4. 대피실의 출입문은 60분+ 방화문 또는 60분 방화문으로 설치하고, 피난방향에서 식별할 수 있는 위치에 "대피실" 표지판을 부착할 것
5. 착지점과 하강구는 상호 수평거리 15cm 이상의 간격을 둘 것
6. 대피실 내에는 비상조명등을 설치할 것
7. 대피실에는 층의 위치표시와 피난기구 사용설명서 및 주의사항 표지판을 부착 할 것
8. 대피실 출입문이 개방되거나, 피난기구 작동 시 해당층 및 직하층 거실에 설치된 표시등 및 경보장치가 작동되고, 감시 제어반에서는 피난기구의 작동을 확인할 수 있어야 할 것
9. 사용 시 기울거나 흔들리지 않도록 설치할 것
10. 승강식 피난기는 한국소방산업기술원 또는 성능시험기관으로 지정받은 기관에서 그 성능을 검증받은 것으로 설치할 것

139 **소화기구 및 자동소화장치의 화재안전기술기준상 상업용 주방자동소화장치의 설치기준으로 적합하지 않는 것은?**

① 감지부는 성능인증을 받은 유효높이 및 위치에 설치할 것
② 덕트에 설치되는 분사헤드는 성능인증을 받은 길이 이상으로 설치할 것
③ 차단장치(전기 또는 가스)는 상시 확인 및 점검이 가능하도록 설치할 것
④ 조리기구의 종류별로 성능인증을 받은 설계 매뉴얼에 적합하게 설치할 것

정답 ②

상업용 주방자동소화장치의 설치기준

1. 소화장치는 조리기구의 종류별로 성능인증을 받은 설계 매뉴얼에 적합하게 설치할 것
2. 감지부는 성능인증을 받은 유효높이 및 위치에 설치할 것
3. 차단장치(전기 또는 가스)는 상시 확인 및 점검이 가능하도록 설치할 것
4. 후드에 설치되는 분사헤드는 후드의 가장 긴 변의 길이까지 방출될 수 있도록 소화약제의 방출 방향 및 거리를 고려하여 설치할 것
5. 덕트에 설치되는 분사헤드는 성능인증을 받은 길이 이내로 설치할 것

140 **이산화탄소소화설비의 화재안전기술기준상 이산화탄소소화설비의 수동식 기동장치의 설치기준으로 적합하지 않는 것은?**

① 전역방출방식은 방호구역마다, 국소방출방식은 방호대상물마다 설치할 것
② 해당 방호구역의 출입구 부근 등 조작을 하는 자가 쉽게 피난할 수 있는 장소에 설치할 것
③ 기동장치를 옥외에 설치하는 경우 빗물

또는 외부 충격의 영향을 받지 아니하도록 설치할 것

④ 기동장치 인근의 보기 쉬운 곳에 "분말소화설비 자동식 기동장치"라는 표지를 할 것

정답 ④

이산화탄소소화설비의 수동식 기동장치는 다음의 기준에 따라 설치해야 한다. 이 경우 수동식 기동장치의 부근에는 소화약제의 방출을 지연시킬 수 있는 방출지연스위치(자동복귀형 스위치로서 수동식 기동장치의 타이머를 순간 정지시키는 기능의 스위치를 말한다)를 설치해야 한다.

1. 전역방출방식은 방호구역마다, 국소방출방식은 방호대상물마다 설치할 것
2. 해당 방호구역의 출입구 부근 등 조작을 하는 자가 쉽게 피난할 수 있는 장소에 설치할 것
3. 기동장치의 조작부는 바닥으로부터 0.8m 이상 1.5m 이하의 위치에 설치하고, 보호판 등에 따른 보호장치를 설치할 것
4. 기동장치 인근의 보기 쉬운 곳에 "이산화탄소소화설비 수동식 기동장치"라는 표지를 할 것
5. 전기를 사용하는 기동장치에는 전원표시등을 설치할 것
6. 기동장치의 방출용스위치는 음향경보장치와 연동하여 조작될 수 있는 것으로 할 것
7. 기동장치에는 보호장치를 설치해야 하며, 보호장치를 개방하는 경우 기동장치에 설치된 부저 또는 벨 등에 의하여 경고음을 발할 것
8. 기동장치를 옥외에 설치하는 경우 빗물 또는 외부 충격의 영향을 받지 아니하도록 설치할 것

141 **물분무소화설비의 화재안전기술기준에 따른 물분무소화설비의 저수량에 대한 기준 중 다음 ( ) 안의 내용으로 맞는 것은?**

> • 절연유 봉입 변압기는 바닥 부분을 제외한 표면적을 합한 면적 $1m^2$에 대하여 분당 (㉠)로 20분간 방수할 수 있는 양 이상으로 할 것
> • 케이블트레이, 케이블덕트 등은 투영된 바닥면적 $1m^2$에 대하여 분당 (㉡)로 20분간 방수할 수 있는 양 이상으로 할 것

① ㉠ 5L, ㉡ 12L
② ㉠ 10L, ㉡ 12L
③ ㉠ 10L, ㉡ 15L
④ ㉠ 20L, ㉡ 25L

정답 ②

물분무소화설비의 저수량

1. 절연유 봉입 변압기는 바닥 부분을 제외한 표면적을 합한 면적 $1m^2$에 대하여 분당 10L로 20분간 방수할 수 있는 양 이상으로 할 것
2. 케이블트레이, 케이블덕트 등은 투영된 바닥면적 $1m^2$에 대하여 분당 12L로 20분간 방수할 수 있는 양 이상으로 할 것

142 **스프링클러설비의 화재안전성능기준상 부압식 스프링클러설비에 설치되는 유수검지장치는?**

① 습식유수검지장치
② 준비작동식유수검지장치
③ 패들형유수검지장치
④ 건식유수검지장치

정답 ①

① **습식유수검지장치** : 습식스프링클러설비 또는 부압식 스프링클러설비에 설치되는 유수검지장치를 말한다.
② **준비작동식유수검지장치** : 준비작동식스프링클러설비에 설치되는 유수검지장치를 말한다.
③ **패들형유수검지장치** : 소화수의 흐름에 의하여 패들이 움직이고 접점이 형성되면 신호를 발하는 유수검지장치를 말한다.
④ **건식유수검지장치** : 건식스프링클러설비에 설치되는 유수검지장치를 말한다.

143 다음 중 가스, 분말, 고체에어로졸 자동소화장치의 설치기준으로 틀린 것은?

① 소화약제 방출구는 형식승인 받은 유효설치범위 내에 설치할 것
② 자동소화장치는 방호구역 내에 형식승인된 2개 이상의 제품을 설치할 것
③ 감지부는 형식승인된 유효설치범위 내에 설치해야 할 것
④ 설치장소의 평상시 최고주위온도에 따라 적합한 표시온도의 것으로 설치할 것

정답 ②

가스, 분말, 고체에어로졸 자동소화장치는 다음의 기준에 따라 설치할 것(제4조 제2항 제4호)
1. 소화약제 방출구는 형식승인 받은 유효설치범위 내에 설치할 것
2. 자동소화장치는 방호구역 내에 형식승인 된 1개의 제품을 설치할 것(이 경우 연동방식으로서 하나의 형식으로 형식승인을 받은 경우에는 1개의 제품으로 본다.)
3. 감지부는 형식승인된 유효설치범위 내에 설치해야 하며 설치장소의 평상시 최고주위온도에 따라 적합한 표시온도의 것으로 설치할 것
4. 화재감지기를 감지부로 사용하는 경우에는 캐비닛형 자동소화장치의 설치방법에 따를 것

144 스프링클러설비의 화재안전성능기준상 개방형 스프링클러설비의 방수구역 및 일제개방밸브의 기준으로 적합하지 않는 것은?

① 하나의 방수구역은 두 개 층에 미치도록 할 것
② 일제개방밸브의 설치위치는 실내에 설치하거나 보호용 철망 등으로 구획하여 바닥으로부터 0.8m 이상 1.5m 이하의 위치에 설치할 것
③ 방수구역마다 일제개방밸브를 설치할 것
④ 두 개 이상의 방수구역으로 나눌 경우에 하나의 방수구역을 담당하는 헤드의 개수는 25개 이상으로 할 것

개방형 스프링클러설비의 방수구역 및 일제개방밸브는 다음의 기준에 적합해야 한다(제7조).
1. 하나의 방수구역은 두 개 층에 미치지 않을 것
2. 방수구역마다 일제개방밸브를 설치할 것
3. 하나의 방수구역을 담당하는 헤드의 개수는 50개 이하로 할 것. 다만, 두 개 이상의 방수구역으로 나눌 경우에는 하나의 방수구역을 담당하는 헤드의 개수는 25개 이상으로 해야 한다.
4. 일제개방밸브의 설치위치는 실내에 설치하거나 보호용 철망 등으로 구획하여 바닥으로부터 0.8m 이상 1.5m 이하의 위치에 설치하고, 표지는 "일제개방밸브실"이라고 표시할 것

145 분말소화설비의 화재안전성능기준상 분말소화약제의 저장용기 설치기준으로 틀린 것은?

① 저장용기의 충전비는 0.8 이상으로 할 것
② 저장용기 및 배관에는 잔류 소화약제를 처리할 수 있는 청소장치를 설치할 것
③ 가압식 저장용기에는 사용압력 범위를 표

시한 지시압력계를 설치할 것

④ 저장용기에는 가압식은 최고사용압력의 1.8배 이하, 축압식은 용기의 내압시험압력의 0.8배 이하의 압력에서 작동하는 안전밸브를 설치할 것

분말소화약제의 저장용기 설치기준(제4조 제2항)

1. 저장용기의 내용적은 소화약제 1kg당 1L(제1종 분말은 0.8L, 제4종 분말은 1.25L)로 한다.
2. 저장용기에는 가압식은 최고사용압력의 1.8배 이하, 축압식은 용기의 내압시험압력의 0.8배 이하의 압력에서 작동하는 안전밸브를 설치할 것
3. 가압식 저장용기에는 저장용기의 내부압력이 설정압력으로 되었을 때 주밸브를 개방하는 정압작동장치를 설치할 것
4. 저장용기의 충전비는 0.8 이상으로 할 것
5. 저장용기 및 배관에는 잔류 소화약제를 처리할 수 있는 청소장치를 설치할 것
6. 축압식 저장용기에는 사용압력 범위를 표시한 지시압력계를 설치할 것

146 지하구의 화재안전성능기준상 연소방지재를 설치하는 곳이 아닌 것은?

① 분기구

② 지하구의 인입부 또는 인출부

③ 채수구

④ 절연유 순환펌프 등이 설치된 부분

연소방지재는 다음에 해당하는 부분에 시험성적서에 명시된 방식으로 시험성적서에 명시된 길이 이상으로 설치하되, 연소방지재 간의 설치 간격은 350m를 넘지 않도록 해야 한다(제9조 제2호).

1. 분기구
2. 지하구의 인입부 또는 인출부
3. 절연유 순환펌프 등이 설치된 부분
4. 기타 화재발생 위험이 우려되는 부분

147 소화기구 및 자동소화장치의 화재안전기술기준상 위락시설은 당해용도의 바닥면적 얼마마다 능력단위 1단위 이상의 소화기구를 비치해야 하는가?

① 바닥면적 30m^2 마다

② 바닥면적 50m^2 마다

③ 바닥면적 100m^2 마다

④ 바닥면적 200m^2 마다

특정소방대상물 별 소화기구의 능력단위

특정소방대상물	소화기구의 능력단위
위락시설	해당 용도의 바닥면적 30m^2마다 능력단위 1단위 이상
공연장, 집회장, 관람장, 문화재, 장례식장 및 의료시설	해당 용도의 바닥면적 50m^2마다 능력단위 1단위 이상
근린생활시설, 판매시설, 운수시설, 숙박시설, 노유자시설, 전시장, 공동주택, 업무시설, 방송통신시설, 공장, 창고시설, 항공기 및 자동차 관련시설 및 관광휴게시설	해당 용도의 바닥면적 100m^2마다 능력단위 1단위 이상
그 밖의 것	해당 용도의 바닥면적 200m^2마다 능력단위 1단위 이상

PART 1 과목별 예상문제

148 **화재조기진압용 스프링클러설비의 화재안전기술기준상 화재조기진압용 스프링클러설비의 방호구역 및 유수검지장치 구조 기준으로 틀린 것은?**

① 하나의 방호구역은 두 개 층에 미치도록 할 것
② 하나의 방호구역의 바닥면적은 3,000m^{2}를 초과하지 않을 것
③ 하나의 방호구역에는 한 개 이상의 유수검지장치를 설치하되, 화재 시 접근이 쉽고 점검하기 편리한 장소에 설치할 것
④ 화재조기진압용 스프링클러헤드에 공급되는 물은 유수검지장치를 지나도록 할 것

 정답 ①

화재조기진압용 스프링클러설비의 방호구역(화재조기진압용 스프링클러설비의 소화범위에 포함된 영역을 말한다.) 및 유수검지장치는 다음의 기준에 적합해야 한다(제7조).

1. 하나의 방호구역의 바닥면적은 3,000m^{2}를 초과하지 않을 것
2. 하나의 방호구역에는 한 개 이상의 유수검지장치를 설치하되, 화재 시 접근이 쉽고 점검하기 편리한 장소에 설치할 것
3. 하나의 방호구역은 두 개 층에 미치지 않도록 할 것
4. 유수검지장치를 실내에 설치하거나 보호용 철망 등으로 구획하여 바닥으로부터 0.8m 이상 1.5m 이하의 위치에 설치하되, 그 실 등에는 개구부가 가로 0.5m 이상 세로 1미터 이상의 출입문을 설치하고 그 출입문 상단에 "유수검지장치실" 이라고 표시한 표지를 설치할 것
5. 화재조기진압용 스프링클러헤드에 공급되는 물은 유수검지장치를 지나도록 할 것
6. 자연낙차에 따른 압력수가 흐르는 배관 상에 설치된 유수검지장치는 소화수의 방수 시 물의 흐름을 검지할 수 있는 최소한의 압력이 얻어질 수 있도록 수조의 하단으로부터 낙차를 두어 설치할 것

149 **분말소화설비의 화재안전성능기준상 전역방출방식 분말소화설비에서 방호구역의 개구부에 자동폐쇄장치를 설치하지 아니한 경우, 개구부의 면적 1m^{2}에 대한 분말소화약제의 가산량으로 잘못 연결된 것은?**

① 제1종 분말 – 4.5kg
② 제2종 분말 – 2.7kg
③ 제3종 분말 – 2.5kg
④ 제4종 분말 – 1.8kg

 정답 ③

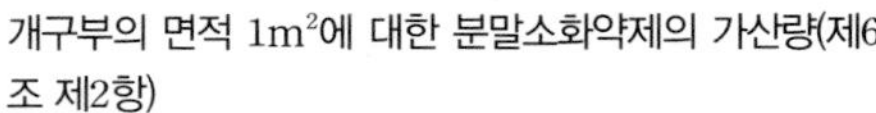
개구부의 면적 1m^{2}에 대한 분말소화약제의 가산량(제6조 제2항)

소화약제의 종류	가산량(개구부의 면적 1m^{2}에 대한 소화약제의 양)
제1종 분말 제2종 분말 또는 제3종 분말 제4종 분말	4.5kg 2.7kg 1.8kg

150 **소화기구 및 자동소화장치의 화재안전성능기준상 대형소화기를 설치해야 할 특정소방대상물 또는 그 부분에 대형소화기를 설치하지 않을 수 있는 경우가 아닌 것은?**

① 옥내소화전설비를 설치한 경우
② 스프링클러설비를 설치한 경우
③ 물분무등소화설비를 설치한 경우
④ 캐비닛형자동소화장치를 설치한 경우

 정답 ④

대형소화기를 설치해야 할 특정소방대상물 또는 그 부분에 옥내소화전설비 · 스프링클러설비 · 물분무등소화설비 또는 옥외소화전설비를 설치한 경우에는 해당 설

비의 유효범위 안의 부분에 대하여는 대형소화기를 설치하지 않을 수 있다(제5조 제2항).

소방설비기사 빈출 1000제 [기계편]

Enginner Fire Fighting Facilities [Mechanical]

PART 2

빈출 모의고사

ENGINNER
FIRE FIGHTING
FACILITIES
[MECHANICAL]

제1회 빈출 모의고사

수험번호
수험자명

제한 시간 : 2시간 전체 문제 수 : 80 맞춘 문제 수 :

1과목 소방원론

답안 표기란				
01	①	②	③	④
02	①	②	③	④
03	①	②	③	④
04	①	②	③	④

01 다음 중 물이 소화약제로서 사용되는 장점이 아닌 것은?

① 인체에 무해하다.
② 많은 양을 구할 수 있다.
③ 증발잠열이 크다.
④ 가연물과 화학반응이 일어나지 않는다.

02 이산화탄소 20g은 약 몇 mol인가?

① 0.25mol
② 0.35mol
③ 0.45mol
④ 0.55mol

03 다음 중 위험물안전관리법령상 위험물로 분류되는 것은?

① 압축산소
② 마그네슘
③ 프로페인가스
④ 메테인가스

04 다음 중 폭굉(detonation)에 관한 설명으로 틀린 것은?

① 연소속도가 음속보다 느릴 때 나타난다.
② 온도의 상승은 충격파의 압력에 기인한다.
③ 반응속도가 1,000~3,500m/s 정도의 초음속도이다.
④ 압력 상승은 초기 압력의 약 10배이다.

05 다음 중 상온에서 무색의 기체로서 암모니아와 유사한 냄새를 가지는 물질은?

① 에틸벤젠
② 산화프로필렌
③ 에틸아민
④ 사이클로프로판

답안 표기란	
05	① ② ③ ④
06	① ② ③ ④
07	① ② ③ ④
08	① ② ③ ④

06 건축물의 피난 · 방화구조 등의 기준에 관한 규칙상 방화구획의 설치기준 중 10층 이하의 층은 바닥면적 몇 m^2 이내마다 방화구획을 구획하여야 하는가?

① $1,000m^2$
② $1,500m^2$
③ $2,000m^2$
④ $3,000m^2$

07 물에 황산을 넣어 묽은 황산을 만들 때 발생되는 열은?

① 연소열
② 분해열
③ 자연발열
④ 용해열

08 소화약제로 사용되는 물에 관한 소화성능 및 물성에 대한 설명으로 틀린 것은?

① 비열과 증발잠열이 커서 냉각소화 효과가 우수하다.
② 물(100℃)의 증발잠열은 439.6kcal/g이다.
③ 물의 기화에 의해 팽창된 수증기는 질식소화 작용을 할 수 있다.
④ 물(15℃)의 비열은 약 1cal/g · ℃이다.

09 **다음 중 조연성가스로만 나열되어 있는 것은?**

① 메탄, 프로페인, 일산화탄소
② 불소, 이산화탄소, 오존
③ 산소, 불소, 염소
④ 일산화탄소, 이산화탄소, 염소

10 **소화약제로 사용되는 이산화탄소에 대한 설명으로 옳은 것은?**

① 산소와 반응 시 발열반응을 일으킨다.
② 산소와 반응하여 가연성 물질을 발생시킨다.
③ 산화하지 않으나 산소와는 반응한다.
④ 산소와 반응하지 않는다.

11 **다음 중 증기 비중이 가장 큰 것은?**

① Halon 1301
② Halon 1211
③ Halon 2402
④ Halon 1011

12 **고체가 연소하면서 공기 중의 산소를 필요로 하지 않고 그 물질 안에 포함되어 있는 산소를 이용하여 연소하는 제5류 위험물의 연소 형태는?**

① 확산연소
② 자기연소
③ 표면연소
④ 예혼합연소

13 **다음 중 위험물안전관리법령상 위험물에 대한 설명으로 틀린 것은?**

① 과산화수소는 특유의 불안정성 때문에 고농도로 존재하기 어렵다.
② 적린은 제2류 위험물이다.
③ 나트륨의 지정수량은 10kg이다.
④ 산화성 고체는 제6류 위험물의 성질이다.

답안 표기란				
09	①	②	③	④
10	①	②	③	④
11	①	②	③	④
12	①	②	③	④
13	①	②	③	④

14 **다음 중 위험물별 저장방법에 대한 설명으로 틀린 것은?**

① 마그네슘은 건조하면 부유하여 분진폭발의 위험이 있으므로 물에 적시어 보관한다.
② 적린은 화기로부터 격리하여 저장한다.
③ 황화인은 산화제와 격리하여 저장한다.
④ 유황은 정전기가 축적되지 않도록 하여 저장한다.

15 **다음 중 조연성 가스에 해당하는 것은?**

① 이산화탄소
② 암모니아
③ 수소
④ 오존

16 **인화점이 낮은 것부터 높은 순서대로 옳게 나열된 것은?**

① 에틸알코올<가솔린<아세톤
② 가솔린<아세톤<에틸알코올
③ 에틸알코올<아세톤<가솔린
④ 가솔린<에틸알코올<아세톤

17 **1기압 상태에서 100℃ 물 1g이 모두 기체로 변할 때 필요한 열량은 몇 cal인가?**

① 339cal
② 439cal
③ 539cal
④ 639cal

18 **화재를 소화하는 방법 중 물리적 방법에 의한 소화가 아닌 것은?**

① 억제소화
② 제거소화
③ 질식소화
④ 냉각소화

답안 표기란	
14	① ② ③ ④
15	① ② ③ ④
16	① ② ③ ④
17	① ② ③ ④
18	① ② ③ ④

19 실내화재에서 화재의 최성기에 돌입하기 전에 다량의 가연성 가스가 동시에 연소되면서 급격한 온도상승을 유발하는 현상은?

① 백 드래프트(back draft) 현상
② 블레비(BLEVE) 현상
③ 파이어 볼(Fire Ball) 현상
④ 플래시 오버(Flash Over) 현상

20 다음 중 불연성 기체나 고체 등으로 연소물을 감싸 산소공급을 차단하는 소화방법은?

① 냉각소화
② 질식소화
③ 연쇄반응차단소화
④ 제거소화

2과목 소방유체역학

21 원형 물탱크의 안지름이 1m이고, 아래쪽 옆면에 안지름 100mm인 송출관을 통해 물을 수송할 때의 순간 유속이 3m/s이었다. 이 때 탱크 내 수면이 내려오는 속도는 몇 m/s인가?

① 0.01m/s
② 0.02m/s
③ 0.03m/s
④ 0.04m/s

22 다음 중 펌프의 공동현상(cavitation)을 방지하기 위한 방법이 아닌 것은?

① 펌프의 회전수를 크게 한다.
② 양흡입 펌프를 사용한다.
③ 펌프 설치위치를 수원보다 낮게 한다.
④ 양흡입 펌프로 부족할 경우 펌프를 2대로 한다.

답안 표기란				
19	①	②	③	④
20	①	②	③	④
21	①	②	③	④
22	①	②	③	④

23 밸브가 장치된 지름 10cm인 원관에 비중 0.8인 유체가 2m/s의 평균속도로 흐르고 있다. 밸브 전후의 압력 차이가 4kPa일 때, 이 밸브의 등가길이는 몇 m인가? (단, 관의 마찰계수는 0.02이다.)

① 11.5m
② 12.5m
③ 13.5m
④ 14.5m

24 그림에서 물과 기름의 표면은 대기에 개방되어 있고, 물과 기름 표면의 높이가 같을 때 h는 약 몇 m인가? (단, 기름의 비중은 0.8, 액체 A의 비중은 1.6이다.)

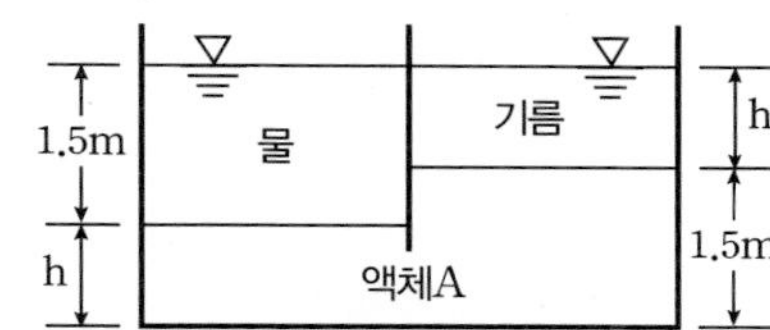

① 1.125m
② 1.135m
③ 1.145m
④ 1.145m

25 포화액-증기 혼합물 300g이 100kPA의 일정한 압력에서 기화가 일어나 건도가 10%에서 30%로 높아진다면 혼합물의 체적 증가량은 약 몇 m^3인가? (단, 100kPa에서 포화액과 포화증기의 비체적은 각각 $0.00104m^3$/kg과 $1.694m^3$/kg이다.)

① $0.102m^3$
② $0.202m^3$
③ $0.302m^3$
④ $0.402m^3$

답안 표기란	
23	① ② ③ ④
24	① ② ③ ④
25	① ② ③ ④

PART 2 빈출 모의고사

26 그림과 같은 U자관 차압액주계에서 γ_1=9.8kN/m^3, γ_2=133kN/m^3, γ_3=9.0kN/m^3, h_1=0.2m, h_3=0.1이고 압력차 P_A-P_B=30kPa이다. h_2는 몇 m인가?

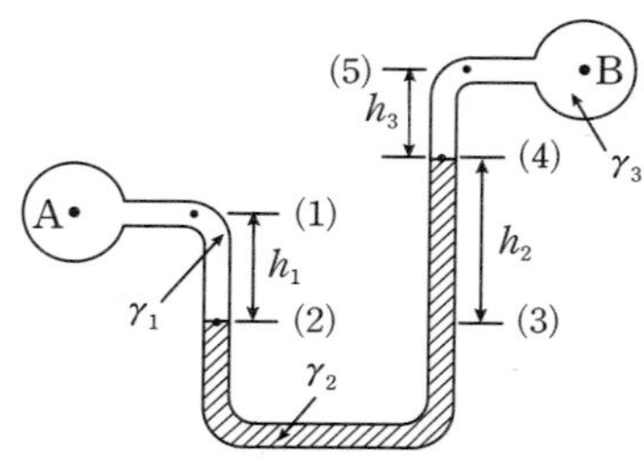

① 0.224m
② 0.234m
③ 0.244m
④ 0.254m

27 원관 속을 층류상태로 흐르는 유체의 속도분포가 다음과 같을 때 관벽에서 30mm 떨어진 곳에서 유체의 속도기울기(속도구배)는 약 몇 s^{-1}인가?

$u=3y^{\frac{1}{2}}$	u : 유속(m/s)
	y : 관 벽으로부터의 거리(m)

① 8.66
② 9.77
③ 10.88
④ 11.99

28 회전속도 1000rpm일 때 송출량 Qm^3/min, 전양정 Hm인 원심펌프가 상사한 조건에서 송출량이 1.1Qm^3/min가 되도록 회전속도를 증가시킬 때, 전양정은 어떻게 되는가?

① 0.91H
② 1H
③ 1.11H
④ 1.21H

답안 표기란	
26	① ② ③ ④
27	① ② ③ ④
28	① ② ③ ④

29 밀도가 10kg/m³인 유체가 지름 30cm인 관내를 1m³/s로 흐른다. 이때의 평균유속은 몇 m/s인가?

① 13.15m/s
② 14.15m/s
③ 15.15m/s
④ 16.15m/s

30 한 변이 8cm인 정육면체를 비중이 1.26인 글리세린에 담그니 절반의 부피가 잠겼다. 이때 정육면체를 수직방향으로 눌러 완전히 잠기게 하는데 필요한 힘은 약 몇 N인가?

① 1.16N
② 2.16N
③ 3.16N
④ 4.16N

31 수은이 채워진 U자관에 수은보다 비중이 작은 어떤 액체를 넣었다. 액체 기둥의 높이가 10cm, 수은과 액체의 자유 표면의 높이 차이가 6cm일 때 이 액체의 비중은? (단, 수은의 비중은 13.6이다.)

① 5.44
② 6.44
③ 7.44
④ 8.44

32 다음 중 열전달 매질이 없이도 열이 전달되는 형태는?

① 강제대류
② 자연대류
③ 전도
④ 복사

답안 표기란	
29	① ② ③ ④
30	① ② ③ ④
31	① ② ③ ④
32	① ② ③ ④

33 전양정 80m, 토출량 500L/min인 물을 사용하는 소화펌프가 있다. 펌프 효율 65%, 전달계수(K) 1.1인 경우 필요한 전동기의 최소동력(kW)은?

① 8kW
② 9kW
③ 10kW
④ 11kW

34 2m 깊이로 물이 차있는 물 탱크 바닥에 한 변이 20cm인 정사각형 모양의 관측창이 설치되어 있다. 관측창이 물로 인하여 받는 순 힘(net force)은 몇 N인가? (단, 관측창 밖의 압력은 대기압이다.)

① 684N
② 784N
③ 884N
④ 984N

35 두께 20cm이고 열전도율 4$W/m \cdot K$인 벽의 내부 표면온도는 20℃이고, 외부 벽은 −10℃인 공기에 노출되어 있어 대류열전달이 일어난다. 외부의 대류열전달계수가 20$W/m^2 \cdot K$일 때, 정상상태에서 벽의 외부표면온도(℃)는 얼마인가? (단, 복사열전달은 무시한다.)

① 5℃
② 15℃
③ 25℃
④ 35℃

36 그림과 같이 사이폰에 의해 용기 속의 물이 4.8m^3/min로 방출된다면 전체 손실수두(m)는 얼마인가? (단, 관 내 마찰은 무시한다.)

답안 표기란	
33	① ② ③ ④
34	① ② ③ ④
35	① ② ③ ④
36	① ② ③ ④

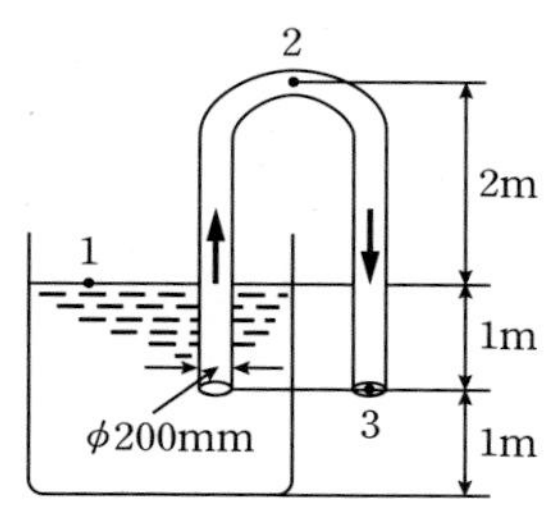

① 0.558m

② 0.668m

③ 0.778m

④ 0.888m

답안 표기란	
37	① ② ③ ④
38	① ② ③ ④

37 그림과 같이 60°로 기울어진 고정된 평판에 직경 50mm의 물 분류가 속도(V) 20m/s로 충돌하고 있다. 분류가 충돌할 때 판에 수직으로 작용하는 충격력 R(N)은?

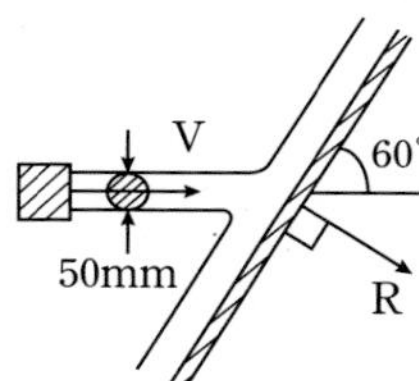

① 680N

② 690N

③ 700N

④ 710N

38 어떤 밀폐계가 압력 200kPa, 체적 $0.1m^3$인 상태에서 100kPa, $0.3m^3$인 상태까지 가역적으로 팽창하였다. 이 과정이 P–V 선도에서 직선으로 표시된다면 이 과정 동안에 계가 한 일(kJ)은?

① 20kJ

② 30kJ

③ 40kJ

④ 50kJ

답안 표기란	
39	① ② ③ ④
40	① ② ③ ④
41	① ② ③ ④

39 물의 체적을 5% 감소시키려면 얼마의 압력(kPa)을 가하여야 하는가? (단, 물의 압축률은 $5 \times 10^{-10} m^2/N$이다.)

① 10^2kPa
② 10^4kPa
③ 10^5kPa
④ 10^6kPa

40 지름이 400mm인 베어링이 400rpm으로 회전하고 있을 때 마찰에 의한 손실동력(kW)은? (단, 베어링과 축 사이에는 점성계수가 $0.049N \cdot s/m^2$인 기름이 차 있다.)

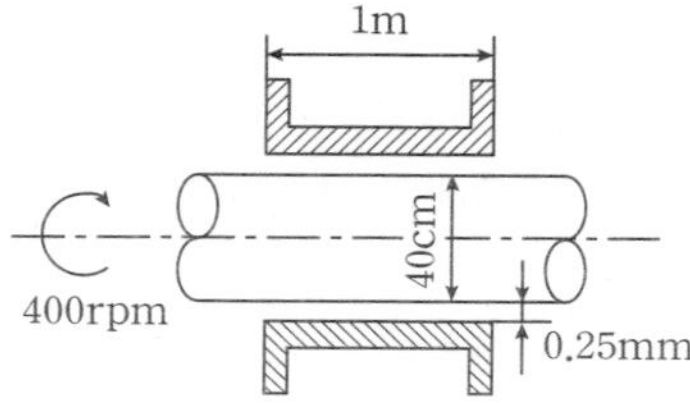

① 16.3kW
② 17.3kW
③ 18.3kW
④ 19.3kW

3과목 소방관계법규

41 위험물안전관리법령상 제1류 위험물을 저장 · 취급하는 제조소에 "물기 엄금"이란 주의사항을 표시하는 게시판을 설치할 경우 게시판의 색상은?

① 청색바탕에 백색문자
② 적색바탕에 백색문자
③ 백색바탕에 적색문자
④ 백색바탕에 흑색문자

42 화재의 예방 및 안전관리에 관한 법령상 공동 소방안전관리자를 선임하여야 하는 특정소방대상물 중 고층 건축물은 지하층을 제외한 층수가 최소 몇 층 이상인 건축물만 해당되는가?

① 9층
② 10층
③ 11층
④ 30층

43 소방시설공사업법령상 일반 전문소방시설설계업의 기술인력에 대한 기준으로 알맞은 내용은?

① 주된 기술인력 : 소방기술사 1명 이상, 보조기술인력 : 1명 이상
② 주된 기술인력 : 소방기술사 2명 이상, 보조기술인력 : 1명 이상
③ 주된 기술인력 : 소방기술사 1명 이상, 보조기술인력 : 2명 이상
④ 주된 기술인력 : 소방기술사 2명 이상, 보조기술인력 : 2명 이상

44 위험물안전관리법령상 관계인이 예방규정을 정하여야 하는 위험물 제조소 등에 해당하지 않는 것은?

① 지정수량의 10배 이상의 위험물을 취급하는 제조소
② 지정수량의 100배 이상의 위험물을 저장하는 옥내저장소
③ 지정수량의 10배 이상의 위험물을 취급하는 일반취급소
④ 지정수량의 200배 이상의 위험물을 저장하는 옥외탱크저장소

45 위험물안전관리법령상 위험등급 Ⅰ의 위험물에 해당하지 않는 것은?

① 제1류 위험물 중 아염소산염류
② 제2류 위험물 중 인화성 고체
③ 제3류 위험물 중 칼륨
④ 제5류 위험물 중 지정수량이 10kg인 위험물

답안 표기란				
42	①	②	③	④
43	①	②	③	④
44	①	②	③	④
45	①	②	③	④

46 **화재의 예방 및 안전관리에 관한 법률상 안전관리 활동에 속하지 않는 것은?**

① 화재의 예방
② 화재의 대비
③ 화재의 대응
④ 화재의 소화

47 **소방시설공사업법령상 소방시설업에 대한 행정처분기준에서 1차 행정처분 사항으로 등록취소에 해당하는 것은?**

① 등록 결격사유에 해당하게 된 경우
② 등록을 한 후 정당한 사유 없이 1년이 지날 때까지 영업을 시작하지 아니하거나 계속하여 1년 이상 휴업한 때
③ 감리의 방법을 위반한 경우
④ 방염처리능력 평가에 관한 서류를 거짓으로 제출한 경우

48 **위험물안전관리법령상 제4류 위험물 중 특수인화물의 지정수량은 몇 L인가?**

① 30L
② 50L
③ 100L
④ 500L

49 **화재의 예방 및 안전관리에 관한 법령상 특정소방대상물의 관계인은 소방안전관리자를 기준일로부터 30일 이내에 선임하여야 한다. 다음 중 기준일로 틀린 것은?**

① 소방안전관리자를 해임한 경우 : 소방안전관리자를 해임한 날의 다음 날
② 특정소방대상물을 양수하여 관계인의 권리를 취득한 경우 : 해당 권리를 취득한 날
③ 신축으로 해당 특정소방대상물의 소방안전관리자를 신규로 선임하여야 하는 경우 : 해당 특정소방대상물의 사용승인일
④ 증축으로 인하여 특정소방대상물이 소방안전관리대상물로 된 경우 : 증축공사의 사용승인일

답안 표기란	
46	① ② ③ ④
47	① ② ③ ④
48	① ② ③ ④
49	① ② ③ ④

50 **위험물안전관리법령의 자체소방대 기준에 대한 설명으로 틀린 것은?**

① 제4류 위험물을 취급하는 제조소
② 지정수량의 200배 이상의 위험물을 저장하는 옥외탱크저장소
③ 제4류 위험물을 취급하는 일반취급소
④ 제4류 위험물을 저장하는 옥외탱크저장소

51 **화재의 예방 및 안전관리에 관한 법률상 화재의 예방상 위험하다고 인정되는 행위를 하는 사람에게 행위의 금지 또는 제한 명령을 할 수 없는 사람은?**

① 소방본부장
② 소방청장
③ 소방서장
④ 시 · 도지사

52 **소방시설 설치 및 관리에 관한 법령상 건축허가 등의 동의 대상물의 범위로 틀린 것은?**

① 층수가 6층 이상인 건축물
② 방송용 송 · 수신탑
③ 가스시설로서 지상에 노출된 탱크의 저장용량의 합계가 50톤 이상인 것
④ 연면적이 $400m^2$ 이상인 건축물

53 **소방시설 설치 및 관리에 관한 법령상 소방시설등의 종합점검을 할 수 있는 기술인력이 아닌 것은?**

① 관리업에 등록된 소방시설관리사
② 소방안전관리자로 선임된 소방시설관리사
③ 소방안전관리자로 선임된 소방안전관리자
④ 소방안전관리자로 선임된 소방기술사

답안 표기란	
50	① ② ③ ④
51	① ② ③ ④
52	① ② ③ ④
53	① ② ③ ④

54 **소방기본법령상 소방활동구역에 출입할 수 없는 사람은?**

① 수사업무에 종사하는 사람
② 취재인력 등 보도업무에 종사하는 사람
③ 시 · 도경찰청장이 소방활동을 위하여 출입을 허가한 사람
④ 소방대장이 소방활동을 위하여 출입을 허가한 사람

55 **소방시설 설치 및 관리에 관한 법령상 스프링클러설비를 설치하여야 하는 지하가는 연면적이 최소 몇 m^2 이상이어야 하는가? (단, 터널은 제외한다.)**

① $1,000m^2$ 이상
② $2,000m^2$ 이상
③ $3,000m^2$ 이상
④ $5,000m^2$ 이상

56 **화재의 예방 및 안전관리에 관한 법령상 소방안전관리대상물의 소방계획서에 포함되어야 하는 사항이 아닌 것은?**

① 소방훈련 · 교육에 관한 계획
② 화재 예방을 위한 자체점검계획 및 대응대책
③ 자체소방대 근무자 및 거주자의 자위소방대 조직과 대원의 임무에 관한 사항
④ 위험물의 저장 · 취급에 관한 사항

57 **소방기본법상 소방대상물에 해당하지 않는 것은?**

① 인공 구조물
② 항해 중인 선박
③ 건축물
④ 차량

답안 표기란	
54	① ② ③ ④
55	① ② ③ ④
56	① ② ③ ④
57	① ② ③ ④

답안 표기란				
58	①	②	③	④
59	①	②	③	④
60	①	②	③	④
61	①	②	③	④

58 위험물안전관리법령상 위험물 중 제1석유류에 속하는 것은?

① 아세톤
② 등유
③ 중유
④ 경유

59 소방기본법령상 소방지원활동이 아닌 것은?

① 산불에 대한 예방 · 진압 등 지원활동
② 자연재해의 예방에 따른 지원활동
③ 화재, 재난 · 재해로 인한 피해복구 지원활동
④ 집회 · 공연 등 각종 행사 시 사고에 대비한 근접대기 등 지원활동

60 화재의 예방 및 안전관리에 관한 법령상 특수가연물의 저장 및 취급 기준을 위반한 경우 과태료 부과기준은?

① 30만원
② 50만원
③ 100만원
④ 200만원

4과목 소방기계시설의 구조 및 원리

61 미분무소화설비의 화재안전기준에 따라 최고사용압력이 몇 MPa를 초과할 때 저압 미분무소화설비로 분류하는가?

① 1.2MPa
② 2.5MPa
③ 3.5MPa
④ 4.2MPa

62 제연설비의 화재안전기준에 따른 배출풍도의 설치기준으로 틀린 것은?

① 배출풍도는 아연도금강판 또는 이와 동등 이상의 내식성 · 내열성이 있는 것으로 한다.
② 내열성(석면재료를 제외한다)의 단열재로 유효한 단열 처리를 한다.
③ 배출기의 흡입측 풍도 안의 풍속은 30m/s 이하로 하고 배출측 풍속은 50m/s 이하로 한다.
④ 강판의 두께는 배출풍도의 크기에 따라 기준 이상으로 한다.

63 포소화설비의 화재안전기준에서 펌프와 발포기의 중간에 설치된 벤추리관의 벤추리작용에 따라 포 소화약제를 흡입 · 혼합하는 방식은?

① 라인 프로포셔너
② 펌프 프로포셔너
③ 프레져 프로포셔너
④ 프레져사이드 프로포셔너

64 제연설비의 화재안전기술기준상 제연설비 설치장소의 제연구역 구획 기준으로 틀린 것은?

① 하나의 제연구역은 직경 60m 원내에 들어갈 수 있을 것
② 거실과 통로(복도 포함)는 상호 제연구획 할 것
③ 하나의 제연구역은 2개 이상 층에 미치지 아니하도록 할 것
④ 통로상의 제연구역은 보행중심선의 길이가 60m를 초과할 것

65 할론소화설비의 화재안전기술기준상 자동차차고나 주차장에 할론 1301 소화약제로 전역방출방식의 소화설비를 설치한 경우 방호구역의 체적 $1m^3$당 얼마의 소화약제가 필요한가?

① 0.32kg 이상 0.64kg 이하
② 0.64kg 이상 0.71kg 이하
③ 0.71kg 이상 0.82kg 이하
④ 0.82kg 이상 0.98kg 이하

답안 표기란	
62	① ② ③ ④
63	① ② ③ ④
64	① ② ③ ④
65	① ② ③ ④

66 구조대의 형식승인 및 제품검사의 기술기준상 경사하강식 구조대의 구조 기준으로 틀린 것은?

① 땅에 닿을 때 충격을 받는 부분에는 완충장치로서 받침포 등을 부착하여야 한다.
② 경사구조대 본체는 강하방향으로 봉합부가 설치되어야 한다.
③ 입구틀 및 취부틀의 입구는 지름 60cm 이상의 구체가 통과할 수 있어야 한다.
④ 포지는 사용시에 수직방향으로 현저하게 늘어나지 아니하여야 한다.

67 미분무소화설비의 화재안전기술기준상 가압된 물이 헤드 통과 후 미세한 입자로 분무됨으로써 소화성능을 가지는 설비는?

① 미분무소화설비
② 미분무
③ 미분무헤드
④ 개방형 미분무헤드

68 옥내소화전설비 화재안전기술기준에 따라 옥내소화전설비의 비상전원 설치기준으로 옳은 것은?

① 점검에 편리하고 화재 또는 침수 등의 재해로 인한 피해를 받을 우려가 없는 곳에 설치할 것
② 비상전원의 설치장소는 다른 장소와 방화구획 할 것
③ 옥내소화전설비를 유효하게 60분 이상 작동할 수 있어야 할 것
④ 비상전원을 실내에 설치하는 때에는 그 실내에 비상조명등을 설치할 것

답안 표기란	
66	① ② ③ ④
67	① ② ③ ④
68	① ② ③ ④

69 **피난기구의 화재안전기술기준에 따라 다수인 피난장비의 설치기준으로 틀린 것은?**

① 다수인피난장비 보관실은 건물 외측보다 돌출되지 아니하고, 빗물 · 먼지 등으로부터 장비를 보호할 수 있는 구조일 것
② 하강 시에 탑승기가 건물 외벽이나 돌출물에 충돌하지 않도록 설치할 것
③ 사용 시에 보관실 외측 문이 먼저 열리고 탑승기가 외측으로 자동으로 전개될 것
④ 상 · 하층에 설치할 경우에는 탑승기의 하강경로가 중첩되도록 할 것

70 **연결송수관설비의 화재안전기술기준에 따라 연결송수관설비의 방수구 설치기준으로 틀린 것은?**

① 송수구는 연결송수관의 수직배관마다 2개 이상을 설치할 것
② 송수구는 송수 및 그 밖의 소화작업에 지장을 주지 않도록 설치할 것
③ 지면으로부터 높이가 0.5m 이상 1m 이하의 위치에 설치할 것
④ 송수구의 가까운 부분에 자동배수밸브 및 체크밸브를 설치할 것

71 **분말소화설비의 화재안전기술기준상 분말소화설비의 수동식 기동장치에 대한 설명으로 옳지 않은 것은?**

① 분말소화설비의 수동식 기동장치는 조작, 피난 및 유지관리가 용이한 장소에 설치하되 전역방출방식은 방호대상물마다, 국소방출방식은 방호구역마다 설치해야 한다.
② 수동식 기동장치의 부근에는 소화약제의 방출을 지연시킬 수 있는 방출지연스위치를 설치해야 한다.
③ 분말소화설비의 자동식 기동장치는 자동화재탐지설비 감지기의 작동과 연동하는 것으로서 수동으로도 기동할 수 있는 구조로 설치해야 한다.
④ 분말소화설비가 설치된 부분의 출입구 등의 보기 쉬운 곳에 소화약제의 방출을 표시하는 표시등을 설치해야 한다.

답안 표기란	
69	① ② ③ ④
70	① ② ③ ④
71	① ② ③ ④

72 **이산화탄소소화설비의 화재안전기술기준상 이산화탄소소화설비 배관의 방출소요량으로 틀린 것은?**

① 전역방출방식에 있어서 가연성액체 등 표면화재 방호대상물의 경우에는 1분

② 전역방출방식에 있어서 가연성가스 등 표면화재 방호대상물의 경우에는 5분

③ 전역방출방식에 있어서 종이, 목재, 석탄, 섬유류, 합성수지류 등 심부화재 방호대상물의 경우에는 7분

④ 국소방출방식의 경우에는 30초

73 **포소화설비의 화재안전기술기준상 펌프의 정격부하운전 시 토출압력으로서 정격토출량에서의 토출측 압력은?**

① 정격토출량

② 전역방출방식

③ 정격토출압력

④ 국소방출방식

74 **소화설비용 헤드의 성능인증 및 제품검사의 기술기준상 소화설비용 헤드의 분류 중 수류를 슬리트에 의해 방출하여 수막상의 분무를 만드는 물분무헤드 형식은?**

① 디프렉타형

② 슬리트형

③ 충돌형

④ 분사형

답안 표기란	
72	① ② ③ ④
73	① ② ③ ④
74	① ② ③ ④

75 **물분무소화설비의 화재안전기술기준상 배선 등에 관한 내용으로 틀린 것은?**

① 비상전원으로부터 동력제어반에 이르는 전원회로배선은 절연배선으로 할 것
② 비상전원으로부터 가압송수장치에 이르는 전원회로배선은 내화배선으로 할 것
③ 상용전원으로부터 동력제어반에 이르는 배선은 내화배선 또는 내열배선으로 할 것
④ 상용전원으로부터 물분무소화설비의 감시 · 조작 또는 표시등회로의 배선은 내화배선 또는 내열배선으로 할 것

76 **할로겐화합물 및 불활성기체소화설비의 화재안전기술기준상 저장용기 설치기준으로 틀린 것은?**

① 직사광선 및 빗물이 침투할 우려가 없는 곳에 설치할 것
② 용기 간의 간격은 점검에 지장이 없도록 3cm 이상의 간격을 유지할 것
③ 직사광선 및 빗물이 침투할 우려가 없는 곳에 설치할 것
④ 온도가 10℃ 이하이고, 온도 변화가 작은 곳에 설치할 것

77 **이산화탄소소화설비의 화재안전기술기준상 배관의 설치기준으로 틀린 것은?**

① 배관은 겸용으로 할 것
② 강관을 사용하는 경우의 배관은 압력배관용탄소강관(KS D 3562) 중 스케줄 80(저압식은 스케줄 40) 이상의 것 또는 이와 동등 이상의 강도를 가진 것으로 아연도금 등으로 방식 처리된 것을 사용할 것
③ 동관을 사용하는 경우의 배관은 이음이 없는 동 및 동합금관(KS D 5301)으로서 고압식은 16.5MPa 이상, 저압식은 3.75MPa 이상의 압력에 견딜 수 있는 것을 사용할 것
④ 고압식의 1차측(개폐밸브 또는 선택밸브 이전) 배관부속의 최소사용설계압력은 9.5MPa로 하고, 고압식의 2차측과 저압식의 배관부속의 최소사용설계압력은 4.5MPa로 할 것

답안 표기란	
75	① ② ③ ④
76	① ② ③ ④
77	① ② ③ ④

78 **미분무소화설비 기동장치의 화재감지기 회로에서 발신기 설치기준으로 틀린 것은? (단, 자동화재탐지설비의 발신기가 설치된 경우는 제외한다.)**

① 조작이 쉬운 장소에 설치할 것
② 스위치는 바닥으로부터 0.8m 이상 1.5m 이하의 높이에 설치할 것
③ 소방대상물의 층마다 설치하되, 당해 소방대상물의 각 부분으로부터 하나의 발신기까지의 수평거리가 50m 이하가 되도록 할 것
④ 발신기의 위치를 표시하는 표시등은 함의 상부에 설치하되, 그 불빛은 부착면으로부터 15° 이상의 범위안에서 부착지점으로부터 10m 이내의 어느 곳에서도 쉽게 식별할 수 있는 적색등으로 할 것

79 **화재조기진압용 스프링클러설비의 화재안전기술기준에 따른 가지배관 사이의 거리로 옳은 것은?**

① 1.6m 이상 2.4m 이하
② 2.4m 이상 3.7m 이하
③ 3.7m 이상 5.9m 이하
④ 6.0m 이상 9.3m 이하

80 **소화기구 및 자동소화장치의 화재안전기술기준에 따른 상업용 주방자동소화장치의 설치기준으로 틀린 것은?**

① 감지부는 성능인증을 받은 유효높이 및 위치에 설치할 것
② 덕트에 설치되는 분사헤드는 성능인증을 받은 길이 이내로 설치할 것
③ 소화장치는 조리기구의 종류별로 성능인증을 받은 설계 매뉴얼에 적합하게 설치할 것
④ 차단장치(전기 또는 가스)는 화재시에만 확인 및 점검이 가능하도록 설치할 것

답안 표기란	
78	① ② ③ ④
79	① ② ③ ④
80	① ② ③ ④

제2회 빈출 모의고사

수험번호
수험자명

제한 시간 : 2시간 전체 문제 수 : 80 맞춘 문제 수 :

1과목 소방원론

답안 표기란

01	①	②	③	④
02	①	②	③	④
03	①	②	③	④

01 정전기로 인한 화재를 줄이고 방지하기 위한 대책 중 틀린 것은?

① 공기 중 습도를 일정 값 이상으로 유지한다.
② 기기의 전기 절연성을 높이기 위하여 부도체로 차단공사를 한다.
③ 배관 내 액체의 유속을 느리게 한다.
④ 바닥면에 정전기 방지용 매트를 사용한다.

02 다음 중 플래시 오버(flash over)에 대한 설명으로 옳은 것은?

① 옥내화재가 서서히 진행하여 열 및 가연성 기체가 축적되었다가 일시에 연소하여 화염이 크게 발생하는 상태를 말한다.
② 탱크 저부에 고여 있는 물이 비등하면서 기름이 갑자기 분출하는 현상이다.
③ 연소에 필요한 산소가 부족하여 훈소상태에 있는 실내에 산소가 갑자기 다량 공급될 때 연소가스가 순간적으로 발화하는 현상이다.
④ 화재층의 불이 상부층으로 올라가는 현상을 말한다.

03 연기에 의한 감광계수가 $0.1m^{-1}$, 가시거리가 20~30m일 때의 상황으로 옳은 것은?

① 어두침침한 것을 느낄 정도
② 화재의 최성기 때의 정도
③ 연기감지기가 작동할 정도
④ 출화실에서 연기가 분출될 때의 연기농도

04 동식물유류에서 "아이오딘값이 크다"라는 의미를 옳게 설명한 것은?

① 산소와의 결합이 어렵다.
② 건성유이다.
③ 자연발화성이 낮다.
④ 불포화도가 낮다.

05 소화약제의 형식승인 및 제품검사의 기술기준상 강화액 소화약제의 응고점은 몇 ℃ 이하이어야 하는가?

① 0℃ 이하
② −10℃ 이하
③ −15℃ 이하
④ −20℃ 이하

06 다음 중 과산화수소 위험물의 특성이 아닌 것은?

① 불연성 물질이다.
② 조연성 물질이다.
③ 비수용성이다.
④ 비중은 물보다 무겁다.

07 다음 중 자연발화의 방지방법이 아닌 것은?

① 불활성 가스를 주입하여 공기와 접촉을 피하여야 한다.
② 퇴적 및 수납 시 열이 쌓이지 않게 한다.
③ 높은 습도를 유지한다.
④ 주위의 온도를 낮게 한다.

08 소화에 필요한 CO_2의 이론소화농도가 공기 중에서 37Vol%일 때 한계산소농도는 약 몇 vol%인가?

① 13.2vol%
② 15.2vol%
③ 17.2vol%
④ 19.2vol%

답안 표기란				
04	①	②	③	④
05	①	②	③	④
06	①	②	③	④
07	①	②	③	④
08	①	②	③	④

09 다음 중 위험물안전관리법령상 자기반응성물질의 품명에 해당하지 않는 것은?

① 다이아조화합물
② 하이드록실아민염류
③ 유기과산화물
④ 알킬리튬

10 다음 중 피난자의 집중으로 패닉현상이 일어날 우려가 가장 큰 형태는?

① T형
② X형
③ Z형
④ H형

11 다음 중 화재발생 시 피난기구로 직접 활용할 수 없는 것은?

① 피난용 트랩
② 피난사다리
③ 무선통신보조설비
④ 피난교

12 가연물질의 종류에 따라 화재를 분류하였을 때 석유, 가스, 페인트 등에 의한 화재에 속하는 것은?

① A급 화재
② B급 화재
③ C급 화재
④ D급 화재

13 다음 중 제4종 분말소화약제의 주성분은?

① 인산암모늄
② 탄산수소칼륨과 요소
③ 탄산수소나트륨
④ 탄산수소칼륨

답안 표기란	
09	① ② ③ ④
10	① ② ③ ④
11	① ② ③ ④
12	① ② ③ ④
13	① ② ③ ④

14 건축물의 화재 시 피난자들의 집중으로 패닉(panic)현상이 일어날 수 있는 피난방향은?

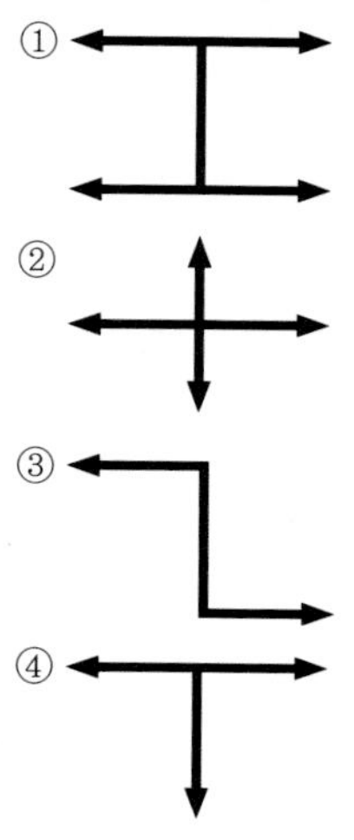

15 다음 중 가연물질의 구비조건으로 옳지 않은 것은?

① 산화되기 쉬운 물질일 것
② 연쇄반응을 일으킬 수 있을 것
③ 조연성 가스인 산소, 염소와의 친화력이 강할 것
④ 산소와 결합할 때 발열량이 작을 것

16 다음 중 물에 저장하는 것이 안전한 물질은?

① 수소화칼슘
② 리튬
③ 이황화탄소
④ 알킬알루미늄

17 일반적인 플라스틱 분류 상 열경화성 플라스틱에 해당하는 것은?

① 폴리에틸렌
② 폴리염화비닐
③ 페놀수지
④ 폴리스티렌

답안 표기란				
14	①	②	③	④
15	①	②	③	④
16	①	②	③	④
17	①	②	③	④

18 다음 중 물과 반응하여 가연성 기체를 발생하지 않는 것은?

① 산화칼슘
② 인화아연
③ 칼륨
④ 탄화알루미늄

19 다음 원소 중 할로겐족 원소인 것은?

① F
② Ar
③ Ne
④ Xe

20 공기 중의 질소 농도는 약 몇 vol%인가?

① 0.04vol%
② 0.93vol%
③ 21vol%
④ 78vol%

2과목 소방유체역학

21 지름 5cm인 구가 대류에 의해 열을 외부공기로 방출한다. 이 구는 50W의 전기히터에 의해 내부에서 가열되고 있고 구 표면과 공기 사이의 온도차가 30℃라면 공기와 구 사이의 대류 열전달계수는 약 몇 $W/m^2 \cdot ℃$인가?

① $202W/m^2 \cdot ℃$
② $212W/m^2 \cdot ℃$
③ $222W/m^2 \cdot ℃$
④ $232W/m^2 \cdot ℃$

답안 표기란	
18	① ② ③ ④
19	① ② ③ ④
20	① ② ③ ④
21	① ② ③ ④

22 물을 송출하는 펌프의 소요축동력이 70kW, 펌프의 효율이 78%, 전양정이 60m일 때, 펌프의 송출유량은 약 몇 m^3/min인가?

① 4.57m^3/min
② 5.57m^3/min
③ 6.57m^3/min
④ 7.57m^3/min

23 그림과 같이 물이 수조에 연결된 원형 파이프를 통해 분출하고 있다. 수면과 파이프의 출구 사이에 총 손실수두가 200mm라고 할 때 파이프에서의 방출유량은 약 몇 m^3/s인가? (단, 수면 높이의 변화 속도는 무시한다.)

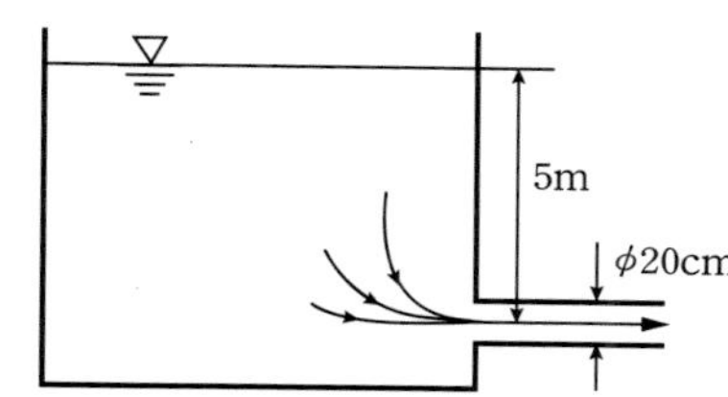

① 0.305m^3/s
② 0.325m^3/s
③ 0.345m^3/s
④ 0.365m^3/s

24 30℃에서 부피가 10L인 이상기체를 일정한 압력으로 0℃로 냉각시키면 부피는 약 몇 L로 변하는가?

① 8L
② 9L
③ 10L
④ 12L

답안 표기란	
22	① ② ③ ④
23	① ② ③ ④
24	① ② ③ ④

25 다음 중 비중량 및 비중에 대한 설명으로 옳지 않은 것은?

① 비중량은 단위부피당 유체의 중량이다.
② 비중은 유체의 밀도 대 표준상태 유체의 밀도와의 비이다.
③ 기체인 수소의 비중은 액체인 수은의 비중보다 크다.
④ 압력의 변화에 대한 액체의 비중량 변화는 기체 비중량 변화보다 작다.

26 다음 중 펌프와 관련된 설명으로 옳지 않은 것은?

① 캐비테이션 : 흡입구에서 유로 변화로 인하여 압력강하가 생기면 이때 저압부가 형성되어 그 압력이 액체의 포화증기보다 낮아질 때 기포가 발생하여 흐르다가 어느 지점에서 기포가 터지는 현상이다.
② 서징 : 유량이 낮은 영역에서 불안정한 상태가 되어 진동이 발생하고, 송출압력 · 송출유량이 변동하는 현상이다.
③ 수격작용 : 관을 흐르던 물이 갑자기 정지할 때 압력파에 의해 이상음이 발생하는 현상이다.
④ NPSH : 펌프에서 상사법칙을 나타내기 위한 비속도이다.

27 대기의 압력이 106kPa이라면 게이지 압력이 1,226kPa인 용기에서 절대압력은 몇 kPa인가?

① 1,032kPa
② 1,132kPa
③ 1,232kPa
④ 1,332kPa

28 그림과 같이 노즐이 달린 수평관에서 계기압력이 0.49MPa이었다. 이 관의 안지름이 6cm이고 관의 끝에 달린 노즐의 지름이 2cm라면 노즐의 분출속도는 몇 m/s인가? (단, 노즐에서의 손실은 무시하고, 관마찰계수는 0.025이다.)

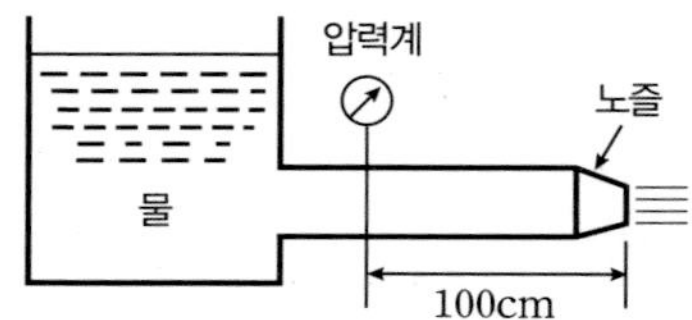

답안 표기란	
25	① ② ③ ④
26	① ② ③ ④
27	① ② ③ ④
28	① ② ③ ④

① 15.5m/s
② 20.5m/s
③ 25.5m/s
④ 30.5m/s

답안 표기란				
29	①	②	③	④
30	①	②	③	④
31	①	②	③	④

29 초기 상태에서 압력 100kPa, 온도 15℃인 공기가 있다. 공기의 부피가 초기 부피의 1/20이 될 때까지 가역단열 압축할 때 압축 후의 온도는 약 몇 ℃인가? (단, 공기의 비열비는 1.4이다.)

① 682℃
② 692℃
③ 702℃
④ 712℃

30 그림과 같이 반지름 0.8m이고 폭이 2m인 곡면 AB가 수문으로 이용된다. 물에 의한 힘의 수평성분의 크기는 약 몇 kN인가? (단, 수문의 폭은 2m이다.)

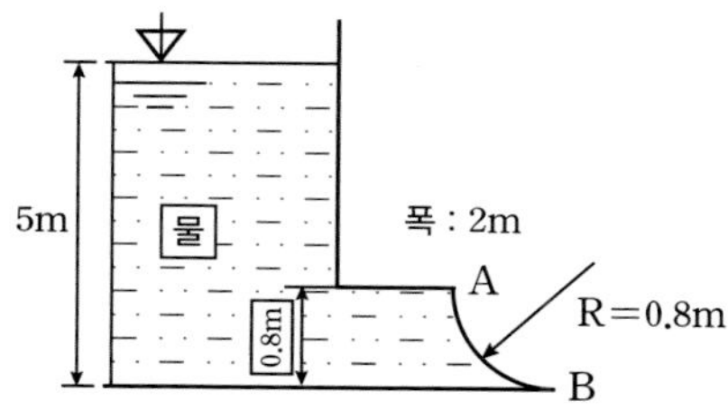

① 70.1kN
② 72.1kN
③ 74.1kN
④ 76.1kN

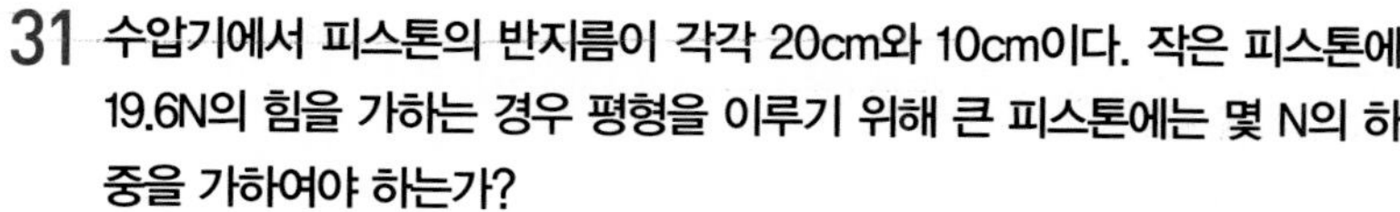
31 수압기에서 피스톤의 반지름이 각각 20cm와 10cm이다. 작은 피스톤에 19.6N의 힘을 가하는 경우 평형을 이루기 위해 큰 피스톤에는 몇 N의 하중을 가하여야 하는가?

① 58.4N
② 68.4N
③ 78.4N
④ 88.4N

32 양정 220m, 유량 0.025m³/s, 회전수 2,900rpm인 4단 원심 펌프의 비교회전도(비속도)[$m^3/min, m, rpm$]는 얼마인가?

① $156m^3/min, m, rpm$
② $166m^3/min, m, rpm$
③ $176m^3/min, m, rpm$
④ $186m^3/min, m, rpm$

33 안지름 10cm인 수평 원관의 층류유동으로 4km 떨어진 곳에 원유(점성계수 $0.02N \cdot s/m^2$, 비중 0.86)를 $0.10m^3/min$의 유량으로 수송하려 할 때 펌프에 필요한 동력(W)은? (단, 펌프의 효율은 100%로 가정한다.)

① 90W
② 91W
③ 92W
④ 93W

34 대기압이 90kPa인 곳에서 진공 76mmHg는 절대압력(kPa)으로 약 얼마인가?

① 78.9kPa
② 79.9kPa
③ 79.9kPa
④ 80.9kPa

35 질량 mkg의 어떤 기체로 구성된 밀폐계가 QkJ의 열을 받아 일을 하고, 이 기체의 온도가 △T℃ 상승하였다면 이 계가 외부에 한 일 WkJ을 구하는 계산식으로 옳은 것은? (단, 이 기체의 정적비열은 $C_v kJ/kg \cdot K$, 정압비열은 $C_p kJ/kg \cdot K$이다.)

① $W = Q + mC_p \Delta T$
② $W = Q + mC_v \Delta T$
③ $W = Q - mC_p \Delta T$
④ $W = Q - mC_v \Delta T$

답안 표기란	
32	① ② ③ ④
33	① ② ③ ④
34	① ② ③ ④
35	① ② ③ ④

36 반지름 r_0인 원형파이프에 유체가 층류로 흐를 때, 중심으로부터 거리 R에서의 유속 U와 최대속도 u_{max}의 비에 대한 분포식으로 옳은 것은?

① $-\dfrac{u}{u_{max}}=\left(\dfrac{R}{R_0}\right)^2$

② $\dfrac{u}{u_{max}}=2\left(\dfrac{R}{R_0}\right)^2$

③ $\dfrac{u}{u_{max}}=1-\left(\dfrac{R}{R_0}\right)^2$

④ $\dfrac{u}{u_{max}}=\left(\dfrac{R}{R_0}\right)^2-2$

37 외부지름이 30cm이고 내부지름이 20cm인 길이 10m의 환형관에 물이 2m/s의 평균속도로 흐르고 있다. 이 때 손실수두가 1m일 때, 수력직경에 기초한 마찰계수는 얼마인가?

① 0.039
② 0.049
③ 0.059
④ 0.069

38 다음 중 유체에 관한 설명으로 옳은 것은?

① 실제유체는 점성이 없고, 열을 포함하며 전도한다.
② 이상유체는 높은 압력에서 밀도가 변화하는 유체이다.
③ 유체에 압력을 가해도 체적이 변하지 않는 유체가 압축성 유체이다.
④ 전단력을 받았을 때 저항하지 못하고 연속적으로 변형하는 물질을 유체라 한다.

39 옥내 소화전에서 노즐의 직경이 2cm이고, 방수량이 $0.5m^3$/min이라면 방수압(계기압력, kPa)은?

① 352kPa
② 362kPa
③ 372kPa
④ 382kPa

답안 표기란				
36	①	②	③	④
37	①	②	③	④
38	①	②	③	④
39	①	②	③	④

40 12층 건물의 지하 1층에 제연설비용 배연기를 설치하였다. 이 배연기의 풍량은 500m^3/min이고, 풍압이 290Pa일 때 배연기의 동력(kW)은? (단, 배연기의 효율은 60%이다.)

① 3.83kW
② 3.93kW
③ 4.03kW
④ 4.13kW

답안 표기란	
40	① ② ③ ④
41	① ② ③ ④
42	① ② ③ ④

3과목 소방관계법규

41 소방시설공사업법령상 부정한 청탁을 받고 재물 또는 재산상의 이익을 취득하거나 부정한 청탁을 하면서 재물 또는 재산상의 이익을 제공한 자에 대한 벌칙기준은?

① 1년 이하의 징역 또는 1천만원 이하의 벌금
② 2년 이하의 징역 또는 2천만원 이하의 벌금
③ 3년 이하의 징역 또는 3천만원 이하의 벌금
④ 5년 이하의 징역 또는 5천만원 이하의 벌금

42 화재의 예방 및 안전관리에 관한 법령상 특수가연물의 저장 및 취급의 기준으로 옳지 않은 것은?

① 위험류별로 구분하여 쌓을 것
② 실외에 쌓아 저장하는 경우 쌓는 부분이 대지경계선, 도로 및 인접 건축물과 최소 6m 이상 간격을 둘 것
③ 실내에 쌓아 저장하는 경우 주요구조부는 내화구조이면서 불연재료로 할 것
④ 쌓는 부분 바닥면적의 사이는 실내의 경우 1.2m 또는 쌓는 높이의 1/2 중 큰 값 이상으로 간격을 둘 것

43 소방시설 설치 및 관리에 관한 법령상 건축허가 등을 할 때 미리 소방본부장 또는 소방서장의 동의를 받아야 하는 지하층 또는 무창층이 있는 건축물의 범위기준은?

① 바닥면적이 100m² 이상인 층이 있는 것
② 바닥면적이 120m² 이상인 층이 있는 것
③ 바닥면적이 130m² 이상인 층이 있는 것
④ 바닥면적이 150m² 이상인 층이 있는 것

44 소방시설공사업법령상 소방시설업의 감독을 위하여 필요할 때에 소방시설업자나 관계인에게 필요한 보고나 자료 제출을 명할 수 있는 사람이 아닌 것은?

① 소방서장
② 시 · 도지사
③ 소방청장
④ 소방본부장

45 위험물안전관리법령상 제조소 등의 관계인은 위험물의 안전관리에 관한 직무를 수행하게 하기 위하여 제조소 등마다 위험물의 취급에 관한 자격이 있는 자를 위험물안전관리자로 선임하여야 한다. 이 경우 제조소 등의 관계인이 지켜야 할 기준으로 틀린 것은?

① 제조소 등의 관계인은 위험물의 안전관리에 관한 직무를 수행하게 하기 위하여 제조소 등마다 위험물의 취급에 관한 자격이 있는 자를 위험물안전관리자로 선임하여야 한다.
② 안전관리자를 선임한 제조소 등의 관계인은 그 안전관리자를 해임한 날부터 30일 이내에 다시 안전관리자를 선임하여야 한다.
③ 제조소 등의 관계인은 안전관리자를 선임한 경우에는 선임한 날부터 14일 이내에 소방본부장 또는 소방서장에게 신고하여야 한다.
④ 제조소 등의 관계인이 안전관리자를 해임한 경우 그 관계인 또는 안전관리자는 시 · 도지사에게 그 사실을 알려 해임되거나 퇴직한 사실을 확인받을 수 있다.

답안 표기란	
43	① ② ③ ④
44	① ② ③ ④
45	① ② ③ ④

46 **소방시설 설치 및 관리에 관한 법령상 특정소방대상물 중 공동주택에 해당하지 않는 것은?**

① 아파트 등 : 주택으로 쓰는 층수가 5층 이상인 주택
② 연립주택 : 주택으로 쓰는 1개 동의 바닥면적 합계가 660m^2를 초과하고, 층수가 4개층 이하인 주택
③ 다세대주택 : 주택으로 쓰는 1개 동의 바닥면적 합계가 1,500m^2 이하이고, 층수가 10개 층 이하인 주택
④ 기숙사 : 학교 또는 공장 등의 학생 또는 종업원 등을 위하여 쓰는 것으로서 1개동의 공동취사시설 이용 세대 수가 전체의 50% 이상인 것

47 **다음 중 소방기본법령상 한국소방안전원의 업무가 아닌 것은?**

① 소방안전에 관한 국제협력
② 소방응원에 관한 사항
③ 소방업무에 관하여 행정기관이 위탁하는 업무
④ 회원에 대한 기술지원 등 정관으로 정하는 사항

48 **화재의 예방 및 안전관리에 관한 법령상 화재안전조사의 방법 · 절차 등에 관한 설명으로 틀린 것은?**

① 소방관서장은 화재안전조사를 효율적으로 실시하기 위하여 필요한 경우 관계기관의 장과 합동으로 조사반을 편성하여 화재안전조사를 할 수 있다.
② 소방관서장은 사전 통지 없이 화재안전조사를 실시하는 경우에는 화재안전조사를 실시하기 전에 관계인에게 조사사유 및 조사범위 등을 현장에서 설명해야 한다.
③ 소방관서장은 화재안전조사를 위하여 소속 공무원으로 하여금 관계인에게 보고 또는 자료의 제출을 요구하거나 소방대상물의 위치 · 구조 · 설비 또는 관리 상황에 대한 조사 · 질문을 하게 할 수 있다.
④ 소방관서장은 화재안전조사의 목적에 따라 화재안전조사를 실시하여야 한다.

답안 표기란	
46	① ② ③ ④
47	① ② ③ ④
48	① ② ③ ④

49 **위험물안전관리법령상 정기점검의 대상인 제조소 등의 기준으로 틀린 것은?**

① 암반탱크저장소
② 지정수량의 100배 이상의 위험물을 저장하는 옥외탱크저장소
③ 지정수량의 10배 이상의 위험물을 취급하는 일반취급소
④ 위험물을 취급하는 탱크로서 지하에 매설된 탱크가 있는 제조소

50 **소방기본법령상 소방본부 종합상황실의 실장이 서면 · 팩스 또는 컴퓨터 통신 등으로 소방청 종합상황실에 보고하여야 하는 화재의 기준이 아닌 것은?**

① 이재민이 100인 이상 발생한 화재
② 재산피해액이 50억원 이상 발생한 화재
③ 총 톤수가 1천톤 이상인 항해 선박
④ 변전소에서 발생한 화재

51 **위험물안전관리법령상 취급하는 위험물의 최대수량이 지정수량의 10배 초과인 경우 보유공지의 너비 기준은?**

① 2m 이상
② 3m 이상
③ 5m 이상
④ 10m 이상

52 **소방시설공사업법령에 따른 완공검사를 위한 현장확인 대상 특정소방대상물의 범위기준으로 틀린 것은?**

① 연면적 1만m^2 이상이거나 11층 이상인 아파트
② 가연성가스를 제조 · 저장 또는 취급하는 시설 중 지상에 노출된 가연성가스탱크의 저장용량 합계가 1천톤 이상인 시설
③ 스프링클러설비 등의 소화설비가 설치되는 특정소방대상물
④ 문화 및 집회시설

답안 표기란				
49	①	②	③	④
50	①	②	③	④
51	①	②	③	④
52	①	②	③	④

PART 2 빈출 모의고사

53 **소방시설 설치 관리에 관한 법령상 펄프공장의 작업장, 음료수공장의 충전을 하는 작업장 등과 같이 화재안전기준을 적용하기 어려운 특정소방대상물에 설치하지 아니할 수 있는 소방시설의 종류가 아닌 것은?**

① 스프링클러설비
② 연결살수설비
③ 상수도소화용수설비
④ 연결송수관설비

54 **소방기본법상 소방대의 조직구성원이 아닌 것은?**

① 의무소방원
② 자체소방대원
③ 의용소방대원
④ 소방공무원

55 **화재의 예방 및 안전관리에 관한 법령상 특정소방대상물의 관계인이 수행하여야 하는 소방안전관리 업무가 아닌 것은?**

① 화재발생 시 초기대응
② 화기취급의 감독
③ 피난계획에 관한 사항과 대통령령으로 정하는 사항이 포함된 소방계획서의 작성 및 시행
④ 소방시설이나 그 밖의 소방 관련 시설의 관리

56 **위험물안전관리법상 업무상 과실로 제조소 등에서 위험물을 유출 · 방출 또는 확산시켜 사람의 생명 · 신체 또는 재산에 대하여 위험을 발생시킨 자에 대한 벌칙 기준은?**

① 1년 이하의 금고 또는 1000만원 이하의 벌금
② 3년 이하의 금고 또는 3000만원 이하의 벌금
③ 7년 이하의 금고 또는 5000만원 이하의 벌금
④ 7년 이하의 금고 또는 7000만원 이하의 벌금

답안 표기란				
53	①	②	③	④
54	①	②	③	④
55	①	②	③	④
56	①	②	③	④

57 **소방시설 설치 및 관리에 관한 법령상 건축허가 등의 동의대상물의 범위 기준 중 연면적 400m^2 이상인 건축물의 예외로 틀린 것은?**

① 건축 등을 하려는 학교시설 : 연면적 100m^2 이상
② 노유자시설 : 연면적 200m^2이상
③ 정신의료기관(입원실이 없는 정신건강의학과 의원은 제외) : 연면적 300m^2 이상
④ 장애인 의료재활시설 : 연면적 100m^2 이상

답안 표기란	
57	① ② ③ ④
58	① ② ③ ④
59	① ② ③ ④
60	① ② ③ ④

58 **소방시설 설치 및 관리에 관한 법령상 수용인원 산정 방법 중 다음과 같은 시설의 수용인원은 몇 명인가?**

> 숙박시설이 있는 특정소방대상물로 종사자수는 10명, 2인용 침대가 30개이다.

① 60명
② 70명
③ 80명
④ 90명

59 **소방시설공사업법상 과태료를 부과 · 징수하는 자가 아닌 자는?**

① 시 · 도지사
② 소방본부장
③ 소방서장
④ 소방청장

60 **화재의 예방 및 안전관리에 관한 법령상 불연성 또는 난연성이 아닌 면상 또는 팽이모양의 섬유와 마사 원료인 것은?**

① 사류
② 볏짚류
③ 면화류
④ 넝마 및 종이부스러기

4과목 소방기계시설의 구조 및 원리

답안 표기란	
61	① ② ③ ④
62	① ② ③ ④
63	① ② ③ ④

61 피난기구의 화재안전기준에 따른 피난기구의 설치개수로 틀린 것은?

① 층마다 설치할 것
② 특정소방대상물의 종류에 따라 그 층의 용도 및 바닥면적을 고려하여 한 개 이상 설치할 것
③ 설치한 피난기구 외에 숙박시설(휴양콘도미니엄을 제외한다)의 경우에는 추가로 객실마다 완강기 또는 둘 이상의 간이완강기를 설치할 것
④ 설치한 피난기구 외에 4층 이상의 층에 설치된 노유자시설 중 장애인 관련 시설로서 주된 사용자 중 스스로 피난이 불가한 자가 있는 경우에는 층마다 구조대를 1개 이상 추가로 설치할 것

62 스프링클러헤드에서 이용성 금속으로 융착되거나 이용성 물질에 의하여 조립된 것은?

① 프레임(frame)
② 퓨지블링크(fusible link)
③ 유리벌브(glass bulb)
④ 디플렉터(deflector)

63 스프링클러설비의 화재안전기준상 스프링클러설비의 배관 내 사용압력이 1.2 MPa 미만일 경우에 사용하는 배관이 아닌 것은?

① 배관용 탄소강관(KS D 3507)
② 습식 배관에 사용되는 이음매 없는 구리 및 구리합금관(KS D 5301)
③ 배관용 아크용접 탄소강강관(KS D 3583)
④ 배관용 스테인리스강관(KS D 3576)

64 **소화기구 및 자동소화장치의 화재안전기술기준상 화재 시 사람이 운반할 수 있도록 운반대와 바퀴가 설치되어 있고 능력단위가 A급 10단위 이상, B급 20단위 이상인 소화기는?**

① 소형소화기
② 대형소화기
③ 자동확산소화기
④ 자동소화기

65 **소화기구 및 자동소화장치의 화재안전기술기준상 타고 나서 재가 남는 일반화재에 해당하는 일반 가연물은?**

① 가연성 액체
② 솔벤트
③ 플라스틱류
④ 유성도료

66 **분말소화설비의 화재안전기술기준상 차고 또는 주차장에 설치하는 분말소화설비의 소화약제는?**

① 제1종 분말
② 제2종 분말
③ 제3종 분말
④ 제4종 분말

67 **포소화설비의 화재안전기술기준상 포소화설비의 자동식 기동장치에 폐쇄형 스프링클러헤드를 사용하는 경우에 대한 설치 기준으로 틀린 것은?**

① 표시온도가 79℃ 미만인 것을 사용할 것
② 1개의 스프링클러헤드의 경계면적은 $20m^2$ 이하로 할 것
③ 부착면의 높이는 바닥으로부터 5m 이하로 할 것
④ 하나의 감지장치 경계구역은 2개 이상의 층이 되도록 할 것

답안 표기란	
64	① ② ③ ④
65	① ② ③ ④
66	① ② ③ ④
67	① ② ③ ④

68 **소화기구 및 자동소화장치의 화재안전기준상 건축물의 주유구조부가 내화구조이고, 벽 및 반자의 실내에 면하는 부분이 불연재료로 된 바닥 면적이 600m^{2}인 노유자시설에 필요한 소화기구의 능력단위는 최소 얼마 이상으로 하여야 하는가?**

① 2단위
② 3단위
③ 4단위
④ 5단위

69 **지하구의 화재안전기술기준에 따라 연소방지설비헤드의 설치기준으로 옳은 것은?**

① 헤드간의 수평거리는 연소방지설비 전용헤드의 경우에는 1.5m 이하, 스프링클러헤드의 경우에는 2m 이하로 할 것
② 소방대원의 출입이 가능한 환기구 · 작업구마다 지하구의 양쪽방향으로 살수헤드를 설정하되, 한쪽 방향의 살수구역의 길이는 5m 이상으로 할 것
③ 환기구 사이의 간격이 700m를 초과할 경우에는 700m 이내마다 살수구역을 설정할 것
④ 스프링클러 헤드를 설치할 경우에는 「소화설비용헤드의 성능인증 및 제품검사의 기술기준」에 적합한 '살수헤드'를 설치할 것

70 **스프링클러설비의 화재안전기술기준에 따라 개방형스프링클러설비의 방수구역 및 일제개방밸브의 설치기준으로 틀린 것은?**

① 하나의 방수구역을 담당하는 헤드의 개수는 50개 이하로 한다.
② 방수구역마다 일제개방밸브를 설치해야 한다.
③ 하나의 방수구역은 2개 층에 미치지 않아야 한다.
④ 일제개방밸브의 설치 위치는 개방형스프링클러헤드의 기준에 따른다.

답안 표기란	
68	① ② ③ ④
69	① ② ③ ④
70	① ② ③ ④

71 **할론소화설비의 화재안전기술기준상 제어반 및 화재표시반의 설치 기준이 아닌 것은?**

① 화재표시반은 제어반에서의 신호를 수신하여 작동하는 기능을 가진 것으로 설치할 것
② 제어반 및 화재표시반은 화재 및 침수 등의 재해로 인한 피해를 받을 우려가 없고 점검에 편리한 장소에 설치할 것
③ 화재표시반에는 전원표시등을 설치할 것
④ 제어반은 수동기동장치 또는 화재감지기에서의 신호를 수신하여 음향정보장치의 작동, 소화약제의 방출 또는 지연 등 기타의 제어기능을 가진 것으로 할 것

72 **옥내소화전설비의 화재안전기술기준상 옥내소화전설비용 수조의 설치기준으로 틀린 것은?**

① 점검에 편리한 곳에 설치할 것
② 동결방지조치를 하거나 동결의 우려가 없는 장소에 설치할 것
③ 수조에는 수위계, 고정식 사다리, 청소용 배수밸브(또는 배수관), 표지 및 실내조명 등 수조의 유지관리에 필요한 설비를 설치할 것
④ 쉽게 접근할 수 있는 장소에 설치할 것

73 **소화기구 및 자동소화장치의 화재안전기술기준에 따라 다음과 같이 간이소화용구를 비치하였을 경우 능력 단위의 합은?**

- 삽을 상비한 마른모래 50L 3포
- 삽을 상비한 팽창진주암 80L 1포

① 1단위
② 2단위
③ 3단위
④ 4단위

답안 표기란	
71	① ② ③ ④
72	① ② ③ ④
73	① ② ③ ④

PART 2 빈출 모의고사

74 **스프링클러설비의 화재안전기술기준상 폐쇄형 스프링클러헤드의 방호구역 · 유수검지장치에 대한 기준으로 틀린 것은?**

① 하나의 방호구역의 바닥면적은 3,000m^2를 초과하지 않을 것
② 하나의 방호구역에는 1개 이상의 유수검지장치를 설치하되, 화재 시 접근이 쉽고 점검하기 편리한 장소에 설치할 것
③ 스프링클러헤드에 공급되는 물은 유수검지장치를 지나지 않도록 할 것
④ 하나의 방호구역은 2개 층에 미치지 않도록 할 것

75 **분말소화설비의 화재안전기술기준상 탄산수소칼륨을 주성분으로 한 분말소화약제는?**

① 제1종 분말
② 제2종 분말
③ 제3종 분말
④ 제4종 분말

76 **제연설비의 화재안전기술기준상 유입공기의 배출방식이 아닌 것은?**

① 압력설비에 따른 배출
② 제연설비에 따른 배출
③ 수직풍도에 따른 배출
④ 배출구에 따른 배출

77 **피난기구의 화재안전기술기준상 피난기구를 설치한 장소에 표지를 부착하는 방법으로 옳지 않은 것은?**

① 가까운 곳에 부착
② 보기 쉬운 곳에 부착
③ 외국어 및 그림을 병기하여 부착
④ 피난기구 뒤쪽에 부착

답안 표기란	
74	① ② ③ ④
75	① ② ③ ④
76	① ② ③ ④
77	① ② ③ ④

78 **소화기구 및 자동소화장치의 화재안전기술기준에 따른 캐비닛형자동소화장치의 설치기준으로 틀린 것은?**

① 방호구역 내의 화재감지기의 감지에 따라 작동되도록 할 것
② 화재감지기의 회로는 개방회로방식으로 설치할 것
③ 작동에 지장이 없도록 견고하게 고정할 것
④ 구획된 장소의 방호체적 이상을 방호할 수 있는 소화성능이 있을 것

79 **옥내소화전설비의 화재안전기술기준에 따라 옥내소화전설비에 설치하는 방수구로 틀린 것은?**

① 지면으로부터 높이가 0.5m 이상 1m 이하의 위치에 설치할 것
② 구경 65mm의 쌍구형 또는 단구형으로 할 것
③ 송수구에는 이물질을 막기 위한 마개를 씌울 것
④ 송수구로부터 주배관에 이르는 연결배관에는 개폐밸브를 설치할 것

80 **소화수조 및 저수조와 화재안전기술기준에 따라 소화용수설비에 설치하는 채수구의 소방용호스 또는 소방용흡수관에 사용하는 구경은?**

① 65mm 이상
② 70mm 이상
③ 75mm 이상
④ 80mm 이상

답안 표기란	
78	① ② ③ ④
79	① ② ③ ④
80	① ② ③ ④

제3회 빈출 모의고사

수험번호

수험자명

제한 시간 : 2시간 전체 문제 수 : 80 맞춘 문제 수 :

1과목 소방원론

답안 표기란

01	①	②	③	④
02	①	②	③	④
03	①	②	③	④
04	①	②	③	④

01 프로페인가스의 최소점화에너지는 일반적으로 약 몇 mJ 정도 되는가?

① 0.25mJ
② 0.28mJ
③ 0.29mJ
④ 0.31mJ

02 다음 중 제4류 위험물의 성질로 옳은 것은?

① 금수성 물질
② 산화성 액체
③ 인화성 액체
④ 자기반응성물질

03 물질의 취급 또는 위험성에 대한 다음 설명 중 틀린 것은?

① 융해열은 점화원이다.
② 질산은 매우 강한 산화제이기 때문에 취급시 매우 주의를 해야한다.
③ 네온, 헬륨, 이산화탄소, 아르곤, 질소는 불연성 물질로 취급한다.
④ 암모니아는 국소 자극제, 흥분제, 제산제, 중화제 등의 의약품으로 사용된다.

04 다음 중 화재와 관련된 국제적인 규정을 제정하는 단체는?

① IMO(International Maritime Organization)
② SFPE(Society of Fire Protection Engineers)
③ NFPA(Nation Fire Protection Association)
④ ISO(International Organization for Standardization) TC 92

05 다음 중 소화원리에 대한 설명으로 틀린 것은?

① 억제소화 : 불활성기체를 방출하여 연소범위 이하로 낮추어 소화하는 방법
② 냉각소화 : 물의 증발잠열을 이용하여 가연물의 온도를 낮추는 소화 방법
③ 제거소화 : 가연성 가스의 분출화재 시 연료공급을 차단시키는 소화 방법
④ 질식소화 : 포소화약제 또는 불연성기체를 이용해 공기 중의 산소공급을 차단하여 소화하는 방법

06 다음 중 이산화탄소 소화약제에 관한 설명으로 틀린 것은?

① 산소와 반응하지 않는다.
② 임계온도는 21.35℃이다.
③ 드라이아이스와 분자식이 같다.
④ 불연성 가스로 공기보다 무겁다.

07 다음 중 분진폭발의 위험성이 가장 낮은 것은?

① 시멘트가루
② 폴리에틸렌분
③ 코크스분말
④ 쌀겨

08 다음 중 물리적 소화방법이 아닌 것은?

① 냉각에 의한 방법
② 연쇄반응의 억제에 의한 방법
③ 공기와의 접촉 차단에 의한 방법
④ 가연물 제거에 의한 방법

답안 표기란				
05	①	②	③	④
06	①	②	③	④
07	①	②	③	④
08	①	②	③	④

09 건축물 화재에서 플래시 오버(Flash over) 현상이 일어나는 시기는?

① 화재가 처음 발생하는 시기
② 초기에서 성장기로 넘어가는 시기
③ 성장기에서 최성기로 넘어가는 시기
④ 최성기에서 감쇠기로 넘어가는 시기

10 다음 중 물리적 폭발에 해당하는 것은?

① 수증기 폭발
② 산화폭발
③ 유증기폭발
④ 가스폭발

11 다음 중 정전기에 의한 발화과정으로 옳은 것은?

① 방전 → 전하의 축적 → 전하의 발생 → 발화
② 전하의 축적 → 방전 → 전하의 발생 → 발화
③ 전하의 발생 → 방전 → 전하의 축적 → 발화
④ 전하의 발생 → 전하의 축적 → 방전 → 발화

12 위험물안전관리법령상 제6류 위험물을 수납하는 운반용기의 외부에 주의사항을 표시하여야 할 경우, 어떤 내용을 표시하여야 하는가?

① 공기접촉엄금
② 가연물 접촉주의
③ 화기주의/충격주의
④ 화기주의

13 다음 중 이산화탄소 소화기의 단점이 아닌 것은?

① 밀폐된 공간에서 사용 시 질식의 위험성이 있다.
② 인체에 직접 방출 시 동상의 위험성이 있다.
③ 광범위한 경우 사용이 제한적이다.
④ 전기가 잘 통하기 때문에 전기설비에 사용할 수 없다.

답안 표기란				
09	①	②	③	④
10	①	②	③	④
11	①	②	③	④
12	①	②	③	④
13	①	②	③	④

14 다음 중 할로겐화합물 소화약제에 관한 설명으로 옳지 않은 것은?

① 연쇄반응을 차단하여 소화한다.
② 전기에 도체이므로 전기화재에 효과가 있다.
③ 할로겐족 원소가 사용된다.
④ 소화약제의 변질분해 위험성이 낮다.

15 다음 중 가연성 가스이면서도 독성 가스인 것은?

① 메테인
② 수소
③ 황화수소
④ 에테인

16 대두유가 침적된 기름 걸레를 쓰레기통에 장시간 방치한 결과 자연발화에 의하여 화재가 발생한 경우 그 이유로 옳은 것은?

① 융해열 축적
② 산화열 축적
③ 증발열 축적
④ 발효열 축적

17 다음 중 공기 중에서 수소의 연소범위로 옳은 것은?

① 0.4~4vol%
② 1~12.5vol%
③ 1~44vol%
④ 4~75vol%

18 다음 중 물질을 저장하고 있는 장소에서 화재가 발생하였을 때 주수소화가 적합하지 않은 것은?

① 염소산염류
② 마그네슘 분말
③ 과염소산칼륨
④ 아이오딘산염류

답안 표기란	
14	① ② ③ ④
15	① ② ③ ④
16	① ② ③ ④
17	① ② ③ ④
18	① ② ③ ④

19 **피난 시 하나의 수단이 고장 등으로 사용이 불가능하더라도 다른 수단 및 방법을 통해서 피난 할 수 있도록 하는 것으로 2방향 이상의 피난통로를 확보하는 피난대책의 일반 원칙은?**

① Fail-safe 원칙
② Risk-down 원칙
③ Fool-proof 원칙
④ Feed-back 원칙

20 **자연발화 방지대책에 대한 다음 설명 중 틀린 것은?**

① 저장실에 열이 쌓이지 않게 한다.
② 저장실의 습도를 높게 유지한다.
③ 불활성 가스를 주입하여 공기와 접촉을 피한다.
④ 저장실의 환기를 원활히 시킨다.

2과목 소방유체역학

21 **소화펌프의 회전수가 1,450rpm일 때 양정이 25m, 유량이 5m^3/min이었다. 펌프의 회전수를 1,740rpm으로 높일 경우 양정(m)과 유량(m^3/min)은? (단, 완전상사가 유지되고, 회전차의 지름은 일정하다.)**

① 양정 : 33m, 유량 : 3m^3/min
② 양정 : 34m, 유량 : 4m^3/min
③ 양정 : 35m, 유량 : 5m^3/min
④ 양정 : 36m, 유량 : 6m^3/min

22 **그림에 표시된 원형 관로로 비중이 0.8, 점성계수가 0.4Pa · s인 기름이 층류로 흐른다. ㉠ 지점의 압력이 111.8kPa이고, ㉡ 지점의 압력이 206.9kPa일 때 유체의 유량은 약 몇 L/s인가?**

답안 표기란	
19	① ② ③ ④
20	① ② ③ ④
21	① ② ③ ④
22	① ② ③ ④

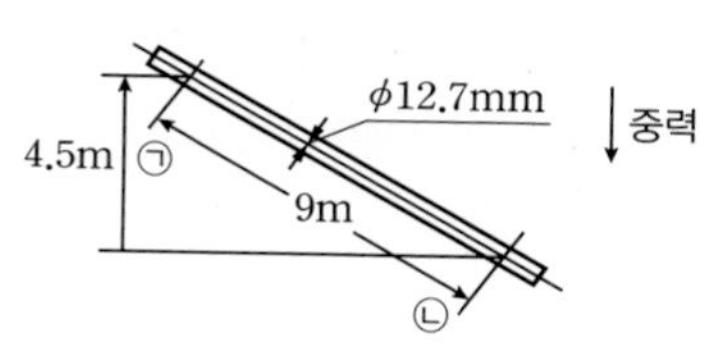

① 0.0106L/s
② 0.0107L/s
③ 0.0108L/s
④ 0.0109L/s

23 **유체의 흐름에 적용되는 다음과 같은 베르누이 방정식에 관한 설명으로 옳은 것은?**

$$\frac{P}{\gamma}+\frac{V^2}{2g}+Z=C(\text{일정})$$

① 여러 유선에 대해서만 적용된다.
② 동일한 유선상이 아니더라도 흐름 유체의 임의점에 대해 항상 적용된다.
③ 흐름 외부와의 에너지 교환이 있다.
④ 압력수두, 속도수두, 위치수두의 합이 일정함을 표시한다.

24 **비중이 0.6이고 길이 20m, 폭 10m, 높이 3m인 직육면체 모양의 소방정 위에 비중이 0.9인 포소화약제 5톤을 실었다. 바닷물의 비중이 1.03일 때 바닷물 속에 잠긴 소방정의 깊이는 몇 m인가?**

① 1.57m
② 1.67m
③ 1.77m
④ 1.87m

답안 표기란	
23	① ② ③ ④
24	① ② ③ ④

PART 2 빈출 모의고사

25 물분무 소화설비의 가압송수장치로 전동기 구동형 펌프를 사용하였다. 펌프의 토출량 800L/min, 전양정 50m, 효율 0.65, 전달계수 1.1인 경우 적당한 전동기 용량은 몇 kW인가?

① 10.1kW
② 11.1kW
③ 12.1kW
④ 13.1kW

26 다음 중 베르누이의 정리$\left(\frac{P}{\rho}+\frac{V^2}{2}+gZ=\text{constant}\right)$가 적용되는 조건이 아닌 것은?

① 비압축성의 흐름이다.
② 정상 상태의 흐름이다.
③ 마찰이 있는 흐름이다.
④ 베르누이 정리가 적용되는 임의의 두 점은 같은 유선 상에 있다.

27 표면온도 15℃, 방사율 0.85인 40cm×50cm 직사각형 나무판의 한쪽 면으로부터 방사되는 복사열은 약 몇 W인가? (단 스테판-볼츠만 상수는 $5.67\times10^{-8}W/m^2\cdot K^4$이다.)

① 55W
② 66W
③ 77W
④ 88W

28 원심펌프가 전양정 120m에 대해 $6m^3/s$의 물을 공급할 때 필요한 축동력이 9,530kW이었다. 이때 펌프의 체적효율과 기계효율이 각각 88%, 89%라고 하면, 이 펌프의 수력효율은 약 몇 %인가?

① 94.5%
② 95.5%
③ 96.5%
④ 97.5%

답안 표기란	
25	① ② ③ ④
26	① ② ③ ④
27	① ② ③ ④
28	① ② ③ ④

29 부피가 240m^{3}인 방 안에 들어 있는 공기의 질량은 약 몇 kg인가? (단, 압력은 100kPa, 온도는 300K이며, 공기의 기체상수는 0.287kJ/kg · K이다.)

① 259kg
② 269kg
③ 279kg
④ 289kg

30 다음 중 펌프 운전 시 발생하는 캐비테이션의 발생을 예방하는 방법이 아닌 것은?

① 펌프의 회전수를 높여 흡입 비속도를 높게 한다.
② 흡입관의 배관구조를 간단하게 한다.
③ 양정에 필요 이상의 여유를 잡지 않는다.
④ 양흡입 펌프를 사용한다.

31 그림과 같이 중앙부분에 구멍이 뚫린 원판에 지름 D의 원형 물제트가 대기압 상태에서 V의 속도로 충돌하여 원판 뒤로 지름 D/2의 원형 물제트가 V의 속도로 흘러나가고 있을 때, 이 원판이 받는 힘을 구하는 계산식으로 옳은 것은? (단, ρ는 물의 밀도이다.)

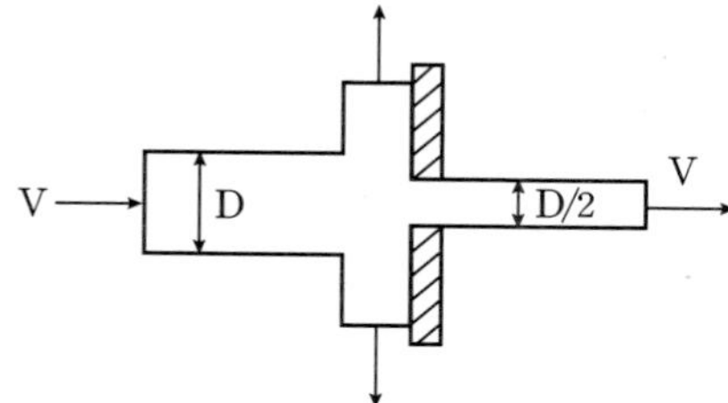

① $\frac{3}{8}\rho\pi V^2D^2$
② $\frac{3}{16}\rho\pi V^2D^2$
③ $\frac{3}{4}\rho\pi V^2D^2$
④ $3\rho\pi V^2D^2$

답안 표기란	
29	① ② ③ ④
30	① ② ③ ④
31	① ② ③ ④

PART 2 빈출 모의고사

32 동력(power)의 차원을 MLT(질량 M, 길이 L, 시간 T)계로 바르게 나타낸 것은?

① MLT^{-1}
② M^2LT^{-2}
③ MLT^{-2}
④ ML^2T^{-3}

33 유속 6m/s로 정상류의 물이 화살표 방향으로 흐르는 배관에 압력계와 피토계가 설치되어 있다. 이때 압력계의 계기압력이 300kPa이었다면 피토계의 계기압력은 약 몇 kPa인가?

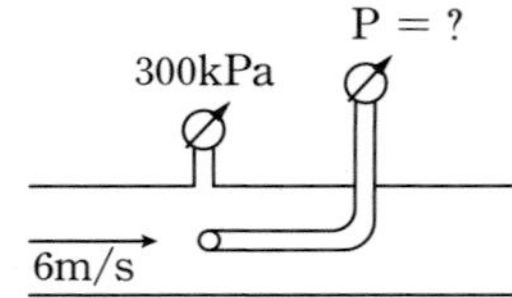

① 318kPa
② 328kPa
③ 338kPa
④ 348kPa

34 지름 0.4m인 관에 물이 0.5m^3/s로 흐를 때 길이 300m에 대한 동력손실은 60kW이었다. 이 때 관 마찰계수(f)는 얼마인가?

① 0.0202
② 0.0303
③ 0.0404
④ 0.0505

35 정육면체의 그릇에 물을 가득 채울 때 그릇 밑면이 받는 압력에 의한 수직방향 평균 힘의 크기를 P라고 하면, 한 측면이 받는 압력에 의한 수평방향 평균 힘의 크기는 얼마인가?

① 0.3P
② 0.5P

답안 표기란	
32	① ② ③ ④
33	① ② ③ ④
34	① ② ③ ④
35	① ② ③ ④

③ 0.8P
④ 1.0P

답안 표기란				
36	①	②	③	④
37	①	②	③	④
38	①	②	③	④

36 다음에서 이상기체의 기체상수에 대한 옳은 설명을 모두 고르시오.

㉠ 기체상수의 단위는 비열의 단위와 차원이 같다.
㉡ 기체상수는 온도가 높을수록 커진다.
㉢ 분자량이 큰 기체가 기체상수가 분자량이 작은 기체의 기체상수보다 작다.
㉣ 기체상수의 값은 기체의 종류에 관계없이 일정하다.

① ㉠
② ㉠, ㉢
③ ㉡, ㉢
④ ㉠, ㉡, ㉣

37 토출량이 0.65m^3/min인 펌프를 사용하는 경우 펌프의 소요 축동력(kW)은? (단, 전양정은 40m이고, 펌프의 효율은 50%이다.)

① 5.5kW
② 6.5kW
③ 7.5kW
④ 8.5kW

38 대기압에서 10℃의 물 10kg을 70℃까지 가열할 경우 엔트로피 증가량(kJ/K)은? (단, 물의 정압비열은 4.18kJ/kg · K이다.)

① 8.03kJ/K
② 8.13kJ/K
③ 8.23kJ/K
④ 8.33kJ/K

39 공기 중에서 무게가 941N인 돌이 물속에서 500N이라면 이 돌의 체적(m^3)은? (단, 공기의 부력은 무시한다.)

① $0.035m^3$
② $0.045m^3$
③ $0.055m^3$
④ $0.065m^3$

40 다음 중 배관의 출구측 형상에 따라 손실계수가 가장 큰 것은?

㉠ 돌출 출구	
㉡ 사각 모서리 출구	
㉢ 둥근 출구	

① ㉠
② ㉡
③ ㉢
④ 모두 같다.

3과목 소방관계법규

41 위험물안전관리법령상 유별을 달리하는 위험물을 혼재하여 저장할 수 있는 것으로 짝지어진 것은?

① 제1류－제3류
② 제2류－제6류
③ 제3류－제5류
④ 제5류－제4류

답안 표기란				
39	①	②	③	④
40	①	②	③	④
41	①	②	③	④

42 **소방시설 설치 및 관리에 관한 법령상 자동화재탐지설비를 설치하여야 하는 특정소방대상물의 기준으로 틀린 것은?**

① 전통시장
② 지하가 중 터널로서 길이가 1천m 이상인 것
③ 노유자 생활시설의 경우에는 모든 층
④ 공장 및 창고시설로서 지정수량의 1,000배 이상의 특수가연물을 저장 · 취급하는 것

43 **소방기본법령에 따라 화재가 발생한 때 발령하는 소방신호의 종류는?**

① 경계신호
② 발화신호
③ 경보신호
④ 훈련신호

44 **소방시설공사업법령상 소방시설업자가 소방시설공사 등을 맡긴 특정소방대상물의 관계인에게 지체 없이 그 사실을 알려야 하는 경우가 아닌 것은?**

① 소방시설업의 영업이익이 없는 경우
② 소방시설업의 등록취소처분을 받은 경우
③ 휴업하거나 폐업한 경우
④ 소방시설업의 영업정지처분을 받은 경우

45 **소방시설공사업법령상 감리업자는 공사업자가 공사의 시정 및 보완의 요구를 이행하지 아니하고 그 공사를 계속할 때에는 누구에게 보고하여야 하는가?**

① 감리업체 대표자
② 소방서장
③ 관계인
④ 시공자

답안 표기란				
42	①	②	③	④
43	①	②	③	④
44	①	②	③	④
45	①	②	③	④

46 **소방시설 설치 및 관리에 관한 법령상 특정소방대상물의 수용인원 산정 방법으로 옳지 않은 것은?**

① 침대가 있는 숙박시설 : 해당 특정소방대상물의 종사자 수에 침대 수(2인용 침대는 2개로 산정한다)를 합한 수
② 침대가 없는 숙박시설 : 해당 특정소방대상물의 종사자 수에 숙박시설 바닥면적의 합계를 $3m^2$로 나누어 얻은 수를 합한 수
③ 휴게실 용도로 쓰는 특정소방대상물 : 해당 용도로 사용하는 바닥면적의 합계를 $1.9m^2$로 나누어 얻은 수
④ 백화점은 해당 용도로 사용하는 바닥면적의 합계를 $4.6m^2$로 나누어 얻은 수로 한다.

47 **위험물안전관리법령상 제조소 등이 아닌 장소에서 지정수량 이상의 위험물 취급에 대한 설명으로 틀린 것은?**

① 임시로 저장 또는 취급하는 장소에서의 저장 또는 취급의 기준은 시 · 도의 조례로 정한다.
② 필요한 승인을 받아 지정수량 이상의 위험물을 90일 이내의 기간 동안 임시로 저장 또는 취급하는 경우 제조소 등이 아닌 장소에서 지정수량 이상의 위험물을 취급할 수 있다.
③ 제조소 등이 아닌 장소에서 지정수량 이상의 위험물을 취급할 경우 관할소방서장의 승인을 받아야 한다.
④ 군부대는 지정수량 이상의 위험물을 군사목적으로 임시로 저장 또는 취급하는 경우 제조소 등이 아닌 장소에서 지정수량 이상의 위험물을 취급할 수 없다.

48 **소방시설공사업법령상 소방시설공사업자가 소속 소방기술자를 소방시설 공사 현장에 배치하지 않았을 경우의 과태료 기준은?**

① 50만원 이하
② 100만원 이하
③ 200만원 이하
④ 500만원 이하

답안 표기란	
46	① ② ③ ④
47	① ② ③ ④
48	① ② ③ ④

답안 표기란	
49	① ② ③ ④
50	① ② ③ ④
51	① ② ③ ④

49 **소방시설 설치 및 관리에 관한 법령상 화재안전기준에 따라 소화기구를 설치해야 하는 특정소방대상물이 아닌 것은?**

① 연면적 $33m^2$ 이상인 것
② 발전시설 중 전기저장시설
③ 터널
④ 공동구

50 **화재의 예방 및 안전관리에 관한 법령상 특수가연물의 수량 기준으로 옳지 않은 것은?**

① 나무껍질 : 400kg 이상
② 가연성 고체류 : 3,000kg 이상
③ 석탄 · 목탄류 : 10,000kg 이상
④ 종이부스러기 : 400kg 이상

51 **위험물안전관리법령상 자체소방대에 두는 화학소방자동차 및 인원기준으로 틀린 것은?**

사업소의 구분	화학소방자동차	자체소방대원의 수
① 제조소 또는 일반취급소에서 취급하는 제4류 위험물의 최대수량의 합이 지정수량의 3천배 이상 12만배 미만인 사업소	2대	7인
② 제조소 또는 일반취급소에서 취급하는 제4류 위험물의 최대수량의 합이 지정수량의 12만배 이상 24만배 미만인 사업소	2대	10인
③ 제조소 또는 일반취급소에서 취급하는 제4류 위험물의 최대수량의 합이 지정수량의 24만배 이상 48만배 미만인 사업소	3대	15인
④ 제조소 또는 일반취급소에서 취급하는 제4류 위험물의 최대수량의 합이 지정수량의 48만배 이상인 사업소	4대	20인

52 **소방시설 설치 및 관리에 관한 법령상 스프링클러설비를 설치하여야 할 특정소방대상물은 다음 중 어떤 소방시설을 화재안전기준에 적합하게 설치하면 면제받을 수 있는가?**

① 옥내소화전설비
② 미분무소화설비
③ 자동소화장치
④ 이산화탄소소화설비

53 **화재의 예방 및 안전관리에 관한 법령상 특수가연물의 기준 중 목재가공품 및 나무부스러기에 알맞은 수량은?**

① $10m^3$ 이상
② $20m^3$ 이상
③ $50m^3$ 이상
④ $100m^3$ 이상

54 **위험물안전관리법령상 인화성 액체위험물(이황화탄소 제외)의 옥외탱크저장소의 탱크 주위에 설치하여야 하는 방유제의 기준 중 틀린 것은?**

① 방유제의 용량은 방유제 안에 설치된 탱크가 하나인 때에는 그 탱크 용량의 110% 이상으로 할 것
② 방유제 내에 설치하는 옥외저장탱크의 수는 10 이하로 할 것
③ 방유제는 높이 0.5m 이상 3m 이하, 두께 0.5m 이상, 지하매설깊이 1m 이상으로 할 것
④ 방유제 외면의 2분의 1 이상은 자동차 등이 통행할 수 있는 3m 이상의 노면폭을 확보한 구내도로에 직접 접하도록 할 것

55 **소방기본법령상 저수조의 설치기준으로 적합하지 않은 것은?**

① 지면으로부터의 낙차가 4.5m 이하일 것
② 흡수부분의 수심이 1m 이상일 것
③ 소방펌프자동차가 쉽게 접근할 수 있도록 할 것
④ 저수조에 물을 공급하는 방법은 상수도에 연결하여 자동으로 급수되는 구조일 것

답안 표기란	
52	① ② ③ ④
53	① ② ③ ④
54	① ② ③ ④
55	① ② ③ ④

답안 표기란	
56	① ② ③ ④
57	① ② ③ ④
58	① ② ③ ④
59	① ② ③ ④

56 **소방시설공사업법령상 부정한 청탁을 받고 재물 또는 재산상의 이익을 취득하거나 부정한 청탁을 하면서 재물 또는 재산상의 이익을 제공한 자에 대한 벌칙은?**

① 1년 이하의 징역 또는 1천만원 이하의 벌금
② 3년 이하의 징역 또는 3천만원 이하의 벌금
③ 5년 이하의 징역 또는 5천만원 이하의 벌금
④ 7년 이하의 징역 또는 7천만원 이하의 벌금

57 **소방시설의 설치 및 관리에 관한 법령상 소방시설의 폐쇄 · 차단 등의 행위를 한 자에 대한 벌칙 기준은?**

① 1년 이하의 징역 또는 1천만원 이하의 벌금
② 3년 이하의 징역 또는 2천만원 이하의 벌금
③ 5년 이하의 징역 또는 5천만원 이하의 벌금
④ 7년 이하의 징역 또는 7천만원 이하의 벌금

58 **위험물안전관리법령상 관계인이 예방규정을 정하여야 하는 위험물을 취급하는 제조소의 지정수량 기준으로 옳은 것은?**

① 지정수량의 10배 이상
② 지정수량의 100배 이상
③ 지정수량의 150배 이상
④ 지정수량의 200배 이상

59 **소방시설의 설치 및 관리에 관한 법령상 주택의 소유자가 소방시설을 설치하여야 하는 대상이 아닌 것은?**

① 다중주택
② 기숙사
③ 다가구주택
④ 다세대주택

60 소방시설의 설치 및 관리에 관한 법령상 특정소방대상물로서 숙박시설에 해당되지 않는 것은?

① 생활권 수련시설
② 일반형 숙박시설
③ 생활형 숙박시설
④ 근린생활시설에 해당하지 않는 고시원

답안 표기란	
60	① ② ③ ④
61	① ② ③ ④
62	① ② ③ ④

4과목 소방기계시설의 구조 및 원리

61 이산화탄소소화설비의 화재안전기준에 따라 케이블실에 전역방출방식으로 이산화탄소소화설비를 설치하고자 한다. 방호구역의 체적은 750m^3, 개구부의 면적은 3m^{2}이고, 개구부에는 자동폐쇄장치가 설치되어 있지 않다. 이때 필요한 소화약제의 양은 최소 몇 kg 이상인가?

① 905kg
② 955kg
③ 1,005kg
④ 1,055kg

62 포소화설비의 화재안전기준상 특수가연물을 저장 · 취급하는 공장 또는 창고에 적응하는 포화설비가 아닌 것은?

① 호스릴포소화설비
② 고정포방출설비
③ 압축공기포소화설비
④ 포워터스프링클러설비

답안 표기란	
63	① ② ③ ④
64	① ② ③ ④
65	① ② ③ ④

63 **지하구의 화재안전기술기준에 따라 연소방지설비전용헤드를 사용할 때 배관의 구경이 50mm인 경우 하나의 배관에 부착하는 살수헤드의 최대 개수로 옳은 것은?**

① 2개
② 3개
③ 4개
④ 6개

64 **분말소화설비의 화재안전기술기준상 분말소화약제의 가압용 가스용기에 관한 설명으로 틀린 것은?**

① 분말소화약제의 가스용기는 분말소화약제의 저장용기에 접속하여 설치하여야 한다.
② 분말소화약제의 가압용 가스용기를 3병 이상 설치한 경우에는 2개 이상의 용기에 전자개방밸브를 부착하여야 한다.
③ 분말소화약제의 가압용 가스용기에는 3.5MPa 이하의 압력에서 조정이 가능한 압력조정기를 설치하여야 한다.
④ 가압용 가스 또는 축압용 가스는 설치기준에 따라 설치하여야 한다.

65 **특별피난계단의 계단실 및 부속실 제연설비의 화재안전기술기준상 차압 등에 관한 기준으로 옳지 않은 것은?**

① 제연설비가 가동되었을 경우 출입문의 개방에 필요한 힘은 110N 이하로 하여야 한다.
② 제연구역과 옥내와의 사이에 유지하여야 하는 최소차압은 옥내에 스프링클러설비가 설치된 경우에는 12.5Pa 이상으로 하여야 한다.
③ 계단실과 부속실을 동시에 제연하는 경우 부속실의 기압은 계단실과 같게 하거나 계단실의 기압보다 낮게 할 경우에는 부속실과 계단실의 압력차이는 5Pa 이하가 되도록 하여야 한다.
④ 피난을 위하여 제연구역의 출입문이 일시적으로 개방되는 경우 개방되지 아니하는 제연구역과 옥내와의 차압은 90% 미만이 되어서는 안 된다.

66 **피난사다리의 형식승인 및 제품검사의 기술기준상 피난사다리의 일반구조 기준으로 옳지 않은 것은?**

① 피난사다리는 3개 이상의 종봉 및 횡봉으로 구성되어야 한다.
② 피난사다리(종봉이 1개인 고정식사다리는 제외)의 종봉의 간격은 최외각 종봉 사이의 안치수가 30cm 이상이어야 한다.
③ 피난사다리의 횡봉은 지름 14mm 이상 35mm 이하의 원형인 단면이거나 또는 이와 비슷한 손으로 잡을 수 있는 형태의 단면이 있는 것이어야 한다.
④ 피난사다리의 횡봉은 종봉에 동일한 간격으로 부착한 것이어야 하며, 그 간격은 25cm 이상 35cm 이하이어야 한다.

67 **할론소화설비의 화재안전기술기준상 할론소화약제 저장용기의 설치기준으로 틀린 것은?**

① 방화문으로 구획된 실에 설치할 것
② 온도가 40℃ 이하이고, 온도변화가 적은 곳에 설치할 것
③ 방호구역 내의 장소에 설치할 것
④ 용기간의 간격은 점검에 지장이 없도록 3cm 이상의 간격을 유지할 것

68 **분말소화설비의 화재안전기술기준에 따라 분말소화약제의 저장용기 설치기준으로 틀린 것은?**

① 저장용기의 충전비는 1.8 이상으로 할 것
② 축압식 저장용기에는 사용압력 범위를 표시한 지시압력계를 설치할 것
③ 저장용기의 내용적은 소화약제 1킬로그램당 1L로 할 것
④ 가압식 저장용기는 최고사용압력의 1.8배 이하, 축압식 저장용기는 내압시험압력의 0.8배 이하의 압력에서 작동하는 안전밸브를 설치할 것

답안 표기란	
66	① ② ③ ④
67	① ② ③ ④
68	① ② ③ ④

69 **소화기구 및 자동소화장치의 화재안전기술기준상 소화기구의 소화약제별 적응성 중 C급 화재에 적응성이 없는 소화약제는?**

① 중탄산염류 소화약제
② 팽창진주암
③ 인산염류소화약제
④ 중탄산염류 소화약제

70 **할론소화설비의 화재안전기술기준상 할론 1301을 국소방출방식으로 방사할 때 분사헤드의 방사압력 기준은 몇 MPa 이상인가?**

① 0.1MPa
② 0.5MPa
③ 0.7MPa
④ 0.9MPa

71 **피난기구의 화재안전기술기준상 노유자 시설의 4층 이상 10층 이하에서 적응성이 있는 피난기구가 아닌 것은?**

① 완강기
② 다수인피난장비
③ 승강식피난기
④ 구조대

72 **포소화설비의 화재안전기술기준상 차고 · 주차장에 설치하는 호스릴포소화설비 또는 포소화전설비의 설치기준으로 틀린 것은?**

① 저발포의 포소화약제를 사용할 수 있는 것으로 할 것
② 호스릴 또는 호스를 호스릴포방수구 또는 포소화전방수구로 분리하여 비치하는 때에는 그로부터 3m 이내의 거리에 호스릴함 또는 호스함을 설치할 것
③ 호스릴함 또는 호스함은 바닥으로부터 높이 2.5m 이하의 위치에 설치하고 그 표면에는 "포호스릴함(또는 포소화전함)"이라고 표시한 표지와 청색의 위치표시등을 설치할 것
④ 방호대상물의 각 부분으로부터 하나의 호스릴포방수구까지의 수평거리는 15m 이하가 되도록 할 것

답안 표기란	
69	① ② ③ ④
70	① ② ③ ④
71	① ② ③ ④
72	① ② ③ ④

73 소화수조 및 저수조의 화재안전기술기준상 연면적이 80,000m^2인 특정소방대상물에 소화용수설비를 설치하는 경우 소화수조의 최소 저수량은 몇 m^3인가? (단, 지상 1층 및 2층의 바닥면적 합계가 15,000m^2 이상인 경우이다.)

① 153m^3
② 160m^3
③ 186m^3
④ 220m^3

74 스프링클러설비의 화재안전기술기준상 조기반응형 스프링클러헤드를 설치해야 하는 장소가 아닌 것은?

① 노유자시설의 거실
② 공동주택의 침실
③ 오피스텔의 침실
④ 병원의 입원실

75 옥내소화설비의 화재안전기술기준상 가압송수장치를 기동용수압개폐장치로 사용할 경우 압력챔버의 용적 기준은?

① 30L 이상
② 50L 이상
③ 80L 이상
④ 100L 이상

76 포소화설비의 화재안전기술기준상 압축공기포소화설비의 분사헤드를 유류탱크 주위에 설치하는 경우 바닥면적 몇 m^2마다 1개 이상 설치하여야 하는가?

① 10.3m^2
② 13.9m^2
③ 15.3m^2
④ 18.9m^2

답안 표기란	
73	① ② ③ ④
74	① ② ③ ④
75	① ② ③ ④
76	① ② ③ ④

77 인명구조기구의 화재안전기술기준상 수용인원 100명 이상의 영화상영관에 설치하여야 할 인명구조기구는?

① 방열복
② 미끄럼대
③ 방호복
④ 공기호흡기

78 다음 중 할로겐화합물 및 불활성기체소화설비의 수동식 기동장치의 설치기준에 대한 설명으로 틀린 것은?

① 해당 방호구역의 출입구 부근 등 조작을 하는 자가 쉽게 피난할 수 있는 장소에 설치할 것
② 50N 이하의 힘을 가하여 기동할 수 있는 구조로 할 것
③ 전기를 사용하는 기동장치에는 전원표시등을 설치할 것
④ 기동장치의 방출용스위치는 음향경보장치와 연동되지 않도록 할 것

79 스프링클러설비의 화재안전기술기준에 따른 스프링클러설비의 수원 중 옥상에 설치해야 하는 수량은?

① 유효수량의 2분의 1 이상
② 유효수량의 3분의 1 이상
③ 유효수량의 4분의 1 이상
④ 유효수량의 5분의 1 이상

80 물만을 사용하여 소화하는 방식으로 최소설계압력에서 헤드로부터 방출되는 물입자 중 99%의 누적체적분포가 400μm 이하로 분무되고 A, B, C급 화재에 적응성을 갖는 것은?

① 미분무헤드
② 미분무
③ 개방형 미분무헤드
④ 폐쇄형 미분무헤드

답안 표기란	
77	① ② ③ ④
78	① ② ③ ④
79	① ② ③ ④
80	① ② ③ ④

제4회 빈출 모의고사

수험번호

수험자명

제한 시간 : 2시간 전체 문제 수 : 80 맞춘 문제 수 :

1과목 소방원론

답안 표기란

01	① ② ③ ④
02	① ② ③ ④
03	① ② ③ ④
04	① ② ③ ④

01 다음 중 목재화재 시 다량의 물을 뿌려 소화할 경우 기대되는 주된 소화 효과는?

① 질식효과
② 냉각효과
③ 부촉매효과
④ 유화효과

02 다음 중 할론 소화설비에서 Halon 1211 약제의 분자식은?

① CBr_2ClF
② CF_2ClBr
③ CCl_2BrF
④ BrC_2ClF

03 다음 중 Fourier법칙(전도)에 대한 설명으로 틀린 것은?

① 이동열량은 전열체의 단면적에 비례한다.
② 이동열량은 전열체 내 · 외부의 온도차에 비례한다.
③ 이동열량은 전열체의 열전도도에 비례한다.
④ 이동열량은 전열체의 두께에 비례한다.

04 다음 중 위험물의 유별에 따른 분류로 바르지 않은 것은?

① 제1류 위험물 : 산화성 액체
② 제3류 위험물 : 자연발화성 물질 및 금수성 물질
③ 제4류 위험물 : 인화성 액체
④ 제5류 위험물 : 자기반응성 물질

05 다음 중 단백포 소화약제의 특징이 아닌 것은?

① 유류화재에 효과적이다.
② 소화 후 물로 인한 피해가 발생한다.
③ 화재 시 열분해에 의한 독성가스의 발생이 많지 않다.
④ 변질의 우려가 없어 저장 유효기간에 제한이 없다.

06 다음 중 이산화탄소 소화약제의 주된 소화효과는?

① 제거소화
② 억제소화
③ 냉각소화
④ 질식소화

07 소화기구 및 자동소화장치의 화재안전기준에 따르면 소화기 및 투척용소화용구의 표지는 주차장의 경우 표지를 바닥으로부터 몇 m의 높이에 설치하여야 하는가?

① 1.2m
② 1.3m
③ 1.5m
④ 1.8m

08 다음 중 Halon 2402의 화학식에 해당하는 것은?

① CH_2CLBr
② $C_2Cl_4Br_2$
③ CF_2ClBr
④ $C_2F_4Br_2$

답안 표기란				
05	①	②	③	④
06	①	②	③	④
07	①	②	③	④
08	①	②	③	④

09 물과 반응하였을 때 가연성 가스를 발생하여 화재의 위험성이 증가하는 것은?

① 칼륨
② 메탄올
③ 과염소산
④ 황화인

10 다음 중 착화온도가 가장 낮은 것은?

① 에틸에터
② 등유
③ 이황화탄소
④ 경유

11 다음 중 물리적 소화방법이 아닌 것은?

① 산소공급원 차단
② 연쇄반응 차단
③ 가스밸브 잠금
④ 가연물제거

12 다음의 연소 생성물 중 인체에 독성이 가장 높은 것은?

① 포스겐
② 일산화탄소
③ 이산화탄소
④ 수증기

13 IG-541이 15℃에서 내용적 50리터 압력용기에 155kgf/cm^{2}으로 충전되어 있다. 온도가 30℃가 되었다면 IG-541 압력은 약 몇 kgf/cm^{2}가 되겠는가? (단, 용기의 팽창은 없다고 가정한다.)

① 143kgf/cm^2
② 153kgf/cm^2

답안 표기란	
09	① ② ③ ④
10	① ② ③ ④
11	① ② ③ ④
12	① ② ③ ④
13	① ② ③ ④

③ $163kgf/cm^2$

④ $173kgf/cm^2$

답안 표기란				
14	①	②	③	④
15	①	②	③	④
16	①	②	③	④
17	①	②	③	④

14 스테판–볼쯔만의 법칙에 의해 복사열과 절대온도와의 관계를 옳게 설명한 것은?

① 복사열은 절대온도의 제곱에 비례한다.

② 복사열은 상대온도의 제곱에 비례한다.

③ 복사열은 절대온도의 4제곱에 비례한다.

④ 복사열은 상대온도의 4제곱에 비례한다.

15 다음 물질 중 연소범위를 통해 산출한 위험도 값이 가장 높은 것은?

① 수소

② 아세톤

③ 프로페인

④ 이황화탄소

16 건축법령상 내력벽, 기둥, 바닥, 보, 지붕틀 및 주계단을 무엇이라 하는가?

① 주요구조부

② 결합건축물

③ 보조구조부

④ 대수선

17 건물 내 피난동선의 조건으로 옳지 않은 것은?

① 수직동선은 금하고 수평동선만 고려한다.

② 설비는 고정식설비를 위주로 하여야 한다.

③ 일상생활의 동선과 일치하여야 한다.

④ 2개 이상의 방향으로 피난할 수 있어야 한다.

18 다음 중 과산화수소와 과염소산의 공통 성질이 아닌 것은?

① 반응성이 풍부하여 산소가 발생한다.
② 비중이 1보다 크다.
③ 유기화합물이다.
④ 대부분 물에 잘 녹는다.

19 다음 중 목재건축물의 화재 진행과정을 순서대로 나열한 것은?

① 무염착화－발염착화－발화－최성기
② 발화－무염착화－최성기－발염착화
③ 최성기－발염착화－발화－무염착화
④ 발염착화－최성기－무염착화－발화

20 다음 중 화재의 종류에 따른 분류가 틀린 것은?

① A급 : 일반화재
② B급 : 유류화재
③ C급 : 전기화재
④ D급 : 주방화재

2과목 소방유체역학

21 다음 중 이상기체에서 폴리트로픽 지수(n)가 1인 과정은?

① 등온 과정
② 정압 과정
③ 단열 과정
④ 정적 과정

답안 표기란	
18	① ② ③ ④
19	① ② ③ ④
20	① ② ③ ④
21	① ② ③ ④

22 다음 중 점성계수 μ의 차원은 어느 것인가? (단, M : 질량, L : 길이, T : 시간의 차원이다.)

① $ML^{-1}T^{-1}$
② $ML^{-1}T^{-2}$
③ $ML^{-2}T^{-1}$
④ $ML^{-1}T^{-1}T$

23 유체의 흐름 중 난류흐름에 대한 설명으로 틀린 것은?

① 원관 내부 유동에서는 레이놀즈수가 약 4000 이상인 경우에 해당한다.
② 원관 내 완전 발달 유동에서는 평균속도가 최대속도의 1/2이다.
③ 유체의 입자가 갖는 관성력이 입자에 작용하는 점성력에 비하여 매우 크다.
④ 유체의 각 입자가 불규칙한 경로를 따라 움직인다.

24 그림과 같이 대기압 상태에서 V의 균열한 속도로 분출된 직경 D의 원형 물제트가 원판에 충돌할 때 원판이 U의 속도로 오른쪽으로 계속 동일한 속도로 이동하려면 외부에서 원판에 가해야 하는 힘 F는? (단, ρ는 물의 밀도, g는 중력가속도이다.)

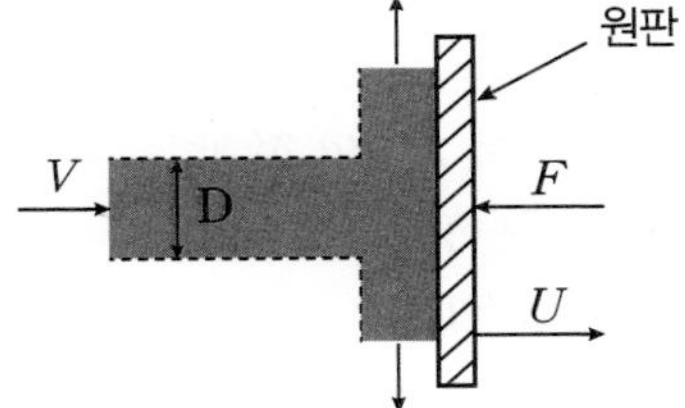

① $\frac{\rho\pi D^2}{4}(V-U)^2$
② $\frac{\rho\pi D^2}{4}(V+U)^2$
③ $\rho\pi D^2(V-U)(V-U)$
④ $\frac{\rho\pi D^2(V-U)(V+U)}{4}$

답안 표기란	
22	① ② ③ ④
23	① ② ③ ④
24	① ② ③ ④

PART 2 빈출 모의고사

25 수평원관 속을 층류상태로 흐르는 경우 유량에 대한 다음 설명 중 옳은 것은?

① 관의 길이에 반비례한다.
② 점성계수에 비례한다.
③ 관 지름의 4제곱에 반비례한다.
④ 압력강하량에 반비례한다.

26 그림과 같이 수평과 30° 경사된 폭 50cm인 수문 AB가 A점에서 힌지(hinge)로 되어 있다. 이 문을 열기 위한 최소한의 힘 F(수문에 직각 방향)는 약 몇 kN인가? (단, 수문의 무게는 무시하고, 유체의 비중은 1이다.)

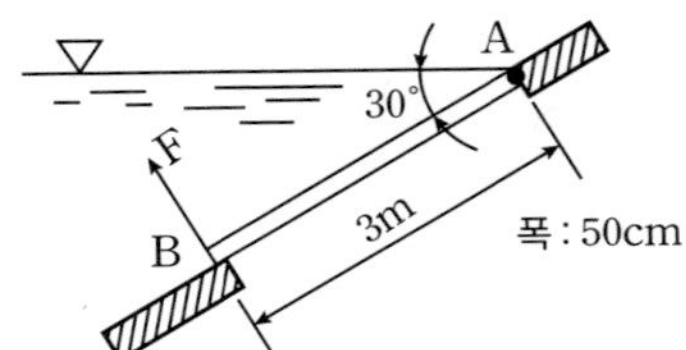

① 1.35kN
② 3.35kN
③ 5.35kN
④ 7.35kN

27 지름이 5cm인 원형 관내에 이상기체가 층류로 흐른다. 다음 중 이 기체의 속도가 될 수 있는 것을 모두 고르면? (단, 이 기체의 절대압력은 200kPa, 온도는 27℃, 기체상수는 2,080J/kg · KJ/kg · K, 점성계수는 2×10^{-5}N · s/m^2, 하임계 레이놀즈수는 2,200으로 한다.)

㉠ 0.3m/s	㉡ 1.5m/s
㉢ 8.3m/s	㉣ 15.5m/s

① ㉠, ㉡
② ㉠, ㉢
③ ㉠, ㉡, ㉢
④ ㉠, ㉡, ㉢, ㉣

답안 표기란	
25	① ② ③ ④
26	① ② ③ ④
27	① ② ③ ④

28 안지름 4cm, 바깥지름 6cm인 동심 이중관의 수력직경은 몇 cm인가?

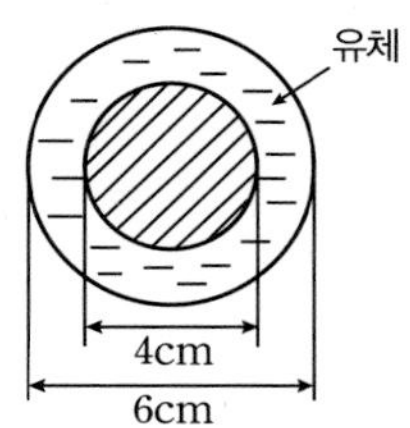

① 0.5cm
② 1cm
③ 2cm
④ 3cm

29 그림의 액주계에서 밀도 ρ_1=1,000kg/m^3, ρ_2=13,600kg/m^3, 높이 h_1=500mm, h_2=800mm일 때 중심 A의 계기압력은 몇 kPa인가?

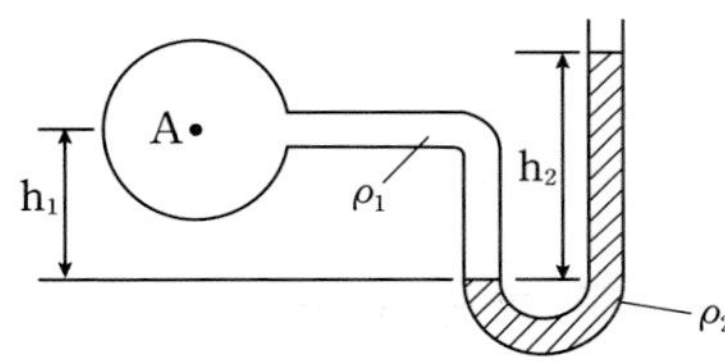

① 99.7kPa
② 101.7kPa
③ 102.7kPa
④ 103.7kPa

30 실내의 난방용 방열기(물-공기 열교환기)에는 대부분 방열 핀(fin)이 달려 있다. 그 주된 이유는?

① 열저항 감소
② 열전달계수 증가
③ 방사율 감소
④ 열전달 면적 증가

답안 표기란	
28	① ② ③ ④
29	① ② ③ ④
30	① ② ③ ④

PART 2 빈출 모의고사

31 압력 0.1MPa, 온도 250℃ 상태인 물의 엔탈피가 2974.33kJ/kg이고 비체적은 2.40604m³/kg이다. 이 상태에서 물의 내부에너지(kJ/kg)는 얼마인가?

① 2,733.7kJ/kg
② 2,833.7kJ/kg
③ 2,933.7kJ/kg
④ 3,033.7kJ/kg

32 직사각형 단면의 덕트에서 가로와 세로가 각각 a 및 1.5a이고, 길이가 L이며, 이 안에서 공기가 V의 평균속도로 흐르고 있다. 이 때 손실수두를 구하는 식으로 옳은 것은? (단, f는 이 수력지름에 기초한 마찰계수이고, g는 중력가속도를 의미한다.)

① $f\frac{L}{a}\frac{V^2}{2.4g}$
② $f\frac{L}{a}\frac{V^2}{2g}$
③ $f\frac{L}{a}\frac{V^2}{1.4g}$
④ $f\frac{L}{a}\frac{V^2}{g}$

33 다음 중 유체의 압축률에 관한 설명으로 올바른 것은?

① 압축률＝밀도×체적탄성계수
② 압축률＝1/체적탄성계수
③ 압축률＝밀도/체적탄성계수
④ 압축률＝체적탄성계수/밀도

34 액체 분자들 사이의 응집력과 고체면에 대한 부착력의 차이에 의하여 관 내 액체표면과 자유표면 사이에 높이 차이가 나타나는 것과 가장 관계가 깊은 것은?

① 관성력
② 탄성력
③ 동점성계수
④ 모세관현상

답안 표기란	
31	① ② ③ ④
32	① ② ③ ④
33	① ② ③ ④
34	① ② ③ ④

35 다음 중 베르누이 방정식을 적용할 수 있는 기본 전제조건으로 옳은 것은?

① 압축성 흐름, 비점성 흐름, 비정상 유동
② 비압축성 흐름, 비점성 흐름, 정상 유동
③ 압축성 흐름, 점성 흐름, 비정상 유동
④ 비압축성 흐름, 비점성 흐름, 정상 유동

36 그림에서 두 피스톤의 지름이 각각 30cm와 5cm이다. 큰 피스톤이 1cm 아래로 움직이면 작은 피스톤은 위로 몇 cm 움직이는가?

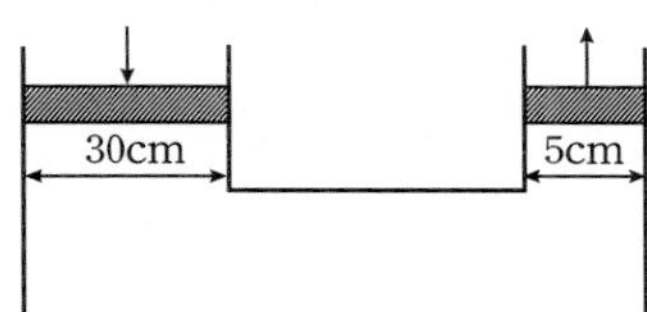

① 32cm
② 34cm
③ 36cm
④ 38cm

37 그림과 같이 수조의 밑부분에 구멍을 뚫고 물을 유량 Q로 방출시키고 있다. 손실을 무시할 때 수위가 처음 높이의 1/2로 되었을 때 방출되는 유량은 어떻게 되는가?

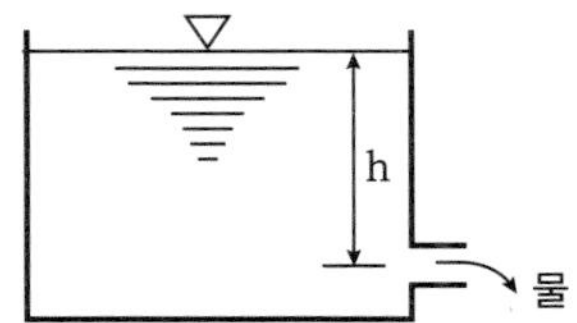

① $\frac{1}{\sqrt{2}}Q$
② $\frac{1}{\sqrt{3}}Q$
③ $\frac{1}{2}Q$
④ $\frac{1}{3}Q$

답안 표기란	
35	① ② ③ ④
36	① ② ③ ④
37	① ② ③ ④

PART 2 빈출 모의고사

38 물속에 수직으로 완전히 잠긴 원판의 도심과 압력중심 사이의 최대 거리는 얼마인가? (단, 원판의 반지름은 R이며, 이 원판의 면적관성모멘트는 $I_{xc}=\pi R^4/4$이다.)

① $\dfrac{R}{2}$

② $\dfrac{R}{4}$

③ $\dfrac{R}{s}$

④ $\dfrac{2R}{3}$

39 그림과 같이 비중이 0.8인 기름이 흐르고 있는 관에 U자관이 설치되어 있다. A점에서의 계기압력이 200kPa일 때 높이 h(m)는 얼마인가? (단, U자관 내의 유체의 비중은 13.6이다.)

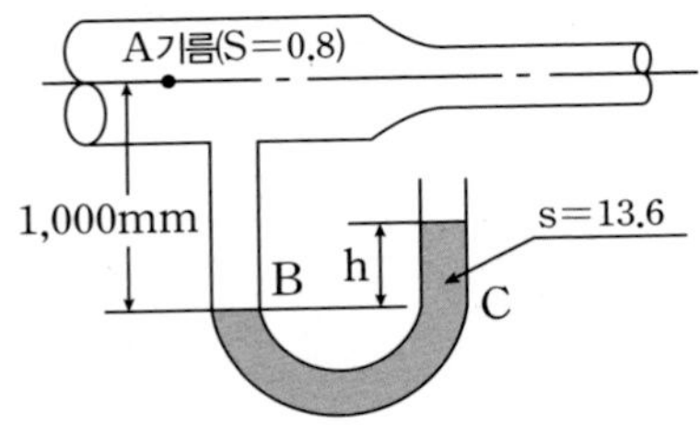

① 1.26m
② 1.36m
③ 1.46m
④ 1.56m

40 다음 중 원관 내에 유체가 흐를 때 유동의 특성을 결정하는 가장 중요한 요소는?

① 관성력과 점성력
② 탄성력과 관성력
③ 중력과 표면장력력
④ 중력과 점성

답안 표기란	
38	① ② ③ ④
39	① ② ③ ④
40	① ② ③ ④

3과목 소방관계법규

답안 표기란				
41	①	②	③	④
42	①	②	③	④
43	①	②	③	④
44	①	②	③	④

41 소방기본법령상 공업지역에 소방용수시설의 설치 시 소방대상물과의 수평거리 기준은 몇 m 이하인가?

① 60m
② 80m
③ 100m
④ 120m

42 위험물안전관리법령에서 정하는 제3류 위험물에 해당하지 않는 것은?

① 황린
② 염소산염류
③ 칼슘
④ 알칼리금속

43 화재의 예방 및 안전관리에 관한 법령상 보일러에 경유 · 등유 등 액체연료를 사용하는 경우에 지켜야 할 사항으로 틀린 것은?

① 연료탱크는 보일러 본체로부터 수평거리 1m 이상의 간격을 두어 설치할 것
② 사용이 허용된 연료 외의 것을 사용하지 않을 것
③ 연료탱크 또는 보일러 등에 연료를 공급하는 배관에는 여과장치를 설치할 것
④ 연료탱크에는 화재 등 긴급상황이 발생하는 경우 연료를 차단할 수 있는 개폐밸브를 연료탱크로부터 5m 이내에 설치할 것

44 소방기본법령상 이웃하는 다른 시 · 도지사와 소방업무에 관하여 시 · 도지사가 체결할 상호응원협정 사항이 아닌 것은?

① 화재의 경계 · 진압활동
② 소방장비 및 기구의 정비와 연료의 보급
③ 응원출동훈련 및 평가
④ 소방신호방법의 통일 협정

45 **화재의 예방 및 안전관리에 관한 법령에 따라 2급 소방안전관리대상물의 소방안전관리자 자격기준으로 틀린 것은?**

① 위험물기능사 자격이 있는 사람
② 2급 소방안전관리대상물의 소방안전관리에 관한 시험에 합격한 사람
③ 소방공무원으로 1년 이상 근무한 경력이 있는 사람
④ 소방안전관리자로 선임된 사람

46 **화재의 예방 및 안전관리에 관한 법령상 일반음식점에서 음식조리를 위해 불을 사용하는 설비를 설치하는 경우 지켜야 하는 사항으로 틀린 것은?**

① 주방시설에는 동물 또는 식물의 기름을 제거할 수 있는 필터 등을 설치할 것
② 열을 발생하는 조리기구는 반자 또는 선반으로부터 1.6m 이상 떨어지게 할 것
③ 주방설비에 부속된 배출덕트는 0.5mm 이상의 내식성 불연재료로 설치할 것
④ 열을 발생하는 조리기구로부터 0.15m 이내의 거리에 있는 가연성 주요구조부는 석면판 또는 단열성이 있는 불연재료로 덮어 씌울 것

47 **다음 중 소방기본법의 제정 목적과 거리가 먼 것은?**

① 소방대원에 관한 지원계획 및 예산 지원활동
② 화재를 예방 · 경계하거나 진압
③ 재난 · 재해, 그 밖의 위급한 상황에서의 구조 · 구급활동
④ 국민의 생명 · 신체 및 재산보호

48 **화재의 예방 및 안전관리에 관한 법령상 천재지변 및 그 밖의 사유로 소방특별조사를 받기 곤란하여 소방특별조사의 연기를 신청하려는 자는 소방특별조사 시작 최대 며칠 전까지 연기신청서를 제출해야 하는가?**

① 1일
② 3일
③ 7일
④ 10일

답안 표기란				
45	①	②	③	④
46	①	②	③	④
47	①	②	③	④
48	①	②	③	④

49 **소방시설의 설치 및 관리에 관한 법령상 다음의 (　) 안에 공통적으로 들어갈 말로 알맞은 것은?**

> • 소방시설 : 소화설비, 경보설비, 피난구조설비, 소화용수설비, 그 밖에 소화활동설비로서 (　)로/으로 정하는 것을 말한다.
> • 소방시설 등 : 소방시설과 비상구, 그 밖에 소방 관련 시설로서 (　)로/으로 정하는 것을 말한다.
> • 특정소방대상물 : 건축물 등의 규모 · 용도 및 수용인원 등을 고려하여 소방시설을 설치하여야 하는 소방대상물로서 (　)로/으로 정하는 것을 말한다.

① 대통령령
② 국토교통부령
③ 행정안전부령
④ 조례

50 **위험물안전관리법령상 위험물을 취급함에 있어서 정전기가 발생할 우려가 있는 설비에 설치할 수 있는 정전기 제거설비 방법이 아닌 것은?**

① 압력의 상승을 자동적으로 정지시키는 방법
② 공기를 이온화하는 방법
③ 접지에 의한 방법
④ 공기 중의 상대습도를 70% 이상으로 하는 방법

51 **화재의 예방 및 안전관리에 관한 법령상 특수가연물의 저장 및 취급기준이 아닌 것은? (단, 석탄/목탄류를 발전용으로 저장하는 경우는 제외)**

① 품명별로 구분하여 쌓는다.
② 쌓는 높이는 15m 이하가 되도록 한다.
③ 쌓는 부분의 바닥면적 사이는 실외의 경우 1m 또는 쌓는 높이 중 큰 값 이상으로 간격을 두어야 한다.
④ 실외에 쌓아 저장하는 경우 쌓는 부분이 대지경계선, 도로 및 인접 건축물과 최소 6미터 이상 간격을 두어야 한다.

답안 표기란				
49	①	②	③	④
50	①	②	③	④
51	①	②	③	④

52 **소방시설의 설치 · 유지 및 관리에 관한 법령상 특정소방대상물 가운데 소방시설을 설치하지 아니할 수 있는 특정소방대상물이 아닌 것은?**

① 화재 위험도가 낮은 특정소방대상물
② 화재안전기준을 적용하기 어려운 특정소방대상물
③ 화재안전기준을 다르게 적용하여야 하는 특수한 용도 또는 구조를 가진 특정소방대상물
④ 자체소방대가 설치되지 않은 특정소방대상물

53 **화재의 예방 및 안전관리에 관한 법령상 소방특별조사위원회의 위원에 해당되지 않는 사람은?**

① 과장급 직위 이상의 소방공무원
② 소방시설관리사
③ 소방 관련 분야의 학사 이상의 학위를 취득한 사람
④ 소방공무원 교육훈련기관에서 소방과 관련한 교육 또는 연구에 5년 이상 종사한 사람

54 **소방시설공사업법령상 공사감리자 지정대상 특정소방대상물의 범위가 아닌 것은?**

① 스프링클러설비 등(캐비닛형 간이스프링클러설비 제외)을 증설할 때
② 비상방송설비를 신설 또는 개설할 때
③ 연소방지설비를 신설 · 개설하거나 살수구역을 증설할 때
④ 소화용수설비를 신설 또는 개설할 때

55 **위험물안전관리법상 시 · 도지사의 허가를 받지 아니하고 당해 제조소 등을 설치할 수 있는 곳이 아닌 것은?**

① 주택의 난방시설(공동주택의 중앙난방시설 제외)을 위한 저장소
② 주택의 난방시설(공동주택의 중앙난방시설 제외)을 위한 취급소
③ 농예용 · 축산용 또는 수산용으로 필요한 건조시설을 위한 지정수량 20배 이하의 저장소
④ 농예용 · 축산용 또는 수산용으로 필요한 난방시설을 위한 지정수량 50배 이하의 저장소

답안 표기란	
52	① ② ③ ④
53	① ② ③ ④
54	① ② ③ ④
55	① ② ③ ④

56 위험물안전관리법령상 위험물의 유별 저장 · 취급의 공통기준으로 틀린 것은?

① 제1류 위험물은 알칼리금속의 과산화물 및 이를 함유한 것에 있어서는 물과의 접촉을 피하여야 한다.
② 제2류 위험물은 산화제와의 접촉 · 혼합이나 불티 · 불꽃 · 고온체와의 접근 또는 과열을 피하여야 한다.
③ 제3류 위험물 중 금수성물질에 있어서는 물과의 접촉을 피하여야 한다.
④ 제4류 위험물은 불티 · 불꽃 · 고온체와의 접근이나 과열 · 충격 또는 마찰을 피하여야 한다.

57 소방시설의 설치 및 관리에 관한 법령상 소방시설 등을 인위적으로 조작하여 소방시설이 정상적으로 작동하는지를 소방청장이 정하여 고시하는 소방시설 등 작동점검표에 따라 점검하는 것은?

① 종합점검
② 최초점검
③ 작동점검
④ 공동점검

58 소방시설의 설치 및 관리에 관한 법령상 피난시설, 방화구획 및 방화시설의 금지행위가 아닌 것은?

① 방화시설을 폐쇄하거나 훼손하는 등의 행위
② 피난시설의 주위에 물건을 쌓아두거나 장애물을 설치하는 행위
③ 방화구획의 용도에 장애를 주거나 소방활동에 지장을 주는 행위
④ 피난시설, 방화구획 및 방화시설을 정비하는 행위

답안 표기란	
56	① ② ③ ④
57	① ② ③ ④
58	① ② ③ ④

59 **화재의 예방 및 안전관리에 관한 법률상 화재예방강화지구의 지정 등에 관한 내용으로 틀린 것은?**

① 시 · 도지사는 해당하는 지역을 화재예방강화지구로 지정하여 관리할 수 있다.
② 시 · 도지사가 화재예방강화지구로 지정할 필요가 있는 지역을 화재예방강화지구로 지정하지 아니하는 경우 소방청장은 해당 시 · 도지사에게 해당 지역의 화재예방강화지구 지정을 요청할 수 있다.
③ 시 · 도지사는 화재예방강화지구 안의 소방대상물의 위치 · 구조 및 설비 등에 대하여 화재안전조사를 할 수 있다.
④ 소방관서장은 화재예방강화지구 안의 관계인에 대하여 소방에 필요한 훈련 및 교육을 실시할 수 있다.

60 **소방시설의 설치 및 관리에 관한 법령상 동시에 둘 이상의 업체에 취업한 자에 대한 벌칙 기준은?**

① 300만원 이하의 벌금
② 500만원 이하의 벌금
③ 1년 이하의 징역 또는 1천만원 이하의 벌금
④ 3년 이하의 징역 또는 3천만원 이하의 벌금

4과목 소방기계시설의 구조 및 원리

61 **피난기구의 화재안전기술기준에 따라 의료시설에 미끄럼대를 설치하여야 할 층은?**

① 지하 2층
② 지하 1층
③ 지상 1층
④ 지상 3층

답안 표기란	
59	① ② ③ ④
60	① ② ③ ④
61	① ② ③ ④

62 **분말소화설비의 화재안전기술기준상 자동화재탐지설비의 감지기 작동과 연동하는 분말소화설비 자동식 기동장치의 설치기준으로 틀린 것은?**

① 자동식 기동장치에는 수동으로도 기동할 수 있는 구조로 할 것
② 전기식 기동장치로서 7병 이상의 저장용기를 동시에 개방하는 설비는 2병 이상의 저장용기에 전자 개방밸브를 부착할 것
③ 기계식 기동장치는 저장용기를 쉽게 개방할 수 없는 구조로 할 것
④ 기동용가스용기 및 해당 용기에 사용하는 밸브는 25MPa 이상의 압력에 견딜 수 있는 것으로 할 것

63 **지하구의 화재안전기준에 따른 지하구의 방화벽 설치기준으로 틀린 것은?**

① 내화구조로서 홀로 설 수 있는 구조일 것
② 자동폐쇄장치를 사용하는 경우에는 「자동폐쇄장치의 성능인증 및 제품검사의 기술기준」에 적합한 것으로 설치할 것
③ 방화벽의 출입문은 방화문으로서 60분+ 방화문 또는 60분 방화문으로 설치할 것
④ 방화벽은 분기구 및 국사 · 변전소 등의 건축물과 비상구가 연결되는 부위(건축물로부터 20m 이내)에 설치할 것

64 **다음은 포소화설비의 자동식 기동장치에 화재감지기를 사용하는 경우 화재감지기 회로의 발신기 설치 기준이다. (　) 안에 알맞은 것은?**

1. 조작이 쉬운 장소에 설치하고, 스위치는 바닥으로부터 (㉠)의 높이에 설치할 것
2. 특정소방대상물의 층마다 설치하되, 해당 특정소방대상물의 각 부분으로부터 수평거리가 (㉡)가 되도록 할 것(다만, 복도 또는 별도로 구획된 실로서 보행거리가 40m 이상일 경우에는 추가로 설치하여야 한다.)
3. 발신기의 위치를 표시하는 표시등은 함의 상부에 설치하되, 그 불빛은 부착 면으로부터 15° 이상의 범위 안에서 부착지점으로부터 (㉢)의 어느 곳에서도 쉽게 식별할 수 있는 적색등으로 할 것

① ㉠ 0.8m 이상 1.5m 이하, ㉡ 25m 이하, ㉢ 10m 이내

답안 표기란	
62	① ② ③ ④
63	① ② ③ ④
64	① ② ③ ④

PART 2 빈출 모의고사

② ㉠ 0.8m 이상 1.5m 이하, ㉡ 30m 이하, ㉢ 15m 이내
③ ㉠ 1.0m 이상 1.6m 이하, ㉡ 25m 이하, ㉢ 10m 이내
④ ㉠ 1.0m 이상 1.6m 이하, ㉡ 30m 이하, ㉢ 15m 이내

답안 표기란	
65	① ② ③ ④
66	① ② ③ ④
67	① ② ③ ④

65 **스프링클러설비의 화재안전기술기준상 고가수조를 이용한 가압송수장치의 설치기준 중 고가수조에 설치하지 않아도 되는 것은?**

① 급수관
② 맨홀
③ 안전장치
④ 수위계

66 **간이스프링클러설비의 화재안전기술기준상 간이스프링클러설비의 배관 및 밸브 등의 설치순서로 맞는 것은? (단, 수원이 펌프보다 낮은 경우이다.)**

① 캐비닛형인 경우 수원, 펌프 또는 압력수조, 압력계, 체크밸브, 연성계 또는 진공계, 개폐표시형밸브 순으로 설치할 것
② 펌프 설치 시에는 수원, 연성계 또는 진공계, 펌프 또는 압력수조, 압력계, 성능시험배관, 체크밸브, 개폐표시형밸브, 유수검지장치, 시험밸브 순으로 설치할 것
③ 가압수조 이용 시에는 수원, 가압수조, 압력계, 개폐표시형밸브, 체크밸브, 유수검지장치, 시험밸브 순으로 설치할 것
④ 상수도직결형은 수도용계량기, 급수차단장치, 개폐표시형밸브, 체크밸브, 압력계, 유수검지장치, 2개의 시험밸브 순으로 설치할 것

67 **특별피난계단의 계단실 및 부속실 제연설비의 화재안전기술기준상 수직풍도에 따른 배출기준 중 각층의 옥내와 면하는 수직풍도의 관통부에 설치하여야 하는 배출댐퍼 설치기준으로 틀린 것은?**

① 평상시 열린 구조로 개방상태를 유지할 것
② 개폐여부를 당해 장치 및 제어반에서 확인할 수 있는 감지기능을 내장하고 있을 것
③ 댐퍼는 풍도내의 공기흐름에 지장을 주지 않도록 수직풍도의 내부로 돌출하지 않게 설치할 것

④ 풍도의 내부마감상태에 대한 점검 및 댐퍼의 정비가 가능한 이 · 탈착 구조로 할 것

답안 표기란	
68	① ② ③ ④
69	① ② ③ ④
70	① ② ③ ④

68 **상수도소화용수설비의 화재안전기술기준에 따른 설치기준으로 틀린 것은?**

① 호칭지름 75mm 이상의 수도배관에 호칭지름 100mm 이상의 소화전을 접속할 것
② 소화전은 소방자동차 등의 진입이 쉬운 도로변 또는 공지에 설치할 것
③ 소화전은 특정소방대상물의 수평투영면의 각 부분으로부터 200m 이하가 되도록 설치할 것
④ 지상식 소화전의 호스접결구는 지면으로부터 높이가 0.5m 이상 1m 이하가 되도록 설치할 것

69 **할론소화설비의 화재안전기술기준에 따른 국소방출방식에 대한 설명으로 옳은 것은?**

① 분사헤드에서 밀폐 방호구역 공간 전체로 소화약제를 방출하는 방식이다.
② 소화약제 공급장치에 배관 및 분사헤드를 설치하여 직접 화점에 소화약제를 방출하는 방식이다.
③ 호스 선단에 부착된 노즐을 이동하여 방호대상물에 직접 소화약제를 방출하는 방식이다.
④ 소화약제 공급장치에 배관 및 분사헤드 등을 설치하여 밀폐 방호구역 전체에 소화약제를 방출하는 설비를 말한다.

70 **물분무소화설비의 화재안전기술기준상 물분무헤드를 설치하지 아니할 수 있는 장소가 아닌 것은?**

① 물에 심하게 반응하는 물질이 있는 장소
② 고온의 물질이 있는 장소
③ 직접 분무를 하는 경우 그 부분에 손상을 입힐 우려가 있는 기계장치 등이 있는 장소
④ 전기배선의 양단 및 접속단자가 있는 장소

71 **분말소화설비의 화재안전기술기준상 가압용 가스용기에 관한 내용으로 틀린 것은?**

① 분말소화약제의 가스용기는 분말소화약제의 저장용기에 접속하여 설치해야 한다.

② 분말소화약제의 가압용 가스용기를 3병 이상 설치한 경우에는 1개 이상의 용기에 전자개방밸브를 부착한다.

③ 분말소화약제의 가압용 가스용기에는 2.5MPa 이하의 압력에서 조정이 가능한 압력조정기를 설치한다.

④ 가압용 가스 또는 축압용 가스는 기준에 따라 설치한다.

72 **물분무소화설비의 화재안전기술기준상 송수구의 설치기준으로 틀린 것은?**

① 송수구로부터 주배관에 이르는 연결배관에는 개폐밸브를 설치할 것

② 송수구에는 그 가까운 곳의 보기 쉬운 곳에 송수압력범위를 표시한 표지를 할 것

③ 송수구는 송수 및 그 밖의 소화작업에 지장을 주지 않도록 설치할 것

④ 송수구의 가까운 부분에 자동배수밸브 및 체크밸브를 설치할 것

73 **소화기구 및 자동소화장치의 화재안전기술기준에 따른 용어에 대한 내용으로 틀린 것은?**

① 금속화재(D급 화재) : 마그네슘 합금 등 가연성 금속에서 일어나는 화재를 말한다.

② 유류화재(B급 화재) : 주방에서 동식물유를 취급하는 조리기구에서 일어나는 화재를 말한다.

③ 전기화재(C급 화재) : 전류가 흐르고 있는 전기기기, 배선과 관련된 화재를 말한다.

④ 능력단위 : 소화기 및 소화약제에 따른 간이소화용구에 있어서 소방시설법에 따라 형식승인 된 수치를 말한다.

답안 표기란	
71	① ② ③ ④
72	① ② ③ ④
73	① ② ③ ④

74 **스프링클러설비의 화재안전기술기준상 스프링클러설비를 설치하여야 할 특정소방대상물에 있어서 스프링클러헤드를 설치하지 아니할 수 있는 장소 기준으로 틀린 것은?**

① 통신기기실 · 전자기기실 · 기타 이와 유사한 장소
② 펌프실 · 물탱크실 엘리베이터 권상기실 그 밖의 이와 비슷한 장소
③ 영하의 냉장창고의 냉장실 또는 냉동창고의 냉동실
④ 천장과 반자 양쪽이 불연재료로 되어 있는 경우로서 그 사이의 거리가 5m 미만인 부분

75 **포소화설비의 화재안전기술기준상 포헤드를 소방대상물의 천장 또는 반자에 설치하여야 할 경우 헤드 1개가 방호해야 할 바닥면적은 최대 몇 m^2인가?**

① $9m^2$
② $10m^2$
③ $15m^2$
④ $20m^2$

76 **소화기구 및 자동소화장치의 화재안전기술기준상 일반화재, 유류화재, 전기화재 모두에 적응성이 있는 소화약제는?**

① 팽창질석
② 탄산수소칼륨
③ 인산염류소화약제
④ 팽창진주암

77 **상수도소화용수설비의 화재안전기술기준에 따라 배관의 도중에 설치되어 배관 내 물의 흐름을 개폐할 수 있는 밸브는?**

① 제어밸브
② 안전밸브
③ 체크밸브
④ 개폐표시형밸브

답안 표기란				
74	①	②	③	④
75	①	②	③	④
76	①	②	③	④
77	①	②	③	④

78 **지하구의 화재안전기술기준에 따른 방화벽의 설치기준으로 틀린 것은?**

① 내화구조로서 홀로 설 수 있는 구조일 것
② 방화벽의 출입문은 항상 열린 상태를 유지하거나 자동폐쇄장치에 의하여 화재 신호를 받으면 자동으로 열리는 구조로 할 것
③ 방화벽을 관통하는 케이블 · 전선 등에는 국토교통부 고시(내화구조의 인정 및 관리기준)에 따라 내화충전 구조로 마감할 것
④ 방화벽의 출입문은 방화문으로서 60분+ 방화문 또는 60분 방화문으로 설치할 것

79 **포소화설비의 화재안전기술기준에 따른 화재감지기 회로에 발신기를 설치할 경우의 기준으로 틀린 것은?**

① 특정소방대상물의 층마다 설치할 것
② 조작이 쉬운 장소에 설치할 것
③ 스위치는 바닥으로부터 0.8m 이상 1.5m 이하의 높이에 설치할 것
④ 발신기의 위치를 표시하는 표시등은 함의 상부에 설치하되, 그 불빛은 부착 면으로부터 45° 이상의 범위 안에서 부착지점으로부터 30m 이내의 어느 곳에서도 쉽게 식별할 수 있는 적색등으로 할 것

80 **분말소화설비의 화재안전기술기준에 따른 분말소화약제 저장용기의 설치기준으로 틀린 것은?**

① 가압식 저장용기에는 사용압력 범위를 표시한 지시압력계를 설치할 것
② 축압식은 용기의 내압시험압력의 0.8배 이하의 압력에서 작동하는 안전밸브를 설치할 것
③ 저장용기의 충전비는 0.8 이상으로 할 것
④ 저장용기의 내용적은 소화약제 1kg당 1L로 할 것

답안 표기란	
78	① ② ③ ④
79	① ② ③ ④
80	① ② ③ ④

제5회 빈출 모의고사

수험번호

수험자명

제한 시간 : 2시간 전체 문제 수 : 80 맞춘 문제 수 :

1과목 소방원론

답안 표기란

01	① ② ③ ④
02	① ② ③ ④
03	① ② ③ ④
04	① ② ③ ④

01 다음 중 물질의 연소 시 산소공급원이 될 수 없는 것은?

① 압축공기
② 질산에스테르
③ 과염소산
④ 탄화칼슘

02 다음 중 가연물의 제거를 통한 소화방법과 관련이 없는 것은?

① 전기실 화재 시 IG-541 약제를 방출한다.
② 가스누설에 의한 화재 시 가스 공급관의 밸브를 잠근다.
③ 산불의 확산방지를 위하여 산림의 일부를 벌채한다.
④ 유류탱크 화재 시 주변에 있는 유류탱크의 유류를 다른 곳으로 이동시킨다.

03 다음 중 자연발화가 일어나기 쉬운 조건이 아닌 것은?

① 열의 축적이 용이할 것
② 열전도율이 클 것
③ 공기와 접촉면이 클 것
④ 고온다습할 것

04 상온 · 상압의 공기 중에서 탄화수소류의 가연물을 소화하기 위한 이산화탄소 소화약제의 농도는 약 몇 %인가? (단, 탄화수소류는 산소농도가 10%일 때 소화된다고 가정한다.)

① 22.38%
② 32.38%
③ 42.38%
④ 52.38%

05 고층 건축물 내 연기거동 중 굴뚝효과에 영향을 미치는 요소가 아닌 것은?

① 외벽의 기밀도
② 화재실의 온도
③ 층의 면적
④ 각 층간의 공기누설

06 다음 중 정전기가 방전할 때 발생하는 열은?

① 정전기열
② 유도열
③ 저항열
④ 아크열

07 화재의 분류방법 중 일반화재를 나타낸 것은?

① A급 화재
② B급 화재
③ C급 화재
④ D급 화재

08 마그네슘의 화재에 주수하였을 때 물과 마그네슘의 반응으로 인하여 생성되는 가스는?

① 아르곤
② 수소
③ 암모니아
④ 이산화탄소

09 다음 중 인화칼슘과 물이 반응할 때 생성되는 가스는?

① 수소
② 포스겐
③ 황산
④ 포스핀

답안 표기란	
05	① ② ③ ④
06	① ② ③ ④
07	① ② ③ ④
08	① ② ③ ④
09	① ② ③ ④

10 다음 중 건물화재 시 패닉(panic)의 발생원인과 직접적인 관계가 없는 것은?

① 연기에 의한 시계 제한
② 불연내장재의 사용
③ 외부와 단절되어 고립
④ 불길에 의한 온도 장애

11 다음의 분말소화약제 중 A급, B급, C급 화재에 모두 사용할 수 있는 것은?

① 제1종 분말
② 제2종 분말
③ 제3종 분말
④ 제4종 분말

12 다음 중 알킬알루미늄 화재에 적합한 소화약제는?

① 포 소화약제
② 팽창질석
③ 강화액 소화약제
④ 할로겐화합물

13 다음의 소화약제 중 HFC-23의 화학식으로 옳은 것은?

① CHF_2CF_3
② CHF_3
③ CF_3CHFCF_3
④ CF_3I

14 일반적으로 공기 중 산소농도를 몇 vol% 이하로 감소시키면 연소속도의 감소 및 질식소화가 가능한가?

① 15vol%
② 17vol%
③ 19vol%
④ 21vol%

답안 표기란				
10	①	②	③	④
11	①	②	③	④
12	①	②	③	④
13	①	②	③	④
14	①	②	③	④

15 다음에서 각 물질과 물이 반응하였을 때 발생하는 가스의 연결이 틀린 것은?

① 탄화칼슘 – 아세틸렌
② 탄화알루미늄 – 이산화탄소
③ 인화칼슘 – 포스핀
④ 수소화리튬 – 수소

16 다음 중 전기화재의 원인으로 거리가 먼 것은?

① 과다 절연
② 절연불량
③ 합선
④ 누전

17 증발잠열을 이용하여 가연물의 온도를 떨어뜨려 화재를 진압하는 소화방법은?

① 제거소화
② 억제소화
③ 질식소화
④ 냉각소화

18 다음 중 가연성 가스가 아닌 것은?

① 아르곤
② 수소
③ 일산화탄소
④ 에테인

19 다음 중 탄산수소칼륨+요소가 주성분인 분말 소화약제는?

① 제1종 분말
② 제2종 분말
③ 제3종 분말
④ 제4종 분말

답안 표기란				
15	①	②	③	④
16	①	②	③	④
17	①	②	③	④
18	①	②	③	④
19	①	②	③	④

20 다음 중 고체 가연물이 덩어리보다 가루일 때 연소되기 쉬운 이유로 가장 적합한 것은?

① 습도가 높아지기 때문이다.
② 공기와 접촉면이 커지기 때문이다.
③ 열전도율이 커지기 때문이다.
④ 통풍이 잘 되지 않기 때문이다.

답안 표기란	
20	① ② ③ ④
21	① ② ③ ④
22	① ② ③ ④

2과목 소방유체역학

21 정수력에 의해 수직평판의 힌지(hinge)점에 작용하는 단위폭 당 모멘트를 바르게 표시한 것은? (단, ρ는 유체의 밀도, g는 중력가속도이다.)

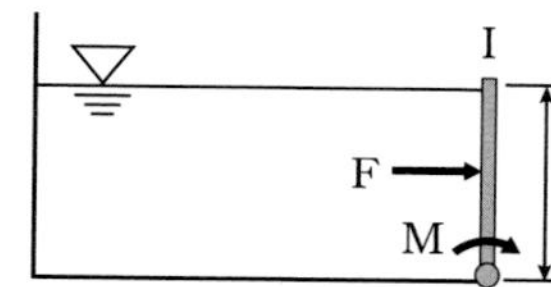

① $\frac{1}{3}\rho g L^3$
② $\frac{2}{3}\rho g L^3$
③ $\frac{1}{2}\rho g L^3$
④ $\frac{1}{6}\rho g L^3$

22 20℃의 이산화탄소 소화약제가 체적 $4m^3$의 용기 속에 들어있다. 용기 내 압력이 1MPa일 때 이산화탄소 소화약제의 질량은 약 몇 kg인가? (단, 이산화탄소의 기체상수는 189J/kg · K이다.)

① 70.2kg
② 71.2kg
③ 72.2kg
④ 73.2kg

답안 표기란	
23	① ② ③ ④
24	① ② ③ ④
25	① ② ③ ④
26	① ② ③ ④

23 어떤 물체가 공기 중에서 무게는 588N이고, 수중에서 무게는 98N이었다. 이 물체의 체적(V)과 비중(S)은?

① $V=0.05\text{m}^3$, $S=1.2$
② $V=0.05\text{m}^3$, $S=1.5$
③ $V=0.08\text{m}^3$, $S=1.2$
④ $V=0.08\text{m}^3$, $S=1.5$

24 그림과 같이 폭이 넓은 두 평판 사이를 흐르는 유체의 속도 분포 u(y)가 다음과 같을 때, 평판 벽에 작용하는 전단응력은 약 몇 Pa인가? (단, u_m=1m/s, h=0.01m, 유체의 점성계수는 0.1$N \cdot s/m^2$이다.)

$$u(y)=u_m\left[1-\left(\frac{y}{h}\right)^2\right]$$

h
y
h

① 5Pa
② 10Pa
③ 15Pa
④ 20Pa

25 부차적 손실계수 K가 2인 관 부속품에서의 손실수두가 2m라면 이때의 유속은 약 몇 m/s인가?

① 1.43m/s
② 2.43m/s
③ 3.43m/s
④ 4.43m/s

26 성능이 같은 3대의 펌프를 병렬로 연결하였을 경우 양정과 유량은 얼마인가? (단, 펌프 1대의 유량은 Q, 양정은 H이다.)

① 유량은 3Q, 양정은 H
② 유량은 6Q, 양정은 2H

③ 유량은 9Q, 양정은 3H
④ 유량은 12Q, 양정은 4H

답안 표기란	
27	① ② ③ ④
28	① ② ③ ④
29	① ② ③ ④

27 표면장력과 관련된 다음 설명 중 옳지 않은 것은?

① 표면장력의 차원은 자유에너지/표면적이다.
② 액체와 공기의 경계면에서 액체분자의 응집력보다 공기분자와 액체분자 사이의 부착력이 클 때 발생된다.
③ 대기 중의 물방울은 크기가 작을수록 내부압력이 크다.
④ 모세관현상에 의한 수면 상승 높이는 모세관의 직경에 반비례한다.

28 다음 중 열역학에 관련한 설명으로 옳은 것은?

① 삼중점에서는 물체의 고상, 액상, 기상이 공존한다.
② 압력이 증가하면 물의 끓는점도 낮아진다.
③ 열을 완전히 일로 변환할 수 있는 효율이 100%인 열기관은 만들 수 있다.
④ 기체의 정적비열은 정압비열보다 크다.

29 그림과 같이 수조의 두 노즐에서 물이 분출하여 한 점(A)에서 만나려고 하면 어떤 관계가 성립되어야 하는가? (단, 공기저항과 노즐의 손실은 무시한다.)

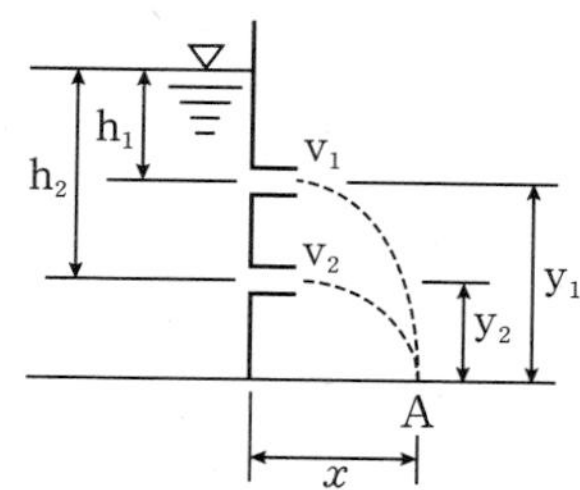

① $h_1y_1 = h_2y_2$
② $h_1y_2 = h_2y_1$
③ $h_1y_2 = h_1y_2$
④ $h_1y_1 = 2h_2y_2$

PART 2 빈출 모의고사

30 그림에서 물 탱크차가 받는 추력은 약 몇 N인가? (단, 노즐의 단면적은 $0.03m^2$이며, 탱크 내의 계기압력은 40kPa이다. 또한 노즐에서 마찰 손실은 무시한다.)

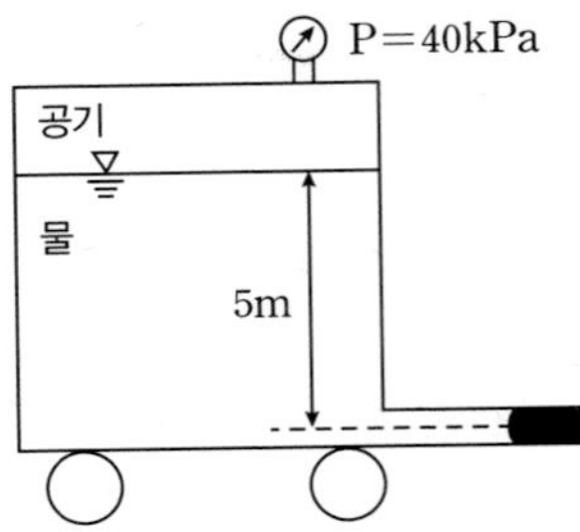

① 4,336N
② 5,336N
③ 6,336N
④ 7,336N

31 300K의 저온 열원을 가지고 카르노 사이클로 작동하는 열기관의 효율이 70%가 되기 위해서 필요한 고온 열원의 온도(K)는?

① 800K
② 900K
③ 1,000K
④ 1,100K

32 무차원수 중 오일러수의 물리적인 의미는?

① $\frac{관성력}{중력}$
② $\frac{압축력}{관성력}$
③ $\frac{관성력}{점성력}$
④ $\frac{관성력}{음속}$

답안 표기란	
30	① ② ③ ④
31	① ② ③ ④
32	① ② ③ ④

답안 표기란	
33	① ② ③ ④
34	① ② ③ ④
35	① ② ③ ④

33 질량이 5kg인 공기(이상기체)가 온도 333K로 일정하게 유지되면서 체적이 10배가 되었다. 이 계(system)가 한 일(kJ)은? (단, 공기의 기체상수는 287J/kg · K이다.)

① 900kJ
② 1,000kJ
③ 1,100kJ
④ 1,200kJ

34 피스톤이 설치된 용기 속에서 1kg의 공기가 일정온도 50℃에서 처음 체적의 5배로 팽창되었다면 이 때 전달된 열량(kJ)은 얼마인가? (단, 공기의 기체상수는 0.287kJ/(kg · K)이다.)

① 147.2kJ
② 148.2kJ
③ 149.2kJ
④ 150.2kJ

35 다음 중 Newton의 점성법칙에 대한 설명으로 옳은 것을 모두 고르시오.

> ㉠ 전단응력은 점성계수와 속도기울기의 곱이다.
> ㉡ 전단응력은 점성계수에 비례한다.
> ㉢ 전단응력은 속도기울기에 반비례한다.

① ㉠, ㉡
② ㉡, ㉢
③ ㉠, ㉢
④ ㉠, ㉡, ㉢

36 다음 중 흐르는 유체에서 정상류의 의미로 옳은 것은?

① 흐름의 모든 점에서 흐름특성이 시간에 따라 일정하게 변하는 흐름
② 흐름의 임의의 점에서 흐름특성이 시간에 관계없이 항상 일정한 상태에 있는 흐름
③ 흐름의 임의의 점에서 흐름특성이 유속에 관계없이 항상 일정한 상태에 있는 흐름
④ 임의의 시각에 유로 내 각점의 속도벡터가 다른 흐름

37 다음 중 등엔트로피에 해당하는 과정은?

① 비가역 항온과정
② 가역 등온과정
③ 비가역 단열과정
④ 가역 단열과정

38 점성계수가 0.101$N \cdot s/m^2$, 비중이 0.85인 기름이 내경 300mm, 길이 3km의 주철관 내부를 0.0444m^3/s의 유량으로 흐를 때 손실수두(m)는?

① 7.7m
② 7.9m
③ 8.1m
④ 8.3m

39 열전달 면적이 A이고, 온도 차이가 10℃, 벽의 열전도율이 10W/m · K, 두께 25cm인 벽을 통한 열류량은 100W이다. 동일한 열전달 면적에서 온도 차이가 2배, 벽의 열전도율이 4배가 되고 벽의 두께가 2배가 되는 경우 열류량(W)은 얼마인가?

① 400W
② 500W
③ 600W
④ 700W

답안 표기란	
36	① ② ③ ④
37	① ② ③ ④
38	① ② ③ ④
39	① ② ③ ④

40 토출량이 1,800L/min, 회전차의 회전수가 1,000rpm인 소화펌프의 회전수를 1,400rpm으로 증가시키면 토출량은 처음보다 얼마나 더 증가되는가?

① 30%
② 35%
③ 40%
④ 45%

답안 표기란	
40	① ② ③ ④
41	① ② ③ ④
42	① ② ③ ④

3과목 소방관계법규

41 소방시설의 설치 및 관리에 관한 법령상 종합정밀점검 실시 대상이 되는 특정소방대상물이 아닌 것은?

① 스프링클러설비가 설치되지 않은 특정소방대상물
② 특정소방대상물의 소방시설이 신설된 경우의 특정소방대상물
③ 제연설비가 설치된 터널
④ 다중이용업의 영업장이 설치된 특정소방대상물로서 연면적이 2,000㎡ 이상인 것

42 소방시설의 설치 및 관리에 관한 법령상 방염성능기준 이상의 실내장식물 등을 설치하여야 하는 특정소방대상물이 아닌 것은?

① 숙박이 가능한 수련시설
② 다중이용업의 영업소
③ 11층 이상의 아파트
④ 방송국 및 촬영소

43 화재의 예방 및 안전관리에 관한 법령상 "대통령령으로 정하는 특정소방대상물"의 관계인은 그 장소에 상시 근무하거나 거주하는 사람에게 소방훈련과 소방안전관리에 필요한 교육을 하여야 한다. 다음 중 대통령령으로 정하는 특정소방대상물에 해당하지 않는 것은?

① 숙박시설
② 교육연구시설
③ 노유자 시설
④ 의료시설

44 소방시설의 설치 및 관리에 관한 법령상 소방시설의 종류에 대한 설명으로 옳지 않은 것은?

① 상수도소화용수설비는 소화용수설비에 해당된다.
② 시각경보기, 단독경보형 감지기는 경보설비에 해당된다.
③ 제연설비, 연결살수설비는 소화활동설비에 해당된다.
④ 간이완강기, 구조대는 인명구조기구에 해당된다.

45 다음은 위험물안전관리법령상 피난설비에 관한 내용이다. ( ) 안에 공통으로 들어갈 내용은?

피난설비

1. 주유취급소 중 건축물의 2층 이상의 부분을 점포 · 휴게음식점 또는 전시장의 용도로 사용하는 것에 있어서는 당해 건축물의 2층 이상으로부터 주유취급소의 부지 밖으로 통하는 출입구와 당해 출입구로 통하는 통로 · 계단 및 출입구에 ( )을/를 설치하여야 한다.
2. 옥내주유취급소에 있어서는 당해 사무소 등의 출입구 및 피난구와 당해 피난구로 통하는 통로 · 계단 및 출입구에 ( )을/를 설치하여야 한다.
3. ( )에는 비상전원을 설치하여야 한다.

① 유도등
② 완강기
③ 피난사다리
④ 미끄럼대

답안 표기란	
43	① ② ③ ④
44	① ② ③ ④
45	① ② ③ ④

46 **소방기본법령상 소방업무의 응원에 대한 설명 중 틀린 것은?**

① 소방본부장이나 소방서장은 소방활동을 할 때에 긴급한 경우 이웃한 소방본부장 또는 소방서장에게 소방업무의 응원을 요청할 수 있다.

② 소방업무의 응원 요청을 받은 소방본부장 또는 소방서장은 정당한 사유 없이 그 요청을 거절하여서는 아니 된다.

③ 소방업무의 응원을 위하여 파견된 소방대원은 파견된 소방본부장 또는 소방서장의 지휘에 따라야 한다.

④ 시 · 도지사는 소방업무의 응원을 요청하는 경우를 대비하여 출동 대상지역 및 규모와 필요한 경비의 부담 등에 관하여 필요한 사항을 이웃하는 시 · 도지사와 협의하여 미리 규약으로 정하여야 한다.

47 **화재의 예방 및 안전관리에 관한 법률상 소방관서장이 옮긴 물건을 보관하는 경우 소방본부 또는 소방서의 인터넷 홈페이지에 공고하는 기간은?**

① 14일

② 30일

③ 60일

④ 90일

48 **화재의 예방 및 안전관리에 관한 법령상 1급 소방안전관리대상물의 소방안전관리자 선임대상 기준으로 틀린 것은?**

① 소방설비산업기사의 자격이 있는 사람

② 소방공무원으로 7년 이상 근무한 경력이 있는 사람

③ 위험물기능사의 자격이 있는 사람

④ 소방청장이 실시하는 1급 소방안전관리대상물의 소방안전관리에 관한 시험에 합격한 사람

답안 표기란	
46	① ② ③ ④
47	① ② ③ ④
48	① ② ③ ④

49 소방시설의 설치 및 관리에 관한 법령상 분말형태의 소화약제를 사용하는 소화기의 내용연수로 옳은 것은? (단, 소방용품의 성능을 확인받아 그 사용기한을 연장하는 경우는 제외한다.)

① 5년
② 8년
③ 10년
④ 20년

50 소방기본법령상 소방활동장비와 설비의 구입 및 설치 시 국조보조의 대상이 아닌 것은?

① 소방관서용 청사의 건축
② 소방자동차의 유류
③ 소방활동에 필요한 소방장비
④ 소방전용통신설비 및 전산설비

51 소방시설의 설치 및 관리에 관한 법령상 소화설비를 구성하는 제품 또는 기기에 해당하지 않는 것은?

① 소화전
② 가스누설경보기
③ 스프링클러헤드
④ 소방호스

52 소방시설의 설치 및 관리에 관한 법령상 시 · 도지사가 소방시설 등의 자체점검을 하지 아니한 관리업자에게 영업정지를 명할 수 있으나, 이로 인해 국민에게 심한 불편을 줄 때 영업정지처분에 갈음하여 부과하는 과징금은?

① 3,000만원 이하
② 5,000만원 이하
③ 7,000만원 이하
④ 1억원 이하

답안 표기란				
49	①	②	③	④
50	①	②	③	④
51	①	②	③	④
52	①	②	③	④

답안 표기란	
53	① ② ③ ④
54	① ② ③ ④
55	① ② ③ ④
56	① ② ③ ④

53 위험물안전관리법령상 소화 난이도 등급 Ⅰ의 옥내탱크저장소에서 유황만을 저장 · 취급 할 경우 설치하여야 하는 소화설비로 적합한 것은?

① 이산화탄소소화설비
② 물분무소화설비
③ 고정식 포소화설비
④ 할로젠화합물소화설비

54 소방기본법령상 소방신호의 방법으로 틀린 것은?

① 타종에 의한 훈련신호는 1타와 연2타를 반복
② 사이렌에 의한 발화신호는 5초 간격을 두고 5초씩 3회
③ 타종에 의한 해제신호는 상당한 간격을 두고 1타씩 반복
④ 사이렌에 의한 경계신호는 5초 간격을 두고 30초씩 3회

55 소방기본법령상 국가가 우수소방제품의 전시 · 홍보를 위하여 무역전시장 등을 설치한 자에게 재정적인 지원을 할 수 있는 비용이 아닌 것은?

① 소방산업전시회에 전시중인 소방용품의 비용
② 소방산업전시회 운영에 따른 경비의 일부
③ 소방산업전시회 관련 국외 홍보비
④ 소방산업전시회 기간 중 국외의 구매자 초청 경비

56 소방기본법령상 소방용수시설의 설치기준 중 소화전의 연결금속구의 구경은 최소 몇mm 이상이어야 하는가?

① 65mm
② 90mm
③ 100mm
④ 120mm

57 위험물안전관리법령상 제조소 등이 옥외에서 액체위험물을 취급하는 설비의 바닥 기준으로 적합하지 않은 것은?

① 바닥의 최저부에 집유설비를 하여야 한다.
② 바닥의 둘레에 높이 1.5m 이상의 턱을 설치하는 등 위험물이 외부로 흘러나가지 않도록 하여야 한다.
③ 바닥은 콘크리트 등 위험물이 스며들지 않는 재료로 하고, 턱이 있는 쪽이 낮게 경사지게 하여야 한다.
④ 위험물을 취급하는 설비에 있어서는 당해 위험물이 직접 배수구에 흘러들어가지 않도록 집유설비에 유분리장치를 설치하여야 한다.

58 소방기본법령상 소방안전교육사의 배치대상별 배치기준으로 틀린 것은?

① 소방청 : 2명 이상 배치
② 소방서 : 2명 이상 배치
③ 소방본부 : 2명 이상 배치
④ 한국소방산업기술원 : 2명 이상 배치

59 위험물안전관리법령상 제4류 위험물별 지정수량의 기준이 바르지 않은 것은?

① 특수인화물 – 500L
② 알코올류 – 400L
③ 동식물유류 – 10,000L
④ 제4석유류 – 6,000L

60 소방시설의 설치 및 관리에 관한 법령상 소방시설이 아닌 것은?

① 피난구조설비
② 경보설비
③ 소화용수설비
④ 방화설비

답안 표기란	
57	① ② ③ ④
58	① ② ③ ④
59	① ② ③ ④
60	① ② ③ ④

4과목 소방기계시설의 구조 및 원리

답안 표기란	
61	① ② ③ ④
62	① ② ③ ④
63	① ② ③ ④

61 물분무소화설비의 화재안전기준상 펌프의 성능시험배관에 사용되는 유량측정장치는 펌프의 정격 토출량의 몇 % 이상 측정할 수 있는 성능이 있어야 하는가?

① 140%
② 155%
③ 175%
④ 190%

62 분말소화설비의 화재안전기술기준상 분말소화약제의 가압용 가스용기에 대한 설명으로 틀린 것은?

① 가압용 가스용기를 3병 이상 설치한 경우에는 2개 이상의 용기에 전자개방밸브를 부착할 것
② 가압용 가스용기에는 2.5MPa 이하의 압력에서 조정이 가능한 압력조정기를 설치할 것
③ 가압용 가스 또는 축압용 가스는 질소가스 또는 이산화탄소로 할 것
④ 저장용기 및 배관의 청소에 필요한 양의 가스는 동일 용기에 저장할 것

63 소화수조 및 저수조의 화재안전기술기준에 따라 소화용수설비에 설치하는 채수구의 설치 높이 기준은?

① 지면으로부터 0.5m 이상 1m 이하
② 지면으로부터 0.6m 이상 1.2m 이하
③ 지면으로부터 0.7m 이상 1.5m 이하
④ 지면으로부터 0.8m 이상 1.8m 이하

64 특별피난계단의 계단실 및 부속실 제연설비의 화재안전기준상 급기풍도 단면의 긴변 길이가 2,500mm인 경우, 강판의 두께는 최소 몇 mm 이상이어야 하는가?

① 0.6mm
② 0.8mm
③ 1.0mm
④ 1.2mm

65 상수도소화용수설비의 화재안전기술기준상 소화전은 특정소방대상물의 수평투영면의 각 부분으로부터 최대 몇 m 이하가 되도록 설치하여야 하는가?

① 120m
② 140m
③ 150m
④ 180m

66 스프링클러설비의 화재안전기술기준상 스프링클러헤드 설치 시 살수가 방해되지 아니하도록 스프링클러헤드로부터 공간은 최소 몇 cm 이상으로 하여야 하는가?

① 10cm
② 30cm
③ 60cm
④ 90cm

67 포소화설비의 화재안전기술기준에 따라 포소화설비 송수구의 설치 기준에 대한 설명으로 틀린 것은?

① 송수구에는 이물질을 막기 위한 마개를 씌울 것
② 송수구는 화재 층으로부터 지면으로 떨어지는 유리창 등이 송수 및 그 밖의 소화작업에 지장을 주지 않는 장소에 설치할 것
③ 송수구는 하나의 층의 바닥면적이 3,000㎡를 넘을 때마다 2개 이상(5개를 넘을 경우에는 5개로 한다)을 설치할 것
④ 지면으로부터 높이가 0.5m 이상 1m 이하의 위치에 설치할 것

답안 표기란				
64	①	②	③	④
65	①	②	③	④
66	①	②	③	④
67	①	②	③	④

68 **스프링클러설비의 화재안전기술기준에 따라 특정소방대상물에 스프링클러헤드를 설치하지 않을 수 있는 장소로만 나열된 것은?**

① 발전실, 병원의 수술실 · 응급처치실, 통신기기실, 관람석이 없는 실내 테니스장(실내 바닥 · 벽 등이 불연재료)
② 계단실, 병실, 목욕실, 냉동창고의 냉동실, 아파트(대피공간 제외)
③ 냉동창고의 냉동실, 변전실, 병실, 목욕실, 수영장 관람석
④ 병원의 수술실, 관람석이 없는 실내 테니스장(실내 바닥 · 벽 등이 불연재료), 변전실, 발전실, 아파트(대피공간 제외)

69 **특고압의 전기시설을 보호하기 위한 소화설비로 물분무소화설비를 사용한다. 그 주된 이유로 옳은 것은?**

① 물분무 설비는 다른 물 소화설비에 비해서 경제적이기 때문이다.
② 물분무 설비는 다른 물 소화설비에 비해서 물의 소모량이 적기 때문이다.
③ 분무상태의 물은 전기적으로 비전도성이기 때문이다.
④ 물분무입자 역시 물이나 전기전도성이 없어 전기 시설물을 젖게 하지 않기 때문이다.

70 **인명구조기구의 화재안전기술기준에 따라 특정소방대상물의 용도 및 장소별로 설치해야 할 인명구조기구의 기준으로 틀린 것은?**

① 지하가 중 지하상가는 공기호흡기를 층마다 2개 이상 비치할 것
② 운수시설 중 지하역사는 공기호흡기를 층마다 2개 이상 비치할 것
③ 지하층을 포함하는 층수가 7층 이상인 관광호텔은 방열복(또는 방화복), 공기호흡기, 인공소생기를 각 2개 이상 비치할 것
④ 물분무등소화설비 중 이산화탄소 소화설비를 설치해야 하는 특정소방대상물은 공기호흡기를 층마다 2개 이상 비치할 것

71 **스프링클러설비의 화재안전기술기준상 개방형스프링클러설비에서 하나의 방수구역을 담당하는 헤드의 개수는 최대 몇 개 이하로 해야 하는가? (단, 방수구역은 나누어져 있지 않고 하나의 구역으로 되어 있다.)**

① 30개
② 40개
③ 50개
④ 60개

답안 표기란	
68	① ② ③ ④
69	① ② ③ ④
70	① ② ③ ④
71	① ② ③ ④

답안 표기란	
72	① ② ③ ④
73	① ② ③ ④
74	① ② ③ ④
75	① ② ③ ④

72 **미분무소화설비의 화재안전기술기준상 미분무소화설비의 성능을 확인하기 위하여 하나의 발화원을 가정한 설계도서 작성 시 고려하여야 할 인자가 아닌 것은?**

① 점화원의 형태
② 사용자의 수와 장소
③ 시공 유형과 내장재 유형
④ 화재 위치

73 **옥내소화전설비의 화재안전기술기준상 배관 내 사용압력이 1.2MPa 이상인 경우의 배관은?**

① 압력 배관용 탄소 강관(KS D 3562)
② 배관용 탄소 강관(KS D 3507)
③ 이음매 없는 구리 및 구리합금관(KS D 5301)
④ 덕타일 주철관(KS D 4311)

74 **물분무소화설비의 화재안전기술기준상 배관의 설치 기준으로 틀린 것은?**

① 배관은 다른 설비의 배관과 구분되지 않도록 한다.
② 급수배관은 전용으로 해야 한다.
③ 동결방지조치를 하거나 동결의 우려가 없는 장소에 설치해야 한다.
④ 성능시험배관에 설치하는 유량측정장치는 성능시험배관의 직관부에 설치한다.

75 **소화기구 및 자동소화장치의 화재안전기술기준상 규정하는 화재의 종류가 아닌 것은?**

① A급 화재
② D급 화재
③ G급 화재
④ K급 화재

76 **소화기구 및 자동소화장치의 화재안전기술기준상 주거용 주방자동소화장치의 설치기준으로 틀린 것은?**

① 감지부는 형식승인 받은 유효한 높이 및 위치에 설치할 것
② 소화약제 방출구는 환기구의 청소부분과 결합되어 있어야 할 것
③ 차단장치(전기 또는 가스)는 상시 확인 및 점검이 가능하도록 설치할 것
④ 수신부는 주위의 열기류 또는 습기 등과 주위온도에 영향을 받지 않고 사용자가 상시 볼 수 있는 장소에 설치할 것

77 **분말소화설비의 화재안전기술기준에 따른 분말소화설비 배관의 설치기준으로 틀린 것은?**

① 배관은 전용으로 설치할 것
② 밸브류는 개폐위치 또는 개폐방향을 표시한 것으로 할 것
③ 동관을 사용하는 경우의 배관은 고정압력 또는 최고사용압력의 1.5배 이상의 압력에 견딜 수 있는 것을 사용할 것
④ 배관의 관부속 및 밸브류는 배관과 동등 이상의 강도 및 내열성이 있는 것으로 할 것

78 **구조대의 형식승인 및 제품검사의 기술기준에 따른 경사하강식구조대의 구조에 대한 설명으로 틀린 것은?**

① 연속하여 활강할 수 있는 구조로 안전하고 쉽게 사용할 수 있어야 한다.
② 포지는 사용시에 수직방향으로 현저하게 늘어나지 아니하여야 한다.
③ 경사구조대 본체의 활강부는 낙하방지를 위해 포를 이중 구조로 하거나 또는 망목의 변의 길이가 8cm 이하인 망을 설치하여야 한다.
④ 손잡이는 출구부근에 좌우 각 2개 이상 균일한 간격으로 견고하게 부착하여야 한다.

답안 표기란	
76	① ② ③ ④
77	① ② ③ ④
78	① ② ③ ④

79 소화기구 및 자동소화장치의 화재안전기술기준에 따른 가스, 분말, 고체 에어로졸 자동소화장치의 설치기준으로 틀린 것은?

① 소화약제 방출구는 형식승인을 받은 유효설치 범위 내에 설치할 것
② 자동소화장치는 방호구역 내에 형식승인된 1개의 제품을 설치할 것
③ 감지부는 형식승인된 유효설치 범위 내에 설치해야 하며 설치장소의 화재시 최고주위온도에 따라 표시온도의 것으로 설치할 것
④ 열감지선의 감지부는 형식승인 받은 최고주위온도범위 내에 설치할 것

80 할론소화설비의 화재안전기술기준에 따른 전역방출방식 할론소화설비의 분사헤드에 대한 설명으로 틀린 것은?

① 기준저장량의 소화약제를 20초 이내에 방출할 수 있는 것으로 할 것
② 할론 2402를 방출하는 분사헤드는 해당 소화약제가 무상으로 분무되는 것으로 할 것
③ 방출된 소화약제가 방호구역의 전역에 균일하고 신속하게 확산할 수 있도록 할 것
④ 분사헤드의 방출압력은 0.1MPa 이상으로 할 것

답안 표기란	
79	① ② ③ ④
80	① ② ③ ④

PART 3

정답 및 해설

ENGINNER
FIRE FIGHTING
FACILITIES
[MECHANICAL]

제1회 빈출 모의고사

제2회 빈출 모의고사

제3회 빈출 모의고사

제4회 빈출 모의고사

제5회 빈출 모의고사

제1회 빈출 모의고사

1과목 소방원론

01 ④	02 ③	03 ②	04 ①	05 ③
06 ①	07 ④	08 ②	09 ③	10 ④
11 ③	12 ②	13 ④	14 ①	15 ④
16 ②	17 ③	18 ①	19 ④	20 ②

01 정답 ④

물은 금수성 물질에 주수하면 폭발할 수 있다.

핵심 포인트

물이 소화약제로서 사용되는 장점

1. 값이 싸고 쉽게 구할 수 있다.
2. 인체에 무해하다.
3. 물은 비열, 잠열이 커서 많은 열을 흡수하여 냉각효과가 크다.
4. 다양한 형태로 방사가 가능하다.
5. 물은 화학적으로 안정되어 첨가제를 혼합하여도 사용이 가능하다.
6. 비압축성 유체로 저장 및 가압송수가 가능하다.
7. 기화 시 체적의 약 1,650배까지 팽창하여 질식시킨다.

02 정답 ③

이산화탄소의 분자량은 44이므로 $\text{mol} = \frac{\text{무게}}{\text{분자량}}$

$= \frac{20}{44} = 0.45\text{mol}$

03 정답 ②

마그네슘은 제2류 위험물이다.

04 정답 ①

폭굉(detonation)은 폭발 시 연소파의 전파속도가 음속 이상인 것으로 연소속도가 음속보다 빠르다.

05 정답 ③

③ **에틸아민** : 무색의 기체로 암모니아와 같은 강한 냄새가 난다. 에틸아민은 실온 바로 아래에서 거의 모든 용매와 섞일 수 있는 액체로 응축된다. 에틸아민은 아민의 경우와 같이 친핵성 염기이다. 에틸아민은 화학 산업 및 유기 합성에서 널리 사용된다.

① **에틸벤젠** : 유기 화합물로 휘발유와 비슷한 냄새가 나는 가연성의 무색 액체이다.

② **산화프로필렌** : 고리 에터의 하나로 프로필렌의 산화물이며 무색의 액체로 에터와 비슷한 냄새가 난다.

④ **사이클로프로판** : 가스 형태로 환상탄화수소류는 쇄상탄화수소류보다 작용이 신속하다.

06 정답 ①

방화구획의 설치기준 : 건축물에 설치하는 방화구획은 다음의 기준에 적합해야 한다(제14조 제1항).

1. 10층 이하의 층은 바닥면적 1천m^2(스프링클러 기타 이와 유사한 자동식 소화설비를 설치한 경우에는 바닥면적 3천m^2) 이내마다 구획할 것
2. 매층마다 구획할 것. 다만, 지하 1층에서 지상으로 직접 연결하는 경사로 부위는 제외한다.
3. 11층 이상의 층은 바닥면적 200m^2(스프링클러 기타 이와 유사한 자동식 소화설비를 설치한 경우에는 600m^2)이내마다 구획할 것. 다만, 벽 및 반자의 실내에 접하는 부분의 마감을 불연재료로 한 경우에는 바닥면적 500m^2(스프링클러 기타 이와 유사한 자동식 소화설비를 설치한 경우에는 1천500m^2) 이내마다 구획하여야 한다.
4. 필로티나 그 밖에 이와 비슷한 구조(벽면적의 2분의 1 이상이 그 층의 바닥면에서 위층 바닥 아래면까지 공간으로 된 것만 해당한다)의 부분을 주차장으로 사용하는 경우 그 부분은 건축물의 다른 부분과 구획할 것

07 정답 ④

④ **용해열** : 용질이 용매에 녹을 때 나오는 열이다.

① **연소열** : 어떤 물질 1몰 또는 1g이 완전 연소할 때 발생하는 열량 또는 발열량이다.
② **분해열** : 화합물이 분해될 때 발생되는 열이다.
③ **자연발열** : 어떤 곳에서 열을 주지 않아도 물질이 상온인 공기중에서 자연히 발열하는 현상이다.

08 정답 ②

핵심 포인트

물의 소화능력

1. 비열과 증발잠열이 커서 냉각소화 효과가 우수하다.
2. 물(100℃)의 증발잠열은 539.6kcal/g이다.
3. 물(15℃)의 비열은 약 1cal/g · ℃이다.
4. 물은 수증기로 질식소화 작용을 할 수 있다.

09 정답 ③

조연성가스 : 산소, 불소, 염소
가연성가스 : 메탄, 프로페인, 일산화탄소

10 정답 ④

공기 중의 산소 함유량은 21%이지만 이산화탄소를 40% 정도 혼합하면 산소농도는 15%가 되어 질식작용으로 소화한다. 이산화탄소는 산소와 반응하지 않는다.

11 정답 ③

증기 비중 $=\frac{\text{분자량}}{\text{공기의 평균분자량}}$이므로 분자량이 클수록 증기 비중이 크다.

핵심 포인트

Halon의 분자식

구분	분자량	분자식
1301	148.9	CF_3Br
1211	165.4	CF_2ClBr
2402	259.8	$C_2F_4Br_2$
1011	129.4	CH_2CLBr

12 정답 ②

핵심 포인트

위험물의 성질

1. **제1류 위험물** : 산화성 고체
2. **제2류 위험물** : 가연성 고체
3. **제3류 위험물** : 자연발화성 및 금수성 물질
4. **제4류 위험물** : 인화성 액체
5. **제5류 위험물** : 자기반응성 물질
6. **제6류 위험물** : 산화성 액체

13 정답 ④

산화성 고체는 제1류 위험물의 성질이다.

14 정답 ①

마그네슘은 분진폭발의 위험이 있고 금수성 물질이어서 물과 반응하면 가연성 가스인 수소를 발생한다.
$Mg+2H_2O \rightarrow Mg(OH)_2+H_2\uparrow$

15 정답 ④

조연성 가스 : 산소, 오존, 불소, 염소

16 정답 ②

인화점 : 가솔린 −43℃, 아세톤 −11℃, 에틸알코올 13℃

17 정답 ③

1기압 상태에서 100℃ 물 1g이 모두 기체로 변할 때 필요한 열량 $Q=\nu m=1\times539=539$cal이다.

18 정답 ①

물리적 소화방법 : 제거소화, 질식소화, 냉각소화
화학적 소화방법 : 연쇄반응 억제소화

19 정답 ④

④ **플래시 오버(Flash Over) 현상** : 많은 가스가 축적된 상태에서 가스의 온도가 발화점을 넘는 순간 모든 가스가 거의 동시에 발화하며 맹렬히 타는 현상이다

① **백 드래프트 현상** : 화재가 발생한 공간에서 연소에 필요한 산소가 부족할 때 발생한다.

② **블레비(BLEVE) 현상** : 인화점이나 비점이 낮은 인화성 액체(유류)가 가득 차 있지 않는 저장탱크 주위에서 화재 발생으로 저장탱크의 벽면이 장시간 화염에 노출되면 상단 부분의 온도가 상승하여 재질의 인장력이 저하되고 내부의 비등 현상으로 인한 압력 상승으로 저장탱크 벽면이 파열되는 현상을 말한다.

③ **파이어 볼(Fire Ball) 현상** : 대량의 증발한 가연성 액체가 순간적으로 연소할 때 생기는 구상의 불꽃을 말한다.

20 정답 ②

② **질식소화** : 연소의 물질조건 중 하나인 산소의 공급을 차단하여 공기 중의 산소 농도를 한계산소지수 이하로 유지시키는 소화방법이다.

① **냉각소화** : 가연물의 온도를 낮추어 소화하는 방법이다.

③ **연쇄반응차단소화** : 자유 활성기에 의한 연쇄반응을 차단, 억제하는 소화방법이다.

④ **제거소화** : 가연물을 제거하는 소화방법이다.

제1회 빈출 모의고사

2과목 소방유체역학

21 ③	22 ①	23 ②	24 ①	25 ①
26 ②	27 ①	28 ④	29 ②	30 ③
31 ①	32 ④	33 ④	34 ②	35 ①
36 ②	37 ①	38 ②	39 ③	40 ②

21 정답 ③

연속방정식 $Q=A_1u_1=A_2u_2$에서

$$Q=\left(\frac{\pi}{4}\times d_1^2\right)u_1=\left(\frac{\pi}{4}\times d_1^2\right)u_2$$

• 탱크 내 수면이 내려오는 속도

$$u_1=u_2\times\left(\frac{d_2}{d_1}\right)^2=3\times\left(\frac{0.1}{1}\right)^2=0.03\text{m/s}$$

22 정답 ①

핵심 포인트

펌프의 공동현상(cavitation) 방지대책

1. 펌프의 흡입관정을 크게 한다.
2. 양흡입 펌프를 사용한다.
3. 펌프의 흡입양정, 마찰손실, 회전수를 적게 한다.
4. 펌프 설치위치를 수원보다 낮게 한다.
5. 양흡입 펌프로 부족할 경우 펌프를 2대로 한다.
6. 펌프 흡입압력을 유체의 증기압보다 높게 한다.

23 정답 ②

밸브 마찰손실수두 $h_L=K\dfrac{u^2}{2g}$

• 부차적 손실계수 $K=\dfrac{2gh_L}{u^2}=\dfrac{2\times9.8\times0.51}{2^2}=2.499$

• 밸브의 등가길이 $h_L=K\dfrac{u^2}{2g}=f\dfrac{L_e}{d}\dfrac{u^2}{2g}$

$$L_e=\frac{Kd}{f}=\frac{2.499\times0.1}{0.02}=12.4995\text{m}$$

24 정답 ①

압력 $P=\gamma h=s\gamma_w h$(s : 비중, γ_w : 물의 비중량, h : 높이)

$P_1=\gamma_1h_1=\gamma_3(\gamma_w\times s)h$

$P_2=\gamma_2h=\gamma_3(\gamma_w\times s)h_2$

$P_1=P_2$=이므로, $\gamma_1h_1+\gamma_3(\gamma_w\times s)h=\gamma_2h+\gamma_3(\gamma_w\times s)h_2$

$9.8\times1.5+9.8\times1.6\times h=9.8\times0.8\times h+9.8\times1.6\times1.5$

$14.7+15.68h=7.84h+23.52$

$7.84h=8.82\quad\therefore\ h=\dfrac{8.82}{7.84}=1.125\text{m}$

25 정답 ①

체적 증가량 $V=mx(h_g-h)$

$=0.3\times(0.3-0.1)\times(1.694\ -0.00104)=0.102\text{m}^3$

26 정답 ②

압력을 구하는 식 $P_A+\gamma_1 h_1=P_B+\gamma_2 h_2+\gamma_3 h_3$

$P_A-P_B=\gamma_2 h_2+\gamma_3 h_3-\gamma_1 h_1$

$\gamma_2 h_2=(P_A-P_B)-\gamma_3 h_3+\gamma_1 h_1$

$h_2=\dfrac{(P_A-P_B)-\gamma_3 h_3+\gamma_1 h_1}{\gamma_2}$

$=\dfrac{30-(9.0\times 0.1)+(9.8\times 0.2)}{133}=0.234\text{m}$

27 정답 ①

속도 $u=3y^{\frac{1}{2}}$일 때 속도구배 $\dfrac{du}{dy}=3\times\dfrac{1}{2}y^{\left(\frac{1}{2}-1\right)}=\dfrac{3}{2}y^{-\frac{1}{2}}$

$y=30\text{mm}$일 때 속도구배

$\left(\dfrac{du}{dy}\right)_{y=0.03}=\dfrac{3}{2}y^{-\frac{1}{2}}=\dfrac{3}{2}\times 0.03^{-\frac{1}{2}}=8.66s^{-1}$

28 정답 ④

송출량이 $1.1Q\text{m}^3/\text{min}$일 때 회전속도는

유량 $Q_2=Q_1\times\dfrac{N_2}{N_1}$, $1.1=1\times\dfrac{x}{1{,}000}$, $x=1{,}100\text{rpm}$

전양정 $H_2=H_1\times\left(\dfrac{N_2}{N_1}\right)^2=H\times\left(\dfrac{1{,}100}{1{,}000}\right)^2=1.21H$

29 정답 ②

평균유속 $Q=uA(VA)$, $u=\dfrac{Q}{A}=\dfrac{Q}{\frac{\pi}{4}D^2}=\dfrac{4Q}{\pi D^2}$

$=\dfrac{4\times 1}{\pi\times(0.3)^2}=14.15\text{m/s}$

30 정답 ③

물체의 무게 $F=\gamma V=s\gamma_w\dfrac{V}{2}$

$=1.26\times 9{,}800\times(0.08\times\ 0.08\times 0.08)=6.32N$

- 부력 $F_B=\gamma V=s\gamma_w\dfrac{V}{2}$

  $=1.26\times 9{,}800\times\dfrac{(0.08\times 0.08\times 0.08)}{2}=3.16N$

- 수직방향으로 눌러 완전히 잠기게 하는데 필요한 힘은 $F_H=F-F_B=6.32-3.16=3.16N$이다.

31 정답 ①

- 액체에 작용하는 압력 $\text{P}_1=\text{s}_1\gamma_\text{w}\text{h}_1$, $\text{P}_1=\text{s}_1 9{,}800\times 0.1=980\text{s}_1$
- 수은에 작용하는 압력 $\text{P}_2=13.6\times 9{,}800\times 0.04=5{,}331.2$
- 액체의 비중은 압력 $\text{P}_1=\text{P}_2$이므로 $980\text{s}_1=5{,}331.2$, $\text{s}_1=\dfrac{5{,}331.2}{980}=5.44$

32 정답 ④

④ 복사는 매질을 통해 열이 흘러가는 전도나 열과 매질이 같이 움직이는 대류와 달리, 전자기파를 통해서 고온의 물체에서 저온의 물체로 직접 에너지가 전달된다.

① **강제대류** : 대류의 한 종류로 유체가 움직이게 하는 외부의 힘이 존재하여 일어나는 대류 현상이다.

② **자연대류** : 밀도 차이에 의하여 자연적으로 일어나는 대류이다.

③ **전도** : 물체의 내부에너지가 물체 내에서 또는 접촉해 있는 다른 물체로 이동하는 것이다.

33 정답 ④

전동기의 최소동력 $P=\dfrac{\gamma QH}{\eta}\times K$($\gamma$: 물의 비중량, Q : 토출량, H : 전양정, K : 전달계수, η : 펌프 효율)

$P=\dfrac{9.8\times 0.00833\times 80}{0.65}\times 1.1=11.05kW$

34 정답 ②

순 힘 $P=\dfrac{F}{A}=\gamma H$

$F=\gamma HA=9{,}800\times 2\times 0.2\times 0.2=784N$

35 정답 ①

전도열량 $q_1=\dfrac{\lambda}{l}A\Delta T$, 대류열량 $q_2=\alpha A\Delta T$

$q_1=q_2$에서 $\dfrac{\lambda}{l}A(T_1-T_2)=\alpha A(T_2-T_0)$

$\dfrac{4}{0.2}(293-T_2)=20(T_2-263)$

$293-T_2=T_2-263$, $2T_2=556$,

$T_2=278K=278K-273K=5℃$

36

정답 ②

수정 베르누이 정리를 적용 $\frac{u_1^2}{2g}+\frac{P_1}{\gamma}+Z_1=\frac{u_3^2}{2g}+\frac{P_3}{\gamma}+Z_3+H_L$

$$u_3=\frac{Q}{A}=\frac{\frac{4.8}{60}}{\frac{\pi}{4}(0.2)^2}=2.55$$

- 손실수두 $H_L=Z_1-Z_3-\frac{u_3^2}{2g}=1.0-\frac{2.55^2}{2\times 9.8}$
  $=0.668\text{m}$

37

정답 ①

운동량 방정식 $F=\rho QV=\rho AV^2$

F, 힘(N), ρ : 밀도(kg/m³), Q : 유량(m³/s), V : 유속(m/s)

$F=\rho QV\sin\theta=\rho AV^2\sin\theta$

$F=1{,}000\times\frac{\pi}{4}\times 0.05^2\times 20^2\times\sin 60°$

$=680.17\text{kg}\cdot\text{m}^2(N)$

38

정답 ②

일 $W=\frac{1}{2}(P_1-P_2)(V_2-V_1)+P_2(V_2-V_1)$

$W=\frac{1}{2}(200-100)\times(0.3-0.1)+100(0.3-0.1)=30kJ$

39

정답 ③

체적탄성계수 $K=-\left(\frac{\Delta P}{\frac{\Delta V}{V}}\right)$

- 압축률 $\beta=\frac{1}{K}$
- 압력변화 $\Delta P=-K\frac{\Delta V}{V}=-\frac{1}{\beta}\frac{\Delta V}{V}$
  $=-\left(\frac{1}{5\times 10^{-10}}\right)\times(-0.05)=10^8 Pa=10^5 kPa$

40

정답 ②

각속도 $\omega=\frac{2\pi N}{60}$에서 $u=\frac{2\pi\times 400}{60}=41.89$

- 토크 $T=\frac{\pi\mu\omega D_3 l}{4t}=\frac{\pi\times 0.049\times 41.89\times(0.4)^3\times 1}{4\times(0.25\times 10^{-3})}$
  $=412.7$
- 손실동력 $P=T\times\omega=412.7\times 41.89=17{,}288W$
  $=17.3kW$

제1회 빈출 모의고사

3과목 소방관계법규

41 ①	42 ③	43 ①	44 ②	45 ②
46 ④	47 ①	48 ②	49 ①	50 ②
51 ④	52 ③	53 ③	54 ③	55 ①
56 ③	57 ②	58 ①	59 ②	60 ④

41

정답 ①

게시판의 색은 "물기엄금"을 표시하는 것에 있어서는 청색바탕에 백색문자로, "화기주의" 또는 "화기엄금"을 표시하는 것에 있어서는 적색바탕에 백색문자로 할 것(규칙 별표 4)

42

정답 ③

다음의 어느 하나에 해당하는 특정소방대상물로서 그 관리의 권원이 분리되어 있는 특정소방대상물의 경우 그 관리의 권원별 관계인은 대통령령으로 정하는 바에 따라 제24조제1항에 따른 소방안전관리자를 선임하여야 한다. 다만, 소방본부장 또는 소방서장은 관리의 권원이 많아 효율적인 소방안전관리가 이루어지지 아니한다고 판단되는 경우 대통령령으로 정하는 바에 따라 관리의 권원을 조정하여 소방안전관리자를 선임하도록 할 수 있다(법 제35조 제1항).

1. 복합건축물(지하층을 제외한 층수가 11층 이상 또는 연면적 3만m² 이상인 건축물)
2. 지하가(지하의 인공구조물 안에 설치된 상점 및 사무실, 그

밖에 이와 비슷한 시설이 연속하여 지하도에 접하여 설치된 것과 그 지하도를 합한 것을 말한다)
3. 도매시장, 소매시장 및 전통시장

43 정답 ①

소방시설업의 업종별 등록기준 및 영업범위(영 별표 1)

업종별＼항목	기술인력	영업범위
전문 소방시설 설계업	가. **주된 기술인력**: 소방기술사 1명 이상 나. **보조기술인력** : 1명 이상	모든 특정소방대상물에 설치되는 소방시설의 설계

44 정답 ②

예방규정을 정하여야 하는 위험물 제조소등(영 제15조 제1항 제1호)

1. 지정수량의 10배 이상의 위험물을 취급하는 제조소
2. 지정수량의 100배 이상의 위험물을 저장하는 옥외저장소
3. 지정수량의 150배 이상의 위험물을 저장하는 옥내저장소
4. 지정수량의 200배 이상의 위험물을 저장하는 옥외탱크저장소
5. 암반탱크저장소
6. 이송취급소
7. 지정수량의 10배 이상의 위험물을 취급하는 일반취급소. 다만, 제4류 위험물(특수인화물을 제외한다)만을 지정수량의 50배 이하로 취급하는 일반취급소(제1석유류 · 알코올류의 취급량이 지정수량의 10배 이하인 경우에 한한다)로서 다음의 어느 하나에 해당하는 것을 제외한다.
   ㉠ 보일러 · 버너 또는 이와 비슷한 것으로서 위험물을 소비하는 장치로 이루어진 일반취급소
   ㉡ 위험물을 용기에 옮겨 담거나 차량에 고정된 탱크에 주입하는 일반취급소

45 정답 ②

위험등급 I의 위험물(규칙 별표 19)

1. 제1류 위험물 중 아염소산염류, 염소산염류, 과염소산염류, 무기과산화물 그 밖에 지정수량이 50kg인 위험물
2. 제3류 위험물 중 칼륨, 나트륨, 알킬알루미늄, 알킬리튬, 황린 그 밖에 지정수량이 10kg 또는 20kg인 위험물
3. 제4류 위험물 중 특수인화물
4. 제5류 위험물 중 지정수량이 10kg인 위험물
5. 제6류 위험물

46 정답 ④

안전관리 : 화재로 인한 피해를 최소화하기 위한 예방, 대비, 대응 등의 활동을 말한다(법 제2조 제2호).

47 정답 ①

1차 행정처분 사항으로 등록취소에 해당하는 것

1. 거짓이나 그 밖의 부정한 방법으로 등록한 경우
2. 등록 결격사유에 해당하게 된 경우
3. 다른 자에게 자기의 성명이나 상호를 사용하여 소방시설공사 등을 수급 또는 시공하게 하거나 소방시설업의 등록증 또는 등록수첩을 빌려준 경우

48 정답 ②

핵심 포인트

제4류 위험물

제4류	인화성 액체	1. 특수인화물		50L
		2. 제1석유류	비수용성액체	200L
			수용성액체	400L
		3. 알코올류		400L
		4. 제2석유류	비수용성액체	1,000L
			수용성액체	2,000L
		5. 제3석유류	비수용성액체	2,000L
			수용성액체	4,000L
		6. 제4석유류		6,000L
		7. 동식물유류		10,000L

49 정답 ①

소방안전관리대상물의 관계인은 소방안전관리자를 다음의 구분에 따라 해당에서 정하는 날부터 30일 이내에 선임해야

한다.

1. **신축 · 증축 · 개축 · 재축 · 대수선 또는 용도변경으로 해당 특정소방대상물의 소방안전관리자를 신규로 선임해야 하는 경우** : 해당 특정소방대상물의 사용승인일(건축물의 경우에는 건축물을 사용할 수 있게 된 날을 말한다.)
2. **증축 또는 용도변경으로 인하여 특정소방대상물이 소방안전관리대상물로 된 경우 또는 특정소방대상물의 소방안전관리 등급이 변경된 경우** : 증축공사의 사용승인일 또는 용도변경 사실을 건축물관리대장에 기재한 날
3. **특정소방대상물을 양수하거나 경매, 환가, 압류재산의 매각이나 그 밖에 이에 준하는 절차에 따라 관계인의 권리를 취득한 경우** : 해당 권리를 취득한 날 또는 관할 소방서장으로부터 소방안전관리자 선임 안내를 받은 날(다만, 새로 권리를 취득한 관계인이 종전의 특정소방대상물의 관계인이 선임신고한 소방안전관리자를 해임하지 않는 경우는 제외한다.)
4. **특정소방대상물의 경우** : 관리의 권원이 분리되거나 소방본부장 또는 소방서장이 관리의 권원을 조정한 날
5. **소방안전관리자의 해임, 퇴직 등으로 해당 소방안전관리자의 업무가 종료된 경우** : 소방안전관리자가 해임된 날, 퇴직한 날 등 근무를 종료한 날
6. **소방안전관리업무를 대행하는 자를 감독할 수 있는 사람을 소방안전관리자로 선임한 경우로서 그 업무대행 계약이 해지 또는 종료된 경우** : 소방안전관리업무 대행이 끝난 날
7. **소방안전관리자 자격이 정지 또는 취소된 경우** : 소방안전관리자 자격이 정지 또는 취소된 날

50 정답 ②

자체소방대를 설치하여야 하는 사업소(영 제18조 제1항)

1. 제4류 위험물을 취급하는 제조소 또는 일반취급소(다만, 보일러로 위험물을 소비하는 일반취급소 등 행정안전부령으로 정하는 일반취급소는 제외한다.)
2. 제4류 위험물을 저장하는 옥외탱크저장소

51 정답 ④

소방관서장(소방청장, 소방본부장 또는 소방서장)은 화재 발생 위험이 크거나 소화 활동에 지장을 줄 수 있다고 인정되는 행위나 물건에 대하여 행위 당사자나 그 물건의 소유자, 관리자 또는 점유자에게 다음의 명령을 할 수 있다. 다만, 2. 및 3.에 해당하는 물건의 소유자, 관리자 또는 점유자를 알 수 없는 경우 소속 공무원으로 하여금 그 물건을 옮기거나 보관하는 등 필요한 조치를 하게 할 수 있다(법 제17조 제2항).

1. 모닥불, 흡연 등 화기의 취급, 풍등 등 소형열기구 날리기, 용접 · 용단 등 불꽃을 발생시키는 행위에 해당하는 행위의 금지 또는 제한
2. 목재, 플라스틱 등 가연성이 큰 물건의 제거, 이격, 적재 금지 등
3. 소방차량의 통행이나 소화 활동에 지장을 줄 수 있는 물건의 이동

52 정답 ③

건축허가 등의 동의대상물의 범위 등(영 제7조 제1항)

1. 연면적이 400m² 이상인 건축물이나 시설(다만, 다음의 어느 하나에 해당하는 건축물이나 시설은 해당 목에서 정한 기준 이상인 건축물이나 시설로 한다.)
   ㉠ **건축 등을 하려는 학교시설** : 100m²
   ㉡ **특정소방대상물 중 노유자 시설 및 수련시설** : 200m²
   ㉢ **정신의료기관(입원실이 없는 정신건강의학과 의원은 제외한다)** : 300m²
   ㉣ **장애인 의료재활시설** : 300m²
2. 지하층 또는 무창층이 있는 건축물로서 바닥면적이 150m²(공연장의 경우에는 100m²) 이상인 층이 있는 것
3. 차고 · 주차장 또는 주차 용도로 사용되는 시설로서 다음의 어느 하나에 해당하는 것
   ㉠ 차고 · 주차장으로 사용되는 바닥면적이 200m² 이상인 층이 있는 건축물이나 주차시설
   ㉡ 승강기 등 기계장치에 의한 주차시설로서 자동차 20대 이상을 주차할 수 있는 시설
4. 층수가 6층 이상인 건축물
5. 항공기 격납고, 관망탑, 항공관제탑, 방송용 송수신탑
6. 특정소방대상물 중 의원(입원실이 있는 것으로 한정한다) · 조산원 · 산후조리원, 위험물 저장 및 처리 시설, 발전시설 중 풍력발전소 · 전기저장시설, 지하구
7. 노유자 시설 중 다음의 어느 하나에 해당하는 시설(다만, 단독주택 또는 공동주택에 설치되는 시설은 제외한다.)
   ㉠ 노인 관련 시설 중 노인주거복지시설, 노인의료복지시설 및 재가노인복지시설, 학대피해노인 전용쉼터
   ㉡ 아동복지시설(아동상담소, 아동전용시설 및 지역아동센터는 제외한다)
   ㉢ 장애인 거주시설
   ㉣ 정신질환자 관련 시설(공동생활가정을 제외한 재활훈련시설과 종합시설 중 24시간 주거를 제공하지 않는

시설은 제외한다)
　ⓜ 노숙인 관련 시설 중 노숙인자활시설, 노숙인재활시설 및 노숙인요양시설
　ⓗ 결핵환자나 한센인이 24시간 생활하는 노유자 시설
8. 요양병원(다만, 의료재활시설은 제외한다.)
9. 특정소방대상물 중 공장 또는 창고시설로서 수량의 750배 이상의 특수가연물을 저장 · 취급하는 것
10. 가스시설로서 지상에 노출된 탱크의 저장용량의 합계가 100톤 이상인 것

53 정답 ③

종합점검은 다음 어느 하나에 해당하는 기술인력이 점검할 수 있다(규칙 별표 3).
1. 관리업에 등록된 소방시설관리사
2. 소방안전관리자로 선임된 소방시설관리사 및 소방기술사

54 정답 ③

핵심 포인트

소방활동구역의 출입자(영 제8조)
1. 소방활동구역 안에 있는 소방대상물의 소유자 · 관리자 또는 점유자
2. 전기 · 가스 · 수도 · 통신 · 교통의 업무에 종사하는 사람으로서 원활한 소방활동을 위하여 필요한 사람
3. 의사 · 간호사 그 밖의 구조 · 구급업무에 종사하는 사람
4. 취재인력 등 보도업무에 종사하는 사람
5. 수사업무에 종사하는 사람
6. 그 밖에 소방대장이 소방활동을 위하여 출입을 허가한 사람

55 정답 ①

스프링클러설비를 설치해야 하는 특정소방대상물(영 별표 4)
1. 층수가 6층 이상인 특정소방대상물의 경우에는 모든 층
2. 기숙사 또는 복합건축물로서 연면적 5천m^2 이상인 경우에는 모든 층
3. 문화 및 집회시설, 종교시설, 운동시설로서 다음의 어느 하나에 해당하는 경우에는 모든 층
　㉠ 수용인원이 100명 이상인 것
　㉡ 영화상영관의 용도로 쓰는 층의 바닥면적이 지하층 또는 무창층인 경우에는 500m^2 이상, 그 밖의 층의 경우에는 1천m^2 이상인 것
　㉢ 무대부가 지하층 · 무창층 또는 4층 이상의 층에 있는 경우에는 무대부의 면적이 300m^2 이상인 것
　㉣ 무대부가 ㉢외의 층에 있는 경우에는 무대부의 면적이 500m^2 이상인 것
4. 판매시설, 운수시설 및 창고시설(물류터미널로 한정한다)로서 바닥면적의 합계가 5천m^2 이상이거나 수용인원이 500명 이상인 경우에는 모든 층
5. **다음의 어느 하나에 해당하는 용도로 사용되는 시설의 바닥면적의 합계가 600m^2 이상인 것은 모든 층** : 근린생활시설 중 조산원 및 산후조리원, 정신의료기관, 종합병원, 병원, 치과병원, 한방병원 및 요양병원, 노유자 시설, 숙박이 가능한 수련시설, 숙박시설
6. 창고시설로서 바닥면적 합계가 5천m^2 이상인 경우에는 모든 층
7. 특정소방대상물의 지하층 · 무창층(또는 층수가 4층 이상인 층으로서 바닥면적이 1천m^2 이상인 층이 있는 경우에는 해당 층
8. **랙식 창고** : 랙을 갖춘 것으로서 천장 또는 반자의 높이가 10m를 초과하고, 랙이 설치된 층의 바닥면적의 합계가 1천5백m^2 이상인 경우에는 모든 층
9. 공장 또는 창고시설에 해당하는 시설
10. 지붕 또는 외벽이 불연재료가 아니거나 내화구조가 아닌 공장 또는 창고시설
11. 교정 및 군사시설에 해당하는 경우에는 해당 장소
12. 지하가(터널은 제외한다)로서 연면적 1천m^2 이상인 것
13. 발전시설 중 전기저장시설
14. 특정소방대상물에 부속된 보일러실 또는 연결통로 등

56 정답 ③

소방안전관리대상물의 소방계획서에 포함되어야 하는 사항(영 제27조 제1항)
1. 소방안전관리대상물의 위치 · 구조 · 연면적 · 용도 및 수용인원 등 일반 현황
2. 소방안전관리대상물에 설치한 소방시설, 방화시설, 전기시설, 가스시설 및 위험물시설의 현황
3. 화재 예방을 위한 자체점검계획 및 대응대책
4. 소방시설 · 피난시설 및 방화시설의 점검 · 정비계획
5. 피난층 및 피난시설의 위치와 피난경로의 설정, 화재안전취약자의 피난계획 등을 포함한 피난계획
6. 방화구획, 제연구획, 건축물의 내부 마감재료 및 방염대상물품의 사용 현황과 그 밖의 방화구조 및 설비의 유지 · 관

리계획
7. 관리의 권원이 분리된 특정소방대상물의 소방안전관리에 관한 사항
8. 소방훈련 · 교육에 관한 계획
9. 소방안전관리대상물의 근무자 및 거주자의 자위소방대 조직과 대원의 임무에 관한 사항
10. 화기 취급 작업에 대한 사전 안전조치 및 감독 등 공사 중 소방안전관리에 관한 사항
11. 소화에 관한 사항과 연소 방지에 관한 사항
12. 위험물의 저장 · 취급에 관한 사항
13. 소방안전관리에 대한 업무수행에 관한 기록 및 유지에 관한 사항
14. 화재발생 시 화재경보, 초기소화 및 피난유도 등 초기대응에 관한 사항
15. 그 밖에 소방본부장 또는 소방서장이 소방안전관리대상물의 위치 · 구조 · 설비 또는 관리 상황 등을 고려하여 소방안전관리에 필요하여 요청하는 사항

57 정답 ②

소방대상물 : 건축물, 차량, 선박(선박으로서 항구에 매어둔 선박만 해당한다), 선박 건조 구조물, 산림, 그 밖의 인공 구조물 또는 물건을 말한다.

58 정답 ①

제1석유류 : 아세톤, 휘발유 그 밖에 1기압에서 인화점이 섭씨 21도 미만인 것을 말한다(영 별표 1).

59 정답 ②

소방지원활동(법 제16조의2 제1항)
1. 산불에 대한 예방 · 진압 등 지원활동
2. 자연재해에 따른 급수 · 배수 및 제설 등 지원활동
3. 집회 · 공연 등 각종 행사 시 사고에 대비한 근접대기 등 지원활동
4. 화재, 재난 · 재해로 인한 피해복구 지원활동
5. 그 밖에 행정안전부령으로 정하는 활동

60 정답 ④

불을 사용할 때 지켜야 하는 사항 및 특수가연물의 저장 및 취급 기준을 위반한 경우(영 별표 9) : **200만원**

제1회 빈출 모의고사

4과목 소방기계시설의 구조 및 원리

61 ①	62 ③	63 ①	64 ④	65 ①
66 ②	67 ①	68 ③	69 ④	70 ①
71 ①	72 ②	73 ③	74 ②	75 ①
76 ④	77 ①	78 ③	79 ②	80 ④

61 정답 ①

미분무소화설비
저압 미분무소화설비 : 최고사용압력이 1.2MPa 이하인 미분무소화설비를 말한다.
중압 미분무소화설비 : 사용압력이 1.2MPa을 초과하고 3.5MPa 이하인 미분무소화설비를 말한다.
고압 미분무소화설비 : 최저사용압력이 3.5MPa을 초과하는 미분무소화설비를 말한다.

62 정답 ③

배출기의 흡입측 풍도 안의 풍속은 15m/s 이하로 하고 배출측 풍속은 20m/s 이하로 할 것(제9조 제2항)

63 정답 ①

① **라인 프로포셔너** : 펌프와 발포기의 중간에 설치된 벤추리관의 벤추리작용에 따라 포 소화약제를 흡입 · 혼합하는 방식을 말한다.
② **펌프 프로포셔너** : 펌프의 토출관과 흡입관 사이의 배관도중에 설치한 흡입기에 펌프에서 토출된 물의 일부를 보내고, 농도 조정밸브에서 조정된 포 소화약제의 필요량을 포

소화약제 탱크에서 펌프 흡입측으로 보내어 이를 혼합하는 방식을 말한다.

③ **프레져 프로포셔너** : 펌프와 발포기의 중간에 설치된 벤추리관의 벤추리작용과 펌프 가압수의 포 소화약제 저장탱크에 대한 압력에 따라 포 소화약제를 흡입 · 혼합하는 방식을 말한다.

④ **프레져사이드 프로포셔너** : 펌프의 토출관에 압입기를 설치하여 포 소화약제 압입용펌프로 포 소화약제를 압입시켜 혼합하는 방식을 말한다.

64 정답 ④

제연설비 설치장소의 제연구역 구획 기준(제4조 제1항)

1. 하나의 제연구역의 면적은 1,000m^2 이내로 할 것
2. 거실과 통로(복도를 포함한다.)는 상호 제연구획 할 것
3. 통로상의 제연구역은 보행중심선의 길이가 60m를 초과하지 아니할 것
4. 하나의 제연구역은 직경 60m 원내에 들어갈 수 있을 것
5. 하나의 제연구역은 2개 이상 층에 미치지 아니하도록 할 것(다만, 층의 구분이 불분명한 부분은 그 부분을 다른 부분과 별도로 제연구획 하여야 한다.)

65 정답 ①

방호구역의 체적(불연재료나 내열성의 재료로 밀폐된 구조물이 있는 경우에는 그 체적을 제외한다) 1㎥당 소화약제의 양

소방대상물 또는 그 부분		소화약제의 종별	방호구역의 체적 $1m^3$당 소화약제의 양
차고, 주차장, 전기실, 통신기기, 전산실 기타 이와 유사한 전기설비가 설치되어 있는 부분		할론 1301	0.32kg 이상 0.64kg 이하
특수가연물을 저장 · 취급하는 소방대상물 또는 그 부분	가연성 고체류, 가연성 액체류	할론 2402	0.40kg 이상 1.1kg 이하
		할론 1211	0.36kg 이상 0.71kg 이하
		할론 1301	0.32kg 이상 0.64kg 이하
	면화류, 나무껍질 및 대패밥, 넝마 및 종이부스러기, 사류, 볏짚류, 목재가공품 및 나무부스러기를 저장 · 취급하는 것	할론 1211	0.60kg 이상 0.71kg 이하
		할론 1301	0.52kg 이상 0.64kg 이하
	합성수지류를 저장 · 취급하는 것	할론 1211	0.36kg 이상 0.71kg 이하
		할론 1301	0.32kg 이상 0.64kg 이하

66 정답 ②

경사하강식 구조대의 구조 기준(제3조)

1. 연속하여 활강할 수 있는 구조로 안전하고 쉽게 사용할 수 있어야 한다.
2. 입구틀 및 고정틀의 입구는 지름 60cm 이상의 구체(공처럼 둥근 형태나 물체)가 통과할 수 있어야 한다.
3. 포지는 사용시에 수직방향으로 현저하게 늘어나지 아니하여야 한다.
4. 포지, 지지틀, 고정틀 그밖의 부속장치 등은 견고하게 부착되어야 한다.
5. 경사구조대 본체는 강하방향으로 봉합부가 설치되지 않아야 한다.
6. 경사구조대 본체의 활강부는 낙하방지를 위해 포를 이중구조로 하거나 또는 망목의 변의 길이가 8cm 이하인 망을 설치하여야 한다(다만, 구조상 낙하방지의 성능을 가지고 있는 경사구조대의 경우에는 그러하지 아니하다.).
7. 본체의 포지는 하부지지장치에 인장력이 균등하게 걸리도록 부착하여야 하며 하부지지장치는 쉽게 조작할 수 있어야 한다.
8. 손잡이는 출구 부근에 좌우 각 3개 이상 균일한 간격으로 견고하게 부착하여야 한다.
9. 경사구조대 본체의 끝부분에는 길이 4m 이상, 지름 4mm 이상의 유도선을 부착하여야 하며, 유도선끝에는 중량 3 뉴턴(N) 이상의 모래주머니 등을 설치하여야 한다.
10. 땅에 닿을 때 충격을 받는 부분에는 완충장치로서 받침포 등을 부착하여야 한다.

67 정답 ①

① **미분무소화설비** : 가압된 물이 헤드 통과 후 미세한 입자로 분무됨으로써 소화성능을 가지는 설비를 말하며, 소화력을 증가시키기 위해 강화액 등을 첨가할 수 있다.

② **미분무** : 물만을 사용하여 소화하는 방식으로 최소설계압력에서 헤드로부터 방출되는 물입자 중 99%의 누적체적분포가 400㎛ 이하로 분무되고 A, B, C급 화재에 적응성

을 갖는 것을 말한다.

③ **미분무헤드** : 하나 이상의 오리피스를 가지고 미분무소화설비에 사용되는 헤드를 말한다.

④ **개방형 미분무헤드** : 감열체 없이 방수구가 항상 열려져 있는 헤드를 말한다.

68 정답 ③

비상전원의 설치기준(제8조 제3항)

1. 점검에 편리하고 화재 또는 침수 등의 재해로 인한 피해를 받을 우려가 없는 곳에 설치할 것
2. 옥내소화전설비를 유효하게 20분 이상 작동할 수 있어야 할 것
3. 상용전원으로부터 전력의 공급이 중단된 때에는 자동으로 비상전원으로부터 전력을 공급받을 수 있도록 할 것
4. 비상전원(내연기관의 기동 및 제어용 축전기를 제외한다)의 설치장소는 다른 장소와 방화구획 할 것
5. 비상전원을 실내에 설치하는 때에는 그 실내에 비상조명등을 설치할 것

69 정답 ④

다수인 피난장비의 설치기준(제5조 제3항 제8호)

1. 피난에 용이하고 안전하게 하강할 수 있는 장소에 적재 하중을 충분히 견딜 수 있도록 구조안전의 확인을 받아 견고하게 설치할 것
2. 다수인피난장비 보관실은 건물 외측보다 돌출되지 아니하고, 빗물 · 먼지 등으로부터 장비를 보호할 수 있는 구조일 것
3. 사용 시에 보관실 외측 문이 먼저 열리고 탑승기가 외측으로 자동으로 전개될 것
4. 하강 시에 탑승기가 건물 외벽이나 돌출물에 충돌하지 않도록 설치할 것
5. 상 · 하층에 설치할 경우에는 탑승기의 하강경로가 중첩되지 않도록 할 것
6. 하강 시에는 안전하고 일정한 속도를 유지하도록 하고 전복, 흔들림, 경로이탈 방지를 위한 안전조치를 할 것
7. 보관실의 문에는 오작동 방지조치를 하고, 문 개방 시에는 당해 소방대상물에 설치된 경보설비와 연동하여 유효한 경보음을 발하도록 할 것
8. 피난층에는 해당 층에 설치된 피난기구가 착지에 지장이 없도록 충분한 공간을 확보할 것
9. 한국소방산업기술원 또는 성능시험기관으로 지정받은 기관에서 그 성능을 검증받은 것으로 설치할 것

70 정답 ①

연결송수관설비의 방수구 설치기준(제4조)

1. 송수구는 송수 및 그 밖의 소화작업에 지장을 주지 않도록 설치할 것
2. 지면으로부터 높이가 0.5m 이상 1m 이하의 위치에 설치할 것
3. 송수구로부터 연결송수관설비의 주배관에 이르는 연결배관에 개폐밸브를 설치한 때에는 그 개폐상태를 쉽게 확인 및 조작할 수 있는 옥외 또는 기계실 등의 장소에 설치하고, 그 밸브의 개폐상태를 감시제어반에서 확인할 수 있도록 급수개폐밸브 작동표시 스위치를 설치할 것
4. 구경 65mm의 쌍구형으로 할 것
5. 송수구에는 그 가까운 곳의 보기 쉬운 곳에 송수압력범위를 표시한 표지를 할 것
6. 송수구는 연결송수관의 수직배관마다 한 개 이상을 설치할 것
7. 송수구의 가까운 부분에 자동배수밸브 및 체크밸브를 설치할 것
8. 송수구에는 가까운 곳의 보기 쉬운 곳에 "연결송수관설비 송수구"라고 표시한 표지를 설치할 것
9. 송수구에는 이물질을 막기 위한 마개를 씌울 것

71 정답 ①

분말소화설비의 수동식 기동장치는 조작, 피난 및 유지관리가 용이한 장소에 설치하되 전역방출방식은 방호구역마다, 국소방출방식은 방호대상물마다 설치해야 한다. 이 경우 수동식 기동장치의 부근에는 소화약제의 방출을 지연시킬 수 있는 방출지연스위치를 설치해야 한다(제7조 제1항).

72 정답 ②

배관의 구경은 이산화탄소 소화약제의 소요량이 다음의 기준에 따른 시간 내에 방출될 수 있는 것으로 해야 한다(제8조 제2항).

1. 전역방출방식에 있어서 가연성액체 또는 가연성가스 등 표면화재 방호대상물의 경우에는 1분
2. 전역방출방식에 있어서 종이, 목재, 석탄, 섬유류, 합성수지류 등 심부화재 방호대상물의 경우에는 7분(이 경우 설계

농도가 2분 이내에 30%에 도달하여야 한다.)
3. 국소방출방식의 경우에는 30초

73 정답 ③

③ **정격토출압력** : 펌프의 정격부하운전 시 토출압력으로서 정격토출량에서의 토출측 압력을 말한다.
① **정격토출량** : 펌프의 정격부하운전 시 토출량으로서 정격토출압력에서의 토출량을 말한다.
② **전역방출방식** : 소화약제 공급장치에 배관 및 분사헤드 등을 고정 설치하여 밀폐 방호구역 내에 소화약제를 방출하는 방식을 말한다.
④ **국소방출방식** : 소화약제 공급장치에 배관 및 분사헤드 등을 설치하여 직접 화점에 소화약제를 방출하는 방식을 말한다.

74 정답 ②

② **슬리트형** : 수류를 슬리트에 의해 방출하여 수막상의 분무를 만드는 물분무헤드를 말한다.
① **디프렉타형** : 수류를 살수판에 충돌하여 미세한 물방울을 만드는 물분무헤드를 말한다.
③ **충돌형** : 유수와 유수의 충돌에 의해 미세한 물방울을 만드는 물분무헤드를 말한다.
④ **분사형** : 소구경의 오리피스로부터 고압으로 분사하여 미세한 물방울을 만드는 물분무헤드를 말한다.

75 정답 ①

물분무소화설비의 배선은 「전기설비기술기준」에서 정한 것 외에 다음의 기준에 따라 설치해야 한다(제14조 제1항).
1. 비상전원으로부터 동력제어반 및 가압송수장치에 이르는 전원회로배선은 내화배선으로 할 것
2. 상용전원으로부터 동력제어반에 이르는 배선, 그 밖의 물분무소화설비의 감시 · 조작 또는 표시등회로의 배선은 내화배선 또는 내열배선으로 할 것

76 정답 ④

할로겐화합물 및 불활성기체 소화약제의 저장용기는 다음의 기준에 적합한 장소에 설치해야 한다.
1. 방호구역 외의 장소에 설치할 것(다만, 방호구역 내에 설치할 경우에는 피난 및 조작이 용이하도록 피난구 부근에 설치해야 한다.)
2. 온도가 55℃ 이하이고, 온도 변화가 작은 곳에 설치할 것
3. 직사광선 및 빗물이 침투할 우려가 없는 곳에 설치할 것
4. 저장용기를 방호구역 외에 설치한 경우에는 방화문으로 구획된 실에 설치할 것
5. 용기의 설치장소에는 해당 용기가 설치된 곳임을 표시하는 표지를 할 것
6. 용기 간의 간격은 점검에 지장이 없도록 3cm 이상의 간격을 유지할 것
7. 저장용기와 집합관을 연결하는 연결배관에는 체크밸브를 설치할 것(다만, 저장용기가 하나의 방호구역만을 담당하는 경우에는 그렇지 않다.)

77 정답 ①

배관의 설치기준
1. 배관은 전용으로 할 것
2. 강관을 사용하는 경우의 배관은 압력배관용탄소강관(KS D 3562) 중 스케줄 80(저압식은 스케줄 40) 이상의 것 또는 이와 동등 이상의 강도를 가진 것으로 아연도금 등으로 방식 처리된 것을 사용할 것(다만, 배관의 호칭구경이 20mm 이하인 경우에는 스케줄 40 이상인 것을 사용할 수 있다.)
3. 동관을 사용하는 경우의 배관은 이음이 없는 동 및 동합금관(KS D 5301)으로서 고압식은 16.5MPa 이상, 저압식은 3.75MPa 이상의 압력에 견딜 수 있는 것을 사용할 것
4. 고압식의 1차측(개폐밸브 또는 선택밸브 이전) 배관부속의 최소사용설계압력은 9.5MPa로 하고, 고압식의 2차측과 저압식의 배관부속의 최소사용설계압력은 4.5MPa로 할 것

78 정답 ③

화재감지기 회로에는 다음의 기준에 따른 발신기를 설치할 것(다만, 자동화재탐지설비의 발신기가 설치된 경우에는 그렇지 않다.)
1. 조작이 쉬운 장소에 설치하고, 스위치는 바닥으로부터 0.8m 이상 1.5m 이하의 높이에 설치할 것
2. 소방대상물의 층마다 설치하되, 당해 소방대상물의 각 부분으로부터 하나의 발신기까지의 수평거리가 25m 이하가 되도록 할 것(다만, 복도 또는 별도로 구획된 실로서 보

행거리가 40m 이상일 경우에는 추가로 설치해야 한다.)
3. 발신기의 위치를 표시하는 표시등은 함의 상부에 설치하되, 그 불빛은 부착면으로부터 15° 이상의 범위 안에서 부착지점으로부터 10m 이내의 어느 곳에서도 쉽게 식별할 수 있는 적색등으로 할 것

79 정답 ②

가지배관의 배열기준(제8조 제10항)
1. 토너먼트(tournament) 방식이 아닐 것
2. 가지배관 사이의 거리는 2.4m 이상 3.7m 이하로 할 것
3. 교차배관에서 분기되는 지점을 기점으로 한쪽 가지배관에 설치되는 헤드의 개수(반자 아래와 반자속의 헤드를 하나의 가지배관 상에 병설하는 경우에는 반자 아래에 설치하는 헤드의 개수)는 8개 이하로 할 것
4. 가지배관과 화재조기진압용 스프링클러헤드 사이의 배관을 신축배관으로 하는 경우에는 소방청장이 정하여 고시한 「스프링클러설비신축배관의 성능인증 및 제품검사의 기술기준」에 적합한 것으로 설치할 것

80 정답 ④

상업용 주방자동소화장치는 다음의 기준에 따라 설치할 것
1. 소화장치는 조리기구의 종류별로 성능인증을 받은 설계 매뉴얼에 적합하게 설치할 것
2. 감지부는 성능인증을 받은 유효높이 및 위치에 설치할 것
3. 차단장치(전기 또는 가스)는 상시 확인 및 점검이 가능하도록 설치할 것
4. 후드에 설치되는 분사헤드는 후드의 가장 긴 변의 길이까지 방출될 수 있도록 소화약제의 방출 방향 및 거리를 고려하여 설치할 것
5. 덕트에 설치되는 분사헤드는 성능인증을 받은 길이 이내로 설치할 것

제2회 빈출 모의고사

1과목 소방원론

01 ②	02 ①	03 ③	04 ②	05 ④
06 ③	07 ③	08 ①	09 ④	10 ④
11 ③	12 ②	13 ②	14 ①	15 ④
16 ③	17 ③	18 ①	19 ①	20 ④

01 정답 ②

정전기 방지대책 : 접지, 대전방지제 사용, 가습, 제전기 사용, 도전성 재료 사용, 제전복 등 보호구 사용, 배관 내 액체의 유속제한 및 정치시간 확보 등

02 정답 ①

① **플래시 오버(flash over)** : 실내에서의 화재 발달 중 한 단계로 방 전체가 순식간에 화염에 휩싸이는 현상이다.
② 보일오버, ③ 백드래프트

03 정답 ③

핵심 포인트

연기농도와 가시거리

감광계수 (m^{-1})	가시거리 (m)	상황
0.1	20~30	연기감지기의 작동온도
0.3	5	건물 내 숙지자 피난한계온도
0.5	3	어두침침한 것을 느낄 정도
1	1~2	거의 앞이 보이지 않을 정도
10	0.2~0.5	화재의 최성기 때의 정도
30	–	출화실에서 연기가 분출될 때의 연기농도

04 정답 ②

아이오딘값은 유지 100g에 더하는 아이오딘의 g 단위 질량을 나타낸다. 불포화도가 높고, 아이오딘값이 130 이상인 건성유이며 자연발화성이 높고 산소와의 결합이 쉽다.

05 정답 ④

강화액소화약제는 다음에 적합한 알칼리 금속염류 등을 주성분으로 하는 수용액이어야 한다(제6조 제1항).

1. 알칼리 금속염류의 수용액인 경우에는 알칼리성 반응을 나타내어야 한다.
2. 강화액소화약제의 응고점은 −20℃ 이하이어야 한다.

06 정답 ③

과산화수소는 보통 물에 희석시켜 소독약으로 사용한다.
과산화수소 위험물의 특성 : 무기화합물, 불연성 물질, 비중이 물보다 무겁다.

07 정답 ③

핵심 포인트

자연발화의 방지방법

1. 습도를 낮게 할 것
2. 주위의 온도를 낮출 것
3. 통풍이 잘 되도록 할 것
4. 불활성 가스를 주입하여 공기와 접촉을 피할 것
5. 열이 쌓이지 않게 할 것

08 정답 ①

이산화탄소 한계산소농도 $CO_2 = \frac{21 - O_2}{21} \times 100$

$CO_2 \times 21 = (21 \times 100) - 100O_2$

$100O_2 = 2{,}100 - (CO_2 \times 21)$

$O_2 = \frac{2{,}100 - (CO_2 \times 21)}{100} = \frac{2.,100 - (37 \times 21)}{100}$

$= 13.23\text{vol}\%$

09 정답 ④

자기반응성물질 : 유기과산화물, 질산에스테르류, 나이트로화합물, 나이트로소화합물, 아조화합물, 다이아조화합물, 하이드록실아민, 하이드록실아민염류

10 정답 ④

핵심 포인트

피난 방향 및 경로

구분	특징
T형	피난자에게 피난경로를 확실히 알려주는 형태
X형	양방향으로 피난할 수 있는 확실한 형태
H형(CO형)	피난자의 집중으로 패닉현상이 일어날 우려가 있는 형태
Z형	중앙복도형 건축물에서의 피난경로로서 제일 안전한 형태

11 정답 ③

피난기구 : 피난사다리, 구조대, 피난용 트랩, 미끄럼대, 완강기, 피난교

12 정답 ②

핵심 포인트

화재의 종류

등급	종류	내용
A급 화재	일반화재	종이, 목재, 섬유류 등의 화재
B급 화재	유류화재	석유, 가스, 페인트 등에 의한 화재
C급 화재	전기화재	단락, 과부하, 스파크 등에 의한 화재
D급 화재	금속화재	철분, 마그네슘, 칼륨, 나트륨 등에 의한 화재

13
정답 ②

핵심 포인트

분말소화약제의 주성분

종류	주성분	착색	적응화재
제1종 분말	탄산수소나트륨 ($NaHCO_3$)	백색	B, C급
제2종 분말	탄산수소칼륨 ($KHCO_3$)	담회색	B, C급
제3종 분말	제일인산암모늄 ($NH_4H_2PO_4$)	담홍색	A, B, C급
제4종 분말	탄산수소칼륨+요소($KHCO_3$+$(NH_2)_2CO$)	회색	B, C급

14
정답 ①

핵심 포인트

피난 방향 및 경로

구분	특징
T형	피난자에게 피난경로를 확실히 알려주는 형태
X형	양방향으로 피난할 수 있는 확실한 형태
H형(CO형)	피난자의 집중으로 패닉현상이 일어날 우려가 있는 형태
Z형	중앙복도형 건축물에서의 피난경로로서 제일 안전한 형태

15
정답 ④

핵심 포인트

가연물질의 구비조건

1. 산화되기 쉬운 물질로서 산소와 결합할 때 발열량이 커야 한다.
2. 화학반응을 일으킬 때 필요한 활성화 에너지의 값이 작아야 한다.
3. 열의 축적이 용이하도록 열전도도가 작아야 한다.
4. 조연성 가스인 산소, 염소와의 친화력이 강해야 한다.
5. 산소와 접촉할 수 있는 표면적이 큰 물질이어야 한다.
6. 연쇄반응을 일으킬 수 있는 물질이어야 한다.

16
정답 ③

핵심 포인트

물질에 따른 저장장소

물질	저장장소
황린, 이황화탄소	물속
탄화칼슘	습기가 없는 밀폐용기에 저장하는 곳
니트로셀룰로오스	알코올 속
수소화칼슘	환기가 잘 되는 내화성 냉암소에 보관
칼륨, 나트륨, 리튬	석유류(등유) 속
알킬알루미늄	벤젠액 속
아세틸렌	디메틸포름아미드, 아세톤에 용해

17
정답 ③

열경화성 플라스틱 : 한번 굳어지면 다시 열을 가해도 녹지 않는 플라스틱으로 폴리에스테르(polyester), 에폭시(epoxy), 폴리우레탄(polyurethane), 페놀(phenol), 베이클라이트(bakelite) 등이 있다.

18
정답 ①

산화칼슘은 물과 반응하여 많은 열이 발생하고 가스는 발생하지 않는다.

$CaO+H_2O \rightarrow Ca(OH)_2+Q$

19
정답 ①

할로겐족 원소 : 불소(F), 염소(Cl), 브로민(브롬)(Br), 아이오딘(I), 아스타틴(At)

20 정답 ④

건조 공기의 성분은 약 78%가 질소, 약 21%가 산소, 0.93%가 아르곤(Ar), 0.04%가 이산화탄소, 나머지는 미량의 네온, 헬륨, 크립톤, 제논, 오존 등으로 이루어져 있다.

제2회 빈출 모의고사

2과목 소방유체역학

21 ②	22 ②	23 ①	24 ②	25 ③
26 ④	27 ④	28 ③	29 ①	30 ②
31 ③	32 ③	33 ②	34 ②	35 ④
36 ③	37 ②	38 ④	39 ①	40 ③

21 정답 ②

총열전달률 $q=hA\Delta t$

h : 대류 열전달계수, Δt : 온도차, A : $4\pi r^2$(열전달 방향에 수직인 구의 면적)

$$h=\frac{q}{A\Delta t}=\frac{50}{(4\pi\times0.025^2)\times30}=212.21W/\mathrm{m}^2\cdot℃$$

22 정답 ②

송출유량 $P=\frac{r\times Q\times H}{\eta}$($P$: 동력, γ : 물의 비중량, Q : 유량, H : 전정량, η : 펌프 효율)

$$Q=\frac{\mathrm{P}\times\eta}{\mathrm{r\times H}}=\frac{70\times0.78}{9.8\times60}=0.0928\mathrm{m^3/s}$$

$0.0928\times60=5.57\mathrm{m^3/min}$

23 정답 ①

방출유량 $Q=uA=\sqrt{2gH}\times\frac{\pi}{4}d^2$

$=\sqrt{2\times9.8\times(5-0.2)}\times\frac{\pi}{4}(0.2)^2=0.305\mathrm{m^3/s}$

24 정답 ②

부피 $V_2=V_1\times\frac{T_2}{T_1}=10\times\frac{0+273}{30+273}=9L$

25 정답 ③

③ 기체인 수소의 비중(0.0345)은 액체인 수은의 비중(13.6)보다 작다.

① 비중량은 물질의 단위 부피당 중량으로 나타낸 값이다.

② 비중은 어떤 물질의 밀도와 표준물질의 밀도와의 비이다.

④ 압력변화에 따른 액체의 비중량 변화는 기체 비중량 변화보다 작다.

26 정답 ④

NPSH : 펌프로 액체를 밀어 넣기 위해 필요한 최소한의 에너지를 나타낸다.

27 정답 ④

절대압력＝대기압＋게이지 압력

$=106+1,226=1,332\mathrm{kPa}$

28 정답 ③

- 유속 $u_1=\frac{d_2^2}{d_1^2}=\frac{0.02^2}{0.06^2}u_2=0.11u_2$
- 압력 $P=\gamma H$, $H=\frac{P}{\gamma}=\frac{0.49\times10^6}{9,800}=50$
- 관입구 손실수두 $h_1=K\frac{u_1^2}{2g}=0.5\times\frac{(0.11u_2)^2}{2\times9.8}$
- 배관의 마찰손실수두 $h_L=f\frac{L}{d}\frac{u_1^2}{2g}=0.025\times\frac{100}{0.06}\times\frac{(0.11u_2)^2}{2\times9.8}$을 베르누이 방정식에 적용하면

  $P_1=P_2=0$, $V_1=0$, $z_1-z_2=50$
- 관 입구 부차적 손실계수 $K=0.5$

$$\frac{\mathrm{P}_1}{\gamma}+\frac{V_1^2}{2g}+z_1=\frac{\mathrm{P}_2}{\gamma}+K\frac{u_1^2}{2g}+f\frac{L}{d}\frac{u_1^2}{2g}+\frac{u_1^2}{2g}+z_2$$

$$0+0+50=0+0.5\times\frac{(0.11u_2)^2}{2\times9.8}+0.025\times\frac{100}{0.06}\times\frac{(0.11u_2)}{2\times9.8}+\frac{u_2^2}{2\times9.8}$$

PART 3 정답 및 해설

$$50=0.077u_2^2,\ u_2=\sqrt{\frac{50}{0.077}}=25.48\text{m/s}$$

29 정답 ①

가역단열과정일 때의 온도와 부피와 관계 $\frac{T_2}{T_1}=\left(\frac{V_1}{V_2}\right)^{k-1}$

압축 후 온도 $T_2=\left(\frac{V_1}{V_2}\right)^{1.4-1}\times(273+15)$

$T_2=\left(\frac{20}{1}\right)^{0.4}\times 288=954.56\text{k}$

$954.56-273=681.56℃$

30 정답 ②

AB 수평분력 $F=\gamma\bar{h}A=9{,}800\times\left\{(5-0.8)+\frac{0.8}{2}\right\}\times(2\times 0.8)=72{,}128N=72.1kN$

31 정답 ③

$\frac{W_1}{A_1}=\frac{W_2}{A_2},\ \frac{W_1}{\frac{\pi}{4}(20)^2}=\frac{19.6}{\frac{\pi}{4}(10)^2}$

$W_1=78.4N$

32 정답 ③

비교회전도 $N_s=\frac{N\cdot Q^{\frac{1}{2}}}{\left(\frac{H}{n}\right)^{\frac{3}{4}}}$($N$: 회전수, Q : 유량, H : 양정, n : 단수)

$Ns=\frac{2{,}900\times(1.5)^{\frac{1}{2}}}{\left(\frac{220}{4}\right)^{\frac{3}{4}}}=175.86\text{m}^3\text{/min, m, rpm}$

33 정답 ②

- 유량 $Q=0.10\text{m}^3\text{/min}=0.00167\text{m}^3/s$
- 유속 $u=\frac{Q}{A}=\frac{0.00167}{\frac{\pi}{4}(0.1)^2}=0.2126$
- 층류 $Re=\frac{Du\rho}{\mu}=\frac{0.1\times 0.2126\times 800}{0.02}=914.18$
- 점성계수 $\mu=0.02[N\cdot\text{s/m}^2]=0.02[\text{kg/m}\cdot\text{s}]$,

$f=\frac{64}{Re}=\frac{64}{914.18}=0.07$

- 중력가속도를 대입하면 $H=\frac{flu^2}{2gD}$
$=\frac{0.07\times 4{,}000\times(0.2126)^2}{2\times 9.8\times 0.1}=6.46\text{m}$
- 동력 $P=\frac{\gamma Qh}{\eta}\times K=\frac{8.428\times 0.00167\times 6.46}{1}\times 1$
$=90.92\text{W}$

34 정답 ②

절대압력=대기압−진공$=90-\left(\frac{76}{760}\times 101.325\right)$

$=79.87\text{kPa}$

35 정답 ④

열역학 제1법칙 에너지 변화량 $\Delta E=\Delta U+\Delta KE+\Delta PE=Q-W$($\Delta U$: 내부에너지 변화량, ΔKE : 운동에너지 변화량, ΔPE : 위치에너지 변화량)(밀폐계에서는 운동에너지 변화량과 위치에너지 변화량은 무시)

한 일 $W=Q-\Delta U=Q-mC\text{v}\Delta TkJ$

36 정답 ③

속도분포식 $u=u_{max}\left[1-\left(\frac{r}{r_0}\right)^2\right]$($u_{max}$: 중심유속, r : 중심에서의 거리, r_0 : 중심에서 벽까지의 거리)

37 정답 ②

마찰손실수두 $h=\frac{flu^2}{2gD}$(h : 마찰손실, f : 관의 마찰계수, l : 관의 길이, u : 유체의 유속, D : 관의 내경)

$f=\frac{h2gD}{lu^2}=\frac{1\times 2\times 9.8\times(0.3-0.2)}{10\times(2)^2}=0.049$

38 정답 ④

④ 아무리 낮은 전단응력을 가해도 저항하지 못하고 영구적으로 변형되는 물질이다.

① 실제유체는 점성이 있고, 열을 포함하며 전도한다.

② 이상유체는 정지 좌표계의 밀도 ρ와 등방 압력 p로 완전히 특징지어지는 유체이다.

③ 유체의 평형이나 운동을 생각하는 경우에 유체의 밀도 변화를 고려해야 할 때 그 유체를 압축성 유체라고 한다.

39 정답 ①

$Q = uA = \sqrt{2gH} \times \frac{\pi}{4}d^2$

$H = \frac{P}{r}$를 대입하면

$Q = uA = \sqrt{2g\frac{P}{r}} \times \frac{\pi}{4}d^2$

그러므로 방수압 $P = \frac{\left(\frac{4Q}{\pi d^2}\right)^2 \gamma}{2g}$

$$P = \frac{\left[\frac{4 \times \frac{0.5}{60}}{2 \times 0.02^2}\right]^2 \times 9.8}{2 \times 9.8} = 351.81kN/m^2(kPa)$$

40 정답 ③

$$P(kW) = \frac{Q(m^3/\min) \times P_r(mmAq)}{102 \times 60 \times E} \times K$$

$$P = 290Pa \times \frac{10,332mmAq}{101,325Pa} = 29.57mmAq$$

$$P(kw) = \frac{500 \times 29.57}{102 \times 60 \times 0.6} = 4.03kW$$

제2회 빈출 모의고사

3과목 소방관계법규

41 ③	42 ①	43 ④	44 ③	45 ④
46 ③	47 ②	48 ④	49 ②	50 ③
51 ③	52 ①	53 ④	54 ②	55 ③
56 ④	57 ④	58 ②	59 ④	60 ③

41 정답 ③

3년 이하의 징역 또는 3천만원 이하의 벌금(법 제35조)

1. 소방시설업 등록을 하지 아니하고 영업을 한 자
2. 부정한 청탁을 받고 재물 또는 재산상의 이익을 취득하거나 부정한 청탁을 하면서 재물 또는 재산상의 이익을 제공한 자

42 정답 ①

특수가연물의 저장 및 취급의 기준(영 별표 3)

1. 품명별로 구분하여 쌓을 것
2. 다음의 기준에 맞게 쌓을 것

구분	살수설비를 설치하거나 방사능력 범위에 해당 특수가연물이 포함되도록 대형수동식소화기를 설치하는 경우	그 밖의 경우
높이	15m 이하	10m 이하
쌓는 부분의 바닥면적	200m²(석탄 · 목탄류의 경우에는 300m²) 이하	50m²(석탄 · 목탄류의 경우에는 200m²) 이하

3. 실외에 쌓아 저장하는 경우 쌓는 부분이 대지경계선, 도로 및 인접 건축물과 최소 6m 이상 간격을 둘 것(다만, 쌓는 높이보다 0.9m 이상 높은 내화구조 벽체를 설치한 경우는 그렇지 않다.)
4. 실내에 쌓아 저장하는 경우 주요구조부는 내화구조이면서 불연재료여야 하고, 다른 종류의 특수가연물과 같은 공간에 보관하지 않을 것(다만, 내화구조의 벽으로 분리하는 경우는 그렇지 않다.)
5. 쌓는 부분 바닥면적의 사이는 실내의 경우 1.2m 또는 쌓는 높이의 1/2 중 큰 값 이상으로 간격을 두어야 하며, 실외의 경우 3m 또는 쌓는 높이 중 큰 값 이상으로 간격을 둘 것

43 정답 ④

지하층 또는 무창층이 있는 건축물로서 바닥면적이 150m²(공연장의 경우에는 100m²) 이상인 층이 있는 것(영 제7조 제1항 제2호)

44 정답 ③

시 · 도지사, 소방본부장 또는 소방서장은 소방시설업의 감독을 위하여 필요할 때에는 소방시설업자나 관계인에게 필요한 보고나 자료 제출을 명할 수 있고, 관계 공무원으로 하여금 소방시설업체나 특정소방대상물에 출입하여 관계 서류와 시설 등을 검사하거나 소방시설업자 및 관계인에게 질문하게 할 수 있다(법 제31조 제1항).

45 정답 ④

제조소 등의 관계인이 안전관리자를 해임하거나 안전관리자가 퇴직한 경우 그 관계인 또는 안전관리자는 소방본부장이나 소방서장에게 그 사실을 알려 해임되거나 퇴직한 사실을 확인받을 수 있다(법 제15조 제4항).

46 정답 ③

특정소방대상물 중 공동주택(영 별표 2)

1. **아파트 등** : 주택으로 쓰는 층수가 5층 이상인 주택
2. **연립주택** : 주택으로 쓰는 1개 동의 바닥면적(2개 이상의 동을 지하주차장으로 연결하는 경우에는 각각의 동으로 본다) 합계가 660m²를 초과하고, 층수가 4개층 이하인 주택
3. **다세대주택** : 주택으로 쓰는 1개 동의 바닥면적(2개 이상의 동을 지하주차장으로 연결하는 경우에는 각각의 동으로 본다) 합계가 660m² 이하이고, 층수가 4개 층 이하인 주택
4. **기숙사** : 학교 또는 공장 등의 학생 또는 종업원 등을 위하여 쓰는 것으로서 1개동의 공동취사시설 이용 세대 수가 전체의 50% 이상인 것(학생복지주택 및 공공매입임대주택 중 독립된 주거의 형태를 갖추지 않은 것을 포함한다.)

47 정답 ②

한국소방안전원의 업무(법 제41조)

1. 소방기술과 안전관리에 관한 교육 및 조사 · 연구
2. 소방기술과 안전관리에 관한 각종 간행물 발간
3. 화재 예방과 안전관리의식 고취를 위한 대국민 홍보
4. 소방업무에 관하여 행정기관이 위탁하는 업무
5. 소방안전에 관한 국제협력
6. 그 밖에 회원에 대한 기술지원 등 정관으로 정하는 사항

48 정답 ④

소방관서장은 화재안전조사의 목적에 따라 종합조사, 부분조사에 해당하는 방법으로 화재안전조사를 실시할 수 있다(영 제8조 제1항).

49 정답 ②

정기점검의 대상인 제조소 등(영 제16조)

1. 지정수량의 10배 이상의 위험물을 취급하는 제조소
2. 지정수량의 100배 이상의 위험물을 저장하는 옥외저장소
3. 지정수량의 150배 이상의 위험물을 저장하는 옥내저장소
4. 지정수량의 200배 이상의 위험물을 저장하는 옥외탱크저장소
5. 암반탱크저장소
6. 이송취급소
7. 지정수량의 10배 이상의 위험물을 취급하는 일반취급소
8. 지하탱크저장소
9. 이동탱크저장소
10. 위험물을 취급하는 탱크로서 지하에 매설된 탱크가 있는 제조소 · 주유취급소 또는 일반취급소

50 정답 ③

종합상황실의 실장은 다음의 어느 하나에 해당하는 상황이 발생하는 때에는 그 사실을 지체 없이 서면 · 팩스 또는 컴퓨터통신 등으로 소방서의 종합상황실의 경우는 소방본부의 종합상황실에, 소방본부의 종합상황실의 경우는 소방청의 종합상황실에 각각 보고해야 한다(규칙 제3조 제2항).

1. 사망자가 5인 이상 발생하거나 사상자가 10인 이상 발생한 화재
2. 이재민이 100인 이상 발생한 화재
3. 재산피해액이 50억원 이상 발생한 화재
4. 관공서 · 학교 · 정부미도정공장 · 문화재 · 지하철 또는 지하구의 화재
5. 관광호텔, 층수가 11층 이상인 건축물, 지하상가, 시장, 백화점, 지정수량의 3천배 이상의 위험물의 제조소 · 저장소 · 취급소, 층수가 5층 이상이거나 객실이 30실 이상인 숙박시설, 층수가 5층 이상이거나 병상이 30개 이상인 종합병원 · 정신병원 · 한방병원 · 요양소, 연면적 1만5천제곱미터 이상인 공장 또는 화재경계지구에서 발생한 화재
6. 철도차량, 항구에 매어둔 총 톤수가 1천톤 이상인 선박, 항공기, 발전소 또는 변전소에서 발생한 화재

7. 가스 및 화약류의 폭발에 의한 화재
8. 다중이용업소의 화재

51 정답 ③

핵심 포인트

보유공지의 너비(규칙 별표 4)

취급하는 위험물의 최대수량	공지의 너비
지정수량의 10배 이하	3m 이상
지정수량의 10배 초과	5m 이상

52 정답 ①

완공검사를 위한 현장확인 대상 특정소방대상물의 범위(영 제5조)

1. 문화 및 집회시설, 종교시설, 판매시설, 노유자시설, 수련시설, 운동시설, 숙박시설, 창고시설, 지하상가 및 다중이용업소
2. 다음의 어느 하나에 해당하는 설비가 설치되는 특정소방대상물
   ㉠ 스프링클러설비 등
   ㉡ 물분무등소화설비(호스릴 방식의 소화설비는 제외한다)
3. 연면적 1만m^2 이상이거나 11층 이상인 특정소방대상물(아파트는 제외한다)
4. 가연성가스를 제조 · 저장 또는 취급하는 시설 중 지상에 노출된 가연성가스탱크의 저장용량 합계가 1천톤 이상인 시설

53 정답 ④

소방시설을 설치하지 않을 수 있는 특정소방대상물 및 소방시설의 범위(영 별표 6)

구분	특정소방대상물	설치하지 않을 수 있는 소방시설
1. 화재 위험도가 낮은 특정소방대상물	석재, 불연성금속, 불연성 건축재료 등의 가공공장 · 기계조립공장 또는 불연성 물품을 저장하는 창고	옥외소화전 및 연결살수설비
2. 화재안전기준을 적용하기 어려운 특정소방대상물	펄프공장의 작업장, 음료수 공장의 세정 또는 충전을 하는 작업장, 그 밖에 이와 비슷한 용도로 사용하는 것	스프링클러설비, 상수도소화용수설비 및 연결살수설비
	정수장, 수영장, 목욕장, 농예 · 축산 · 어류양식용 시설, 그 밖에 이와 비슷한 용도로 사용되는 것	자동화재탐지설비, 상수도소화용수설비 및 연결살수설비
3. 화재안전기준을 달리 적용해야 하는 특수한 용도 또는 구조를 가진 특정소방대상물	원자력발전소, 중·저준위방사성폐기물의 저장시설	연결송수관설비 및 연결살수설비
4. 자체소방대가 설치된 특정소방대상물	자체소방대가 설치된 제조소 등에 부속된 사무실	옥내소화전설비, 소화용수설비, 연결살수설비 및 연결송수관설비

54 정답 ②

소방대 : 화재를 진압하고 화재, 재난 · 재해, 그 밖의 위급한 상황에서 구조 · 구급 활동 등을 하기 위하여 다음의 사람으로 구성된 조직체를 말한다(법 제2조 제5호).

1. 소방공무원
2. 의무소방원
3. 의용소방대원

55 정답 ③

특정소방대상물(소방안전관리대상물은 제외한다)의 관계인과 소방안전관리대상물의 소방안전관리자는 다음의 업무를 수행한다. 다만, 1, 2, 5 및 7의 업무는 소방안전관리대상물의 경우에만 해당한다(법 24조 제5항).

1. 피난계획에 관한 사항과 대통령령으로 정하는 사항이 포함된 소방계획서의 작성 및 시행
2. 자위소방대 및 초기대응체계의 구성, 운영 및 교육
3. 피난시설, 방화구획 및 방화시설의 관리
4. 소방시설이나 그 밖의 소방 관련 시설의 관리
5. 소방훈련 및 교육
6. 화기취급의 감독

7. 행정안전부령으로 정하는 바에 따른 소방안전관리에 관한 업무수행에 관한 기록 · 유지(3, 4 및 6의 업무를 말한다)
8. 화재발생 시 초기대응
9. 그 밖에 소방안전관리에 필요한 업무

56 정답 ④

업무상 과실로 제조소 등에서 위험물을 유출 · 방출 또는 확산시켜 사람의 생명 · 신체 또는 재산에 대하여 위험을 발생시킨 자는 7년 이하의 금고 또는 7천만원 이하의 벌금에 처한다(법 제34조 제1항).

57 정답 ④

연면적이 $400m^2$ 이상인 건축물이나 시설. 다만, 다음의 어느 하나에 해당하는 건축물이나 시설은 해당 목에서 정한 기준 이상인 건축물이나 시설로 한다.

1. **건축등을 하려는 학교시설** : $100m^2$
2. **특정소방대상물 중 노유자 시설 및 수련시설** : $200m^2$
3. **정신의료기관(입원실이 없는 정신건강의학과 의원은 제외한다)** : $300m^2$
4. **장애인 의료재활시설** : $300m^2$

58 정답 ②

침대가 있는 숙박시설 : 해당 특정소방대상물의 종사자 수에 침대 수(2인용 침대는 2개로 산정한다)를 합한 수(영 별표 7)

수용인원 = 종업원수 + (침대수 × 2) = 10 + (30 × 2) = 70명

59 정답 ④

과태료는 대통령령으로 정하는 바에 따라 관할 시 · 도지사, 소방본부장 또는 소방서장이 부과 · 징수한다(법 제40조 제2항).

60 정답 ③

③ **면화류** : 불연성 또는 난연성이 아닌 면상 또는 팽이모양의 섬유와 마사 원료를 말한다(영 별표 2).

① **사류** : 불연성 또는 난연성이 아닌 실(실부스러기와 솜털을 포함한다)과 누에고치를 말한다(영 별표 2).

② **볏짚류** : 마른 볏짚 · 북데기와 이들의 제품 및 건초를 말한다(영 별표 2).

④ **넝마 및 종이부스러기** : 불연성 또는 난연성이 아닌 것(동물 또는 식물의 기름이 깊이 스며들어 있는 옷감 · 종이 및 이들의 제품을 포함한다)으로 한정한다(영 별표 2).

제2회 빈출 모의고사

4과목 소방기계시설의 구조 및 원리

61 ②	62 ②	63 ③	64 ②	65 ③
66 ③	67 ④	68 ④	69 ③	70 ④
71 ③	72 ④	73 ②	74 ③	75 ②
76 ①	77 ④	78 ②	79 ④	80 ①

61 정답 ②

피난기구의 설치개수(제5조 제2항)

1. 층마다 설치하되, 특정소방대상물의 종류에 따라 그 층의 용도 및 바닥면적을 고려하여 2개 이상 설치할 것
2. 설치한 피난기구 외에 숙박시설(휴양콘도미니엄을 제외한다)의 경우에는 추가로 객실마다 완강기 또는 둘 이상의 간이완강기를 설치할 것
3. 설치한 피난기구 외에 4층 이상의 층에 설치된 노유자시설 중 장애인 관련 시설로서 주된 사용자 중 스스로 피난이 불가한 자가 있는 경우에는 층마다 구조대를 1개 이상 추가로 설치할 것

62 정답 ②

② **퓨지블링크(fusible link)** : 이음성 금속으로 융착되거나 이음성 물질에 의하여 조립된 감열체

③ **유리벌브(glass bulb)** : 유리구 내에 알코올, 에테르 등의 액체를 봉입하여 밀봉한 감열체

④ **디플렉터(deflector)** : 흐름의 방향을 바꾸는 배플판

63 정답 ③

배관 내 사용압력이 1.2MPa 미만일 경우에는 다음의 어느 하나에 해당하는 것

1. 배관용 탄소강관(KS D 3507)
2. 이음매 없는 구리 및 구리합금관(KS D 5301)(다만, 습식의 배관에 한한다.)
3. 배관용 스테인리스강관(KS D 3576) 또는 일반배관용 스테인리스강관(KS D 3595)
4. 덕타일 주철관(KS D 4311)

64 정답 ②

② **대형소화기** : 화재 시 사람이 운반할 수 있도록 운반대와 바퀴가 설치되어 있고 능력단위가 A급 10단위 이상, B급 20단위 이상인 소화기를 말한다.
① **소형소화기** : 능력단위가 1단위 이상이고 대형소화기의 능력단위 미만인 소화기를 말한다.
③ **자동확산소화기** : 화재를 감지하여 자동으로 소화약제를 방출 확산시켜 국소적으로 소화하는 소화기를 말한다.

65 정답 ③

일반화재(A급 화재) : 나무, 섬유, 종이, 고무, 플라스틱류와 같은 일반 가연물이 타고 나서 재가 남는 화재를 말한다. 일반화재에 대한 소화기의 적응 화재별 표시는 'A'로 표시한다.

66 정답 ③

분말소화설비에 사용하는 소화약제는 제1종분말 · 제2종분말 · 제3종분말 또는 제4종분말로 하여야 한다. 다만, 차고 또는 주차장에 설치하는 분말소화설비의 소화약제는 제3종분말로 하여야 한다(제6조 제1항).

67 정답 ④

포소화설비의 자동식 기동장치에 폐쇄형 스프링클러헤드를 사용하는 경우에 대한 설치 기준(제11조 제2항)

1. 표시온도가 79℃ 미만인 것을 사용하고, 1개의 스프링클러헤드의 경계면적은 20m² 이하로 할 것
2. 부착면의 높이는 바닥으로부터 5m 이하로 하고, 화재를 유효하게 감지할 수 있도록 할 것
3. 하나의 감지장치 경계구역은 하나의 층이 되도록 할 것

68 정답 ④

특정소방대상물별 소화기구의 능력단위는 다음에 따른 바닥면적마다 1단위 이상으로 한다(제4조 제1항 제2호).

1. 위락 시설 : **30m²**
2. 문화 및 집회시설(전시장 및 동 · 식물원은 제외한다.) · 의료시설 · 장례시설 중 장례식장 및 문화재 : **50m²**
3. 공동주택 · 근린생활시설 · 문화 및 집회시설 중 전시장 · 판매시설 · 운수시설 · 노유자시설 · 업무시설 · 숙박시설 · 공장 · 창고시설 · 항공기 및 자동차 관련 시설 · 방송통신시설 및 관광휴게시설 : **100m²**
4. 1 내지 3에 해당하지 않는 것 : **200m²**

$$\text{능력단위} = \frac{\text{바닥면적}}{\text{기준면적} \times 2} = \frac{1,000}{100 \times 2} = 5\text{단위}$$

69 정답 ③

연소방지설비헤드의 설치기준(제8조 제2항)

1. 천장 또는 벽면에 설치할 것
2. 헤드 간의 수평거리는 연소방지설비 전용헤드의 경우에는 2m 이하, 스프링클러헤드의 경우에는 1.5m 이하로 할 것
3. 소방대원의 출입이 가능한 환기구 · 작업구마다 지하구의 양쪽방향으로 살수헤드를 설정하되, 한쪽 방향의 살수구역의 길이는 3m 이상으로 할 것(다만, 환기구 사이의 간격이 700m를 초과할 경우에는 700m 이내마다 살수구역을 설정하되, 지하구의 구조를 고려하여 방화벽을 설치한 경우에는 그렇지 않다.)
4. 연소방지설비 전용헤드를 설치할 경우에는 「소화설비용헤드의 성능인증 및 제품검사의 기술기준」에 적합한 '살수헤드'를 설치할 것

70 정답 ④

개방형스프링클러설비의 방수구역 및 일제개방밸브의 설치기준

1. 하나의 방수구역은 2개 층에 미치지 않아야 한다.
2. 방수구역마다 일제개방밸브를 설치해야 한다.
3. 하나의 방수구역을 담당하는 헤드의 개수는 50개 이하로

할 것(다만, 2개 이상의 방수구역으로 나눌 경우에는 하나의 방수구역을 담당하는 헤드의 개수는 25개 이상으로 해야 한다.)

4. 일제개방밸브의 설치 위치는 폐쇄형스프링클러헤드의 기준에 따르고, 표지는 "일제개방밸브실"이라고 표시해야 한다.

71 정답 ③

할론소화설비의 제어반 및 화재표시반의 설치기준(제7조)

1. 제어반은 수동기동장치 또는 화재감지기에서의 신호를 수신하여 음향경보장치의 작동, 소화약제의 방출 또는 지연 등 기타의 제어기능을 가진 것으로 하고, 제어반에는 전원표시등을 설치할 것
2. 화재표시반은 제어반에서의 신호를 수신하여 작동하는 기능을 가진 것으로 설치할 것
3. 제어반 및 화재표시반은 화재 및 침수 등의 재해로 인한 피해를 받을 우려가 없고 점검에 편리한 장소에 설치할 것

72 정답 ④

옥내소화전설비용 수조의 설치기준(제4조 제6항)

1. 점검에 편리한 곳에 설치할 것
2. 동결방지조치를 하거나 동결의 우려가 없는 장소에 설치할 것
3. 수조에는 수위계, 고정식 사다리, 청소용 배수밸브(또는 배수관), 표지 및 실내조명 등 수조의 유지관리에 필요한 설비를 설치할 것

73 정답 ②

소화약제 외의 것을 이용한 간이소화용구의 능력단위

간이소화용구		능력단위
마른모래	삽을 상비한 50L 이상의 것 1포	0.5단위
팽창질석 또는 팽창진주암	삽을 상비한 80L 이상의 것 1포	

삽을 상비한 마른모래 50L 3포 : $3 \times 0.5 = 1.5$단위
삽을 상비한 팽창진주암 80L 1포 : $1 \times 0.5 = 0.5$단위
∴ $1.5 + 0.5 = 2$단위

74 정답 ③

폐쇄형 스프링클러설비의 방호구역 및 유수검지장치

1. 하나의 방호구역의 바닥면적은 3,000m^{2}를 초과하지 않을 것. 다만, 폐쇄형 스프링클러설비에 격자형 배관방식(2 이상의 수평주행배관 사이를 가지배관으로 연결하는 방식을 말한다)을 채택하는 때에는 3,700m^2 범위 내에서 펌프용량, 배관의 구경 등을 수리학적으로 계산한 결과 헤드의 방수압 및 방수량이 방호구역 범위 내에서 소화목적을 달성하는데 충분하도록 해야 한다.
2. 하나의 방호구역에는 1개 이상의 유수검지장치를 설치하되, 화재 시 접근이 쉽고 점검하기 편리한 장소에 설치할 것
3. 하나의 방호구역은 2개 층에 미치지 않도록 할 것(다만, 1개 층에 설치되는 스프링클러헤드의 수가 10개 이하인 경우와 복층형 구조의 공동주택에는 3개 층 이내로 할 수 있다.)
4. 유수검지장치를 실내에 설치하거나 보호용 철망 등으로 구획하여 바닥으로부터 0.8 m 이상 1.5 m 이하의 위치에 설치하되, 그 실 등에는 가로 0.5m 이상 세로 1m 이상의 개구부로서 그 개구부에는 출입문을 설치하고 그 출입문 상단에 "유수검지장치실" 이라고 표시한 표지를 설치할 것. 다만, 유수검지장치를 기계실(공조용기계실을 포함한다) 안에 설치하는 경우에는 별도의 실 또는 보호용 철망을 설치하지 않고 기계실 출입문 상단에 "유수검지장치실"이라고 표시한 표지를 설치할 수 있다.
5. 스프링클러헤드에 공급되는 물은 유수검지장치를 지나도록 할 것(다만, 송수구를 통하여 공급되는 물은 그렇지 않다.)
6. 자연낙차에 따른 압력수가 흐르는 배관 상에 설치된 유수검지장치는 화재 시 물의 흐름을 검지할 수 있는 최소한의 압력이 얻어질 수 있도록 수조의 하단으로부터 낙차를 두어 설치할 것
7. 조기반응형 스프링클러헤드를 설치하는 경우에는 습식유수검지장치 또는 부압식스프링클러설비를 설치할 것

75 정답 ②

② **제2종 분말** : 탄산수소칼륨을 주성분으로 한 분말소화약제를 말한다.
① **제1종 분말** : 탄산수소나트륨을 주성분으로 한 분말소화약제를 말한다.
③ **제3종 분말** : 인산염을 주성분으로 한 분말소화약제를 말한다.

④ **제4종 분말** : 탄산수소칼륨과 요소가 화합된 분말소화약제를 말한다.

76 정답 ①

유입공기의 배출은 다음 어느 하나의 기준에 따른 배출방식으로 해야 한다(제13조 제2항).

1. **수직풍도에 따른 배출** : 옥상으로 직통하는 전용의 배출용 수직풍도를 설치하여 배출하는 것으로서 다음의 어느 하나에 해당하는 것
   ㉠ **자연배출식** : 굴뚝효과에 따라 배출하는 것
   ㉡ **기계배출식** : 수직풍도의 상부에 전용의 배출용 송풍기를 설치하여 강제로 배출하는 것
2. **배출구에 따른 배출** : 건물의 옥내와 면하는 외벽마다 옥외와 통하는 배출구를 설치하여 배출하는 것
3. **제연설비에 따른 배출** : 거실제연설비가 설치되어 있고 당해 옥내로부터 옥외로 배출해야 하는 유입공기의 양을 거실제연설비의 배출량에 합하여 배출하는 경우 유입공기의 배출은 당해 거실제연설비에 따른 배출로 갈음할 수 있다.

77 정답 ④

피난기구를 설치한 장소에는 가까운 곳의 보기 쉬운 곳에 피난기구의 위치를 표시하는 발광식 또는 축광식표지와 그 사용방법을 표시한 표지(외국어 및 그림 병기)를 부착해야 한다(제5조 제4항).

78 정답 ②

캐비닛형자동소화장치의 설치기준

1. 분사헤드(방출구)의 설치 높이는 방호구역의 바닥으로부터 형식승인을 받은 범위 내에서 유효하게 소화약제를 방출시킬 수 있는 높이에 설치할 것
2. 화재감지기는 방호구역 내의 천장 또는 옥내에 면하는 부분에 설치하되 「자동화재탐지설비 및 시각경보장치의 화재안전기술기준(NFTC 203)」 2.4(감지기)에 적합하도록 설치할 것
3. 방호구역 내의 화재감지기의 감지에 따라 작동되도록 할 것
4. 화재감지기의 회로는 교차회로방식으로 설치할 것(다만, 화재감지기를 「자동화재탐지설비 및 시각경보장치의 화재안전기술기준(NFTC 203)」의 각 감지기로 설치하는 경우에는 그렇지 않다.)
5. 교차회로 내의 각 화재감지기회로별로 설치된 화재감지기 1개가 담당하는 바닥면적은 「자동화재탐지설비 및 시각경보장치의 화재안전기술기준(NFTC 203)」 및 바닥면적으로 할 것
6. 개구부 및 통기구(환기장치를 포함한다.)를 설치한 것에 있어서는 소화약제가 방출되기 전에 해당 개구부 및 통기구를 자동으로 폐쇄할 수 있도록 할 것(다만, 가스압에 의하여 폐쇄되는 것은 소화약제 방출과 동시에 폐쇄할 수 있다.)
7. 작동에 지장이 없도록 견고하게 고정할 것
8. 구획된 장소의 방호체적 이상을 방호할 수 있는 소화성능이 있을 것

79 정답 ④

옥내소화전설비에 설치하는 방수구(제6조 제12항)

1. 송수구는 송수 및 그 밖의 소화작업에 지장을 주지 않도록 설치할 것
2. 송수구로부터 주배관에 이르는 연결배관에는 개폐밸브를 설치하지 않을 것
3. 지면으로부터 높이가 0.5m 이상 1m 이하의 위치에 설치할 것
4. 구경 65mm의 쌍구형 또는 단구형으로 할 것
5. 송수구의 가까운 부분에 자동배수밸브(또는 직경 5mm의 배수공) 및 체크밸브를 설치할 것
6. 송수구에는 이물질을 막기 위한 마개를 씌울 것

80 정답 ①

소화용수설비에 설치하는 채수구는 다음의 기준에 따라 설치할 것

1. 채수구는 소방용호스 또는 소방용흡수관에 사용하는 구경 65mm 이상의 나사식 결합금속구를 설치할 것
2. 채수구는 지면으로부터의 높이가 0.5m 이상 1m 이하의 위치에 설치하고 "채수구"라고 표시한 표지를 할 것

제3회 빈출 모의고사

1과목 소방원론

01 ①	02 ③	03 ①	04 ④	05 ①
06 ②	07 ①	08 ②	09 ③	10 ①
11 ④	12 ②	13 ④	14 ②	15 ③
16 ②	17 ④	18 ②	19 ①	20 ②

01 정답 ①

최소점화에너지 : 벤젠 0.20, 이황화탄소 0.009, 아세트알데히드 0.36, 뷰테인 0.25, 프로페인 0.25, 아세틸렌 0.017, 산화에틸렌 0.05, 에테인, 0.24, 에틸렌 0.07, 수소 0.011, 메테인 0.28, 메탄올 0.14, 에터 0.19

02 정답 ③

제4류 위험물 : 인화성 액체로 특수인화물, 제1석유류, 제2석유류, 제3석유류, 제4석유류, 동식물류 등

핵심 포인트

위험물의 성질

제1류 위험물 : 산화성 고체
제2류 위험물 : 가연성 고체
제3류 위험물 : 자연발화성 및 금수성 물질
제4류 위험물 : 인화성 액체
제5류 위험물 : 자기반응성 물질
제6류 위험물 : 산화성 액체

03 정답 ①

융해열은 온도를 바꾸지 않은 상태에서 1g의 고체를 융해하여 액체로 바꾸는 데 소요되는 열에너지이다. 점화원은 가연성 가스나 물질 등이 체류하고 있는 분위기에 불을 붙일 수 있는 근원으로, 전기적인 스파크나 충격 등에 의한 불꽃 등이 화재발생의 점화원이다.

04 정답 ④

④ **ISO(International Organization for Standardization) TC 92** : ISO 산하 화재안전기술위원회
① 국제해사기구, ② 화재방지기술자협회, ③ 미국소방안전협회

05 정답 ①

억제소화는 화염으로 인한 연소반응을 주도하는 라디칼을 제거하여 연소반응을 중단시키는 방법으로 화학적 작용에 의한 소화법이다. 질식소화는 연소의 물질조건 중 하나인 산소의 공급을 차단하여 공기 중의 산소 농도를 한계산소지수 이하로 유지시키는 소화방법으로서 광범위하게 쓰이고 있다.

06 정답 ②

핵심 포인트

이산화탄소 소화약제

1. 산소와 반응하지 않는다.
2. 임계온도는 31.35℃이다.
3. 고체의 형태로 존재할 수 있다.
4. 불연성 가스로 공기보다 무겁다.
5. 드라이아이스와 분자식이 같다.
6. 상온 상압에서 기체상태로 존재한다.

07 정답 ①

핵심 포인트

분진폭발

1. **폭연성 분진** : 마그네슘, 알루미늄
2. **가연성 분진** : 아연, 코크스, 카본, 철, 석탄, 소맥, 고무, 염료, 페놀수지, 폴리에틸렌, 코코아, 리그닌, 쌀겨 등

08 정답 ②

물리적 소화방법 : 제거소화, 질식소화, 냉각소화

09 정답 ③

플래시 오버(Flash over) 현상은 실내에서의 화재 발달 중한 단계로 방 전체가 순식간에 화염에 휩싸이는 현상이다. 화재가 성장기에서 최성기로 넘어가는 시기에 발생하는 것으로 많은 가스가 축적된 상태에서 가스의 온도가 발화점을 넘는 순간 모든 가스가 거의 동시에 발화하며 맹렬히 타는데 이것이 플래시오버다.

10 정답 ①

물리적 폭발 : 응상(증기, 수증기)폭발, 전선폭발, 압력폭발
화학적 폭발 : 가스폭발, 유증기폭발, 분진폭발, 화약류 폭발, 산화폭발, 분해폭발, 중합폭발, 증기운폭발

11 정답 ④

정전기에 의한 발화과정 : 전하의 발생 → 전하의 축적 → 방전 → 발화

12 정답 ②

핵심 포인트

위험물 외부 표시사항

제1류 위험물 : 가연물 접촉주의, 화기주의/충격주의
제2류 위험물 : 화기주의, 화기엄금(인화성 고체)
제3류 위험물 : 공기접촉엄금과 화기엄금(자연발화성물질), 물기엄금(금수성물질)
제4류 위험물 : 화기엄금
제5류 위험물 : 화기엄금, 충격주의
제6류 위험물 : 가연물 접촉주의

13 정답 ④

이산화탄소 소화기는 잔해가 남지 않고 주로 전기 시설, 기계실, 전산실, 화학물질 보관실 등 화재 위험이 높은 장소에서 사용된다.

핵심 포인트

이산화탄소 소화기의 단점

1. 질식의 위험이 있다.
2. 동상의 위험이 있다.
3. 소음이 크다.
4. 광범위한 경우 사용이 제한적이다.

14 정답 ②

핵심 포인트

할로겐화합물 소화약제

1. 화학제 부촉매작용에 의한 억제효과로 소화효과가 크다.
2. 전기의 불량도체로 전기화재에 우수한 소화효과가 있다.
3. 약제의 변질 및 분해가 없다.
4. 금속에 대한 부식성이 비교적 적다.

15 정답 ③

가연성 가스 : 아세틸렌, 암모니아, 수소, 황화수소, 시안화수소, 일산화탄소, 이황화탄소, 메테인, 염화메테인, 브롬화메테인, 에테인, 에틸렌, 산화에틸렌, 프로페인 등이다. 황화수소는 썩은 달걀 냄새와 유사한 냄새가 나는 반면 일산화탄소는 무색, 무취, 무미의 유독성 가스이다.

16 정답 ②

② **산화열 축적** : 대두유가 침적된 기름 걸레를 쓰레기통에 장시간 방치한 결과 자연발화에 의하여 화재가 발생한다.
① **융해열 축적** : 어떤 물질이 액체에 용해될 때 발생하는 열의 축적에 의하여 화재가 발생한다.
③ **증발열 축적** : 액체가 기체로 바뀌는 증발 과정에서 액체가 주위로부터 흡수하는 열의 축적에 의하여 화재가 발생한다.
④ **발효열 축적** : 미생물의 발효 과정에서 일어나는 열의 축적에 의하여 화재가 발생한다.

PART 3 정답 및 해설

17

정답 ④

핵심 포인트

연소범위

종류	연소범위	종류	연소범위
수소	4.0~75	아세톤	2.5~12.8
프로페인	2.1~9.5	이황화탄소	1~44
아세틸렌	2.5~80	산화에틸렌	3.6~100

18

정답 ②

마그네슘 분말의 화재는 금속화재로 이때 주수소화하면 수소 가스가 발생하므로 위험하다.

19

정답 ①

① **Fail-safe 원칙** : 기계나 그 부품에 고장이나 기능 불량이 생겨도 항상 안전하게 작동하는 구조와 그 기능이 병렬 계통이나 대기 여분을 갖춰 항상 안전한 방향으로 유지되는 기능이다.

③ **Fool-proof 원칙** : 누구나 실수 없이 안전하게 사용할 수 있도록 설계된 것을 의미한다.

20

정답 ②

핵심 포인트

자연발화의 방지방법

1. 습도를 낮게 할 것
2. 주위의 온도를 낮출 것
3. 통풍이 잘 되도록 할 것
4. 불활성 가스를 주입하여 공기와 접촉을 피할 것
5. 열이 쌓이지 않게 할 것

제3회 빈출 모의고사

2과목 소방유체역학

21 ④	22 ①	23 ④	24 ③	25 ②
26 ③	27 ②	28 ①	29 ③	30 ①
31 ②	32 ④	33 ①	34 ①	35 ②
36 ②	37 ④	38 ①	39 ②	40 ④

21

정답 ④

핵심 포인트

펌프의 상사법칙

- 전양정(수두) $H_2 = H_1 \times \left(\frac{N_2}{N_1}\right)^2 \times \left(\frac{D_2}{D_1}\right)^2$
  $= 25 \times \left(\frac{1,740}{1,450}\right)^2 = 36\text{m}$
- 유량 $Q_2 = Q_1 \times \frac{N_2}{N_1} \times \left(\frac{D_2}{D_1}\right)^2 = 5 \times \frac{1,740}{1,450}$
  $= 6\text{m}^3/\text{min}$

22

정답 ①

베르누이 방정식을 적용하여 마찰손실수두 h_L를 계산한다.

$$h_L = \left(\frac{P_2}{S\gamma_w} - \frac{P_1}{S\gamma_w}\right) + (z_2 - z_1)$$

$$= \left(\frac{206.9}{0.8 \times 9.8} - \frac{111.8}{0.8 \times 9.8}\right) + (0 - 4.5) = 7.63\text{m}$$

층류 유동일 경우 유량 $Q = \frac{\Delta P \pi d^4}{128\mu L} = \frac{\gamma h_L \pi d^4}{128\mu L}$

$$= \frac{(0.8 \times 9,800) \times 7.63 \times \pi \times (0.0127)^4}{128 \times 0.4 \times 9} \times 1,000$$

$$= 0.01061 L/s$$

23

정답 ④

베르누이 방정식 : 흐르는 유체에 대하여 유선 상에서 모든 형태의 에너지(위치에너지와 운동에너지)의 합은 언제나 일정하다.

핵심 포인트

베르누이 방정식을 적용하기 위한 가정

1. 유체는 비압축성이어야 한다.
2. 압력이 변하는 경우에도 밀도는 변하지 않아야 한다.
3. 유선이 경계층을 통과하여서는 안 된다.
4. 점성력이 존재하지 않아야 한다.
5. 시간에 대한 변화가 없어야 한다.
6. 하나의 유선에 대해서만 적용된다.
7. 하나의 유선상 총 에너지는 일정하다.
8. 흐름 외부와의 에너지 교환은 없다.

24

정답 ③

부력의 크기 $F_B=(s\times\gamma_w)\times(a\times b\times c)=(1.03\times 9{,}800)\times 20\times 10\times h=2{,}018{,}800$

- 소방정의 무게 $W_1=(s\times\gamma_w)\times(a\times b\times c)=(0.6\times 9{,}800)\times 20\times 10\times 3=3{,}528{,}000N$
- 포소화약제 무게 $W_2=\gamma V=9{,}800\times\dfrac{5{,}000}{0.9\times 1{,}000}=54{,}444.44N$

소방정의 깊이 $2{,}018{,}800h=3{,}528{,}000+54{,}444.44$

$h=\dfrac{3{,}582{,}444.44}{2{,}018{,}800}=1.77\mathrm{m}$

25

정답 ②

전동기 용량 $P=\dfrac{\gamma\times Q\times H}{\eta}\times K$($\gamma$: 물의 비중량, Q : 방수량, H : 펌프의 양정, K : 전달계수, η : 펌프의 효율)

$P=\dfrac{\gamma\times Q\times H}{\eta}\times K=\dfrac{9.8\times 0.01333\times 50}{0.65}\times 1.1=11.05\mathrm{kW}$

26

정답 ③

핵심 포인트

베르누이의 정리가 적용되는 조건

1. 비압축성 유체
2. 동일 유선상
3. 점성 무시(마찰 무시)
4. 정상상태

27

정답 ②

$P=\sigma AT^4$(σ : 스테판-볼츠만 상수, A : 면적, T : 절대온도)

$P=\sigma AT^4=5.67\times 10^{-8}\times(0.4\times 0.5)\times(15+273)^4\times 0.85=66.31W$

28

정답 ①

축동력 $P=\dfrac{\gamma QH}{\eta}\times K$($\gamma$: 물의 비중량, Q : 토출량, H : 전양정, K : 전달계수, η)

$\eta=\dfrac{\gamma QH}{P}=\dfrac{9.8\times 6\times 120}{9{,}530}=0.74$

- 수력효율$=\dfrac{\eta}{\text{체적효율}\times\text{기계효율}}=\dfrac{0.74}{0.88\times 0.89}=0.945=94.5\%$

29

정답 ③

공기 질량 $PV=WRT$, $W=\dfrac{PV}{RT}$,

$W=\dfrac{100\times 240}{0.287\times 300}=278.75\mathrm{kg}$

30

정답 ①

핵심 포인트

캐비테이션의 발생 예방방법

1. 흡입 실양정을 작게 한다.
2. 흡입관의 마찰손실을 작게 한다.
3. 흡입관의 배관구조를 간단하게 한다.
4. 프로펠러의 규정 이상 회전수를 금지한다.
5. 양정에 필요 이상의 여유를 잡지 않는다.
6. 양흡입 펌프를 사용한다.

31

정답 ②

운동량방정식 $F=\rho QV=\rho AV\times V=\rho\times\left(\dfrac{\pi}{4}\times D^2\right)\times V^2$을 적용하여 힘의 평형을 고려하면

$\rho\times\left(\dfrac{\pi}{4}\times D^2\right)\times V^2=F+\rho\times\dfrac{\pi}{4}\times\left(\dfrac{D}{2}\right)^2\times V^2$

$\frac{1}{4}\rho\pi V^2D^2=F+\frac{1}{16}\rho\pi V^2D^2$

원판에 받는 힘 $F=\frac{1}{4}\rho\pi V^2D^2-\frac{1}{16}\rho\pi V^2D^2$

$=\frac{4}{16}\rho\pi V^2D^2-\frac{1}{16}\rho\pi V^2D^2=\frac{3}{16}\rho\pi V^2D^2$

32 정답 ④

동력 $L=F\times u=[N\times \text{m/s}]=\left[\text{kg}\times\frac{m}{s^2}\times\frac{m}{s}\right]$

$=\left[\text{kg}\times\frac{m^2}{s^3}\right]=ML^2T^{-3}$

33 정답 ①

- 유속 $u=\sqrt{2gH}$에서 $H=\frac{u^2}{2g}=\frac{6^2}{2\times 9.8}=1.84\text{m}$
- 압력으로 환산하면 $\frac{1.84}{10.332}\times 101.325=18.04\text{kPa}$
- 피토계의 계기압력$=300+18.04=318.04\text{kPa}$

34 정답 ①

손실수두 $P=\gamma QH$

$60{,}000=9{,}800\times 0.5\times H$, $H=12.24\text{m}$

- Darcy−weisbach방정식 $H=\frac{flu^2}{2gD}$, $f=\frac{H2gD}{lu^2}$,

$u=\frac{Q}{A}=\frac{Q}{\frac{\pi}{4}D^2}=\frac{0.5}{\frac{\pi}{4}(0.4)^2}=3.98$

$f=\frac{H2gD}{lu^2}=\frac{12.24\times 2\times 9.8\times 0.4}{300\times(3.98)^2}=0.0202$

35 정답 ②

압력에 의한 수평방향 평균 힘의 크기는 밑면이 받는 압력에 의한 수직방향 평균 힘의 크기의 절반이다.

그러므로 $P_1=\frac{1}{2}P=0.5P$

36 정답 ②

㉠ 기체상수의 단위와 비열의 단위는 kJ/kg · K로 같다.

㉢ 기체상수는 분자량에 반비례하므로 분자량이 작을수록 기체의 기체상수보다 크다.

㉡ 기체상수는 온도, 체적, 온도변화에 대하여 항상 일정하다.

㉣ 기체상수의 값은 기체 분자량에 반비례하므로 기체의 종류에 따라 다른 값을 가진다.

37 정답 ④

축동력 $P=\frac{\gamma QH}{\eta}$(γ : 물의 비중량, Q : 유량, H : 전양정, η : 펌프효율)

$P=\frac{9{,}800\times\frac{0.65}{60}\times 40}{0.5}=8{,}493.3\text{W}=8.49\text{kW}$

38 정답 ①

엔트로피 증가량 $\Delta S=mC_P\ln\frac{T_2}{T_1}$

$=10\times 4.18\times\ln\frac{(273+70)}{(273+10)}=8.03kJ/K$

39 정답 ②

돌의 체적 $500+F=941$, $F=441\text{N}$

$F=\gamma V$, $V=\frac{F}{\gamma}=\frac{441}{9{,}800}=0.045\text{m}^3$

40 정답 ④

돌연 확대관은 배관출구의 모양에 관계없이 손실계수는 같고 1에 근접한다.

제3회 빈출 모의고사

3과목 소방관계법규

41 ④	42 ④	43 ②	44 ①	45 ②
46 ④	47 ④	48 ③	49 ④	50 ④
51 ①	52 ③	53 ①	54 ③	55 ②
56 ②	57 ③	58 ①	59 ②	60 ①

41 정답 ④

핵심 포인트

혼재 가능 위험물

1. 제1류 – 제6류
2. 제2류 – 제4류, 제2류 – 제5류
3. 제3류 – 제4류
4. 제4류 – 제2류, 제4류 – 제3류
5. 제5류 – 제2류, 제5류 – 제4류
6. 제6류 – 제1류

42 정답 ④

자동화재탐지설비를 설치해야 하는 특정소방대상물(영 별표 4)

1. 공동주택 중 아파트 등 · 기숙사 및 숙박시설의 경우에는 모든 층
2. 층수가 6층 이상인 건축물의 경우에는 모든 층
3. 근린생활시설, 의료시설, 위락시설, 장례시설 및 복합건축물로서 연면적 $600m^2$ 이상인 경우에는 모든 층
4. 근린생활시설 중 목욕장, 문화 및 집회시설, 종교시설, 판매시설, 운수시설, 운동시설, 업무시설, 공장, 창고시설, 위험물 저장 및 처리 시설, 항공기 및 자동차 관련 시설, 교정 및 군사시설 중 국방 · 군사시설, 방송통신시설, 발전시설, 관광 휴게시설, 지하가로서 연면적 1천m^2 이상인 경우에는 모든 층
5. 교육연구시설, 수련시설, 동물 및 식물 관련 시설, 자원순환 관련 시설, 교정 및 군사시설 또는 묘지 관련 시설로서 연면적 2천m^2 이상인 경우에는 모든 층
6. 노유자 생활시설의 경우에는 모든 층
7. 6.에 해당하지 않는 노유자 시설로서 연면적 $400m^2$ 이상인 노유자 시설 및 숙박시설이 있는 수련시설로서 수용인원 100명 이상인 경우에는 모든 층
8. 의료시설 중 정신의료기관 또는 요양병원으로서 다음의 어느 하나에 해당하는 시설
   ㉠ 요양병원(의료재활시설은 제외한다)
   ㉡ 정신의료기관 또는 의료재활시설로 사용되는 바닥면적의 합계가 $300m^2$ 이상인 시설
   ㉢ 정신의료기관 또는 의료재활시설로 사용되는 바닥면적의 합계가 $300m^2$ 미만이고, 창살이 설치된 시설
9. 판매시설 중 전통시장
10. 지하가 중 터널로서 길이가 1천m 이상인 것
11. 지하구
12. 3.에 해당하지 않는 근린생활시설 중 조산원 및 산후조리원
13. 4.에 해당하지 않는 공장 및 창고시설로서 지정수량의 500배 이상의 특수가연물을 저장 · 취급하는 것
14. 4.에 해당하지 않는 발전시설 중 전기저장시설

43 정답 ②

소방신호의 종류 및 방법(규칙 제10조 제1항)

1. **경계신호** : 화재예방상 필요하다고 인정되거나 화재위험경보시 발령
2. **발화신호** : 화재가 발생한 때 발령
3. **해제신호** : 소화활동이 필요없다고 인정되는 때 발령
4. **훈련신호** : 훈련상 필요하다고 인정되는 때 발령

44 정답 ①

소방시설업자는 다음의 어느 하나에 해당하는 경우에는 소방시설공사 등을 맡긴 특정소방대상물의 관계인에게 지체 없이 그 사실을 알려야 한다(법 제8조 제3항).

1. 소방시설업자의 지위를 승계한 경우
2. 소방시설업의 등록취소처분 또는 영업정지처분을 받은 경우
3. 휴업하거나 폐업한 경우

45 정답 ②

감리업자는 공사업자가 공사의 시정 및 보완의 요구를 이행

하지 아니하고 그 공사를 계속할 때에는 행정안전부령으로 정하는 바에 따라 소방본부장이나 소방서장에게 그 사실을 보고하여야 한다(법 제19조 제3항).

46 정답 ④

숙박시설 외의 특정소방대상물(영 별표 7)

1. **강의실 · 교무실 · 상담실 · 실습실 · 휴게실 용도로 쓰는 특정소방대상물** : 해당 용도로 사용하는 바닥면적의 합계를 $1.9m^2$로 나누어 얻은 수
2. **강당, 문화 및 집회시설, 운동시설, 종교시설** : 해당 용도로 사용하는 바닥면적의 합계를 $4.6m^2$로 나누어 얻은 수(관람석이 있는 경우 고정식 의자를 설치한 부분은 그 부분의 의자 수로 하고, 긴 의자의 경우에는 의자의 정면너비를 0.45m로 나누어 얻은 수로 한다)
3. **그 밖의 특정소방대상물** : 해당 용도로 사용하는 바닥면적의 합계를 $3m^2$로 나누어 얻은 수

47 정답 ④

다음의 어느 하나에 해당하는 경우에는 제조소 등이 아닌 장소에서 지정수량 이상의 위험물을 취급할 수 있다. 이 경우 임시로 저장 또는 취급하는 장소에서의 저장 또는 취급의 기준과 임시로 저장 또는 취급하는 장소의 위치 · 구조 및 설비의 기준은 시 · 도의 조례로 정한다(법 제5조 제2항).

1. 시 · 도의 조례가 정하는 바에 따라 관할소방서장의 승인을 받아 지정수량 이상의 위험물을 90일 이내의 기간동안 임시로 저장 또는 취급하는 경우
2. 군부대가 지정수량 이상의 위험물을 군사목적으로 임시로 저장 또는 취급하는 경우

48 정답 ③

200만원 이하의 과태료(법 제40조 제1항)

1. 신고를 하지 아니하거나 거짓으로 신고한 자
2. 관계인에게 지위승계, 행정처분 또는 휴업 · 폐업의 사실을 거짓으로 알린 자
3. 관계 서류를 보관하지 아니한 자
4. 소방기술자를 공사 현장에 배치하지 아니한 자
5. 완공검사를 받지 아니한 자
6. 3일 이내에 하자를 보수하지 아니하거나 하자보수계획을 관계인에게 거짓으로 알린 자
7. 감리 관계 서류를 인수 · 인계하지 아니한 자
8. 배치통보 및 변경통보를 하지 아니하거나 거짓으로 통보한 자
9. 방염성능기준 미만으로 방염을 한 자
10. 방염처리능력 평가에 관한 서류를 거짓으로 제출한 자
11. 도급계약 체결 시 의무를 이행하지 아니한 자(하도급 계약의 경우에는 하도급 받은 소방시설업자는 제외한다)
12. 하도급 등의 통지를 하지 아니한 자
13. 공사대금의 지급보증, 담보의 제공 또는 보험료 등의 지급을 정당한 사유 없이 이행하지 아니한 자
14. 시공능력 평가에 관한 서류를 거짓으로 제출한 자
15. 사업수행능력 평가에 관한 서류를 위조하거나 변조하는 등 거짓이나 그 밖의 부정한 방법으로 입찰에 참여한 자
16. 명령을 위반하여 보고 또는 자료 제출을 하지 아니하거나 거짓으로 보고 또는 자료 제출을 한 자

49 정답 ④

화재안전기준에 따라 소화기구를 설치해야 하는 특정소방대상물(영 별표 4)

1. 연면적 $33m^2$ 이상인 것(다만, 노유자 시설의 경우에는 투척용 소화용구 등을 화재안전기준에 따라 산정된 소화기 수량의 2분의 1 이상으로 설치할 수 있다.)
2. 1.에 해당하지 않는 시설로서 가스시설, 발전시설 중 전기저장시설 및 국가유산
3. 터널
4. 지하구

50 정답 ④

핵심 포인트

특수가연물의 수량 기준(영 별표 2)

품명	수량
면화류	200kg 이상
나무껍질 및 대팻밥	400kg 이상
넝마 및 종이부스러기	1,000kg 이상
사류(絲類)	1,000kg 이상
볏짚류	1,000kg 이상
가연성 고체류	3,000kg 이상
석탄 · 목탄류	10,000kg 이상

가연성 액체류		$2m^3$ 이상
목재가공품 및 나무부스러기		$10m^3$ 이상
고무류 · 플라스틱류	발포시킨 것	$20m^3$ 이상
	그 밖의 것	3,000kg 이상

51 정답 ①

자체소방대에 두는 화학소방자동차 및 인원기준(영 별표 8)

사업소의 구분	화학소방자동차	자체소방대원의 수
1. 제조소 또는 일반취급소에서 취급하는 제4류 위험물의 최대수량의 합이 지정수량의 3천배 이상 12만배 미만인 사업소	1대	5인
2. 제조소 또는 일반취급소에서 취급하는 제4류 위험물의 최대수량의 합이 지정수량의 12만배 이상 24만배 미만인 사업소	2대	10인
3. 제조소 또는 일반취급소에서 취급하는 제4류 위험물의 최대수량의 합이 지정수량의 24만배 이상 48만배 미만인 사업소	3대	15인
4. 제조소 또는 일반취급소에서 취급하는 제4류 위험물의 최대수량의 합이 지정수량의 48만배 이상인 사업소	4대	20인

52 정답 ③

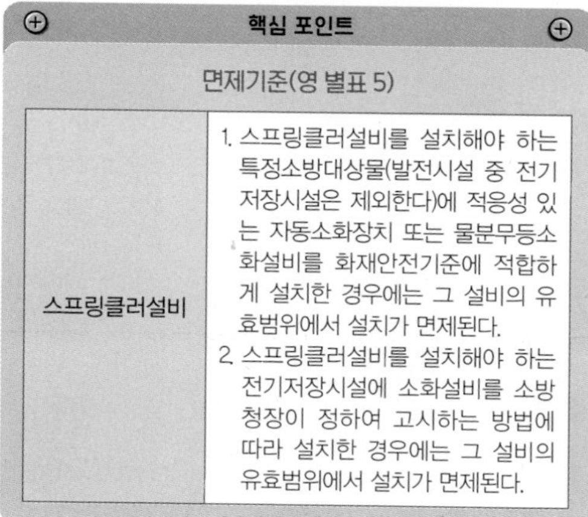

핵심 포인트

면제기준(영 별표 5)

스프링클러설비	1. 스프링클러설비를 설치해야 하는 특정소방대상물(발전시설 중 전기저장시설은 제외한다)에 적응성 있는 자동소화장치 또는 물분무등소화설비를 화재안전기준에 적합하게 설치한 경우에는 그 설비의 유효범위에서 설치가 면제된다. 2. 스프링클러설비를 설치해야 하는 전기저장시설에 소화설비를 소방청장이 정하여 고시하는 방법에 따라 설치한 경우에는 그 설비의 유효범위에서 설치가 면제된다.

53 정답 ①

핵심 포인트

특수가연물의 수량 기준(영 별표 2)

품명		수량
면화류		200kg 이상
나무껍질 및 대팻밥		400kg 이상
넝마 및 종이부스러기		1,000kg 이상
사류(絲類)		1,000kg 이상
볏짚류		1,000kg 이상
가연성 고체류		3,000kg 이상
석탄 · 목탄류		10,000kg 이상
가연성 액체류		$2m^3$ 이상
목재가공품 및 나무부스러기		$10m^3$ 이상
고무류 · 플라스틱류	발포시킨 것	$20m^3$ 이상
	그 밖의 것	3,000kg 이상

54 정답 ③

방유제의 기준(규칙 별표 6)

1. 방유제의 용량은 방유제안에 설치된 탱크가 하나인 때에는 그 탱크 용량의 110% 이상, 2기 이상인 때에는 그 탱크 중 용량이 최대인 것의 용량의 110% 이상으로 할 것
2. 방유제는 높이 0.5m 이상 3m 이하, 두께 0.2m 이상, 지하매설깊이 1m 이상으로 할 것
3. 방유제 내의 면적은 8만m^2 이하로 할 것
4. 방유제 내에 설치하는 옥외저장탱크의 수는 10 이하로 할 것
5. 방유제 외면의 2분의 1 이상은 자동차 등이 통행할 수 있는 3m 이상의 노면폭을 확보한 구내도로에 직접 접하도록 할 것
6. 방유제는 옥외저장탱크의 지름에 따라 그 탱크의 옆판으로부터 거리를 유지할 것
7. 방유제는 철근콘크리트로 하고, 방유제와 옥외저장탱크 사이의 지표면은 불연성과 불침윤성이 있는 구조(철근콘크리트 등)로 할 것
8. 용량이 1,000만l 이상인 옥외저장탱크의 주위에 설치하는 방유제에는 당해 탱크마다 간막이 둑을 설치할 것
9. 방유제 내에는 당해 방유제 내에 설치하는 옥외저장탱크를 위한 배관, 조명설비 및 계기시스템과 이들에 부속하는

설비 그 밖의 안전확보에 지장이 없는 부속설비 외에는 다른 설비를 설치하지 아니할 것

10. 방유제 또는 간막이 둑에는 해당 방유제를 관통하는 배관을 설치하지 아니할 것
11. 방유제에는 그 내부에 고인 물을 외부로 배출하기 위한 배수구를 설치하고 이를 개폐하는 밸브 등을 방유제의 외부에 설치할 것
12. 용량이 100만l 이상인 위험물을 저장하는 옥외저장탱크에 있어서는 11의 밸브 등에 그 개폐상황을 쉽게 확인할 수 있는 장치를 설치할 것
13. 높이가 1m를 넘는 방유제 및 간막이 둑의 안팎에는 방유제내에 출입하기 위한 계단 또는 경사로를 약 50m마다 설치할 것
14. 용량이 50만리터 이상인 옥외탱크저장소가 해안 또는 강변에 설치되어 방유제 외부로 누출된 위험물이 바다 또는 강으로 유입될 우려가 있는 경우에는 해당 옥외탱크저장소가 설치된 부지 내에 전용유조 등 누출위험물 수용설비를 설치할 것

55 정답 ②

핵심 포인트

저수조의 설치기준(규칙 별표 3)

1. 지면으로부터의 낙차가 4.5m 이하일 것
2. 흡수부분의 수심이 0.5m 이상일 것
3. 소방펌프자동차가 쉽게 접근할 수 있도록 할 것
4. 흡수에 지장이 없도록 토사 및 쓰레기 등을 제거할 수 있는 설비를 갖출 것
5. 흡수관의 투입구가 사각형의 경우에는 한 변의 길이가 60cm 이상, 원형의 경우에는 지름이 60cm 이상일 것
6. 저수조에 물을 공급하는 방법은 상수도에 연결하여 자동으로 급수되는 구조일 것

56 정답 ②

3년 이하의 징역 또는 3천만원 이하의 벌금(법 제35조)

1. 소방시설업 등록을 하지 아니하고 영업을 한 자
2. 부정한 청탁을 받고 재물 또는 재산상의 이익을 취득하거나 부정한 청탁을 하면서 재물 또는 재산상의 이익을 제공한 자

57 정답 ③

소방시설에 폐쇄 · 차단 등의 행위를 한 자는 5년 이하의 징역 또는 5천만원 이하의 벌금에 처한다(법 제56조 제1항).

58 정답 ①

지정수량 기준(영 제15조 제1항)

1. 지정수량의 10배 이상의 위험물을 취급하는 제조소
2. 지정수량의 100배 이상의 위험물을 저장하는 옥외저장소
3. 지정수량의 150배 이상의 위험물을 저장하는 옥내저장소
4. 지정수량의 200배 이상의 위험물을 저장하는 옥외탱크저장소
5. 암반탱크저장소
6. 이송취급소
7. 지정수량의 10배 이상의 위험물을 취급하는 일반취급소. 다만, 제4류 위험물(특수인화물을 제외한다)만을 지정수량의 50배 이하로 취급하는 일반취급소(제1석유류 · 알코올류의 취급량이 지정수량의 10배 이하인 경우에 한한다)로서 다음의 어느 하나에 해당하는 것을 제외한다.
   ㉠ 보일러 · 버너 또는 이와 비슷한 것으로서 위험물을 소비하는 장치로 이루어진 일반취급소
   ㉡ 위험물을 용기에 옮겨 담거나 차량에 고정된 탱크에 주입하는 일반취급소

59 정답 ②

주택의 소유자는 소화기 등 대통령령으로 정하는 소방시설을 설치하여야 한다(법 제10조 제1항).

1. **단독주택** : 단독주택, 다중주택, 다가구주택, 공관
2. **공동주택** : 연립주택, 다세대주택

60 정답 ①

핵심 포인트

숙박시설(영 별표 2)

1. 일반형 숙박시설
2. 생활형 숙박시설
3. 고시원(근린생활시설에 해당하지 않는 것을 말한다)
4. 그 밖에 1부터 3까지의 시설과 비슷한 것

제3회 빈출 모의고사

4과목 소방기계시설의 구조 및 원리

61 ③	62 ①	63 ②	64 ③	65 ④
66 ①	67 ③	68 ①	69 ②	70 ④
71 ①	72 ③	73 ④	74 ②	75 ④
76 ②	77 ④	78 ④	79 ②	80 ②

61 정답 ③

전역방출방식 가스소요량(제5조) : 방호구역의 개구부에 자동폐쇄장치를 설치하지 아니한 경우에는 산출한 양에 개구부면적 $1m^2$당 10kg을 가산한다. 이 경우 개구부의 면적은 방호구역 전체 표면적의 3% 이하로 한다.

방호대상물	방호구역의 체적 $1m^3$에 대한 소화약제의 양	설계농도
유압기기를 제외한 전기설비, 케이블실	1.3kg	50%
체적 $55m^3$ 미만의 전기설비	1.6kg	50%
서고, 전자제품창고, 목재가공품창고, 박물관	2.0kg	65%
고무류, 면화류창고, 모피창고, 석탄창고, 집진설비	2.7kg	75%

저장량=(방호구역체적×가스소요량)+(개구부면적×가산량)
=(750×1.3)+(3×10)=1,005kg

62 정답 ①

특정소방대상물에 따라 적응하는 포소화설비는 다음과 같다(제4조).

1. **특수가연물을 저장 · 취급하는 공장 또는 창고** : 포워터스프링클러설비 · 포헤드설비 또는 고정포방출설비, 압축공기포소화설비
2. **차고 또는 주차장** : 포워터스프링클러설비 · 포헤드설비 또는 고정포방출설비, 압축공기포소화설비(다만, 다음의 어느 하나에 해당하는 차고 · 주차장의 부분에는 호스릴포소화설비 또는 포소화전설비를 설치할 수 있다.)
   ㉠ 완전 개방된 옥상주차장 또는 고가 밑의 주차장 등으로서 주된 벽이 없고 기둥뿐이거나 주위가 위해방지용 철주 등으로 둘러쌓인 부분
   ㉡ 옥외로 통하는 개구부가 상시 개방된 구조의 부분으로서 그 개방된 부분의 합계면적이 해당 차고 또는 주차장 바닥면적의 15% 이상인 부분
   ㉢ 지상 1층으로서 방화구획되거나 지붕이 없는 부분
   ㉣ 지상에서 수동 또는 원격조작에 따라 개방이 가능한 개구부의 유효면적의 합계가 바닥면적의 20% 이상(시간당 5회 이상의 배연능력을 가진 배연설비가 설치된 경우에는 15% 이상)인 부분
3. **항공기격납고** : 포워터스프링클러설비 · 포헤드설비 또는 고정포방출설비, 압축공기포소화설비(다만, 바닥면적의 합계가 $1,000m^2$ 이상이고 항공기의 격납위치가 한정되어 있는 경우에는 그 한정된 장소외의 부분에 대하여는 호스릴포소화설비를 설치할 수 있다.)
4. **발전기실, 엔진펌프실, 변압기, 전기케이블실, 유압설비,** : 바닥면적의 합계가 $300m^2$ 미만의 장소에는 고정식 압축공기포소화설비를 설치 할 수 있다.

63 정답 ②

연소방지설비전용헤드를 사용하는 경우에는 다음 표에 따른 구경 이상으로 할 것(제8조 제1항)

하나의 배관에 부착하는 살수헤드의 개수	1개	2개	3개	4개 또는 5개	6개 이상
배관의 구경(mm)	32	40	50	65	80

64 정답 ③

분말소화약제의 가압용 가스용기에는 2.5MPa 이하의 압력에서 조정이 가능한 압력조정기를 설치하여야 한다(제5조 제3항).

65 정답 ④

출입문이 일시적으로 개방되는 경우 개방되지 아니하는 제연구역과 옥내와의 차압은 70% 미만이 되어서는 아니 된다(제6조 제3항).

66 정답 ①

피난사다리의 일반구조(제3조)

1. 안전하고 확실하며 쉽게 사용할 수 있는 구조이어야 한다.
2. 피난사다리는 2개 이상의 종봉(내림식사다리에 있어서는 이에 상당하는 와이어로프 · 체인 그 밖의 금속제의 봉 또는 관을 말한다.) 및 횡봉으로 구성되어야 한다. 다만, 고정식사다리인 경우에는 종봉의 수를 1개로 할 수 있다.
3. 피난사다리(종봉이 1개인 고정식사다리는 제외한다)의 종봉의 간격은 최외각 종봉 사이의 안치수가 30cm 이상이어야 한다.
4. 피난사다리의 횡봉은 지름 14mm 이상 35mm 이하의 원형인 단면이거나 또는 이와 비슷한 손으로 잡을 수 있는 형태의 단면이 있는 것이어야 한다.
5. 피난사다리의 횡봉은 종봉에 동일한 간격으로 부착한 것이어야 하며, 그 간격은 25cm 이상 35cm 이하이어야 한다.
6. 피난사다리 횡봉의 디딤면은 미끄러지지 아니하는 구조이어야 한다.
7. 절단 또는 용접 등으로 인한 모서리 부분은 사람에게 해를 끼치지 않도록 조치되어 있어야 한다.

67 정답 ③

할론소화약제 저장용기의 설치기준(제4조 제1항)

1. 방호구역 외의 장소에 설치할 것(다만, 방호구역 내에 설치할 경우에는 피난 및 조작이 용이하도록 피난구 부근에 설치하여야 한다.)
2. 온도가 40℃ 이하이고, 온도변화가 적은 곳에 설치할 것
3. 직사광선 및 빗물이 침투할 우려가 없는 곳에 설치할 것
4. 방화문으로 구획된 실에 설치할 것
5. 용기의 설치장소에는 해당 용기가 설치된 곳임을 표시하는 표지를 할 것
6. 용기간의 간격은 점검에 지장이 없도록 3cm 이상의 간격을 유지할 것
7. 저장용기와 집합관을 연결하는 연결배관에는 체크밸브를 설치할 것(다만, 저장용기가 하나의 방호구역만을 담당하는 경우에는 그러하지 아니하다.)

68 정답 ①

분말소화약제의 저장용기 설치기준(제4조 제2항)

1. 저장용기의 내용적은 소화약제 1킬로그램당 1L(제1종 분말은 0.8L, 제4종 분말은 1.25L)로 한다.
2. 저장용기에는 가압식은 최고사용압력의 1.8배 이하, 축압식은 용기의 내압시험압력의 0.8배 이하의 압력에서 작동하는 안전밸브를 설치할 것
3. 가압식 저장용기에는 저장용기의 내부압력이 설정압력으로 되었을 때 주밸브를 개방하는 정압작동장치를 설치할 것
4. 저장용기의 충전비는 0.8 이상으로 할 것
5. 저장용기 및 배관에는 잔류 소화약제를 처리할 수 있는 청소장치를 설치할 것
6. 축압식 저장용기에는 사용압력 범위를 표시한 지시압력계를 설치할 것

69 정답 ②

마른모래, 팽창질석, 팽창진주암은 D급 화재에 적응성이 있다.

C급 화재에 적응성이 있는 소화약제 : 이산화탄소소화약제, 할론소화약제, 할로겐화합물 및 불활성기체 소화약제, 중탄산염류 소화약제, 인산염류소화약제

70 정답 ④

국소방출방식의 할론소화설비의 분사헤드의 설치기준(제10조 제2항)

1. 소화약제의 방출에 따라 가연물이 비산하지 않는 장소에 설치할 것
2. 할론 2402를 방출하는 분사헤드는 해당 소화약제가 무상으로 분무되는 것으로 할 것
3. 분사헤드의 방출압력은 0.1MPa(할론 1211을 방출하는 것은 0.2MPa, 할론 1301을 방출하는 것은 0.9MPa) 이상으로 할 것
4. 기준저장량의 소화약제를 10초 이내에 방출할 수 있는 것으로 할 것

71 정답 ①

노유자 시설의 4층 이상 10층 이하에서 적응성이 있는 피난기구 : 구조대, 피난교, 다수인피난장비, 승강식피난기

72 정답 ③

차고 · 주차장에 설치하는 호스릴포소화설비 또는 포소화전설비의 설치기준(2.9.3)

1. 특정소방대상물의 어느 층에 있어서도 그 층에 설치된 호스릴포방수구 또는 포소화전방수구를 동시에 사용할 경우 각 이동식 포노즐 선단의 포수용액 방사압력이 0.35MPa 이상이고 300L/min 이상의 포수용액을 수평거리 15m 이상으로 방사할 수 있도록 할 것
2. 저발포의 포소화약제를 사용할 수 있는 것으로 할 것
3. 호스릴 또는 호스를 호스릴포방수구 또는 포소화전방수구로 분리하여 비치하는 때에는 그로부터 3m 이내의 거리에 호스릴함 또는 호스함을 설치할 것
4. 호스릴함 또는 호스함은 바닥으로부터 높이 1.5m 이하의 위치에 설치하고 그 표면에는 "포호스릴함(또는 포소화전함)"이라고 표시한 표지와 적색의 위치표시등을 설치할 것
5. 방호대상물의 각 부분으로부터 하나의 호스릴포방수구까지의 수평거리는 15m 이하(포소화전방수구의 경우에는 25m 이하)가 되도록 하고 호스릴 또는 호스의 길이는 방호대상물의 각 부분에 포가 유효하게 뿌려질 수 있도록 할 것

73 정답 ④

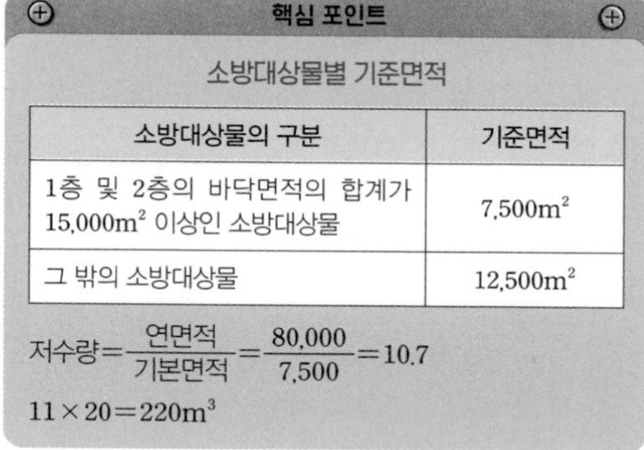
핵심 포인트

소방대상물별 기준면적

소방대상물의 구분	기준면적
1층 및 2층의 바닥면적의 합계가 15,000m^2 이상인 소방대상물	7,500m^2
그 밖의 소방대상물	12,500m^2

$$\text{저수량} = \frac{\text{연면적}}{\text{기본면적}} = \frac{80,000}{7,500} = 10.7$$

$11 \times 20 = 220m^3$

74 정답 ②

다음의 어느 하나에 해당하는 장소에는 조기반응형 스프링클러헤드를 설치해야 한다.

1. 공동주택 · 노유자시설의 거실
2. 오피스텔 · 숙박시설의 침실
3. 병원 · 의원의 입원실

75 정답 ④

기동용수압개폐장치 중 압력챔버를 사용할 경우 그 용적은 100L 이상의 것으로 하여야 한다.

76 정답 ②

압축공기포소화설비의 분사헤드는 천장 또는 반자에 설치하되 방호대상물에 따라 측벽에 설치할 수 있으며 유류탱크 주위에는 바닥면적 13.9m^2마다 1개 이상, 특수가연물저장소에는 바닥면적 9.3m^2마다 1개 이상으로 당해 방호대상물의 화재를 유효하게 소화할 수 있도록 할 것

핵심 포인트

방호대상별 압축공기포 분사헤드의 방출량(m^2/min)

방호대상물	방호면적 1m^2에 대한 1분당 방출량
특수가연물	2.3L
기타의 것	1.63L

77 정답 ④

특정소방대상물의 용도 및 장소별로 설치해야 할 인명구조기구

특정소방대상물	인명구조기구	설치 수량
1. 지하층을 포함하는 층수가 7층 이상인 관광호텔 및 5층 이상인 병원	방열복 또는 방호복(안전모, 보호장갑 및 안전화를 포함한다), 공기호흡기, 인공소생기	각 2개 이상 비치할 것(다만 병원의 경우에는 인공소생기를 설치하지 않을 수 있다.)
2. 문화 및 집회시설 중 수용인원 100명 이상의 영화상영관 3. 판매시설 중 대규모 점포 4. 운수시설 중 지하역사 5. 지하가 중 지하상가	공기호흡기	층마다 2개 이상 비치할 것(다만 각 층마다 갖추어두어야 할 공기호흡기 중 일부를 직원이 상주하는 사무실에 갖추어 둘 수 있다.)
6. 물분무등소화설비 중 이산화탄소소화설비를 설치해야 하는 특정소방대상물	공기호흡기	이산화탄소소화설비가 설치된 장소의 출입구 외부 인근에 1개 이상 비치할 것

78 정답 ④

할로겐화합물 및 불활성기체소화설비의 수동식 기동장치는 다음의 기준에 따라 설치해야 한다.

1. 방호구역마다 설치할 것
2. 해당 방호구역의 출입구 부근 등 조작을 하는 자가 쉽게 피난할 수 있는 장소에 설치할 것
3. 기동장치의 조작부는 바닥으로부터 0.8m 이상 1.5m 이하의 위치에 설치하고, 보호판 등에 따른 보호장치를 설치할 것
4. 기동장치 인근의 보기 쉬운 곳에 "할로겐화합물 및 불활성기체소화설비 수동식 기동장치"라는 표지를 할 것
5. 전기를 사용하는 기동장치에는 전원표시등을 설치할 것
6. 기동장치의 방출용스위치는 음향경보장치와 연동하여 조작될 수 있는 것으로 할 것
7. 50N 이하의 힘을 가하여 기동할 수 있는 구조로 할 것
8. 기동장치에는 보호장치를 설치해야 하며, 보호장치를 개방하는 경우 기동장치에 설치된 부저 또는 벨 등에 의하여 경고음을 발할 것
9. 기동장치를 옥외에 설치하는 경우 빗물 또는 외부 충격의 영향을 받지 아니하도록 설치할 것

79 정답 ②

스프링클러설비의 수원은 산출된 유효수량 외에 유효수량의 3분의 1 이상을 옥상(스프링클러설비가 설치된 건축물의 주된 옥상을 말한다.)에 설치해야 한다.

80 정답 ②

② **미분무** : 물만을 사용하여 소화하는 방식으로 최소설계압력에서 헤드로부터 방출되는 물입자 중 99%의 누적체적분포가 400㎛ 이하로 분무되고 A, B, C급 화재에 적응성을 갖는 것을 말한다.

① **미분무헤드** : 하나 이상의 오리피스를 가지고 미분무소화설비에 사용되는 헤드를 말한다.

③ **개방형 미분무헤드** : 감열체 없이 방수구가 항상 열려져 있는 헤드를 말한다.

④ **폐쇄형 미분무헤드** : 정상상태에서 방수구를 막고 있는 감열체가 일정온도에서 자동적으로 파괴 · 용융 또는 이탈됨으로써 방수구가 개방되는 헤드를 말한다.

제4회 빈출 모의고사

1과목 소방원론

01 ②	02 ②	03 ④	04 ①	05 ④
06 ④	07 ③	08 ④	09 ①	10 ③
11 ②	12 ①	13 ③	14 ③	15 ④
16 ①	17 ①	18 ③	19 ①	20 ④

01 정답 ②

물의 주된 소화효과는 냉각효과로 물은 지열 및 잠열이 커서 화재면에 방사 시 많은 양의 에너지를 흡수하게 되어 가연물의 온도를 인화점, 발화점 이하로 낮출 수 있다. 물의 소화효과에는 냉각효과, 질식효과, 희석효과, 유화효과 등이 있다.

02 정답 ②

핵심 포인트

Halon의 분자식

구분	C	F	Cl	Br	분자식
1301	1	3	0	1	CF_3Br
1211	1	2	1	1	CF_2ClBr
2402	2	4	0	2	$C_2F_4Br_2$
104	1	0	4		CCl_4
1011	1	0	1	1	CH_2CLBr

03 정답 ④

Fourier법칙 : 열 유속에 관한 식으로 이동열량은 면적과 온도차에 비례하고, 전열체의 두께에 반비례한다.

04 정답 ①

핵심 포인트

위험물의 성질

제1류 위험물 : 산화성 고체
제2류 위험물 : 가연성 고체
제3류 위험물 : 자연발화성 및 금수성 물질
제4류 위험물 : 인화성 액체
제5류 위험물 : 자기반응성 물질
제6류 위험물 : 산화성 액체

05 정답 ④

핵심 포인트

단백포 소화약제의 특징

1. 유류화재에 효과적이다.
2. 개방된 옥외공간에서 발생한 화재에도 소화효과가 우수하다.
3. 일반적으로 인체에 무해하며, 화재 시 열분해에 의한 독성가스의 발생이 많지 않다.
4. 소화 후 물로 인한 피해가 발생한다.
5. 단백포의 경우 부패의 우려가 있다.

06 정답 ④

이산화탄소 소화약제의 주된 소화효과 : 질식효과

07 정답 ③

소화기구(자동확산소화기를 제외한다)는 거주자 등이 손쉽게 사용할 수 있는 장소에 바닥으로부터 높이 1.5m 이하의 곳에 비치하고, 소화기구의 종류를 표시한 표지를 보기 쉬운 곳에 부착할 것. 다만, 소화기 및 투척용소화용구의 표지는 「축광표지의 성능인증 및 제품검사의 기술기준」에 적합한 축광식표지로 설치하고, 주차장의 경우 표지를 바닥으로부터 1.5m 이상의 높이에 설치할 것(제4조 제1항 제6호)

08 정답 ④

핵심 포인트

Halon의 분자식

구분	C	F	Cl	Br	분자식
1301	1	3	0	1	CF_3Br
1211	1	2	1	1	CF_2ClBr
2402	2	4	0	2	$C_2F_4Br_2$
104	1	0	4		CCl_4
1011	1	0	1	1	CH_2CLBr

09 정답 ①

금수성 물질은 제3류 위험물에 속하는 물질을 말하며, 물에 접촉하면 발열하거나 발화되는 것을 말한다. 수산화나트륨, 산화칼슘, 과산화나트륨, 발연황산 등은 발열이 눈에 띄게 현저한 물질이며, 금속나트륨, 금속칼륨, 탄화칼슘, 인화칼슘 등은 물에 접촉하면 가연성가스를 발생하는 물질이다.

10 정답 ③

착화온도 : 휘발유 300℃, 등유 210℃, 이황화탄소 100℃, 에틸에테 180℃, 경유 200℃

11 정답 ②

연쇄반응 차단 소화는 화학적 소화방법이다.
물리적 소화방법 : 제거소화, 질식소화, 냉각소화

12 정답 ①

허용농도 : 이산화탄소 5,000ppm, 일산화탄소 50ppm, 포스겐 0.1ppm

13 정답 ③

IG–541 압력 $V_2=V_1\times\frac{P_1}{P_2}\times\frac{T_2}{T_1}$, $P_2=P_1\times\frac{T_2}{T_1}$

$$P_2=155\times\frac{273+30}{273+15}=163.07kgf/cm^2$$

14

정답 ③

스테판-볼쯔만의 법칙 : 흑체의 단위표면적에서 방출되는 모든 파장의 빛에너지의 총합 I는 흑체의 절대온도 T의 4제곱에 비례한다는 법칙

15

정답 ④

핵심 포인트

연소범위

종류	연소범위	종류	연소범위
수소	4.0~75	아세톤	2.5~12.8
프로페인	2.1~9.5	이황화탄소	1~44

$$위험도=\frac{x_2-x_1}{x_1}=\frac{상한값-하한값}{하한값}$$

④ 이황화탄소$=\frac{44-1.0}{1.0}=43.0$

① 수소$=\frac{75-4.0}{4.0}=17.75$

② 아세톤$=\frac{12.8-2.5}{2.5}=4.12$

③ 프로페인$=\frac{9.5-2.1}{2.1}=3.5$

16

정답 ①

주요구조부 : 내력벽, 기둥, 바닥, 보, 지붕틀 및 주계단을 말한다. 다만, 사이 기둥, 최하층 바닥, 작은 보, 차양, 옥외 계단, 그 밖에 이와 유사한 것으로 건축물의 구조상 중요하지 아니한 부분은 제외한다(제2조 제1항 제7호).

17

정답 ①

핵심 포인트

건물 내 피난동선의 조건

1. 2개 이상의 방향으로 피난할 수 있을 것
2. 간단하고 명료할 것
3. 설비는 고정식설비를 위주로 할 것
4. 통로의 말단은 안전한 장소일 것
5. 피난수단은 원시적 방법에 의한 것을 원칙으로 할 것
6. 일상생활의 동선과 일치할 것

18

정답 ③

핵심 포인트

제1류 위험물의 공통 성질

1. 대부분 무색결정 또는 백색분말로서 비중이 1보다 크다.
2. 대부분 물에 잘 녹는다.
3. 불연성이다.
4. 산소를 많이 함유하고 있는 강산화제이다.
5. 반응성이 풍부하여 산소가 발생한다.
6. 무기화합물이다.

19

정답 ①

목재건축물의 화재 진행과정 : 화재의 원인→무염착화→발염착화→발화(출화)→최성기→연소낙하→진화

20

정답 ④

핵심 포인트

화재의 종류

등급	종류	표지색상
A급 화재	일반화재	백색
B급 화재	유류화재	황색
C급 화재	전기화재	청색
D급 화재	금속화재	무색
K급 화재	주방화재	-

제4회 빈출 모의고사

2과목 소방유체역학

21 ①	22 ①	23 ②	24 ①	25 ①
26 ④	27 ①	28 ③	29 ②	30 ④
31 ①	32 ①	33 ②	34 ④	35 ④
36 ③	37 ①	38 ②	39 ④	40 ①

21 정답 ①

폴리트로픽 변화 $PV^n=C$(정수)

1. $n=0$이면 정압(등압)변화
2. $n=1$이면 등온변화
3. $n=k$이면 단열변화
4. $n=\infty$이면 정적변화

22 정답 ①

점성계수 : 유체 흐름에 대해 저항하는 정도를 나타내는 정량적인 수치 $ML^{-1}T^{-1}g/\text{cm}\cdot\text{s}$

23 정답 ②

난류의 거의 무작위적인 성질 때문에 난류운동은 시간과 공간의 함수로서 정확히 계산되거나 예측될 수 없다. 난류는 아주 불규칙적이고, 거의 무작위하고, 3차원이고, 크게 회전성을 가지고, 소산되는 대단히 확산(혼합)적인 운동이다.

24 정답 ①

원판에 가해지는 힘 $F=\rho QV=\rho AV\cdot V=\rho\frac{\pi D^2}{4}$

$$=\rho\frac{\pi D^2}{4}(V-U)^2$$

25 정답 ①

층류상태로 흐르는 경우 유량 $Q=\frac{\pi D^4\Delta P}{128\mu L}$($Q$: 유량, D : 지름, ΔP : 압력강하, μ : 정성계수, L : 길이)

① 관의 길이에 반비례한다.
② 점성계수에 반비례한다.
③ 관 지름의 4제곱에 비례한다.
④ 유량 Q은 압력강하 ΔP에 비례한다.

26 정답 ④

수문에 작용하는 압력 $F=\gamma\bar{y}\sin\theta A=9{,}800\times\frac{3}{2}\times\sin30^\circ\times(0.5\times3)=11{,}025$

• 압력중심 $y_p=\frac{I_C}{\bar{y}A}=\frac{\frac{0.5\times3^3}{12}}{1.5\times1.5}+1.5=2$

• 모멘트의 합 $\sum M_A=0,\ F_B\times3-\text{F}\times2=0$

$F_B=\frac{2}{3}F=\frac{2}{3}\times11{,}025=7{,}350N=7.35kN$

27 정답 ①

레이놀즈수 $R_e=\frac{Du\rho}{\mu}$, 하임계 레이놀즈수=2,200(층류에서 난류로 바뀌는 임계값)

$PV=WRT,\ P=\frac{W}{V}RT,\ P=\rho\text{RT},\ \rho=\frac{P}{RT}$

$\rho=\frac{P}{RT}=\frac{200\times1{,}000}{2{,}080\times(273+27)}=0.32\text{kg/m}^3$

㉠ 0.3m/s일 경우 $R_e=\frac{Du\rho}{\mu}=\frac{0.05\times0.3\times0.32}{2\times10^{-5}}$
$=240\text{m/s}$

㉡ 1.5m/s일 경우 $R_e=\frac{Du\rho}{\mu}=\frac{0.05\times1.5\times0.32}{2\times10^{-5}}$
$=1{,}200\text{m/s}$

㉢ 8.3m/s일 경우 $R_e=\frac{Du\rho}{\mu}=\frac{0.05\times8.3\times0.32}{2\times10^{-5}}$
$=6{,}640\text{m/s}$

㉣ 15.5m/s일 경우 $R_e=\frac{Du\rho}{\mu}=\frac{0.05\times15.5\times0.32}{2\times10^{-5}}$
$=12{,}400\text{m/s}$

28 정답 ③

수경직경$=\frac{단면적}{길이}=\frac{\pi D^2-\pi d^2}{\pi(D+d)}=\frac{\pi(D^2-d^2)}{\pi(D+d)}$($D$: 바깥지름, d : 안지름)

$=\frac{\pi(D-d)(D+d)}{\pi(D+d)}=D-d=6-4=2\text{cm}$

29 정답 ②

계기압력 $P_A=\gamma_2 h_2-\gamma_1 h_1=(13.6\times 9.8\times 0.8)-(1\times 9.8\times 0.5)=101.72kPa$

30 정답 ④

난방용 방열기(물–공기 열교환기)는 m당 100~300개의 FIN을 가진 안지름 10~70mm의 스파이럴관, 건조–가열–냉각–유니트로 접속되며 이는 열전달 면적을 증가시키기 위한 것이다.

31 정답 ①

앤탈피 $h=u+Pv$, $u=h-Pv$

$u=h-Pv=2{,}974.33-(0.1\times 10^3)\times 2.40604$

$=2{,}733.7kJ/kg$

32 정답 ①

손실수두 $H=\frac{fLV^2}{2gD}$(D : 내경$(4Rh=4\times 0.3)=1.2a$)

• 수력반경 $Rh=\frac{a\times 1.5a}{a\times 2+1.5a\times 2}=\frac{1.5a^2}{5a}=0.3\text{a}$

$H=\frac{fLV^2}{2gD}=\frac{fLV^2}{2\times g\times 1.2a}=\frac{fLV^2}{2.4ag}$

33 정답 ②

유체의 압축률 : 단위압력변화에 대한 체적의 변형도를 의미한다. 체적탄성계수는 압축률의 역수이다.

$\beta=\frac{1}{K}$(K : 체적탄성계수, β : 압축률)

34 정답 ④

④ **모세관현상** : 모세관을 액체 속에 넣었을 때, 관 속의 액면이 관 밖의 액면보다 높아지거나 낮아지는 현상 혹은 분자 사이의 인력과 분자와 가느다란 관의 벽 사이에 작용하는, 서로 간의 인력에 의해 가느다란 관을 채운 액체가 올라가거나 내려가는 현상을 말한다.

① **관성력** : 관성에 의해 관찰되는 가상의 힘을 말한다.

② **탄성력** : 고무줄, 용수철, 고무풍선, 피부 등 탄성을 가진 물체가 원래 상태로 되돌아가려는 힘을 말한다.

③ **동점성계수** : 점성계수를 유체의 밀도로 나눈 형태로 사용하는 것을 말한다.

35 정답 ④

베르누이 방정식을 적용할 수 있는 기본 전제조건

1. 비압축성 흐름
2. 비점성 흐름
3. 정상 유동

36 정답 ③

두 피스톤이 움직인 거리를 s_1, s_2라 하면 $A_1 s_1=A_2 s_2$,

$s_2=s_1\times\frac{A_1}{A_2}\times\frac{\frac{\pi}{4}(30)^2}{\frac{\pi}{4}(5)^2}=36\text{cm}$

37 정답 ①

유속 $u=\sqrt{2gh}$, 방출유속 $u_2=\sqrt{2\text{g}\left(\frac{1}{2}h\right)}$,

유량 $Q=Au=\text{A}\sqrt{2gh}$, 방출유량 $Q_2=A\sqrt{2\text{g}\left(\frac{1}{2}h\right)}$

$\text{A}=\frac{Q}{\sqrt{2gh}}$이므로 $Q_2=\frac{1}{\sqrt{2}}Q$

38 정답 ②

도심과 압력중심 사이의 최대거리

1. 원판의 도심 $\bar{y}=\frac{D}{2}=R$
2. 압력중심 $y_p=\frac{I_{xc}}{\bar{y}A}$, $y_p=\frac{\frac{\pi R^4}{4}}{R\times(\pi R^2)}=\frac{R}{4}$

39 정답 ④

물 비중량 $\gamma=9,800$, 압력 $P=S\gamma_w h$

- 비중 0.8의 압력 $P_1=0.8\times9,800\times1=7,840$
- 비중 13.6의 압력 $P_2=13.6\times9,800\times h$

$P_A=200kPa=200\times10^3N/m^2$이고, 압력 $P_B=P_C$이므로 $P_A+P_1=P_2$이다.

따라서 $200\times10^3+7,840=13.6\times9,800\times h$

- 높이 $h=\dfrac{200\times10^3+7,800}{13.6\times9,800}=1.56m$

40 정답 ①

원관 내에 유체가 흐를 때 유동의 특성을 결정하는 가장 중요한 요소는 관성력, 점성력이다.

제4회 빈출 모의고사

3과목 소방관계법규

41 ③	42 ②	43 ④	44 ④	45 ③
46 ②	47 ①	48 ②	49 ①	50 ①
51 ③	52 ④	53 ③	54 ①	55 ④
56 ④	57 ③	58 ④	59 ③	60 ③

41 정답 ③

소방용수시설의 설치기준(규칙 별표 3)

1. **주거지역, 상업지역 및 공업지역에 설치하는 경우** : 소방대상물과의 수평거리를 100m 이하가 되도록 할 것
2. **그 외의 지역에 설치하는 경우** : 소방대상물과의 수평거리를 140m 이하가 되도록 할 것

42 정답 ②

제3류 위험물 : 칼륨, 나트륨, 알킬알루미늄, 알킬리튬, 황린, 알칼리금속, 유기금속화합물, 금속의 수소화물, 금속의 인화물, 칼슘 또는 알루미늄의 탄화물

43 정답 ④

경유 · 등유 등 액체연료를 사용할 때에는 다음 사항을 지켜야 한다(영 별표 1).

1. 연료탱크는 보일러 본체로부터 수평거리 1m 이상의 간격을 두어 설치할 것
2. 연료탱크에는 화재 등 긴급상황이 발생하는 경우 연료를 차단할 수 있는 개폐밸브를 연료탱크로부터 0.5m 이내에 설치할 것
3. 연료탱크 또는 보일러 등에 연료를 공급하는 배관에는 여과장치를 설치할 것
4. 사용이 허용된 연료 외의 것을 사용하지 않을 것
5. 연료탱크가 넘어지지 않도록 받침대를 설치하고, 연료탱크 및 연료탱크 받침대는 불연재료로 할 것

44 정답 ④

소방업무의 상호응원협정 사항(규칙 제8조)

1. 다음의 소방활동에 관한 사항
   - ㉠ 화재의 경계 · 진압활동
   - ㉡ 구조 · 구급업무의 지원
   - ㉢ 화재조사활동
2. 응원출동대상지역 및 규모
3. 다음의 소요경비의 부담에 관한 사항
   - ㉠ 출동대원의 수당 · 식사 및 의복의 수선
   - ㉡ 소방장비 및 기구의 정비와 연료의 보급
   - ㉢ 그 밖의 경비
4. 응원출동의 요청방법
5. 응원출동훈련 및 평가

45 정답 ③

2급 소방안전관리대상물에 선임해야 하는 소방안전관리자의 자격(영 별표 4)

1. 위험물기능장 · 위험물산업기사 또는 위험물기능사 자격이 있는 사람
2. 소방공무원으로 3년 이상 근무한 경력이 있는 사람
3. 소방청장이 실시하는 2급 소방안전관리대상물의 소방안전관리에 관한 시험에 합격한 사람
4. 소방안전관리자로 선임된 사람(소방안전관리자로 선임된

기간으로 한정한다.)

46 정답 ②

음식조리를 위하여 설치하는 설비(영 별표 1)

1. 주방설비에 부속된 배출덕트(공기 배출통로)는 0.5mm 이상의 아연도금강판 또는 이와 같거나 그 이상의 내식성 불연재료로 설치할 것
2. 주방시설에는 동물 또는 식물의 기름을 제거할 수 있는 필터 등을 설치할 것
3. 열을 발생하는 조리기구는 반자 또는 선반으로부터 0.6m 이상 떨어지게 할 것
4. 열을 발생하는 조리기구로부터 0.15m 이내의 거리에 있는 가연성 주요구조부는 단열성이 있는 불연재료로 덮어 씌울 것

47 정답 ①

목적 : 소방기본법은 화재를 예방 · 경계하거나 진압하고 화재, 재난 · 재해, 그 밖의 위급한 상황에서의 구조 · 구급 활동 등을 통하여 국민의 생명 · 신체 및 재산을 보호함으로써 공공의 안녕 및 질서 유지와 복리증진에 이바지함을 목적으로 한다(법 제1조).

48 정답 ②

화재안전조사의 연기를 신청하려는 관계인은 화재안전조사 시작 3일 전까지 화재안전조사 연기신청서(전자문서를 포함한다)에 화재안전조사를 받기 곤란함을 증명할 수 있는 서류(전자문서를 포함한다)를 첨부하여 소방청장, 소방본부장 또는 소방서장에게 제출해야 한다(규칙 제4조 제1항).

49 정답 ①

- **소방시설** : 소화설비, 경보설비, 피난구조설비, 소화용수설비, 그 밖에 소화활동설비로서 대통령령으로 정하는 것을 말한다(법 제2조 제1호).
- **소방시설 등** : 소방시설과 비상구, 그 밖에 소방 관련 시설로서 대통령령으로 정하는 것을 말한다(법 제2조 제2호).
- **특정소방대상물** : 건축물 등의 규모 · 용도 및 수용인원 등을 고려하여 소방시설을 설치하여야 하는 소방대상물로서 대통령령으로 정하는 것을 말한다(법 제2조 제3호).

50 정답 ①

정전기 제거설비 방법(규칙 별표 4)

1. 접지에 의한 방법
2. 공기 중의 상대습도를 70% 이상으로 하는 방법
3. 공기를 이온화하는 방법

51 정답 ③

쌓는 부분 바닥면적의 사이는 실내의 경우 1.2m 또는 쌓는 높이의 1/2 중 큰 값 이상으로 간격을 두어야 하며, 실외의 경우 3m 또는 쌓는 높이 중 큰 값 이상으로 간격을 둘 것(영 별표 3)

52 정답 ④

다음의 어느 하나에 해당하는 특정소방대상물 가운데 대통령령으로 정하는 특정소방대상물에는 대통령령으로 정하는 소방시설을 설치하지 아니할 수 있다(법 제13조 제4항).

1. 화재 위험도가 낮은 특정소방대상물
2. 화재안전기준을 적용하기 어려운 특정소방대상물
3. 화재안전기준을 다르게 적용하여야 하는 특수한 용도 또는 구조를 가진 특정소방대상물
4. 자체소방대가 설치된 특정소방대상물

53 정답 ③

위원회의 위원은 다음의 어느 하나에 해당하는 사람 중에서 소방관서장이 임명하거나 위촉한다(영 제11조 제3항).

1. 과장급 직위 이상의 소방공무원
2. 소방기술사
3. 소방시설관리사
4. 소방 관련 분야의 석사 이상 학위를 취득한 사람
5. 소방 관련 법인 또는 단체에서 소방 관련 업무에 5년 이상 종사한 사람
6. 소방공무원 교육훈련기관, 「고등교육법」 제2조의 학교 또는 연구소에서 소방과 관련한 교육 또는 연구에 5년 이상 종사한 사람

54 정답 ①

공사감리자 지정대상 특정소방대상물의 범위(영 제10조 제2항)

1. 옥내소화전설비를 신설 · 개설 또는 증설할 때
2. 스프링클러설비 등(캐비닛형 간이스프링클러설비는 제외한다)을 신설 · 개설하거나 방호 · 방수 구역을 증설할 때
3. 물분무등소화설비(호스릴 방식의 소화설비는 제외한다)를 신설 · 개설하거나 방호 · 방수 구역을 증설할 때
4. 옥외소화전설비를 신설 · 개설 또는 증설할 때
5. 자동화재탐지설비를 신설 또는 개설할 때
6. 비상방송설비를 신설 또는 개설할 때
7. 통합감시시설을 신설 또는 개설할 때
8. 소화용수설비를 신설 또는 개설할 때
9. 다음에 따른 소화활동설비에 대하여 그에 따른 시공을 할 때
   - ㉠ 제연설비를 신설 · 개설하거나 제연구역을 증설할 때
   - ㉡ 연결송수관설비를 신설 또는 개설할 때
   - ㉢ 연결살수설비를 신설 · 개설하거나 송수구역을 증설할 때
   - ㉣ 비상콘센트설비를 신설 · 개설하거나 전용회로를 증설할 때
   - ㉤ 무선통신보조설비를 신설 또는 개설할 때
   - ㉥ 연소방지설비를 신설 · 개설하거나 살수구역을 증설할 때

55 정답 ④

다음의 어느 하나에 해당하는 제조소 등의 경우에는 허가를 받지 아니하고 당해 제조소 등을 설치하거나 그 위치 · 구조 또는 설비를 변경할 수 있으며, 신고를 하지 아니하고 위험물의 품명 · 수량 또는 지정수량의 배수를 변경할 수 있다(법 제6조 제3항).

1. 주택의 난방시설(공동주택의 중앙난방시설을 제외한다)을 위한 저장소 또는 취급소
2. 농예용 · 축산용 또는 수산용으로 필요한 난방시설 또는 건조시설을 위한 지정수량 20배 이하의 저장소

56 정답 ④

위험물의 유별 저장 · 취급의 공통기준(중요기준)

1. 제1류 위험물은 가연물과의 접촉 · 혼합이나 분해를 촉진하는 물품과의 접근 또는 과열 · 충격 · 마찰 등을 피하는 한편, 알칼리금속의 과산화물 및 이를 함유한 것에 있어서는 물과의 접촉을 피하여야 한다.
2. 제2류 위험물은 산화제와의 접촉 · 혼합이나 불티 · 불꽃 · 고온체와의 접근 또는 과열을 피하는 한편, 철분 · 금속분 · 마그네슘 및 이를 함유한 것에 있어서는 물이나 산과의 접촉을 피하고 인화성 고체에 있어서는 함부로 증기를 발생시키지 아니하여야 한다.
3. 제3류 위험물 중 자연발화성물질에 있어서는 불티 · 불꽃 또는 고온체와의 접근 · 과열 또는 공기와의 접촉을 피하고, 금수성물질에 있어서는 물과의 접촉을 피하여야 한다.
4. 제4류 위험물은 불티 · 불꽃 · 고온체와의 접근 또는 과열을 피하고, 함부로 증기를 발생시키지 아니하여야 한다.
5. 제5류 위험물은 불티 · 불꽃 · 고온체와의 접근이나 과열 · 충격 또는 마찰을 피하여야 한다.
6. 제6류 위험물은 가연물과의 접촉 · 혼합이나 분해를 촉진하는 물품과의 접근 또는 과열을 피하여야 한다.

57 정답 ③

③ **작동점검** : 소방시설 등을 인위적으로 조작하여 소방시설이 정상적으로 작동하는지를 소방청장이 정하여 고시하는 소방시설 등 작동점검표에 따라 점검하는 것을 말한다.

① **종합점검** : 소방시설 등의 작동점검을 포함하여 소방시설 등의 설비별 주요 구성 부품의 구조기준이 화재안전기준과 「건축법」 등 관련 법령에서 정하는 기준에 적합한 지 여부를 소방청장이 정하여 고시하는 소방시설 등 종합점검표에 따라 점검하는 것을 말한다.

② **최초점검** : 소방시설이 새로 설치되는 경우 건축물을 사용할 수 있게 된 날부터 60일 이내 점검하는 것을 말한다.

58 정답 ④

피난시설, 방화구획 및 방화시설의 금지행위(법 제16조 제1항)

1. 피난시설, 방화구획 및 방화시설을 폐쇄하거나 훼손하는 등의 행위
2. 피난시설, 방화구획 및 방화시설의 주위에 물건을 쌓아두거나 장애물을 설치하는 행위
3. 피난시설, 방화구획 및 방화시설의 용도에 장애를 주거나 소방활동에 지장을 주는 행위
4. 그 밖에 피난시설, 방화구획 및 방화시설을 변경하는 행위

59 정답 ③

소방관서장은 화재예방강화지구 안의 소방대상물의 위치 · 구조 및 설비 등에 대하여 화재안전조사를 하여야 한다(법 제18조 제3항).

60 정답 ③

1년 이하의 징역 또는 1천만원 이하의 벌금(법 제58조)

1. 소방시설 등에 대하여 스스로 점검을 하지 아니하거나 관리업자 등으로 하여금 정기적으로 점검하게 하지 아니한 자
2. 소방시설관리사증을 다른 사람에게 빌려주거나 빌리거나 이를 알선한 자
3. 동시에 둘 이상의 업체에 취업한 자
4. 자격정지처분을 받고 그 자격정지기간 중에 관리사의 업무를 한 자
5. 관리업의 등록증이나 등록수첩을 다른 자에게 빌려주거나 빌리거나 이를 알선한 자
6. 영업정지처분을 받고 그 영업정지기간 중에 관리업의 업무를 한 자
7. 제품검사에 합격하지 아니한 제품에 합격표시를 하거나 합격표시를 위조 또는 변조하여 사용한 자
8. 형식승인의 변경승인을 받지 아니한 자
9. 제품검사에 합격하지 아니한 소방용품에 성능인증을 받았다는 표시 또는 제품검사에 합격하였다는 표시를 하거나 성능인증을 받았다는 표시 또는 제품검사에 합격하였다는 표시를 위조 또는 변조하여 사용한 자
10. 성능인증의 변경인증을 받지 아니한 자
11. 우수품질인증을 받지 아니한 제품에 우수품질인증 표시를 하거나 우수품질인증 표시를 위조하거나 변조하여 사용한 자
12. 관계인의 정당한 업무를 방해하거나 출입 · 검사 업무를 수행하면서 알게 된 비밀을 다른 사람에게 누설한 자

제4회 빈출 모의고사

4과목 소방기계시설의 구조 및 원리

61 ④	62 ③	63 ④	64 ①	65 ③
66 ④	67 ①	68 ③	69 ②	70 ④
71 ②	72 ①	73 ②	74 ④	75 ①
76 ③	77 ①	78 ②	79 ④	80 ①

61 정답 ④

핵심 포인트

소방대상물의 설치장소별 피난기구의 적응성

층별 / 설치장소별 구분	지하층	1층	2층	3층	4층 이상 10층 이하
1. 노유자시설	피난용트랩	미끄럼대·구조대·피난교·다수인피난장비·승강식피난기.	미끄럼대·구조대·피난교·다수인피난장비·승강식피난기.	미끄럼대·구조대·피난교·다수인피난장비·승강식피난기.	피난교·다수인피난장비·승강식피난기.
2. 의료시설·근린생활시설 중 입원실이 있는 의원·접골원·조산원	피난용트랩			미끄럼대·구조대·피난교·피난용트랩·다수인피난장비·승강식피난기.	구조대·피난교·피난용트랩·다수인피난장비·승강식피난기.
3. 다중이용업소로서 영업장의 위치가 4층 이하인 다중이용업소			미끄럼대·피난사다리·구조대·완강기·다수인피난장비·승강식피난기.	미끄럼대·피난사다리·구조대·완강기·다수인피난장비·승강식피난기.	미끄럼대·피난사다리·구조대·완강기·다수인피난장비·승강식피난기.
4. 그 밖의 것	피난사다리·피난용트랩			미끄럼대·피난사다리·구조대·완강기·피난교·피난용트랩·간이완강기·공기안전매트·다수인피난장비·승강식피난기.	피난사다리·구조대·완강기·피난교·간이완강기·공기안전매트·다수인피난장비·승강식피난기.

62 정답 ③

분말소화설비의 자동식 기동장치는 자동화재탐지설비의 감지기의 작동과 연동하는 것으로서 다음의 기준에 따라 설치해야 한다.

1. 자동식 기동장치에는 수동으로도 기동할 수 있는 구조로 할 것
2. 전기식 기동장치로서 7병 이상의 저장용기를 동시에 개방하는 설비는 2병 이상의 저장용기에 전자 개방밸브를 부착할 것
3. 가스압력식 기동장치는 다음의 기준에 따를 것
   ㉠ 기동용가스용기 및 해당 용기에 사용하는 밸브는 25MPa 이상의 압력에 견딜 수 있는 것으로 할 것
   ㉡ 기동용가스용기에는 내압시험압력의 0.8배부터 내압시험압력 이하에서 작동하는 안전장치를 설치할 것
   ㉢ 기동용가스용기의 체적은 5L 이상으로 하고, 해당 용기에 저장하는 질소 등의 비활성기체는 6.0MPa 이상(21℃ 기준)의 압력으로 충전할 것(다만, 기동용가스용기의 체적을 1L 이상으로 하고, 해당 용기에 저장하는 이산화탄소의 양은 0.6kg 이상으로 하며, 충전비는 1.5 이상 1.9 이하의 기동용가스용기로 할 수 있다.)
4. 기계식 기동장치는 저장용기를 쉽게 개방할 수 있는 구조로 할 것

63 정답 ④

방화벽(제10조)

1. 내화구조로서 홀로 설 수 있는 구조일 것
2. 방화벽의 출입문은 방화문으로서 60분+ 방화문 또는 60분 방화문으로 설치하고, 항상 닫힌 상태를 유지하거나 자동폐쇄장치에 의하여 화재 신호를 받으면 자동으로 닫히는 구조로 해야 한다.
3. 방화벽을 관통하는 케이블·전선 등에는 국토교통부 고시(내화구조의 인정 및 관리기준)에 따라 내화충전 구조로 마감할 것
4. 방화벽은 분기구 및 국사·변전소 등의 건축물과 지하구가 연결되는 부위(건축물로부터 20m 이내)에 설치할 것
5. 자동폐쇄장치를 사용하는 경우에는 「자동폐쇄장치의 성능인증 및 제품검사의 기술기준」에 적합한 것으로 설치할 것

64 정답 ①

화재감지기 회로에는 다음의 기준에 따른 발신기를 설치할 것(제11조 제2항)

1. 조작이 쉬운 장소에 설치하고, 스위치는 바닥으로부터 0.8m 이상 1.5m 이하의 높이에 설치할 것
2. 특정소방대상물의 층마다 설치하되, 해당 특정소방대상물의 각 부분으로부터 수평거리가 25m 이하가 되도록 할 것. 다만, 복도 또는 별도로 구획된 실로서 보행거리가 40m 이상일 경우에는 추가로 설치하여야 한다.
3. 발신기의 위치를 표시하는 표시등은 함의 상부에 설치하되, 그 불빛은 부착 면으로부터 15° 이상의 범위 안에서 부착지점으로부터 10m 이내의 어느 곳에서도 쉽게 식별할 수 있는 적색등으로 할 것

65 정답 ③

고가수조에는 수위계, 배수관, 급수관, 오버플로우관 및 맨홀을 설치할 것(제5조 제2항)

66 정답 ④

간이스프링클러설비의 배관 및 밸브 등의 순서는 다음의 기준에 따라 설치하여야 한다(제8조 제16항).

1. 상수도직결형은 다음의 기준에 따라 설치할 것
   ㉠ 수도용계량기, 급수차단장치, 개폐표시형밸브, 체크밸브, 압력계, 유수검지장치, 2개의 시험밸브 순으로 설치할 것
   ㉡ 간이스프링클러설비 이외의 배관에는 화재시 배관을 차단할 수 있는 급수차단장치를 설치할 것
2. 펌프 등의 가압송수장치를 이용하여 배관 및 밸브 등을 설치하는 경우에는 수원, 연성계 또는 진공계, 펌프 또는 압력수조, 압력계, 체크밸브, 성능시험배관, 개폐표시형밸브, 유수검지장치, 시험밸브의 순으로 설치할 것
3. 가압수조를 가압송수장치로 이용하여 배관 및 밸브 등을 설치하는 경우에는 수원, 가압수조, 압력계, 체크밸브, 성능시험배관, 개폐표시형밸브, 유수검지장치, 2개의 시험밸브 순으로 설치할 것
4. 캐비닛형의 가압송수장치에 배관 및 밸브 등을 설치하는 경우에는 수원, 연성계 또는 진공계, 펌프 또는 압력수조, 압력계, 체크밸브, 개폐표시형밸브, 2개의 시험밸브 순으로 설치할 것(다만, 소화용수의 공급은 상수도와 직결된 바이패스관 또는 펌프에서 공급받아야 한다.)

67 정답 ①

각층의 옥내와 면하는 수직풍도의 관통부에는 다음의 기준에 적합한 댐퍼를 설치해야 한다(제14조 제3호).

1. 배출댐퍼는 두께 1.5mm 이상의 강판 또는 이와 동등 이상의 성능이 있는 것으로 설치해야 하며 비내식성 재료의 경우에는 부식방지 조치를 할 것
2. 평상시 닫힌 구조로 기밀상태를 유지할 것
3. 개폐여부를 당해 장치 및 제어반에서 확인할 수 있는 감지 기능을 내장하고 있을 것
4. 구동부의 작동상태와 닫혀 있을 때의 기밀상태를 수시로 점검할 수 있는 구조일 것
5. 풍도의 내부마감상태에 대한 점검 및 댐퍼의 정비가 가능한 이 · 탈착구조로 할 것
6. 화재층에 설치된 화재감지기의 동작에 따라 당해층의 댐퍼가 개방될 것
7. 개방 시의 실제개구부(개구율을 감안한 것을 말한다)의 크기는 수직풍도의 최소 내부단면적 이상으로 할 것
8. 댐퍼는 풍도 내의 공기흐름에 지장을 주지 않도록 수직풍도의 내부로 돌출하지 않게 설치할 것

68 정답 ③

상수도소화용수설비의 설치기준

1. 호칭지름 75mm 이상의 수도배관에 호칭지름 100mm 이상의 소화전을 접속할 것
2. 소화전은 소방자동차 등의 진입이 쉬운 도로변 또는 공지에 설치할 것
3. 소화전은 특정소방대상물의 수평투영면의 각 부분으로부터 140m 이하가 되도록 설치할 것
4. 지상식 소화전의 호스접결구는 지면으로부터 높이가 0.5m 이상 1m 이하가 되도록 설치할 것

69 정답 ②

② **국소방출방식** : 소화약제 공급장치에 배관 및 분사헤드를 등을 설치하여 직접 화점에 소화약제를 방출하는 방식을 말한다.

④ **전역방출방식** : 소화약제 공급장치에 배관 및 분사헤드 등을 설치하여 밀폐 방호구역 전체에 소화약제를 방출하는 설비를 말한다.

70 정답 ④

물분무헤드의 설치 제외 : 물에 심하게 반응하는 물질, 고온의 물질 또는 직접 분무를 하는 경우 그 부분에 손상을 입힐 우려가 있는 기계장치 등이 있는 장소에는 물분무헤드를 설치하지 않을 수 있다(제15조).

71 정답 ②

분말소화약제의 가압용 가스용기를 3병 이상 설치한 경우에는 2개 이상의 용기에 전자개방밸브를 부착한다(제5조 제2항).

72 정답 ①

송수구의 설치기준(제7조)

1. 송수구는 송수 및 그 밖의 소화작업에 지장을 주지 않도록 설치할 것
2. 송수구로부터 주배관에 이르는 연결배관에는 개폐밸브를 설치하지 않을 것
3. 구경 65mm의 쌍구형으로 할 것
4. 송수구에는 그 가까운 곳의 보기 쉬운 곳에 송수압력범위를 표시한 표지를 할 것
5. 송수구는 하나의 층의 바닥면적이 3,000m^2를 넘을 때마다 1개 이상(5개를 넘을 경우에는 5개로 한다)을 설치할 것
6. 지면으로부터 높이가 0.5m 이상 1m 이하의 위치에 설치할 것
7. 송수구의 가까운 부분에 자동배수밸브(또는 직경 5mm의 배수공) 및 체크밸브를 설치할 것
8. 송수구에는 이물질을 막기 위한 마개를 씌울 것

73 정답 ②

주방화재(K급 화재) : 주방에서 동식물유를 취급하는 조리기구에서 일어나는 화재를 말한다.

74 정답 ④

스프링클러설비를 설치해야 할 특정소방대상물에 있어서 다음의 어느 하나에 해당하는 장소에는 스프링클러헤드를 설치

하지 않을 수 있다.

1. 계단실(특별피난계단의 부속실을 포함한다) · 경사로 · 승강기의 승강로 · 비상용승강기의 승강장 · 파이프덕트 및 덕트피트(파이프 · 덕트를 통과시키기 위한 구획된 구멍에 한한다) · 목욕실 · 수영장(관람석부분을 제외한다) · 화장실 · 직접 외기에 개방되어 있는 복도 · 기타 이와 유사한 장소
2. 통신기기실 · 전자기기실 · 기타 이와 유사한 장소
3. 발전실 · 변전실 · 변압기 · 기타 이와 유사한 전기설비가 설치되어 있는 장소
4. 병원의 수술실 · 응급처치실 · 기타 이와 유사한 장소
5. 천장과 반자 양쪽이 불연재료로 되어 있는 경우로서 그 사이의 거리 및 구조가 다음의 어느 하나에 해당하는 부분
   ㉠ 천장과 반자 사이의 거리가 2m 미만인 부분
   ㉡ 천장과 반자 사이의 벽이 불연재료이고 천장과 반자사이의 거리가 2m 이상으로서 그 사이에 가연물이 존재하지 않는 부분
6. 천장 · 반자 중 한쪽이 불연재료로 되어 있고 천장과 반자사이의 거리가 1m 미만인 부분
7. 천장 및 반자가 불연재료 외의 것으로 되어 있고 천장과 반자사이의 거리가 0.5m 미만인 부분
8. 펌프실 · 물탱크실 엘리베이터 권상기실 그 밖의 이와 비슷한 장소
9. 현관 또는 로비 등으로서 바닥으로부터 높이가 20m 이상인 장소
10. 영하의 냉장창고의 냉장실 또는 냉동창고의 냉동실
11. 고온의 노가 설치된 장소 또는 물과 격렬하게 반응하는 물품의 저장 또는 취급장소
12. 불연재료로 된 특정소방대상물 또는 그 부분으로서 다음의 어느 하나에 해당하는 장소
    ㉠ 정수장 · 오물처리장 그 밖의 이와 비슷한 장소
    ㉡ 펄프공장의 작업장 · 음료수공장의 세정 또는 충전하는 작업장 그 밖의 이와 비슷한 장소
    ㉢ 불연성의 금속 · 석재 등의 가공공장으로서 가연성물질을 저장 또는 취급하지 않는 장소
    ㉣ 가연성 물질이 존재하지 않는 「건축물의 에너지절약설계기준」에 따른 방풍실
12. 실내에 설치된 테니스장 · 게이트볼장 · 정구장 또는 이와 비슷한 장소로서 실내 바닥 · 벽 · 천장이 불연재료 또는 준불연재료로 구성되어 있고 가연물이 존재하지 않는 장소로서 관람석이 없는 운동시설(지하층은 제외한다)

75 정답 ①

포헤드의 설치기준

1. 포워터스프링클러헤드는 특정소방대상물의 천장 또는 반자에 설치하되, 바닥면적 $8m^2$마다 1개 이상으로 하여 해당 방호대상물의 화재를 유효하게 소화할 수 있도록 할 것
2. 포헤드는 특정소방대상물의 천장 또는 반자에 설치하되, 바닥면적 $9m^2$마다 1개 이상으로 하여 해당 방호대상물의 화재를 유효하게 소화할 수 있도록 할 것

76 정답 ③

핵심 포인트

소화약제의 성분 및 적응화재

종류	주성분	착색	적응화재
제1종 분말	탄산수소나트륨	백색	B, C급 화재
제2종 분말	탄산수소칼륨	담회색	B, C급 화재
제3종 분말	제일인산암모늄	담홍색	A, B, C급 화재
제4종 분말	탄산수소칼륨+요소	회색	B, C급 화재

77 정답 ①

배관의 도중에 설치되어 배관 내 물의 흐름을 개폐할 수 있는 밸브는 제어밸브(제수변)이다.

78 정답 ②

방화벽의 설치기준(제10조)

1. 내화구조로서 홀로 설 수 있는 구조일 것
2. 방화벽의 출입문은 방화문으로서 60분+ 방화문 또는 60분 방화문으로 설치하고, 항상 닫힌 상태를 유지하거나 자동폐쇄장치에 의하여 화재 신호를 받으면 자동으로 닫히는 구조로 해야 한다.
3. 방화벽을 관통하는 케이블 · 전선 등에는 국토교통부 고시(내화구조의 인정 및 관리기준)에 따라 내화충전 구조로 마감할 것
4. 방화벽은 분기구 및 국사 · 변전소 등의 건축물과 지하구가 연결되는 부위(건축물로부터 20미터 이내)에 설치할 것
5. 자동폐쇄장치를 사용하는 경우에는 「자동폐쇄장치의 성능

인증 및 제품검사의 기술기준」에 적합한 것으로 설치할 것

79 정답 ④

화재감지기 회로에는 다음의 기준에 따른 발신기를 설치할 것

1. 조작이 쉬운 장소에 설치하고, 스위치는 바닥으로부터 0.8m 이상 1.5m 이하의 높이에 설치할 것
2. 특정소방대상물의 층마다 설치하되, 해당 특정소방대상물의 각 부분으로부터 수평거리가 25m 이하가 되도록 할 것(다만, 복도 또는 별도로 구획된 실로서 보행거리가 40m 이상일 경우에는 추가로 설치해야 한다.)
3. 발신기의 위치를 표시하는 표시등은 함의 상부에 설치하되, 그 불빛은 부착 면으로부터 15° 이상의 범위 안에서 부착지점으로부터 10m 이내의 어느 곳에서도 쉽게 식별할 수 있는 적색등으로 할 것

80 정답 ①

분말소화약제 저장용기의 설치기준(제4조 제2항)

1. 저장용기의 내용적은 소화약제 1kg당 1L(제1종 분말은 0.8L, 제4종 분말은 1.25L)로 한다.
2. 저장용기에는 가압식은 최고사용압력의 1.8배 이하, 축압식은 용기의 내압시험압력의 0.8배 이하의 압력에서 작동하는 안전밸브를 설치할 것
3. 가압식 저장용기에는 저장용기의 내부압력이 설정압력으로 되었을 때 주밸브를 개방하는 정압작동장치를 설치할 것
4. 저장용기의 충전비는 0.8 이상으로 할 것
5. 저장용기 및 배관에는 잔류 소화약제를 처리할 수 있는 청소장치를 설치할 것
6. 축압식 저장용기에는 사용압력 범위를 표시한 지시압력계를 설치할 것

제5회 빈출 모의고사

1과목 소방원론

01 ④	02 ①	03 ②	04 ④	05 ③
06 ①	07 ①	08 ②	09 ④	10 ②
11 ③	12 ②	13 ②	14 ①	15 ②
16 ①	17 ④	18 ①	19 ④	20 ②

01 정답 ④

산소공급원 : 공기 중 산소, 제1류 산화성 고체, 제5류 자기반응성 물질(질산에스테르), 제6류 산화성 액체(과염소산)

02 정답 ①

제거소화 : 가연물, 이연물 등을 제거해서 소화하는 방법으로 산불의 확산을 방지하기 위하여 산림의 벌채, 공급 밸브 잠금, 다른 장소로의 이동 등이 있다.

03 정답 ②

핵심 포인트

자연발화가 일어나기 쉬운 조건

1. 열발생속도가 방산속도보다 큰 경우
2. 휘발성이 낮은 액체
3. 축적된 열량이 큰 경우
4. 공기와 접촉면이 큰 경우
5. 고온다습한 경우
6. 단열압축의 경우
7. 열전도열이 작을수록, 열의 축적이 용이할수록, 발열량이 클수록, 열축적이 용이하게 적재되어 있을수록 용이, 수분은 촉매열할

04 정답 ④

이산화탄소 농도 $= \frac{21-O_2}{21} \times 100 = \frac{21-10}{21} \times 100$
$= 52.38\%$

05 정답 ③

굴뚝효과에 영향을 미치는 요소 : 건물의 높이, 건물 내·외의 온도차, 화재실의 온도, 외벽의 기밀도, 각 층간의 공기누설 등

06 정답 ①

① **정전기열** : 정전기가 방전할 때 발생하는 열
② **유도열** : 전위차에서 전류의 흐름이 일어나 도체의 저항에 의하여 열이 발생하는 열
③ **저항열** : 도체에 전류가 흐르면 도체물질의 원자구조 특성에 따르는 전기저항 때문에 전기에너지의 일부가 열로 변하는 발열
④ **아크열** : 스위치의 on/off에 의해 발생하는 열

07 정답 ①

핵심 포인트

화재의 종류

등급	종류	표지색상
A급 화재	일반화재	백색
B급 화재	유류화재	황색
C급 화재	전기화재	청색
D급 화재	금속화재	무색

08 정답 ②

마그네슘은 물과 반응하여 수소가스를 발생시킨다.
$Mg + 2H_2O \rightarrow Mg(OH)_2 + H_2 \uparrow$

09 정답 ④

인화칼슘은 물과 반응하면 독성가스인 포스핀을 발생시킨다.
$Ca_3P_2 + 6H_2O \rightarrow 3Ca(OH)_2 + 2PH_3 \uparrow$

10 정답 ②

건물화재 시 패닉(panic)의 발생원인 : 연기에 의한 시계 제한, 유독가스에 의한 호흡 장애, 외부와 단절되어 고립, 불길에 의한 온도 장애

11 정답 ③

핵심 포인트

분말소화약제의 적응화재

종류	주성분	착색	적응화재
제1종 분말	탄산수소나트륨 ($NaHCO_3$)	백색	B, C급
제2종 분말	탄산수소칼륨 ($KHCO_3$)	담회색	B, C급
제3종 분말	제일인산암모늄 ($NH_4H_2PO_4$)	담홍색	A, B, C급
제4종 분말	탄산수소칼륨+요소 ($KHCO_3$+ $(NH_2)_2CO$)	회색	B, C급

12 정답 ②

알킬알루미늄은 금수성 물질로 적응성이 있는 소화약제는 팽창질석, 마른모래, 팽창진주암 등이다.

13 정답 ②

핵심 포인트

할로겐화합물과 불활성기체 소화약제

소화약제	화학식
펜타플루오르에테인(HFC-125)	CHF_2CF_3
트라이플루오르메테인(HFC-23)	CHF_3
헵타플루오르프로페인(HFC-227ea)	CF_3CHFCF_3
트라이플루오로이오다이드 (FIC-1311)	CF_3I

14 정답 ①

공기 중에는 약 21%의 산소가 존재하는데 공기 중의 산소농도를 15vol% 이하로 낮추면 연소상태를 유지하기 어려워 연소가 정지된다.

15 정답 ②

② **탄화알루미늄** : $Al_4C_3+12H_2O \rightarrow 4Al(OH)_3+3CH_4\uparrow$ (메테인)
① **탄화칼슘** : $CaC_2+2H_2O \rightarrow Ca(OH)_2+C_2H_2\uparrow$ (아세틸렌)
③ **인화칼슘** : $CaP_2+6H_2O \rightarrow 3Ca(OH)_2+2PH_3\uparrow$ (포스핀)
④ **수소화리튬** : $LiH+H_2O \rightarrow LiOH+H_2\uparrow$ (수소)

16 정답 ①

전기화재의 원인 : 합선, 단락, 누전, 과전류, 규격미달 전선 또는 전기기계기구 등의 과열, 정전기 불꽃, 절연불량 등

17 정답 ④

④ **냉각소화** : 물은 비열, 증발잠열, 기화 팽창율이 매우 큰 물질로 소화의 주체는 냉각소화이다.
① **제거소화** : 가연물, 이연물 등을 제거해서 소화하는 방법을 말하다.
② **억제소화** : 화염으로 인한 연소반응을 주도하는 라디칼을 제거하여 연소반응을 중단시키는 방법으로 화학적 작용에 의한 소화법이다.
③ **질식소화** : 연소의 물질조건 중 하나인 산소의 공급을 차단하여 공기 중의 산소농도를 한계산소지수 이하로 유지시키는 소화방법이다.

18 정답 ①

가연성 가스 : 수소, 아세틸렌, 에틸렌, 메테인, 에테인, 프로페인, 뷰테인, 일산화탄소

19 정답 ④

핵심 포인트

분말소화약제의 적응화재

종류	주성분	착색	적응화재
제1종 분말	탄산수소나트륨 ($NaHCO_3$)	백색	B, C급
제2종 분말	탄산수소칼륨 ($KHCO_3$)	담회색	B, C급
제3종 분말	제일인산암모늄 ($NH_4H_2PO_4$)	담홍색	A, B, C급
제4종 분말	탄산수소칼륨+요소 ($KHCO_3+(NH_2)_2CO$)	회색	B, C급

20 정답 ②

고체 가연물이 덩어리에서 가루로 변하면 공기와의 접촉면이 커지기 때문에 연소가 잘 된다.

제5회 빈출 모의고사

2과목 소방유체역학

21 ④	22 ③	23 ①	24 ④	25 ④
26 ①	27 ②	28 ①	29 ①	30 ②
31 ③	32 ②	33 ③	34 ③	35 ①
36 ②	37 ④	38 ③	39 ①	40 ③

21 정답 ④

힌지(hinge)점에 작용하는 모멘트 $M=L\times F_H$

$L\times F_H-(L-y_p)=0$

$M-\left(L-\frac{2}{3}L\right)\frac{1}{2}\rho L^2 g=0$

$M-\frac{1}{3}L\times\frac{1}{2}\rho L^2 g=0$

$M=\frac{1}{6}\rho g L^3$

22 정답 ③

소화약제의 질량 $PV=WRT$, $W=\frac{PV}{RT}$(P : 압력, V : 체적, R : 기체상수, T : 절대온도)

$W=\frac{PV}{RT}=\frac{1{,}000{,}000\times 4}{189\times 293}=72.23\text{kg}$

23 정답 ①

힘의 평형도 $98+F_B=588$, $F_B=490$, $F_B=\gamma V=9{,}800V$,

$V=\frac{490}{9{,}800}=0.05\text{m}^3$

- 물체의 비중량 $\gamma=\frac{W}{V}=\frac{588}{0.05}=11{,}760\text{n/m}^3$
- 비중 $S=\frac{\gamma}{\gamma_\omega}=\frac{11{,}760}{9{,}800}=1.2$

24 정답 ④

전단응력 $F=F_1+F_2=\mu\frac{u}{h_1}+\mu\frac{u}{h_2}=\mu\frac{u}{h}+\mu\frac{u}{h}$

$=2\mu\frac{u}{h}(h_1=h_2=h)$

$F=2\mu\frac{u}{h}=2\times 0.1\times\frac{1}{0.01}=20Pa$

25 정답 ④

손실수두 $H=K\frac{u^2}{2g}$, $u^2=\frac{2gH}{K}$

유속 $u=\sqrt{\frac{2gH}{K}}=\sqrt{\frac{2\times 9.8\times 2}{2}}=4.43\text{m/s}$

26 정답 ①

핵심 포인트

펌프의 양정과 유량

펌프 3대 연결방법	유량(Q)	양정(H)
직렬연결	Q	3H
병렬연결	3Q	H

27 정답 ②

표면의 분자들은 내부의 분자에 비해 큰 자유에너지를 가지게 되어, 액체는 될 수 있는대로 적은 표면적을 가지려는 경향을 보인다.

28 정답 ①

① 삼중점에서는 물체의 고상, 액상, 기상이 공존한다.
② 압력이 증가하면 물의 끓는점도 높아진다.
③ 열을 완전히 일로 변환할 수 있는 효율이 100%인 열기관은 만들 수 없다.
④ 정압비열이 정적비열보다 큰 이유는 기체가 압축되는 과정에서 분자들이 좁혀지게 되어 분자간 상호작용이 증가되기 때문이다.

29 정답 ①

유속 V는 $V_1=\sqrt{2gh}$, $V_2=\sqrt{2gh_2}$

- 자유낙하 높이 $y_1=\frac{1}{2}gt^2$, 시간 $t=\sqrt{\frac{2y_1}{g}}$, $x=V_1t$,

  $x_2=\sqrt{2gh_2}\cdot\sqrt{\frac{2y_2}{g}}$이다.

  $x_1=x_2$이므로 $\sqrt{2gh_1}\cdot\sqrt{\frac{2y_1}{g}}=\sqrt{2gh_2}\cdot\sqrt{\frac{2y_2}{g}}$ 양변을 제곱하면

  $2gh_1\cdot\frac{2y_1}{g}=2gh_2\cdot\frac{2y_2}{g}$, 따라서 $h_1y_1=h_2y_2$

30 정답 ②

베르누이 방정식 $\frac{P_1}{\gamma}+\frac{V_1^2}{\gamma}+z_1=\frac{P_2}{\gamma}+\frac{V_2^2}{2g}+z_2$

$\frac{40\times10^3}{9,800}+0+5=0+\frac{V_2^2}{2\times9.8}+0$

$9.082=\frac{V_2^2}{2\times9.8}$

- 출구속도 $V_2=\sqrt{2\times9.8\times9.082}=13.34\text{m/s}$
- 유량 $Q=AV=0.03\times13.34=0.4\text{m}^3/s$
- 추력 $F=Q\rho u=0.4\times1,000\times13.34=5,336N$

31 정답 ③

고온 열원의 온도 $\eta=1-\frac{T_2}{T_1}$(η : 효율, T_1 : 고온열원, T_2 : 저온열원)

$\eta=1-\frac{T_2}{T_1}$, $0.7=1-\frac{300}{x}$, $x=1,000K$

32 정답 ②

⊕ 핵심 포인트 ⊕

무차원식과 물리적 의미

구분	무차원식	물리적 의미
레이놀즈수	$R_e=\frac{DU\rho}{\mu}=\frac{DU}{\upsilon}$	$R_e=\frac{관성력}{점성력}$
오일러수	$E_u=\frac{2P}{\rho V^2}$	$E_u=\frac{압축력}{관성력}$
웨버수	$W_e=\frac{\rho LU^2}{\sigma}$	$W_e=\frac{관성력}{표면장력}$
코우시수	$C_a=\frac{U^2}{\frac{K}{\rho}}$	$C_a=\frac{관성력}{탄성력}$
마하수	$M_a=\frac{U}{a}$	$M_a=\frac{관성력}{압축력}$
프루드수	$F_r=\frac{U}{\sqrt{gL}}$	$F_r=\frac{관성력}{중력}$

33 정답 ③

등온과정일 경우 팽창일 $W=GRT\ln\frac{V_2}{V_1}$, $V_2=10V_1$

$W=5\times287\times333\times\ln\frac{10V_1}{V_1}=1,100,301.8J=1,100.3kJ$

34 정답 ③

전달된 열량 $W=GRT\ln\frac{V_2}{V_1}$(G : 중량, R : 기체상수, T : 절대온도, V_1 : 초기 부피, V_2 : 팽창 후 부피)

$W=1\times0.287\times323\times\ln\frac{5V_1}{V_1}=149.2kJ$

35 정답 ①

흐름의 각 점에서 유체의 점성으로 인한 전단응력은 속도기울기(전단속도)에 비례하고 속도기울기를 작게 하는 방향으로 전단응력이 작용하는 것을 뉴턴의 점성법칙이라고 한다.

전단응력 $\gamma=\mu\frac{du}{dy}\left(\mu : 점성계수,\ \frac{du}{dy} : 속도기울기\right)$

1. 전단응력은 점성계수와 속도기울기의 곱이다.

2. 전단응력은 점성계수와 속도기울기에 비례한다.

36 정답 ②

정상류 : 유체의 흐름특성(유속, 유량, 압력, 밀도 방향 등)이 시간의 변화에 관계없이 항상 일정한 흐름

37 정답 ④

등엔트로피 과정 : 열역학에서 엔트로피가 일정한 과정으로 아예 열출입이 없는 과정, 즉 가역적인 단열과정을 의미한다.

38 정답 ③

- 손실수두 $H=\dfrac{flu^2}{2gD}$
- 유속 $u=\dfrac{Q}{\frac{\pi}{4}d^2}=\dfrac{0.0444}{\frac{\pi}{4}(0.3)^2}=0.63$
- 층류 $Re=\dfrac{Du\rho}{\mu}=\dfrac{0.3\times0.63\times850}{0.101}=1{,}590.59$
- 마찰관계수 $f=\dfrac{64}{Re}=\dfrac{64}{1{,}590.59}=0.04$
- 손실수두 $H=\dfrac{flu^2}{2gD}=\dfrac{0.04\times3{,}000\times(0.63)^2}{2\times9.8\times0.3}=8.1\text{m}$

39 정답 ①

열전달열량 $Q=\dfrac{\lambda}{l}A\Delta t$, $100=\dfrac{10}{0.25}\times\text{A}\times10$,

$\text{A}=0.25\text{m}^2$

$Q=\dfrac{4\times10}{2\times0.25}\times0.25\times(2\times10)=400W$

40 정답 ③

- 유량 $Q_2=Q_1\times\dfrac{N_2}{N_1}$ (N : 회전수)

  $Q_2=1{,}800\times\dfrac{1{,}400}{1{,}000}=2{,}520$
- 증가된 토출량 $=\dfrac{2{,}520-1{,}800}{1{,}800}\times100=40\%$

제5회 빈출 모의고사

3과목 소방관계법규

41 ①	42 ③	43 ①	44 ④	45 ①
46 ③	47 ①	48 ③	49 ③	50 ②
51 ②	52 ①	53 ②	54 ①	55 ①
56 ①	57 ②	58 ②	59 ①	60 ④

41 정답 ①

종합정밀점검 실시 대상이 되는 특정소방대상물(규칙 별표 3)

1. 특정소방대상물의 소방시설이 신설된 경우의 특정소방대상물
2. 스프링클러설비가 설치된 특정소방대상물
3. 물분무등소화설비[호스릴(hose reel) 방식의 물분무등소화설비만을 설치한 경우는 제외한다]가 설치된 연면적 5,000m² 이상인 특정소방대상물(제조소 등은 제외한다)
4. 다중이용업의 영업장이 설치된 특정소방대상물로서 연면적이 2,000m² 이상인 것
5. 제연설비가 설치된 터널
6. 공공기관 중 연면적(터널 · 지하구의 경우 그 길이와 평균 폭을 곱하여 계산된 값을 말한다)이 1,000m² 이상인 것으로서 옥내소화전설비 또는 자동화재탐지설비가 설치된 것(다만, 소방대가 근무하는 공공기관은 제외한다.)

42 정답 ③

방염성능기준 이상의 실내장식물 등을 설치해야 하는 특정소방대상물(영 제30조)

1. 근린생활시설 중 의원, 조산원, 산후조리원, 체력단련장, 공연장 및 종교집회장
2. **건축물의 옥내에 있는 다음의 시설** : 문화 및 집회시설, 종교시설, 운동시설(수영장은 제외한다.)
3. 의료시설
4. 교육연구시설 중 합숙소
5. 노유자 시설
6. 숙박이 가능한 수련시설

PART 3 정답 및 해설

7. 숙박시설
8. 방송통신시설 중 방송국 및 촬영소
9. 다중이용업의 영업소
10. 위의 시설에 해당하지 않는 것으로서 층수가 11층 이상인 것(아파트 등은 제외한다.)

43 정답 ①

불시 소방훈련 · 교육의 대상 : 대통령령으로 정하는 특정소방대상물"이란 소방안전관리대상물 중 다음의 특정소방대상물을 말한다(영 제39조).

1. 의료시설
2. 교육연구시설
3. 노유자 시설
4. 그 밖에 화재 발생 시 불특정 다수의 인명피해가 예상되어 소방본부장 또는 소방서장이 소방훈련 · 교육이 필요하다고 인정하는 특정소방대상물

44 정답 ④

인명구조기구(영 별표 1)

1. 방열복, 방화복(안전모, 보호장갑 및 안전화를 포함한다.)
2. 공기호흡기
3. 인공소생기

45 정답 ①

피난설비(규칙 별표 17)

1. 주유취급소 중 건축물의 2층 이상의 부분을 점포 · 휴게음식점 또는 전시장의 용도로 사용하는 것에 있어서는 당해 건축물의 2층 이상으로부터 주유취급소의 부지 밖으로 통하는 출입구와 당해 출입구로 통하는 통로 · 계단 및 출입구에 유도등을 설치하여야 한다.
2. 옥내주유취급소에 있어서는 당해 사무소 등의 출입구 및 피난구와 당해 피난구로 통하는 통로 · 계단 및 출입구에 유도등을 설치하여야 한다.
3. 유도등에는 비상전원을 설치하여야 한다.

46 정답 ③

소방업무의 응원을 위하여 파견된 소방대원은 응원을 요청한 소방본부장 또는 소방서장의 지휘에 따라야 한다(법 제11조 제3항).

47 정답 ①

소방관서장은 옮긴 물건 등을 보관하는 경우에는 그날부터 14일 동안 해당 소방관서의 인터넷 홈페이지에 그 사실을 공고해야 한다. 옮긴 물건 등의 보관기간은 공고기간의 종료일 다음 날부터 7일까지로 한다(영 제17조 제1항, 제2항).

48 정답 ③

1급 소방안전관리대상물에 선임해야 하는 소방안전관리자의 자격

1. 소방설비기사 또는 소방설비산업기사의 자격이 있는 사람
2. 소방공무원으로 7년 이상 근무한 경력이 있는 사람
3. 소방청장이 실시하는 1급 소방안전관리대상물의 소방안전관리에 관한 시험에 합격한 사람

49 정답 ③

내용연수 설정대상 소방용품(영 제19조)

1. 내용연수를 설정해야 하는 소방용품은 분말형태의 소화약제를 사용하는 소화기로 한다.
2. 소방용품의 내용연수는 10년으로 한다.

50 정답 ②

국조보조의 대상(영 제2조 제1항)

1. 다음의 소방활동장비와 설비의 구입 및 설치
   ㉠ 소방자동차
   ㉡ 소방헬리콥터 및 소방정
   ㉢ 소방전용통신설비 및 전산설비
   ㉣ 그 밖에 방화복 등 소방활동에 필요한 소방장비
2. 소방관서용 청사의 건축

51 정답 ②

소화설비를 구성하는 제품 또는 기기(영 별표 3)

1. 소화기구(소화약제 외의 것을 이용한 간이소화용구는 제외

한다.)
2. 자동소화장치
3. 소화설비를 구성하는 소화전, 관창, 소방호스, 스프링클러 헤드, 기동용 수압개폐장치, 유수제어밸브 및 가스관선택 밸브

52 정답 ①

시 · 도지사는 영업정지를 명하는 경우로서 그 영업정지가 이용자에게 불편을 주거나 그 밖에 공익을 해칠 우려가 있을 때에는 영업정지처분을 갈음하여 3천만원 이하의 과징금을 부과할 수 있다(법 제36조 제1항).

53 정답 ②

소화난이도등급 I의 옥내탱크저장소 소화설비
유황만을 저장취급하는 것 : 물분무소화설비

54 정답 ①

핵심 포인트

소방신호의 방법(규칙 별표 4)

종별 \ 신호방법	타종신호	사이렌신호
경계신호	1타와 연2타를 반복	5초 간격을 두고 30초씩 3회
발화신호	난타	5초 간격을 두고 5초씩 3회
해제신호	상당한 간격을 두고 1타씩 반복	1분간 1회
훈련신호	연3타 반복	10초 간격을 두고 1분씩 3회

55 정답 ①

국가는 우수소방제품의 전시 · 홍보를 위하여 무역전시장 등을 설치한 자에게 다음에서 정한 범위에서 재정적인 지원을 할 수 있다(법 제39조의5 제2항).
1. 소방산업전시회 운영에 따른 경비의 일부
2. 소방산업전시회 관련 국외 홍보비
3. 소방산업전시회 기간 중 국외의 구매자 초청 경비

56 정답 ①

소방용수시설별 설치기준((규칙 별표 3)
1. **소화전의 설치기준** : 상수도와 연결하여 지하식 또는 지상식의 구조로 하고, 소방용호스와 연결하는 소화전의 연결금속구의 구경은 65mm로 할 것
2. **급수탑의 설치기준** : 급수배관의 구경은 100mm 이상으로 하고, 개폐밸브는 지상에서 1.5m 이상 1.7m 이하의 위치에 설치하도록 할 것

57 정답 ②

옥외에서 액체위험물을 취급하는 설비의 바닥은 다음의 기준에 의하여야 한다(규칙 별표 4).
1. 바닥의 둘레에 높이 0.15m 이상의 턱을 설치하는 등 위험물이 외부로 흘러나가지 아니하도록 하여야 한다.
2. 바닥은 콘크리트 등 위험물이 스며들지 아니하는 재료로 하고, 턱이 있는 쪽이 낮게 경사지게 하여야 한다.
3. 바닥의 최저부에 집유설비를 하여야 한다.
4. 위험물을 취급하는 설비에 있어서는 당해 위험물이 직접 배수구에 흘러들어가지 아니하도록 집유설비에 유분리장치를 설치하여야 한다.

58 정답 ②

핵심 포인트

소방안전교육사의 배치대상별 배치기준(영 별표 2의3)

배치대상	배치기준(단위 : 명)
1. 소방청	2 이상
2. 소방본부	2 이상
3. 소방서	1 이상
4. 한국소방안전원	본회 : 2 이상 시 · 도지부 : 1 이상
5. 한국소방산업기술원	2 이상

59 정답 ①

핵심 포인트

제4류 위험물별 지정수량

제4류	인화성 액체	1. 특수인화물		50L
		2. 제1석유류	비수용성액체	200L
			수용성액체	400L
		3. 알코올류		400L
		4. 제2석유류	비수용성액체	1,000L
			수용성액체	2,000L
		5. 제3석유류	비수용성액체	2,000L
			수용성액체	4,000L
		6. 제4석유류		6,000L
		7. 동식물유류		10,000L

60 정답 ④

소방시설 : 소화설비, 경보설비, 피난구조설비, 소화용수설비, 그 밖에 소화활동설비로서 대통령령으로 정하는 것을 말한다(법 제2조 제1항 제1호).

제5회 빈출 모의고사

4과목 소방기계시설의 구조 및 원리

61 ③	62 ④	63 ①	64 ④	65 ②
66 ③	67 ③	68 ①	69 ③	70 ④
71 ③	72 ②	73 ①	74 ①	75 ③
76 ②	77 ④	78 ④	79 ③	80 ①

61 정답 ③

펌프의 성능은 체절운전 시 정격토출압력의 140%를 초과하지 아니하고, 정격토출량의 150%로 운전 시 정격토출압력의 65% 이상이 되어야 하며, 펌프의 성능시험배관은 다음의 기준에 적합하여야 한다(제6조 제6항).

1. 성능시험배관은 펌프의 토출측에 설치된 개폐밸브 이전에서 분기하여 설치하고, 유량측정장치를 기준으로 전단 직관부에 개폐밸브를 후단 직관부에는 유량조절밸브를 설치할 것
2. 유량측정장치는 성능시험배관의 직관부에 설치하되, 펌프의 정격토출량의 175% 이상 측정할 수 있는 성능이 있을 것

62 정답 ④

가압용 가스용기

1. 분말소화약제의 가스용기는 분말소화약제의 저장용기에 접속하여 설치해야 한다.
2. 분말소화약제의 가압용 가스용기를 3병 이상 설치한 경우에는 2개 이상의 용기에 전자개방밸브를 부착해야 한다.
3. 분말소화약제의 가압용 가스용기에는 2.5MPa 이하의 압력에서 조정이 가능한 압력조정기를 설치해야 한다.
4. 가압용 가스 또는 축압용 가스는 다음의 기준에 따라 설치해야 한다.
   ㉠ 가압용 가스 또는 축압용 가스는 질소가스 또는 이산화탄소로 할 것
   ㉡ 가압용 가스에 질소가스를 사용하는 것의 질소가스는 소화약제 1kg마다 40L(35℃에서 1기압의 압력상태로 환산한 것) 이상, 이산화탄소를 사용하는 것의 이산화탄소는 소화약제 1kg에 대하여 20g에 배관의 청소에 필요한 양을 가산한 양 이상으로 할 것
   ㉢ 축압용 가스에 질소가스를 사용하는 것의 질소가스는 소화약제 1kg에 대하여 10L(35℃에서 1기압의 압력상태로 환산한 것) 이상, 이산화탄소를 사용하는 것의 이산화탄소는 소화약제 1kg에 대하여 20g에 배관의 청소에 필요한 양을 가산한 양 이상으로 할 것
   ㉣ 저장용기 및 배관의 청소에 필요한 양의 가스는 별도의 용기에 저장할 것

63 정답 ①

소화용수설비에 설치하는 채수구는 다음의 기준에 따라 설치할 것(제4조 제3항)

1. 채수구는 다음 표에 따라 소방용호스 또는 소방용흡수관에 사용하는 구경 65mm 이상의 나사식 결합금속구를 설치할 것

소요수량	$20m^3$ 이상 $40m^3$ 미만	$40m^3$ 이상 $100m^3$ 미만	$100m^3$ 이상
채수구의 수	1개	2개	3개

2. 채수구는 지면으로부터의 높이가 0.5m 이상 1m 이하의 위치에 설치하고 "채수구"라고 표시한 표지를 할 것

64 정답 ④

풍도는 아연도금강판 또는 이와 동등 이상의 내식성 · 내열성이 있는 것으로 하며, 불연재료(석면재료를 제외한다)인 단열재로 유효한 단열처리를 하고, 강판의 두께는 풍도의 크기에 따라 다음표에 따른 기준 이상으로 할 것. 다만, 방화구획이 되는 전용실에 급기송풍기와 연결되는 닥트는 단열이 필요 없다(제18조).

풍도단면의 긴변 또는 직경의 크기	강판두께
450mm 이하	0.5mm
450mm 초과 750mm 이하	0.6mm
750mm 초과 1,500mm 이하	0.8mm
1,500mm 초과 2,500mm 이하	1.0mm
2,500mm 초과	1.2mm

65 정답 ②

상수도소화용수설비는 설치기준(제4조)

1. 호칭지름 75mm 이상의 수도배관에 호칭지름 100mm 이상의 소화전을 접속할 것
2. 소화전은 소방자동차 등의 진입이 쉬운 도로변 또는 공지에 설치할 것
3. 소화전은 특정소방대상물의 수평투영면의 각 부분으로부터 140m 이하가 되도록 설치할 것

66 정답 ③

살수가 방해되지 아니하도록 스프링클러헤드로부터 반경 60cm 이상의 공간을 보유할 것. 다만, 벽과 스프링클러헤드간의 공간은 10cm 이상으로 한다(제10조 제7호).

67 정답 ③

포소화설비에는 소방차로부터 그 설비에 송수할 수 있는 송수구를 다음의 기준에 따라 설치해야 한다.

1. 송수구는 화재 층으로부터 지면으로 떨어지는 유리창 등이 송수 및 그 밖의 소화작업에 지장을 주지 않는 장소에 설치할 것
2. 송수구로부터 포소화설비의 주배관에 이르는 연결배관에 개폐밸브를 설치한 때에는 그 개폐상태를 쉽게 확인 및 조작할 수 있는 옥외 또는 기계실 등의 장소에 설치할 것
3. 송수구는 구경 65mm의 쌍구형으로 할 것
4. 송수구에는 그 가까운 곳의 보기 쉬운 곳에 송수압력범위를 표시한 표지를 할 것
5. 송수구는 하나의 층의 바닥면적이 $3,000m^2$를 넘을 때마다 1개 이상(5개를 넘을 경우에는 5개로 한다)을 설치할 것
6. 지면으로부터 높이가 0.5m 이상 1m 이하의 위치에 설치할 것
7. 송수구의 부근에는 자동배수밸브(또는 직경 5mm의 배수공) 및 체크밸브를 설치할 것(이 경우 자동배수밸브는 배관안의 물이 잘 빠질 수 있는 위치에 설치하되, 배수로 인하여 다른 물건이나 장소에 피해를 주지 않아야 한다.)
8. 송수구에는 이물질을 막기 위한 마개를 씌울 것
9. 압축공기포소화설비를 스프링클러 보조설비로 설치하거나 압축공기포 소화설비에 자동으로 급수되는 장치를 설치한 때에는 송수구 설치를 설치하지 않을 수 있다.

68 정답 ①

스프링클러설비를 설치해야 할 특정소방대상물에 있어서 다음의 어느 하나에 해당하는 장소에는 스프링클러헤드를 설치하지 않을 수 있다.

1. 계단실(특별피난계단의 부속실을 포함한다) · 경사로 · 승강기의 승강로 · 비상용승강기의 승강장 · 파이프덕트 및 덕트피트(파이프 · 덕트를 통과시키기 위한 구획된 구멍에 한한다) · 목욕실 · 수영장(관람석부분을 제외한다) · 화장실 · 직접 외기에 개방되어 있는 복도 · 기타 이와 유사한 장소
2. 통신기기실 · 전자기기실 · 기타 이와 유사한 장소
3. 발전실 · 변전실 · 변압기 · 기타 이와 유사한 전기설비가 설치되어 있는 장소
4. 병원의 수술실 · 응급처치실 · 기타 이와 유사한 장소
5. 천장과 반자 양쪽이 불연재료로 되어 있는 경우로서 그 사이의 거리 및 구조가 다음의 어느 하나에 해당하는 부분

㉠ 천장과 반자 사이의 거리가 2m 미만인 부분
㉡ 천장과 반자 사이의 벽이 불연재료이고 천장과 반자사이의 거리가 2m 이상으로서 그 사이에 가연물이 존재하지 않는 부분

6. 천장 · 반자 중 한쪽이 불연재료로 되어 있고 천장과 반자 사이의 거리가 1m 미만인 부분
7. 천장 및 반자가 불연재료 외의 것으로 되어 있고 천장과 반자사이의 거리가 0.5m 미만인 부분
8. 펌프실 · 물탱크실 엘리베이터 권상기실 그 밖의 이와 비슷한 장소
9. 현관 또는 로비 등으로서 바닥으로부터 높이가 20m 이상인 장소
10. 영하의 냉장창고의 냉장실 또는 냉동창고의 냉동실
11. 고온의 노가 설치된 장소 또는 물과 격렬하게 반응하는 물품의 저장 또는 취급장소
12. 불연재료로 된 특정소방대상물 또는 그 부분으로서 다음의 어느 하나에 해당하는 장소
    ㉠ 정수장 · 오물처리장 그 밖의 이와 비슷한 장소
    ㉡ 펄프공장의 작업장 · 음료수공장의 세정 또는 충전하는 작업장 그 밖의 이와 비슷한 장소
    ㉢ 불연성의 금속 · 석재 등의 가공공장으로서 가연성물질을 저장 또는 취급하지 않는 장소
    ㉣ 가연성 물질이 존재하지 않는 「건축물의 에너지절약설계기준」에 따른 방풍실
13. 실내에 설치된 테니스장 · 게이트볼장 · 정구장 또는 이와 비슷한 장소로서 실내 바닥 · 벽 · 천장이 불연재료 또는 준불연재료로 구성되어 있고 가연물이 존재하지 않는 장소로서 관람석이 없는 운동시설(지하층은 제외한다)

69 정답 ③

분무상태의 물은 전기적으로 전도성이 없기 때문이다.

70 정답 ④

특정소방대상물의 용도 및 장소별로 설치해야 할 인명구조기구

특정소방대상물	인명구조기구	설치 수량
1. 지하층을 포함하는 층수가 7층 이상인 관광호텔 및 5층 이상인 병원	방열복 또는 방호복(안전모, 보호장갑 및 안전화를 포함한다), 공기호흡기, 인공소생기	각 2개 이상 비치할 것(다만 병원의 경우에는 인공소생기를 설치하지 않을 수 있다.)
2. 문화 및 집회시설 중 수용인원 100명 이상의 영화상영관 3. 판매시설 중 대규모 점포 4. 운수시설 중 지하역사 5. 지하가 중 지하상가	공기호흡기	층마다 2개 이상 비치할 것(다만 각 층마다 갖추어두어야 할 공기호흡기 중 일부를 직원이 상주하는 사무실에 갖추어 둘 수 있다.)
6. 물분무등소화설비 중 이산화탄소소화설비를 설치해야 하는 특정소방대상물	공기호흡기	이산화탄소소화설비가 설치된 장소의 출입구 외부 인근에 1개 이상 비치할 것

71 정답 ③

개방형스프링클러설비의 방수구역 및 일제개방밸브는 다음의 기준에 적합해야 한다.

1. 하나의 방수구역은 2개 층에 미치지 않아야 한다.
2. 방수구역마다 일제개방밸브를 설치해야 한다.
3. 하나의 방수구역을 담당하는 헤드의 개수는 50개 이하로 할 것(다만, 2개 이상의 방수구역으로 나눌 경우에는 하나의 방수구역을 담당하는 헤드의 개수는 25개 이상으로 해야 한다.)
4. 일제개방밸브의 설치 위치는 폐쇄형스프링클러헤드의 기준에 따르고, 표지는 "일제개방밸브실"이라고 표시해야 한다.

72 정답 ②

미분무소화설비의 성능을 확인하기 위하여 하나의 발화원을 가정한 설계도서 작성 시 고려하여야 할 인자

1. 점화원의 형태
2. 초기 점화되는 연료 유형
3. 화재 위치
4. 문과 창문의 초기상태(열림, 닫힘) 및 시간에 따른 변화상태
5. 공기조화설비, 자연형(문, 창문) 및 기계형 여부
6. 시공 유형과 내장재 유형

73 정답 ①

배관 내 사용압력이 1.2MPa 이상일 경우에는 다음의 어느 하나에 해당하는 것(제6조 제1항 제2호)
1. 압력 배관용 탄소 강관(KS D 3562)
2. 배관용 아크 용접 탄소강 강관(KS D 3583)

74 정답 ①

배관은 다른 설비의 배관과 쉽게 구분이 될 수 있도록 해야 한다(제6조 제11항).

75 정답 ③

화재의 종류 : 일반화재(A급 화재), 유류화재(B급 화재), 전기화재(C급 화재), 주방화재(K급 화재), 금속화재(D급 화재)

76 정답 ②

주거용 주방자동소화장치는 다음의 기준에 따라 설치할 것
1. 소화약제 방출구는 환기구(주방에서 발생하는 열기류 등을 밖으로 배출하는 장치를 말한다.)의 청소부분과 분리되어 있어야 하며, 형식승인 받은 유효설치 높이 및 방호면적에 따라 설치할 것
2. 감지부는 형식승인 받은 유효한 높이 및 위치에 설치할 것
3. 차단장치(전기 또는 가스)는 상시 확인 및 점검이 가능하도록 설치할 것
4. 가스용 주방자동소화장치를 사용하는 경우 탐지부는 수신부와 분리하여 설치하되, 공기보다 가벼운 가스를 사용하는 경우에는 천장 면으로부터 30cm 이하의 위치에 설치하고, 공기보다 무거운 가스를 사용하는 장소에는 바닥 면으로부터 30cm 이하의 위치에 설치할 것
5. 수신부는 주위의 열기류 또는 습기 등과 주위온도에 영향을 받지 않고 사용자가 상시 볼 수 있는 장소에 설치할 것

77 정답 ④

분말소화설비 배관의 설치기준(제9조)
1. 배관은 전용으로 할 것
2. 강관을 사용하는 경우의 배관은 아연도금에 따른 배관용 탄소 강관(KS D 3507)이나 이와 동등 이상의 강도 · 내식성 및 내열성을 가진 것으로 할 것. 다만, 축압식분말소화설비에 사용하는 것 중 20℃에서 압력이 2.5메가파스칼 이상 4.2메가파스칼 이하인 것은 압력 배관용 탄소 강관(KS D 3562) 중 이음이 없는 스케줄(schedule) 40 이상인 것 또는 이와 동등 이상의 강도를 가진 것으로서 아연도금으로 방식처리된 것을 사용한다.
3. 동관을 사용하는 경우의 배관은 고정압력 또는 최고사용압력의 1.5배 이상의 압력에 견딜 수 있는 것을 사용할 것
4. 밸브류는 개폐위치 또는 개폐방향을 표시한 것으로 할 것
5. 배관의 관부속 및 밸브류는 배관과 동등 이상의 강도 및 내식성이 있는 것으로 할 것
6. 확관형 분기배관을 사용할 경우에는 소방청장이 정하여 고시한 「분기배관의 성능인증 및 제품검사의 기술기준」에 적합한 것으로 설치할 것

78 정답 ④

경사하강식구조대의 구조(제3조)
1. 연속하여 활강할 수 있는 구조로 안전하고 쉽게 사용할 수 있어야 한다.
2. 입구틀 및 고정틀의 입구는 지름 60cm 이상의 구체(공처럼 둥근 형태나 물체)가 통과 할 수 있어야 한다.
3. 포지는 사용시에 수직방향으로 현저하게 늘어나지 아니하여야 한다.
4. 포지, 지지틀, 고정틀 그밖의 부속장치 등은 견고하게 부착되어야 한다.
5. 경사구조대 본체는 강하방향으로 봉합부가 설치되지 않아야 한다.
6. 경사구조대 본체의 활강부는 낙하방지를 위해 포를 이중구조로 하거나 또는 망목의 변의 길이가 8cm 이하인 망을 설치하여야 한다. 다만, 구조상 낙하방지의 성능을 가지고 있는 경사구조대의 경우에는 그러하지 아니하다.
7. 본체의 포지는 하부지지장치에 인장력이 균등하게 걸리도록 부착하여야 하며 하부지지장치는 쉽게 조작할 수 있어야 한다.
8. 손잡이는 출구부근에 좌우 각 3개 이상 균일한 간격으로 견고하게 부착하여야 한다.
9. 경사구조대 본체의 끝부분에는 길이 4m 이상, 지름 4mm 이상의 유도선을 부착하여야 하며, 유도선 끝에는 중량 3N 이상의 모래주머니 등을 설치하여야 한다.
10. 땅에 닿을 때 충격을 받는 부분에는 완충장치로서 받침포 등을 부착하여야 한다.

79 정답 ③

가스, 분말, 고체에어로졸 자동소화장치는 다음의 기준에 따라 설치할 것

1. 소화약제 방출구는 형식승인을 받은 유효설치 범위 내에 설치할 것
2. 자동소화장치는 방호구역 내에 형식승인된 1개의 제품을 설치할 것(이 경우 연동방식으로서 하나의 형식으로 형식승인을 받은 경우에는 1개의 제품으로 본다.)
3. 감지부는 형식승인 된 유효설치 범위 내에 설치해야 하며 설치장소의 평상시 최고주위온도에 따라 표시온도의 것으로 설치할 것(다만, 열감지선의 감지부는 형식승인 받은 최고주위온도범위 내에 설치해야 한다.)

80 정답 ①

전역방출방식의 할론소화설비의 분사헤드(제10조 제1항)

1. 방출된 소화약제가 방호구역의 전역에 균일하고 신속하게 확산할 수 있도록 할 것
2. 할론 2402를 방출하는 분사헤드는 해당 소화약제가 무상으로 분무되는 것으로 할 것
3. 분사헤드의 방출압력은 0.1MPa(할론 1211을 방출하는 것은 0.2MPa, 할론1301을 방출하는 것은 0.9MPa) 이상으로 할 것
4. 기준저장량의 소화약제를 10초 이내에 방출할 수 있는 것으로 할 것